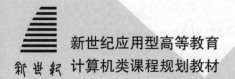

新世纪应用型高等教育
计算机类课程规划教材

网络空间安全

WANGLUO KONGJIAN ANQUAN

主 编 丁学君

大连理工大学出版社

图书在版编目(CIP)数据

网络空间安全 / 丁学君主编. — 大连：大连理工
大学出版社，2021.5
新世纪应用型高等教育计算机类课程规划教材
ISBN 978-7-5685-3019-4

Ⅰ. ①网… Ⅱ. ①丁… Ⅲ. ①计算机网络－网络安全
－高等学校－教材 Ⅳ. ①TP393.08

中国版本图书馆 CIP 数据核字(2021)第 097403 号

大连理工大学出版社出版
地址：大连市软件园路 80 号　邮政编码：116023
发行：0411-84708842　邮购：0411-84708943　传真：0411-84701466
E-mail：dutp@dutp.cn　URL：http://dutp.dlut.edu.cn
大连图腾彩色印刷有限公司印刷　　大连理工大学出版社发行

幅面尺寸：185mm×260mm　　印张：18　　字数：438 千字
2021 年 5 月第 1 版　　　　　　2021 年 5 月第 1 次印刷

责任编辑：王晓历　　　　　　　　责任校对：李明轩
封面设计：对岸书影

ISBN 978-7-5685-3019-4　　　　　　定　价：58.80 元

前言 Preface

信息时代，网络空间已成为陆地、海洋、天空、太空之外人类活动的"第五空间"。然而，随着现代通信技术的迅猛发展，互联网逐渐国际化、社会化、开放化、个性化。其在向人们提供信息共享、资源共享和技术共享的同时，也带来了极大的安全隐患。

目前，网络空间安全已经引起各国的高度关注。有些国家更是将其上升到国家安全的高度去认识和对待，认为网络空间安全是国家安全的基石。在这样一个战略高度上，网络空间安全的概念有了更广阔的延伸，仅仅从信息的保密性、完整性和可用性等技术角度去理解已经远远不够，而是要关注网络空间安全对国家政治、经济、文化、社会、军事等全方位的影响。因此，网络空间安全是要保障国家主权，维护国家安全和发展利益，防范信息化发展过程中出现的各种消极和不利因素。这些消极和不利因素不仅仅表现为信息被非授权窃取、修改、删除，以及网络和信息系统被非授权中断（其核心仍是信息的保密性、完整性和可用性），即运行安全问题，还表现为敌对分子利用网络干涉他国内政、攻击他国政治制度、煽动社会动乱、颠覆他国政权，以及网络谣言、颓废文化和淫秽、暴力、迷信等。可见，网络空间安全对国家安全、公众利益、个人利益和组织合法权益具有全方位的影响，这种影响源于经济和社会发展对网络空间的全面依赖。

综上所述，政治、经济、文化、社会、军事等国家重要领域的基础设施与网络空间联系日益紧密，网络空间安全对国家安全牵一发而动全身，已成为国家安全体系的重要组成部分以及国家和社会安全的基础。要贯彻"总体国家安全观"，维护网络空间这一非传统领域的安全，最为关键的要素在于人。因此，建立一支规模宏大、结构优化、素质优良的网络安全人才队伍，已成为维护国家网络安全和建设网络强国的核心需求，网络安全专业实践型人才的培养势在必行。本教材的编者结合多年网络空间安全教学和实践经验，并通过分析大量网络空间安全攻防案例，深入多个企事业单位了解网络空间安全实践等方式，明确了企事业单位对网络空间安全人才的实践技能要求，在此基础上编写了本教材。

本教材将理论与实践相结合，一方面强调基本概念、理论、算法和协议的介绍；另一方面重视技术和实践，力求在实践中深化理论，重点介绍网络空间安全攻击技术和网络空间安全防护实用技术。本教材以网络空间面临的常见安全问题以及相应的检测、防护和恢复为主线，系统地介绍了网络空间安全的基本概念、理论基础、安全技术及其应用。全书共14章，内容包括网络空间安全概述、实体及运行安全、操作系统安全、数据库安全、密码学基础、身份认证、访问控制、信息内容安全、防火墙、恶意程序、网络攻击及防御、网络服务安全、网络舆情、新兴网络安全技术。

本教材能够反映网络空间安全理论和技术的研究和教学进展，用通俗易懂的语言，向读者全面而系统地介绍网络空间安全相关理论和技术，帮助读者建立完整的网络空间安全知识体系，掌握网络空间安全保护的实际技能。

此外，为响应教育部全面推进高等学校课程思政建设工作的要求，编者还充分挖掘教材内容中蕴含的隐性思政元素，在每章内容中加入"思政目标"模块，读者可扫描二维码查看。思政元素分别从爱国教育、普法教育、育人教育和职业素质教育四个方面入手，逐步培养学生树立正确的思政意识，肩负起建设国家的重任，从而实现全员、全过程、全方位育人。

本教材由东北财经大学丁学君任主编，蒋曼、李梦雨、张夏夏、李临霄、安奕静、刘思奇、吴昊、许薇参与了编写。具体编写分工如下：第1章由蒋曼编写；第2章由许薇编写；第3章由吴昊编写；第4章由李梦雨编写；第5章、第6章、第8章、第11章、第12章和第14章由丁学君编写；第7章由李临霄编写；第9章由刘思奇编写；第10章由安奕静编写；第13章由张夏夏编写。全书由丁学君统稿并定稿。

本教材可作为高等学校计算机、信息安全、网络安全及其相关专业的本科生、研究生的教材，也可作为网络管理人员、网络工程技术人员的参考书籍。

在编写本教材的过程中，编者参考、引用和改编了国内外出版物中的相关资料以及网络资源，在此表示深深的谢意！相关著作权人看到本教材后，可与出版社联系，出版社将按照相关法律的规定支付稿酬。

鉴于编者水平有限，书中难免出现错误和不当之处，殷切希望各位读者提出宝贵意见，并恳请各位专家、学者给予批评指正。

编　者
2021 年 5 月

所有意见和建议请发往：dutpbk@163.com
欢迎访问高教数字化服务平台：http://hep.dutpbook.com
联系电话：0411-84708445　84708462

目 录 Contents

第1章 网络空间安全概述

导读

随着信息技术和网络技术的发展,网络空间(Cyberspace)安全的概念不断变化,其内涵不断深化、外延不断扩大。早期的网络空间安全仅包括物理安全、运行安全、数据安全等方面,可称为狭义的网络空间安全。当前,网络空间安全演变为更广义的概念,其重点包括了信息内容安全、数据安全、技术安全、应用安全、资本安全、渠道安全等多个方面,其中涉及网络安全防护的目标对象,也反映维护网络安全的手段和途径。网络空间安全的核心是信息安全。如今,信息技术及其应用迎来了前所未有的繁荣,科学与技术的发展也给信息安全带来了新的挑战,网络空间安全问题越来越突出,大众对网络空间安全问题的关注也与日俱增。

本章首先介绍了网络空间的概念,其次给出了网络空间安全的定义、特征和基本内容,再次分析了当前国内外网络空间安全威胁的来源,以及网络空间安全面临的挑战,最后总结了网络空间安全的技术体系、法律法规和战略问题。

思政目标

关键概念

网络空间　网络空间安全　安全威胁　技术体系
法律法规　战略问题

互联网(Internet)是 20 世纪人类最伟大的发明之一,已经成为信息时代人类社会发展的战略性基础设施,推动着生产和生活方式的深刻变革,不断重塑社会的发展模式。截至 2021 年 1 月,互联网已经发展成为全球用户达到 46.6 亿人,联网处理器和信息传输节点遍布世界每个角落的庞然大物。此外,在互联网上产生和传播的信息每天都在以惊人的速度增长,所涉及的社会领域也越来越多。因此,网络空间的概念也就出现了。

网络空间是 Cyberspace 的译名,该词源自美国科幻作家 William Gibson 的科幻小说

《神经漫游者》(*Neuromancer*),描绘了一个人可以通过神经连接方式自由地进入计算机虚拟出的感官体验世界,作者将这个世界称为网络空间。如今的网络空间,是指由互相依存的信息基础设施、通信网络和计算机系统构成的全球性空间,在这个空间里人们看不到物理世界,只有许多庞大的信息库和高速流动的各种信息,但人们可以在里面交换思想、分享信息等,进行一系列想要做的活动。实际上,互联网早已成为网络空间的主体,虽然现今的网络空间与小说中的构想仍然有差距,但是人们仍然愿意使用网络空间这个充满想象力的词来描述网络世界。因此,网络空间也成为继陆、海、空、天之后的第五大人类生存空间。

然而,任何事物的发展都具有两面性。计算机互联网的逐渐国际化、社会化、开放化、个性化,使其在帮助人们实现信息共享、资源共享和技术共享的同时,也带来了极大的安全隐患。因此网络空间安全已经引起各国的高度关注,有些国家甚至将其上升到国家安全的高度去认识和对待,认为网络空间安全是国家安全的基石。在这样一个战略高度上,网络空间安全的概念有了更广阔的延伸,仅仅从信息的保密性、完整性和可用性等技术角度去理解已经远远不够,而是要关注网络空间安全对国家政治、经济、文化、军事等全方位的影响。因此,网络空间安全是要保障国家主权,维护国家安全和发展利益,防范信息化发展过程中出现的各种消极和不利因素。这些消极和不利因素不仅仅表现为信息被非授权窃取、修改、删除,以及网络和信息系统被非授权中断(其核心仍是信息的保密性、完整性和可用性),即运行安全问题,还表现为敌对分子利用网络干涉他国内政、攻击他国政治制度、煽动社会动乱、颠覆他国政权,以及散布网络谣言、颓废文化和淫秽、暴力、迷信等。可见,网络空间安全表现为对国家安全、公众利益、个人利益和组织合法权益的全方位影响,这种影响源于经济和社会发展对网络空间的全面依赖。

1.1　网络空间安全的概念与内容

1.1.1　网络空间安全的定义

常见的网络空间安全表述包括:信息安全、网络安全、信息系统安全、网络信息安全、网络信息系统安全等。以上表述归结起来有两层含义:一是要保证在网络环境下信息系统的安全运行;二是在网络空间中存储、处理和传输的信息必须受到安全的保护。可见,网络空间安全的根本目标是保证网络系统安全运行以及信息的保密性、完整性和可用性。

因此,网络空间安全是指利用各种网络管理、控制和技术措施,使网络系统的硬件、软件及其系统中的数据资源受到保护,避免这些资源遭到破坏、更改、泄露,保证网络系统连续、可靠、安全地运行,主要包括以下几个方面:

(1)网络运营和管理者认为对本地网络信息的访问、读写等操作应受到保护和控制,避免出现病毒、非法存取、拒绝服务、网络资源的非法占用和非法控制等威胁,要防御和制止攻击者的攻击。

(2)网络安全技术部门认为通过掌握病毒、黑客入侵、计算机犯罪以及其他主动或被动攻击的基本原理和实施过程,提升技术手段对其进行防范,以保证网络软/硬件设备、设施的安全运行。

（3）安全保密部门认为应该对非法的、有害的或涉及国家机密的信息进行过滤和堵截，从而避免机密信息泄露，以减少社会危害。

（4）社会教育和意识形态相关部门认为必须控制网络上不健康的内容，因为这些信息将对社会的稳定和发展产生不利影响。

（5）网络用户（个人、企业等）认为，涉及个人隐私或商业利益的信息在网络中传输时，应受到绝对的保护，避免他人利用一些技术手段，如窃听、冒充、篡改和抵赖等，侵犯或损坏其自身利益，同时避免其他用户对存储用户信息的计算机系统进行非法访问或破坏。

1.1.2 网络空间安全的基本内容

网络空间安全涉及网络空间中的电子设备、电子信息系统、运行数据、系统应用中存在的安全问题，分别对应四个层面：设备、系统、数据、应用。

1.实体安全（Physical Security）

实体安全是指保护计算机设备、设施（含网络）以及其他媒体免遭地震、水灾、火灾、有害气体和其他环境事故破坏的措施和过程，包括环境安全、设备安全和媒体安全三个方面。目前，国家在实体安全方面制定了一系列标准，如《数据中心设计规范》（GB 50174—2017）、《数据中心基础设施施工及验收规范》（GB 50462—2015）等。

2.运行安全（Operation Security）

运行安全是指在系统或网络运行时，为保护信息处理过程的安全而提供的一套安全措施，包括风险分析、审计跟踪、备份与恢复、应急处理、安全和运行检测、系统修复等。运行安全是网络空间安全的保障。

3.系统安全（System Security）

系统安全是指为保证操作系统、数据库系统和通信系统安全所采取的一套安全措施。如为操作系统安装防火墙和杀毒软件，为数据库系统设置访问控制，另外还包括定期检查和评估、系统安全监测、灾难恢复机制、系统改造管理、跟踪最新安全漏洞、系统升级和补丁修复等措施。

4.应用安全（Application Security）

应用安全是为保护应用软件开发平台和应用系统的安全所采取的安全措施。应用安全非常重要，网络的最终目的是应用，且各种应用是信息数据最直接的载体，应用系统的脆弱性是网络系统和信息致命的威胁之一。应用系统一旦被入侵，数据信息势必大量泄露，更为可怕的是攻击者会以此为跳板，攻击操作系统以及其他与之相连的网络设备，造成更为严重的后果。

此外，应用系统在投入使用之前，必须经过严格的测试。针对应用安全提供的评估措施有：业务软件的程序安全性测试、业务交往的抗抵赖测试、业务资源的访问控制验证测试、业务实体的身份鉴别检测、业务现场的备份与恢复机制检查、业务数据的防冲突检测、业务数据的保密性测试、业务系统的可靠性测试、业务系统的可用性测试。测试之后，开发人员应依据测试结果对系统进行修复。

5.管理安全（Management Security）

管理安全主要指对人和网络系统安全管理的法规、政策、策略、规范、标准、技术手段、机制和措施等,如确定安全管理等级和安全管理范围,制定网络设备及服务器使用规程,建立网络事件记录机制,制定应急响应措施,制定系统和数据备份、恢复措施。管理安全还包括人员管理、培训管理、系统和软件管理、文档管理和机房管理等。

在制定各项措施的时候要充分考虑实际条件,要保证制定出切实可行的策略和规则。好的安全管理机制可以为用户综合控制风险,降低损失和消耗、提高安全生产效益。

 ### 1.1.3　网络空间安全的特性

1.网络空间是一个"人造"领域

这是网络空间与陆地、海洋、天空和太空等领域最为明显的区别。首先,如果没有集成电路板、半导体、芯片、光纤及其他通信技术,网络空间就无法存在。其次,即使人类不能掌握复杂的技术,陆地、海洋、天空和太空依然存在在这个世界上。但是如果人类未能发明利用电磁频谱各种属性的技术,网络空间就不会存在。因此,网络空间是一个"人造"领域。

2.网络空间可以被不断复制

作为物理领域,天空、海洋、太空和陆地都是唯一的,但只有一部分天空、海洋或陆地是重要的,即存在着竞争的部分。然而,在任意时刻网络世界中都存在着无数的网络空间,其中有些网络空间是存在竞争的,有些则不存在,在大多数情况下,网络空间里不存在任何最终结论。例如,就空中力量而言,敌机被摧毁就意味着一切结束了。而在网络空间里,判断一个网站是否被关闭,要看其掌控者有没有在几个小时内更换服务器并且使用不同的域名建立一个新网站。由于成本相对低廉,硬件容易获得,网络可以迅速得到维修和重建。因此网络空间可以不断复制。

3.网络空间由四个层面组成,控制了其中的一个层面并不意味着控制了其他层面

网络空间包括基础层、语法层、物理层和语义层。其中:基础层包括硬件、电缆等;语法层包括信息的格式和网络空间的规则;物理层包括各种电磁频谱特性(电子、光子、频率等),这些特性使得基础层富有生机和活力;语义层由用户可以理解的有用信息组成,在本质上语义层是连接网络与认知之间的桥梁。然而,控制了基础层并不意味着就控制了物理层、语法层或语义层。同样,控制了语义层并不意味着基础层也得到了控制。在实践中,控制哪一层取决于网络攻击的目的。

1.2　网络空间安全的威胁和挑战

 ### 1.2.1　网络空间安全威胁的来源

随着全球网络空间技术的发展,其带来的问题也更加突出。网络攻击事件频发并不断升级,网络犯罪日益严重,网络恐怖主义屡见不鲜,特别是在一些国家将网络空间列为军事领域之后,更增加了其复杂性。网络空间安全威胁的来源包括以下几方面:

1.黑客攻击

黑客攻击是指黑客破坏某个程序、系统及网络空间安全,是网络攻击中最常见的攻击方式,其攻击手段可分为非破坏性和破坏性。其中:非破坏性的目标是扰乱系统的运行,但不窃取系统资料或对系统本身造成破坏;破坏性是以侵入他人计算机系统、窃取系统保密信息、破坏目标系统的数据为目的的。黑客攻击的后果有两种:那些为了表达不满而未造成破坏性的黑客攻击,并不构成安全威胁;而那些窃取商业机密、扰乱国家政治经济秩序的黑客攻击则涉及国家经济或社会安全,对国家安全构成了威胁。

2. 网络犯罪

网络犯罪是指犯罪分子借助计算机技术,在互联网平台上进行的有组织的犯罪活动。与传统的有组织犯罪不同,网络犯罪活动既包含了借助互联网进行的传统的犯罪活动,又包含了互联网所独有的犯罪行为,如窃取网络信息、网络金融诈骗等。

目前,网络犯罪已经成为一个全球性的问题,其跨国性、高科技和隐蔽性特征都给国家安全带来了前所未有的挑战,这些威胁主要集中在非传统安全领域。鉴于网络犯罪可能给国家带来的巨大潜在损失,打击网络犯罪应该被纳入国家安全战略统筹考虑。它既需要国家之间的合作,又需要不同部门之间的合作,如安全部门与技术部门的合作。2011 年 7 月成立的全球性非营利组织国际网络安全保护联盟(ICSPA)就是跨国合作的一个很好尝试。

3. 网络恐怖主义

2000 年 2 月,英国《反恐怖主义法案》第一次以官方的方式明确提出了"网络恐怖主义"的概念,它将黑客作为打击对象,但只有影响到政府或社会利益的黑客行动才能算作网络恐怖主义。但是,网络恐怖主义的含义并不仅限于此,它包含了两层含义:一是针对信息及计算机系统、程序和数据发起的恐怖袭击;二是利用计算机和互联网进行的恐怖主义活动,通过实施暴力和对公共设施的毁灭或破坏来制造恐慌和恐怖气氛,从而达到一定的政治目的。

就第一层含义而言,网络攻击的隐蔽性和力量不对称凸显了国家实力的局限性,无论该国的军事实力多么强大、常规武器多么先进、核武器多么厉害,在不知"敌人"在哪里的情况下,也只能被动防御。从这个角度来说,网络攻击无疑先天就具备了恐怖主义的特质。不过,目前的网络恐怖主义活动主要集中在第二个层面。通过黑客攻击和低级别犯罪等手段,借助互联网组织发起恐怖主义活动,互联网已经成为恐怖主义分子互通有无、相互交流的最重要的场所。除了将网络空间作为通信和交流的媒介之外,恐怖组织还利用网络空间进行理念宣讲、人员招募和激进化培训。恐怖组织可以通过互联网完成培训和自我激进化,有可能将网络空间当作未来的一个新战场。

4. 网络战

网络战的主体既包括国家行为体,又包括以不同方式参与其中的非国家行为体。国家参与的网络战对国家安全威胁的程度最高,涉及传统的军事安全领域,它既可以独立存在,又可以是战争中的一部分。网络战的攻击目标既可以是军事、工业或民用设施,又可以是机房里的某一台服务器。

网络战最大的威胁是对军事设施的直接打击。由于网络技术被广泛应用于军事领域,从军事装备和武器系统、卫星到通信网络及情报数据,因此一个国家的军事能力高度依赖信息和网络通信技术的发展。但这无疑也让它更加脆弱,一旦这些军事领域的网络系统遭到攻击,国家的军事力量就可能直接被削弱,甚至面临着部分或全部瘫痪的风险。在 2008 年的格鲁吉亚战争中,俄罗斯就被认为是配合其军事攻势发动了一场网络战。

网络战通过攻击金融系统、能源和交通这些重要的民用部门,也会对国家安全带来间接的冲击和破坏。1982 年,里根政府批准了一项针对苏联西伯利亚输油管线数据采集和监视控制系统的网络攻击,这是有记载的最早的一次网络战,它不仅破坏了苏联的军事工业基础,而且间接地削弱了苏联的军事实力。2010年,伊朗所遭受的"震网"病毒攻击也被认为是美国或以色列对伊朗军事实力的一次间接打击。

网络间谍是国家所从事的最常见的一种网络战,其利用互联网在有价值的网络系统中植入恶意软件,从而以最小的成本从敌方获取所需要的信息和情报。一旦植入目标系统的"木马"或"后门"在某个特殊的时期同时被激活,如政治局势紧张或常规战争爆发,这些情报会给国家安全带来巨大的威胁。2013年6月,美国中央情报局前雇员斯诺登将两份关于美国国家安全局"棱镜项目"的绝密资料交给了英、美两国的一些媒体,从而爆发"棱镜门"事件,美国政府授权情报系统侵入他国公民邮件、通过技术手段全面监控互联网的行为引发国际社会的广泛关注。

信息战是基于信息操控的一种网络战,也是心理战的重要组成部分,它旨在通过信息披露来影响敌方的思想和行为,在外交领域也被称为公共外交。20世纪90年代,随着网络媒体的逐渐增多,信息战的使用也越来越多。美国对信息战非常重视,如在伊拉克战争中对基地组织的信息战;在伊朗、巴基斯坦、阿富汗和中东地区,为了扭转在伊斯兰世界的不佳形象,美国也开始越来越多地使用信息战。

1.2.2 网络空间安全面临的挑战

在互联网时代,网络空间安全面临重大机遇的同时,其形势也日益严峻,国家政治、经济、文化、社会、国防安全及公民在网络空间的合法权益面临着风险与挑战。

1.网络渗透危害政治安全

政治稳定是国家发展、人民幸福的基本前提,是总体国家安全观的根本。相较于传统媒体,网络具有跨时空、跨国界、信息传播快、多向互动等特性,对现实社会问题和矛盾具有极大的催化放大作用,给国家治理带来挑战。部分国家利用网络干涉、攻击他国政治制度和内政、煽动社会动乱,以及进行大规模网络监控、窃密等活动,严重危害国家政治安全和用户信息安全。

2.网络攻击威胁经济安全

网络和信息系统已经成为当今社会的关键基础设施,甚至是整个经济社会运行的神经中枢,同时也是遭到重点攻击的目标。在当前的攻防形势中,"物理隔离"防线可被跨境入侵,电力调配指令可被恶意篡改,金融交易信息可被窃取,关键信息基础设施存在重大风险隐患,一旦遭受攻击破坏、发生重大安全事件,将导致能源、交通、通信、金融等基础设施瘫痪,造成交通中断、金融紊乱、电力瘫痪等问题,严重危害国家经济安全和公共利益。

3.网络有害信息侵蚀文化安全

随着社交媒体的蓬勃发展,网络已成为文化的重要载体和传播渠道,由于网络具有极大的开放性和虚拟性,网络上各种思想文化相互激荡、交锋,优秀传统文化和主流价值面临冲击。其中,网络谣言、颓废文化和淫秽、暴力、迷信等违背社会主义核心价值观的有害信息侵蚀青少年身心健康,败坏社会风气,误导价值取向,危害文化安全。网络上道德失范、诚信缺失现象频发,网络文明程度亟待提高。

4.网络恐怖和违法犯罪破坏社会安全

恐怖主义、分裂主义、极端主义等势力,利用网络煽动、策划、组织和实施暴力恐怖活动,

直接威胁人民生命财产安全、社会秩序。计算机病毒、木马等在网络空间传播蔓延,网络欺诈、黑客攻击、侵犯知识产权、滥用个人信息等不法行为大量存在,一些组织肆意窃取用户信息、交易数据、位置信息以及企业或商业秘密,严重损害国家、企业和个人利益,影响社会和谐稳定。

5.网络空间的国际竞争方兴未艾

国际上争夺和控制网络空间战略资源、抢占规则制定权和战略制高点、谋求战略主动权的竞争日趋激烈。个别国家强化网络威慑战略,加剧网络空间军备竞赛,世界和平受到新的挑战。

6.网络空间的机遇和挑战并存,机遇大于挑战

必须坚持积极利用、科学发展、依法管理、确保安全的原则,坚决维护网络空间安全,最大限度地利用网络空间发展潜力,更好惠及中国人民,造福全人类,坚定维护世界和平。

1.3 网络空间安全体系

1.3.1 网络空间安全的技术体系

传统的网络信息系统主要由基础硬件、系统软件、网络构件以及上层应用构成,因此一个传统的完整信息安全技术体系如图1-1所示。整个信息安全技术体系可以分为四个层次:物理安全技术、系统安全技术、网络安全技术和应用安全技术。其中,基础安全技术和安全管理技术则贯穿这四个层次。

图1-1 信息安全技术体系

近几年来,随着智能移动终端的普及,人们的生活与网络的关系更为密切。因此,新形势下的网络空间安全技术体系主要包括以下几个方面:

1.网络层防御技术

网络层防御可以保证信息数据在网络中安全传输。防御模式除了包括传统意义上的虚拟专用网络(VPN)、防火墙等,为了确保网络互联互通安全,需加强网络的安全设置,如中继器、网桥、路由器等。随着新兴技术的迅猛发展,服务器可以通过用户端的安全模块,对用户的浏览行为进行管控,确保用户所浏览的网页没有受到钓鱼网站的劫持冒用。同时,用户之间的会话在逻辑上是加密的,且会话密钥的分享是安全的。

2.系统层与应用层防御技术

系统层与应用层防御是针对软件的,在系统开始编译的时候,就可以在系统中安装防病毒检测软件,我们有必要将安防体系作为系统模块的一部分固化在操作系统中,包括底层是Linux 嵌入式系统的可穿戴设备,拥有开源优势的安卓手机系统。因此,当用户进入系统时,可以通过终端部署防病毒客户端,控制病毒的感染与传播,依托大数据云计算平台,进行终端和网络病毒查杀,保证计算终端配置和软、硬件信息不被恶意病毒修改。

3.设备层防御技术

设备层防御体系是从硬件上构建的防御体系,从底层夯实网络空间的基石。其中,通过改良硬件的基础设施,在硬件最初被设计时就将其安全功能考虑进去,必要时可以在芯片中内嵌一些安全算法,布控一些安全防御设备,包括反窃听、反旁路攻击等。合理规划硬件安装过程中的每一个环节,对硬件的操作进行软件或物理上的监控。

4.人员防御技术

建设人员防御体系的核心是建设合理的人员管理体系,强化人员的安防意识,加强人员的道德品质建设,正确引导具有专业能力的计算机从业人员,避免其误入歧途,加强法律的威慑力与约束能力,加强安防软、硬件的基础设施建设,加快落实实名制,在实名制的基础上引入生物特征识别机制,提高网络犯罪的犯罪成本。由于人员的管理穿插在防御体系的每一个环节中,因此非常值得关注。

5.大数据与云安全

随着互联网、物联网、云计算等技术的快速发展,大数据时代已经到来,且蕴含着巨大的价值,因此得到了社会各界的高度关注与重视,纷纷开展相关的研究来挖掘大数据的巨大潜能。然而,享受大数据带来便利的同时,我们的隐私也受到了严重的威胁。其实,大数据安全是网络空间安全的难点和重点,也是未来的热点。从不同的角度看大数据面临的威胁与挑战,可分为大数据安全体系、Hadoop 安全架构、数据所有权确立、数据注册、防范 APT 攻击技术等方面,同时也包括以数据为核心和面向数据的信息安全,即面向数据的安全体系结构(DOSA)。

1.3.2 网络空间安全的法律法规

网络空间安全在当下已然成为影响国家安全的关键所在,各国政府相继出台相关的政策与法律,以期达到提升本国网络空间安全防御水平的目的。《中华人民共和国网络安全法》(以下简称《网络安全法》)已由中华人民共和国第十二届全国人民代表大会常务委员会第二十四次会议于 2016 年 11 月 7 日通过,自 2017 年 6 月 1 日起施行。《网络安全法》是我国第一部全面规范网络空间安全管理方面问题的基础性法律,是我国网络空间法治建设的重要里程碑,是依法治网、化解网络风险的法律重器,是让互联网在法治轨道上健康运行的重要保障。《网络安全法》共七章七十九条,有以下亮点:

1.不得出售个人信息

根据中国互联网协会发布的《2016 年中国网民权益保护调查报告》,从 2015 年下半年到 2016 年上半年,我国网民因垃圾信息、诈骗信息、个人信息泄露等原因遭受的经济损失高达 915 亿元。此外,警方查获曝光的大量案件也显示,公民个人信息的泄露、收集、转卖,已经形成了完整的黑色产业链。因此,网络安全法专门规定:网络产品、服务具有收集用户信息功能,其提供者应当向用户明示并取得同意;网络运营者不得泄露、篡改、损毁其收集的个人信息;任何个人和组织不得窃取或者以其他非法方式获取个人信息,不得非法出售或者非法向他人提供个人信息,并规定了相应法律责任。

2.严厉打击网络诈骗

除了严防个人信息泄露外,《网络安全法》针对层出不穷的新型网络诈骗犯罪规定:任何个人和组织应当对其使用网络的行为负责,不得设立用于实施诈骗,传授犯罪方法,制作或者销售违禁物品、管制物品等违法犯罪活动的网站、通信群组,不得利用网络发布与实施诈骗,制作或者销售违禁物品、管制物品以及其他违法犯罪活动的信息。

3.以法律形式明确"网络实名制"

《网络安全法》以法律的形式对"网络实名制"进行规定:网络运营者为用户办理网络接入、域名注册服务,办理固定电话、移动电话等入网手续,或者为用户提供信息发布、即时通信等服务,在与用户签订或者确认提供服务时,应当要求用户提供真实身份信息。用户不提供真实身份信息的,网络运营者不得为其提供相关服务。

4.重点保护关键信息基础设施

《网络安全法》特别单列一节,对关键信息基础设施的运行安全进行明确规定,指出国家对公共通信和信息服务、能源、交通、水利、金融、公共服务、电子政务等重要行业和领域的关键信息基础设施实行重点保护。保护国家关键信息基础设施是国际惯例,此次以法律的形式予以明确和强调,非常及时而且必要。

5.惩治攻击破坏我国关键信息基础设施的境外组织和个人

2014年5月20日,国家网信办公布一则信息:近日我国境内约118万台主机被恶意控制,造成网络欺诈侵害事件约1.4万次,后门攻击事件约5.7万次,这些网络攻击主要来源于境外。《网络安全法》规定:境外的机构、组织和个人从事攻击、侵入、干扰、破坏等危害中华人民共和国的关键信息基础设施的活动,造成严重后果的,依法追究法律责任;国务院公安部门和有关部门并可以决定对该机构、组织、个人采取冻结财产或者其他必要的制裁措施。

6.重大突发事件可采取"网络通信管制"

现实社会中如果出现重大突发事件,为确保应急处置、维护国家和公众安全,有关部门往往就会采取交通管制等措施,网络空间也不例外。《网络安全法》中,对建立网络安全监测预警与应急处置制度专门列出一章做出规定,明确了发生网络安全事件时,有关部门需要采取的措施,特别规定:因维护国家安全和社会公共秩序,处置重大突发社会安全事件的需要,经国务院决定或者批准,可以在特定区域对网络通信采取限制等临时措施。

1.3.3 网络空间安全战略

中国的网民数量和网络规模位居世界第一。维护安全、稳定、繁荣的网络空间,不仅仅是自身需要,而且对于维护全球网络安全乃至世界和平都具有重大意义。中国愿与世界一道,加强沟通、扩大共识、深化合作,共同致力于维护国家网络空间主权、安全、发展利益,推动互联网造福人类,推动网络空间和平利用和共同治理。

1.坚定捍卫网络空间主权

网络空间主权不容侵犯,尊重各国自主选择的发展道路、网络管理模式、互联网公共政策和平等参与国际网络空间治理的权利。此外,各国主权范围内的网络事务由各国人民自己做主,各国有权根据国情,借鉴国际经验,制定有关网络空间的法律法规,依法采取必要措施,管理本国信息系统及本国疆域上的网络活动;保护本国信息系统和信息资源免受侵入、干扰、攻击和破坏,保障公民在网络空间的合法权益;防范、阻止和惩治危害国家安全和利益的有害信息在本国网络传播,维护网络空间秩序。任何国家都不搞网络霸权、不搞双重标准,不利用网络干涉他国内政,不从事、纵容或支持危害他国国家安全的网络活动。

2.坚决维护国家安全

防范、制止和依法惩治任何利用网络进行叛国、分裂国家、煽动叛乱、颠覆或者煽动颠覆人民民主专政政权的行为;防范、制止和依法惩治利用网络进行窃取、泄露国家秘密等危害国家安全的行为;防范、制止和依法惩治境外势力利用网络进行渗透、破坏、颠覆、分裂活动。

3.保护关键信息基础设施

国家关键信息基础设施是指关系国家安全、国计民生,一旦数据泄露、遭到破坏或者丧失功能可能严重危害国家安全、公共利益的信息设施,包括但不限于提供公共通信、广播电视传输等服务的基础信息网络,能源、金融、交通、教育、科研、水利、工业制造、医疗卫生、社会保障、公用事业等领域和国家机关的重要信息系统,重要互联网应用系统等。采取一切必要措施保护关键信息基础设施及其重要数据不受攻击破坏。坚持技术和管理并重,建立实施关键信息基础设施保护制度,依法综合施策,切实加强关键信息基础设施安全防护。

坚持对外开放,立足开放环境下维护网络空间安全。建立实施网络安全审查制度,加强供应链安全管理,对党政机关、重点行业采购使用的重要信息技术产品和服务开展安全审查,提高产品和服务的安全性和可控性,防止产品服务提供者和其他组织利用信息技术优势实施不正当竞争或损害用户利益。

4.加强网络文化建设

加强网上思想文化阵地建设,大力培育和践行社会主义核心价值观,实施网络内容建设工程,发展积极向上的网络文化,传播正能量,凝聚强大精神力量,营造良好网络氛围。鼓励拓展新业务、创作新产品,打造体现时代精神的网络文化品牌,不断提高网络文化产业规模水平。实施中华优秀文化网上传播工程,积极推动优秀传统文化和当代文化精品的数字化、网络化制作和传播。发挥互联网传播平台优势,推动中外优秀文化交流互鉴,让各国人民了解中华优秀文化,让中国人民了解各国优秀文化,共同推动网络文化繁荣发展,丰富人们精神世界,促进人类文明进步。

加强网络伦理、网络文明建设,发挥道德教化引导作用,用人类文明优秀成果滋养网络空间、修复网络生态。建设文明诚信的网络环境,倡导文明办网、文明上网,形成安全、文明、有序的信息传播秩序。坚决打击谣言、淫秽、暴力、迷信、邪教等违法有害信息在网络空间传播蔓延。提高青少年网络文明素养,加强对未成年人上网保护,通过政府、社会组织、社区、学校、家庭等方面的共同努力,为青少年健康成长创造良好的网络环境。

5.打击网络恐怖和违法犯罪

加强网络反恐、反间谍、反窃密能力建设,严厉打击网络恐怖和网络间谍活动。坚持综合治理、源头控制、依法防范,严厉打击网络诈骗、网络盗窃、贩枪贩毒、侵害公民个人信息、传播淫秽色情、黑客攻击、侵犯知识产权等违法犯罪行为。

6.完善网络治理体系

坚持依法、公开、透明管网治网,切实做到有法可依、有法必依、执法必严、违法必究。健全网络安全法律法规体系,制定出台《网络安全法》,筹建《未成年人网络保护条例》等法律法规,明确社会各方面的责任和义务,明确网络安全管理要求。加快对现行法律的修订和解释,使之适用于网络空间。完善网络安全相关制度,建立网络信任体系,提高网络安全管理的科学化、规范化水平。

加快构建法律规范、行政监管、行业自律、技术保障、公众监督、社会教育相结合的网络治理体系,推进网络社会组织管理创新,健全基础管理、内容管理、行业管理以及网络违法犯罪防范和打击等工作联动机制。加强网络空间通信秘密、言论自由、商业秘密,以及名誉权、财产权等合法权益的保护。

鼓励社会组织等参与网络治理,发展网络公益事业,加强新型网络社会组织建设。鼓励网民举报网络违法行为和不良信息。

7.夯实网络安全基础

坚持创新驱动发展,积极创造有利于技术创新的政策环境,统筹资源和力量,以企业为主体,产学研用相结合,协同攻关、以点带面、整体推进,尽快在核心技术上取得突破。重视软件安全,加快安全可信产品推广应用。发展网络基础设施,丰富网络空间信息内容。实施"互联网+"行动,大力发展网络经济。实施国家大数据战略,建立大数据安全管理制度,支持大数据、云计算等新一代信息技术创新和应用。优化市场环境,鼓励网络安全企业做大做强,为保障国家网络安全夯实产业基础。

建立完善国家网络安全技术支撑体系。加强网络安全基础理论和重大问题研究。加强网络安全标准化和认证认可工作,更多地利用标准规范网络空间行为。做好等级保护、风险评估、漏洞发现等基础性工作,完善网络安全监测预警和网络安全重大事件应急处置机制。

实施网络安全人才工程,加强网络安全学科专业建设,打造一流网络安全学院和创新园区,形成有利于人才培养和创新创业的生态环境。办好网络安全宣传周活动,大力开展全民网络安全宣传教育。推动网络安全教育进教材、进学校、进课堂,提高网络媒介素养,增强全社会网络安全意识和防护技能,提高广大网民对网络违法有害信息、网络欺诈等违法犯罪活动的辨识和抵御能力。

8.提升网络空间防护能力

网络空间是国家主权的新疆域。建设与我国国际地位相称、与网络强国相适应的网络空间防护力量,大力发展网络安全防御手段,及时发现和抵御网络入侵,铸造维护国家网络安全的坚强后盾。

9.强化网络空间国际合作

在相互尊重、相互信任的基础上,加强国际网络空间对话合作,推动互联网全球治理体系变革。深化同各国的双边、多边网络安全对话交流和信息沟通,有效管控分歧,积极参与全球和区域组织网络安全合作,推动互联网地址、根域名服务器等基础资源管理国际化。支持联合国发挥主导作用,推动制定各方普遍接受的网络空间国际规则、网络空间国际反恐公约,健全打击网络犯罪司法协助机制,深化在政策法律、技术创新、标准规范、应急响应、关键信息基础设施保护等领域的国际合作。

1.什么是网络空间安全?

2.网络空间安全有哪些重要意义?

3.网络空间安全的基本内容包括哪几个方面?

4.网络空间安全威胁的来源有哪些?

5.网络空间安全面临的挑战有哪些?

6.网络空间安全的技术体系包括哪几个方面?

7.《中华人民共和国网络安全法》的六大亮点是什么?

8.网络空间安全战略包括哪几个方面?

第2章　实体及运行安全

导　读

计算机系统各种设备的实体安全和整个系统的运行安全是信息安全的前提。如果实体安全和运行安全得不到保证，计算机信息系统的安全也就无从谈起。目前，计算机系统正在面临来自内在和外在多方面的安全威胁和挑战。

本章首先介绍了实体安全的概念，其次给出实体安全的内容，并就设备安全中的电磁泄漏事件做出详细描述，最后介绍了信息系统应遵循的原则、应用的技术以及面临的常见问题和解决措施。

思政目标

关键概念

实体安全　环境安全　设备安全　电磁泄漏　运行安全
冗余技术　数据容灾

随着信息技术的快速发展，以及信息技术广泛深入的应用，在政府部门、军队、企业、通信、金融、交通等领域中用来感知、接收、存储和传输信息的系统已经发展到了前所未有的规模。这些不断涌现的大规模系统涉及国家安全、国民经济、民众生产生活等领域的信息处理，已经成为保障国防和经济安全，以及社会稳定的重要部分。随着网络攻防技术的发展，上述系统将面临着严峻的安全形势与挑战，如何保障其安全、可靠运行成为人们关注的焦点之一。

计算机网络实体是网络系统的核心，它既是对数据进行加工处理的中心，又是信息传输控制的中心。计算机网络实体包括网络系统的硬件实体、软件实体和数据资源。因此，保证计算机网络实体安全，就是保证网络的硬件和环境、存储介质、软件和数据的安全。

2.1 实体安全

什么是计算机实体安全？计算机实体安全是指为了保证计算机信息系统安全可靠地运行，确保计算机信息系统在对信息进行采集、处理、传输、存储过程中，不受到人为(包括未授权使用计算机资源的人)或自然因素的危害，而使信息丢失、泄露或破坏，对计算机设备、设施采取的安全措施。计算机实体安全具体包括：场地环境、设备设施、供电、电磁屏蔽、信息存储介质等。它包括环境安全、设备及设施安全两个主要内容。

2.1.1 环境安全

在国家标准《数据中心设计规范》(GB 50174—2017)，《计算机场地通用规范》(GB/T 2887—2011)，《计算机场地安全要求》(GB 9361—2011)中对有关的环境条件均有规定。

1.机房的安全保护

按计算机系统的安全要求，计算机机房的安全可分为 A 级、B 级和 C 级三个基本级别。

(1)对 A 级机房的安全有严格的要求，有完善的机房安全措施，有最高的安全性和可靠性等。A 级机房对场地选择、防火、防电磁泄漏、内部装修、供配电系统、空调系统、火灾报警和消防设施、防水、防静电、防雷击、防鼠害等均有要求。

(2)对 B 级机房的安全有较严格的要求，有较完善的机房安全措施。

(3)对 C 级机房的安全有基本的要求，有基本的机房安全措施。C 级要求机房确保系统一般运行时的最低安全性和可靠性。C 级机房仅对防火、供配电系统、空调系统、火灾报警和消防设施有基本的要求。

根据机房安全的要求，机房安全可按某一级执行，也可按某几级综合执行，如某机房按照安全要求可选电磁辐射防护 A 级、火灾报警及消防设施 C 级等。

2.计算站场地选址原则

(1)应避开易发生火灾的危险区域，如油库。

(2)应避开尘埃、有毒腐蚀性气体。

(3)应避开低洼潮湿及落雷区域。

(4)应避开强振动、强噪声源。

(5)应避开用水设备及不宜设在高层。

(6)应避开强电场、强磁场。

(7)应避开有地震危害的区域。

(8)应避开有腐蚀性的重盐害区域。

2.1.2 设备及设施安全

1.路由器的安全

路由器是网络的"神经中枢"，是重要的网络设备之一，其承载着网间互联、路由走向、协议配置和网络安全等重要任务，是信息进出网络的必经之路。广域网就是靠一个个路由器连接起来组成的，目前局域网也已经普遍使用路由器。越来越多的企事业单位已经用路由器来接入网络进行数据通信。可见,路由器现在已经成为大众化的网络设备了。

随着路由器应用的逐渐广泛,其安全性也成为一个备受关注的话题。普遍的观点认为,路由器的安全会直接关系到网络的安全。网络安全中路由器的安全配置主要包括:

(1)保障路由器的自身安全

保障路由器的自身安全,其中包括用户口令安全和配置登录安全等。

(2)路由器访问控制的安全策略

在利用路由器进行访问控制时可考虑如下安全策略:

①对可以访问路由器的管理员进行严格控制;对路由器的任何一次维护记录备案,建立完备的路由器的安全访问和维护记录日志。

②不远程访问路由器。如果需要远程访问路由器,也应使用访问控制列表和高强度的密码控制。

③严格地为 IOS(Cisco 网际操作系统)做安全备份,及时升级和修补 IOS 软件,并迅速为 IOS 安装补丁。

④为路由器的配置文件做安全备份。

⑤为路由器配备 UPS 设备,或者至少要有冗余电源。

(3)路由协议的安全配置

只有保证路由协议的有效性和正确性,路由器才能正常工作。较为常用的路由协议有距离向量协议 RIP、开放式最短路径优先协议 OSPF 和增强内部网关选择协议 EIGRP。为保证路由协议的正常运行,网络管理员在配置路由器时要使用协议认证。

(4)路由器的网络安全配置

路由器除具有基本的路由功能以外,还有很多安全保护功能,要充分发挥路由器内在的安全性功能,更好地保护网络安全。

①物理结构的布局

如果路由器有一个以上的局域网端口,或几台路由器并行使用,可以根据访问性质进行分类。比如将供外部访问的 WWW 服务器、FTP 服务器和 E-mail 服务器集中放在一个端口上,将企业内部的 WWW 服务器、FTP 服务器和数据库服务器放在路由器的其他端口上。这样便于对端口访问进行控制,对安全十分有利。即使黑客攻破了企业供外部访问的服务器,由于企业的其他机器和这些服务器不在同一个广播域,因此信息被窃听的可能性极低。

②路由器的简单防火墙功能

目前,常用的路由器一般都有访问控制列表 ACL(Access List)。访问控制列表可用于入口(Inbound),也可用于出口(Outbound)。它可对源 IP 地址和目的 IP 地址以及协议端口号进行过滤,用它控制哪些网络可以访问什么服务器资源。使用 ACL 一般有创建一个路由表、指定接口和定义方向三个步骤。

2.交换机的安全

交换机通常是整个网络的核心设备。网络时代,黑客入侵事件层出不穷、病毒泛滥,作为网络核心的交换机承担着保障网络安全的重要责任。传统交换机主要用于数据包的快速转发,更多关注其转发性能。然而,交换机作为网络环境中重要的转发设备,其原来的安全特性已经无法满足现在的安全需求。越来越多的企事业单位要求交换机具有专业安全产品的性能,安全交换机也就应运而生。在安全交换机中集成了安全认证、访问控制列表、防火墙、入侵检测、防攻击、防病毒等功能。

(1)安全交换机

在黑客攻击和病毒侵扰下,交换机最基本的安全功能就是继续保持其高效的数据转发速率,不受各类黑客攻击的干扰。同时,交换机作为整个网络的核心,应该能对访问和存取网络信息的用户进行区分和权限控制。更重要的是,交换机还应该配合其他网络安全设备,对非授权访问和网络攻击进行监控和阻止。

(2)IEEE 802.1x 安全认证

在传统的局域网环境中,只要有物理的连接端口,未经授权的网络设备就可以接入局域网,或者未经授权的用户就可以通过连接到局域网的设备进入网络。以上操作也造成了潜在的安全威胁。此外,在学校和小区网络中,由于涉及网络计费需求,因此需要验证用户接入的合法性。IEEE 802.1x 可以有效地解决上述问题,因此目前它已经被集成到二层智能交换机中,完成对用户的接入安全审核工作。

(3)流量控制

安全交换机的流量控制技术将流经端口的异常流量限制在一定的范围内,避免交换机的带宽被无节制地滥用。该技术能够实现对异常流量的控制,可以从一定程度上避免网络堵塞。

(4)防范 DDoS 攻击

企业网一旦遭到分布式拒绝服务(DDoS)攻击,则会影响大量用户的合法访问,严重时甚至造成整个网络的瘫痪。安全交换机采用专门技术来防范 DDoS 攻击,其可以在不影响正常业务的情况下,智能地检测和阻止恶意流量,从而阻止网络受到 DDoS 攻击的威胁。

(5)虚拟局域网 VLAN

虚拟局域网是安全交换机必不可少的功能,其可以在二层或者三层交换机上实现有限的广播域。VLAN 把网络分成一个个独立的区域,并控制这些区域是否可以通信。VLAN可以跨越一个或多个交换机,使得设备之间如同在同一个网络间进行通信一样,无须考虑其各自物理位置如何。VLAN 可在各种形式上进行构建,如端口、MAC 地址、IP 地址等。VLAN 限制了不同 VLAN 之间的非授权访问,也可以设置 IP 地址与 MAC 地址绑定功能,从而限制用户非授权访问网络。

(6)基于 ACL 的防火墙功能

安全交换机采用了访问控制列表(ACL)来实现包过滤防火墙功能。ACL 通过对网络资源的访问控制,使得网络设备不被非授权访问或被用作攻击"跳板"。ACL 是一张规则列表,交换机按照顺序执行这些规则,并且处理每一个进入端口的数据包。每条规则根据数据包的属性(如源地址、目的地址和协议)允许或拒绝数据包通过。由于规则是按照一定顺序处理的,因此每条规则的相对位置对于确定允许和不允许什么样的数据包通过网络都非常重要。在安全交换机中,访问控制过滤措施可以基于源/目标交换槽、端口、源/目标VLAN、源/目标 IP、TCP/UDP 端口、ICMP 类型或 MAC 地址来实现。

ACL 不但可以通过网络管理者来设定网络策略,以针对个别用户或特定的数据流进行访问控制,而且可以作为网络的安全屏蔽,使黑客无法对网络中的特定主机进行探测,从而无法发动攻击。

（7）IDS 功能

安全交换机的入侵检测系统（IDS）功能可以对上报信息和数据流内容进行检测，当检测到网络安全事件时，执行有针对性的操作，并将这些对安全事件反应的动作发送到交换机上，并由交换机来实现精确的端口断开操作。为了有效实现上述联动，需要交换机支持认证、端口镜像、强制流分类、进程数控制、端口反向查询等功能。

（8）安全交换机的配置

安全交换机的出现使得网络在交换机层次上的安全能力大大增强。安全交换机可以配备在网络的核心位置上，如 Cisco 的 Catalyst 6500 模块化的核心交换机。这样就可以在核心交换机上统一配置安全策略，做到集中控制，方便网络管理人员的监控和调整。

此外，也可以把安全交换机放在网络的接入层或汇聚层，即把权力下放到边界，从而在各个边界实现安全交换机的性能，把入侵、攻击以及可疑流量阻挡在边界之外，以保证全网的安全。目前，很多厂家已经推出了各种边界或汇聚层使用的安全交换机。它们就像一个个堡垒一样，在核心周围建立起一道坚固的安全防线。

2.1.3 电磁泄漏

电磁泄漏是指计算机系统的各类器件、部件和设备，在正常工作时能够经过地线、电源线、信号线、寄生电磁信号或谐波等将电磁信号辐射出去。这些电磁信号如果被拦截，经过特定的信息提取技术，就可恢复出原始信息，从而造成信息泄密。具有保密要求的计算机信息系统必须防止电磁泄漏现象的发生。在防范电磁泄漏时，要注意进行"红信号""黑信号"隔离。其中，"红信号"是指与敏感信息有关的电磁信号，否则为"黑信号"。电磁泄漏伴随设备的运行一直存在，时刻威胁着各类设备的信息安全。随着技术的不断发展，电磁泄漏对信息技术设备带来的安全隐患日益凸显。

1.电磁干扰

由于电磁现象而引起的设备、传输通道或系统性能的下降称为电磁干扰，针对电磁干扰与防护问题的系统研究即电磁兼容（Electromagnetic Compatibility，EMC）。电磁干扰按传播途径分为传导干扰和辐射干扰；按干扰源的性质分为自然干扰和人为干扰；按干扰实施者的主观意向分为有意干扰和无意干扰。电磁兼容研究的内容是如何确保电磁干扰不影响信息技术设备的正常运行。电磁干扰关注电磁发射对敏感设备的影响，实质是电磁信号从干扰源向敏感设备的传输，而电磁泄漏侧重于电磁发射中的信息相关成分，实质是泄漏源的信息以电磁发射形式传递到窃听设备。

2.电磁泄漏

通信系统的通信能力和质量受到信源、信道和信宿 3 个环节的影响，而电磁泄漏中可控制的只有信源与信道，因此可从泄漏源和泄漏路径两个方面进行电磁泄漏的安全防护。

（1）泄漏源的防护

泄漏源信息变换有数据信号编码处理与自然天线发射处理两个部分，因此泄漏源防护可从以下两个方面进行：

首先，进行数据信号编码处理，在适宜的情况下进行信息加密，使得窃听系统无法还原出经过加密的信息。然而，在不适合加密的情况，编码信号的电平和特征将影响电磁发射，因而在条件允许时,应选择低电平、信号边沿缓慢的编码方式。

其次,自然天线的发射,在信息技术设备中应避免金属与电子器件对红信号的天线效应发射。采用低辐射器件、实施红黑分离、线缆滤波、红信号模块屏蔽等都是抑制自然天线发射的常用方法。

(2)电磁泄露路径的防护设计

电磁泄漏路径只有信道处理,因此应基于信道容量,对泄漏路径进行安全防护设计。降低电磁泄漏发射频率范围内的信噪比可以减小信道容量,减小红信号能量发射、增加电磁噪声是降低信噪比的基本方式。通过增加噪声来降低信噪比的方法即干扰技术,该技术是在源设备工作时有意释放伪电磁信号,其依据是电磁泄漏防护以确保信息不失密为目标,以抑制有用信息的电磁发射、阻挠窃听设备的接收还原为主要手段,而对不含信息的发射并不关心。

要达到预期的效果,干扰噪声应在时域、空域、能域、频域上满足要求,即时间上要与红信号发射同时产生,空间上应临近信息技术设备并与红信号的发射方向一致,频率上要求包括红信号发射的频率范围,能量上则应能够覆盖红信号电磁发射。

2.2 运行安全

系统的运行安全是计算机信息系统安全的重要环节,因为只有系统在运行过程中的安全得到保证,才能完成对信息的正确处理,达到发挥系统各项功能的目的。要想使系统运行安全得到保证,就必须提高系统的健壮性,即提高系统的可靠性、可用性和可维护性。

2.2.1 可靠性、可用性和可维护性

可靠性、可用性和可维护性(Reliability, Availability and Serviceability)是计算机硬件工程上的术语,最初是 IBM 公司为其大型主机所做的宣传广告,强调大型主机系统的坚韧强固。如今这个概念已广为人知,并被简称为 RAS。

1.可靠性

可靠性意味着即使发生故障,系统也能正常运行。故障有可能源于硬件(通常是随机的和不相关的)、软件(缺陷通常是系统的、难以处理的),以及人类(不可避免地会不时出错)。容错技术可以容忍特定类型的故障。

2.可用性

系统可用性即系统服务不中断的运行时间与系统实际运行时间的比例,高可用性意味着系统服务不中断,运行时间占实际运行时间的比例更大。这一属性要求合法用户及时、正确地取得所需的信息。

对于一个简单的系统,在单位时间内是可以保证服务不中断的,由于现在的系统复杂性越来越高,且服务器硬件老化、供电不稳以及网络故障等不确定因素,很难保证系统服务永不中断,因此可用性通常指一段时间内的可用性。

要想实现可用性就需要做到:保证计算机和网络设备的正常使用不受到断电、地震、水灾、火灾等自然灾害的影响;对网络拥塞、病毒、黑客等容易导致系统崩溃或带宽过度损耗的

情况采取措施；等等。

3.可维护性

可维护性是衡量一个系统的可修复(恢复)性和可改进性的难易程度。所谓可修复性，是指系统在发生故障后能够排除(或抑制)故障予以修复，并返回到原来正常运行状态的可能性。而可改进性则是系统具有接受对现有功能的改进，增加新功能的可能性。

4.三者之间的关系

系统可用性取决于系统可靠性及可维护性，其中可靠性是指系统服务多久不中断，可维护性是指服务中断后多久可恢复。三者之间的关系可表示为：可用性＝可靠性/(可靠性＋可维护性)

5.提高系统可用性的途径

(1)对于某个系统节点(可能是一台服务器、一个组件或者一个功能模块)，要求代码健壮、性能优、硬件配置高等。

(2)对于整个系统，可使用集群技术，包括高可用集群及负载均衡集群。

(3)系统不可能永远不出问题，因此当出现故障时，如何快速解决显得尤为重要，即要求系统具有较高的可维护性。

2.2.2 冗余技术

冗余设计(Redundancy Design,RD)是提高系统可靠性的有效途径。冗余是指在正常系统运行所需资源的基础上，额外增加一定数量的资源，包括信息、时间、硬件和软件。冗余是容错技术的基础，通过冗余资源的加入，可以使系统的可靠性获得较大的提升。冗余技术的目的是使系统运行时不易受局部故障的影响，并可以实现在线维护，使故障部件能得到及时的修复。合理的冗余设计能显著提高系统的可靠性与可用性，有效避免由于系统随机性故障而引起的停产或设备损坏造成的经济损失。为了有效管控随机发生的物理性故障或由于设计缺陷导致的不确定性故障，冗余技术得到了广泛应用。

主要的冗余技术有结构冗余(硬件冗余和软件冗余)、信息冗余、时间冗余和冗余附加四种。

1.结构冗余

结构冗余是常用的冗余技术，按其工作方式可分为静态冗余、动态冗余和混合冗余三种。

(1)静态冗余

静态冗余又称为屏蔽冗余或被动冗余，常用的有三模冗余和多模冗余。静态冗余通过表决和比较来屏蔽系统中出现的错误。例如，三模冗余是对三个功能相同，但由不同的开发者采用不同方法开发出的模块的运行结果进行表决，以"少数服从多数"原则确定系统的最终结果。即如果模块中有一个出错，这个错误能够被其他模块的正确结果"屏蔽"。由于无须对错误进行特别的测试，也不必进行模块的切换就能实现容错，故称为静态容错。

(2)动态冗余

动态冗余又称为主动冗余，它是通过故障检测、故障定位及故障恢复等手段达到容错的目的。其主要方式是多重模块待机储备，当系统检测到某工作模块出现错误时，就用一个备用的模块来顶替它并重新运行。各备用模块在其待机时,可与主模块一样工作,也可不工作,前者叫作热备份系统(双重系统),后者叫作冷备份系统(双工系统、双份系统)。在热备份系统中,两套系统同时、同步运行,当联机子系统检测到错误时,退出服务进行检修,而由热备份子系统接替工作,备用模块在待机过程中其失效率为 0;处于冷备份的子系统平时停机或者运行与联机系统无关的运算,当联机子系统产生故障时,人工或自动进行切换,使冷备份系统成为联机系统。在运行冷备份时,不能保证从系统断点处精确地连续工作,因为备份机不能取得原来机器上的当前运行的全部数据。

（3）混合冗余

混合冗余技术是将静态冗余和动态冗余结合起来,取长补短。该技术先使用静态冗余中的故障屏蔽技术,使系统免受某些可以被屏蔽的故障的影响。而对那些无法屏蔽的故障则采用动态冗余中的故障检测、故障定位和故障恢复等技术,并且对系统做重新配置。因此,混合冗余的效果要大大优于静态冗余和动态冗余。然而,由于混合冗余既要有静态冗余的屏蔽功能,又要有动态冗余的各种检测和定位等功能,它的附加硬件的开销是相当大的,所以混合冗余的成本很高,仅在对可靠性要求极高的场合中使用。

2.信息冗余

信息冗余是在实现正常功能所需的信息外,再添加一些信息,以保证运行结果正确性的方法。例如,检错码和纠错码就是典型的信息冗余技术。这种冗余信息的添加方法是按照一组预定的规则进行的。符合添加规则而形成的带有冗余信息的字称为码字,而那些虽带有冗余信息但不符合添加规则的字则称为非码字。当系统出现故障时,可能会将码字变成非码字,于是在译码过程中会将引起非码字的故障检测出来,这就是检错码的基本思想。纠错码不仅可以将错误检测出来,还能将由故障引起的非码字纠正成正确的码字。

由此可见,信息冗余的主要任务在于研究出一套理想的编码和译码技术来提高信息冗余的效率。编码技术中应用最广泛的是奇偶校验码、海明校验码和循环冗余校验码等。

3.时间冗余

时间冗余是以时间(降低系统运行速度)为代价来达到提高可靠性的目的。在某些实际应用中,硬件冗余和信息冗余的成本、体积、功耗、重量等开销可能过高,而时间并不是太重要的因素时,可以使用时间冗余。时间冗余的基本概念是重复多次进行相同的计算,或称为重复执行(复执),以达到故障检测的目的。

实现时间冗余的方法很多,但是其基本思想是对相同的计算任务重复执行多次,然后将每次的运行结果进行比较。若结果相同,则认为无故障;若存在不同的结果,则说明检测到了故障。但是这种方法往往只能检测到瞬时性故障而不宜检测永久性的故障。

4.冗余附加

冗余附加技术包括:冗余备份程序的存储及调用,实现错误检测和错误恢复的程序,实现容错软件所需的固化程序。

2.2.3　数据容灾与恢复

数据容灾是指建立一个异地的数据库系统。为了保护数据安全和提高数据的持续可用性,企业要从 RAID 保护、冗余结构、数据备份、故障预警等多方面考虑,将数据库的必要文

件复制到其他存储设备。

容灾备份系统又称为灾难恢复系统,就是通过特定的容灾机制,确保在各种灾难损害发生后,仍然能够最大限度地保障计算机信息系统提供正常的应用服务。从系统的保护程度角度来看,容灾备份系统可以分为数据级容灾和应用级容灾。数据级容灾是指通过建立异地灾备中心,做数据的远程备份,在灾难发生时,要确保原有的数据不会丢失或者遭到破坏;应用级容灾是在数据级容灾的基础上,在备份站点同样建设一套相同的应用系统,通过同步或异步复制技术,保证关键应用在允许的时间范围内恢复运行。可以说,容灾系统是数据存储备份的最高层次。

1.数据备份

所谓备份,就是通过特定的办法,将数据库的必要文件复制到转储设备的过程。其中,转储设备是指用于放置数据库拷贝的磁带、磁盘和网盘等。选择备份策略的依据是:丢失数据的代价与确保数据不丢失的代价之比。某些情况下,硬件的备份无法满足现实需要,比如误删了一个表,又想恢复该表的时候,数据库备份就变得重要了。

传统的数据备份主要是采用内置或外置的磁带机进行冷备份。但是这种方式只能防止操作失误等人为故障,而且其恢复时间也很长。随着技术的不断发展、数据的海量增加,不少的企业开始采用网络备份。网络备份一般通过专业的数据存储管理软件结合相应的硬件和存储设备来实现。

2.备份方式

(1)定期磁带备份数据

定期磁带备份数据是指周期性地从存储设备中复制指定数量的数据到磁带,以进行备份。

(2)远程磁带库、光盘库备份

远程磁带库、光盘库备份即将数据传送到远程备份中心制作完整的备份磁带或光盘。

(3)远程关键数据+磁带备份

这种方式采用磁带备份数据,生产机实时向备份机发送关键数据。远程数据库备份,就是在与主数据库所在生产机相分离的备份机上建立主数据库的一个拷贝。

(4)网络数据镜像

这种方式是对数据库数据和所需跟踪的重要目标文件的更新进行监控与跟踪,并将更新日志实时通过网络传送到备份系统,备份系统则根据日志对磁盘进行更新。

(5)远程镜像磁盘

远程镜像磁盘通过高速光纤通道线路和磁盘控制技术将镜像磁盘延伸到远离生产机的地方,镜像磁盘数据与主磁盘数据完全一致,更新方式为同步或异步。

数据备份必须要考虑到数据恢复的问题,包括采用双机热备、磁盘镜像或容错、备份磁带异地存放、关键部件冗余等多种灾难预防措施。这些措施能够在系统发生故障后进行系统恢复。

3.容灾备份的核心技术

容灾备份的核心技术思想就是利用数据保护的基础技术在几十千米、数百千米甚至数千米之外的系统中创建数据的副本,实现生产系统和灾备系统的数据同步。容灾备份系统常用的数据保护基础技术包括备份、镜像、复制和快照等技术,见表2-1。此外,近些年来采用的新技术涉及存储虚拟化、灾备链路带宽精简技术、日志同步技术、持续数据保护技术等。

表 2-1   容灾备份系统常用的数据保护基础技术

基础技术	描述
备份	特指利用传统备份软件,将源数据以相同或者不同的格式在磁盘或者磁带介质上创建副本
镜像	源数据被创建和更新的同时,其副本也被创建和更新了
复制	创建和实时更新源数据的副本;实现时划分两个阶段:首先进行全拷贝(全数据同步);下阶段根据源数据的变化,通过同步变化数据,进行副本的实时更新
快照	创建源数据的多个时间点的副本;这种副本不是源数据的完整拷贝,而是相邻时间点之间的数据变化量,所以创建过程和数据恢复过程都十分迅速

(1)存储虚拟化

主要是基于存储网络的虚拟化,其基本价值是存储资源整合和统一管理,以提高存储资源的利用率。存储网络级虚拟化能兼容并屏蔽底层各种存储阵列的访问差异性,对存储资源进行统一虚拟化管理,在此基础上能够结合镜像、复制技术,实现多生产系统、多存储阵列下的数据统一灾备。也就是说,存储虚拟化技术是实现存储网络级灾备数据同步的重要一环,能打破灾备建设中存储阵列类型和品牌限制,能进行多个存储阵列环境下的统一灾备。

(2)灾备链路带宽精简技术

它是减少对灾备链路带宽要求的技术,其技术实现原理是通过减少数据传输量来降低对灾备链路的带宽要求。在实现方式上主要有两种方法:一种方法是采用精细的扫描算法,将数据的变化扫描定位到细小的磁盘扇区级别,数据同步仅针对变化扇区数据,对于一个数据块的写入只涉及某些细小扇区的情况,数据同步量将有大幅减少;另一种方法是采用重复数据删除技术来精简数据传输量,目前被广泛应用在主流厂商的容灾备份系统中。

(3)日志同步技术

日志同步技术的原理可简单理解为生产系统不直接将数据同步给灾备系统,而是告诉灾备系统在哪个文件或者存储区域写了哪些数据,灾备系统实际是先接收生产系统的"日志指令",然后根据指令将实际数据写入文件或者存储区域。日志同步技术广义上可以归为复制技术的范畴,因为数据写入都具备顺序性,即先源后目标。但在数据同步机制上有很大差别,复制技术的数据同步机制是基于数据块的,日志同步技术是基于日志的,其突出特点是灾备链路带宽需求小、数据同步效率高,能很好地实现较高的 RPO 目标。日志同步技术目前在存储阵列和主机应用层有实现产品,特别是基于数据库的日志同步技术产品,由于基本能达到灾备等级为 6 的高 RPO 和 RTO 要求,因此被运用于某些高端灾备系统中。

(4)持续数据保护技术

传统的备份技术实现的数据保护间隔一般为几天或一周,属于冷备份技术;采用快照技术实现热备份,可以将数据的丢失风险控制在几个小时之内,但是快照技术只能保存快照点上的数据卷的状态,不能保存快照点之后的数据卷。持续数据保护是实现热备份数据的重要手段,可以有效地避免用户操作错误、病毒攻击等非硬件故障造成的数据丢失,并且能够实现对任意时间的数据的访问,提供任意目标恢复点。持续数据保护可以用于文件系统或块级存储设备的备份和数据卷恢复。基于文件级的持续数据保护,其功能作用在文件系统上,可以捕捉文件系统数据或者元数据的变化事件(如创建、修改、删除等),并及时将文件的变动进行记录,以便将来实现任意时间点的文件恢复。基于块级的持续数据保护在块设备层实现持续数据保护,屏蔽了与具体文件系统类型的相关性,使得功能适用于各种文件系统。基于块级的 CDP 功能直接运行在物理的存储设备或逻辑的卷管理器上,甚至也可以运行在数据传输层上。当数据块写入生产系统的存储设备时,CDP 系统可以捕获数据的拷贝并将其存放在另一个存储设备中。

本章习题

1. 简述机房选址时对机房环境及场地的考虑。
2. 简述安全交换机的性能。
3. 电磁泄漏的防护途径有哪些?
4. 简述系统健壮性的评价指标。
5. 冗余技术有哪些?
6. 简述什么是容灾备份系统。
7. 简述几种常用的备份技术。
8. 简述容灾备份的关键技术。

第3章　操作系统安全

学习指南

导　读

操作系统是信息系统的重要组成部分。首先,操作系统位于软件系统的底层,需要为其他上层运行的各类应用服务提供支持;其次,操作系统是系统资源的管理者,对所有系统软、硬件资源实施统一管理;再次,作为软、硬件的接口,操作系统起到承上启下的作用,应用软件对系统资源的使用与改变都是通过操作系统来实施的。因此,操作系统的安全在整个信息系统的安全中起到至关重要的作用,没有操作系统的安全,信息系统的安全将犹如建在沙丘上的城堡一样没有牢固的根基。本章首先分析了操作系统面临的安全威胁的主要类型以及操作系统的安全需求;其次阐述了操作系统的安全机制,包括标识与鉴别机制、访问控制机制、最小特权管理、可信通路机制以及安全审计机制等;最后对 Windows、Linux、UNIX 等主流操作系统的安全机制进行了分析。

关键概念

操作系统　安全　认证机制　访问控制　最小特权

可信通路　安全审计

思政目标

操作系统是计算机系统的系统软件,是计算机资源的直接管理者,是计算机系统的灵魂,它维护着计算机系统的底层,承担着对内存、进程等子系统进行管理和调度的任务。操作系统可以直接与硬件打交道,并为用户提供接口,是计算机软件的基础和核心。操作系统安全就是操作系统无错误配置、无漏洞、无后门、无木马等,能防止非法用户对计算机资源的非法存取,一般用来表达对操作系统的安全需求。网络系统的安全依赖于网络中各个主机系统的安全,而主机系统的安全正是由操作系统的安全所决定的。因此,操作系统的安全是整个网络系统安全的基础,只有操作系统的安全,才能真正解决数据库安全、网络安全和其他应用软件的安全性问题。

3.1.1 操作系统安全威胁的类型

AT&T 实验室的 S. Bellovin 博士曾分析过美国 CERT（Computer Emergency Response Team）提供的安全报告,结果表明很多安全问题都是源于操作系统的安全脆弱性,而对操作系统安全的威胁主要有以下类型:

1.计算机病毒(Computer Virus)

计算机病毒是一种人为制造的、能够进行自我复制的,对计算机资源产生破坏作用、毁坏数据、影响计算机使用的一组程序代码或者计算机指令的集合。计算机病毒具有破坏性、潜伏性、传染性、隐蔽性、激发性等特点。

2.蠕虫(Worm)

蠕虫与计算机病毒类似,利用网络进行传播,传染途径是通过网络和电子邮件,并且它带来的破坏可能和计算机病毒一样严重。蠕虫既具有计算机病毒的一般特性,又具有一些自己的特征,例如它不需要附着到宿主程序,而是利用网络和计算机的漏洞(Vulnerability)进行攻击和传播等。随着网络的飞速发展,蠕虫正逐渐成为网络和计算机安全的最大威胁。根据蠕虫的传播和运作方式,可以将蠕虫分为主机蠕虫和网络蠕虫两大类。

3.逻辑炸弹(Logic Bomb)

逻辑炸弹是最早出现的程序威胁类型之一。逻辑炸弹实际上是嵌入某些现有合法应用中的程序代码段,当遇到某些特定条件时,它便会"爆炸"。逻辑炸弹一旦被引爆,将会修改或删除文件中的数据甚至整个文件,这将引起系统关机或者其他更严重的危害。它也可以通过写入非法的值来控制视频卡的端口使监视功能失败、使键盘失灵、破坏磁盘以及释放出更多的逻辑炸弹或病毒。

可以引爆逻辑炸弹的条件有很多,比如某些特定文件的存在或缺失,某个特定的日期或星期的到来,或者是某个特定用户运行的应用程序等。具体触发方式包括:计数器触发器、时间触发器、复制触发器、磁盘空间触发器、视频模式触发器、基本输入/输出系统(BIOS)触发器、只读内存(ROM)触发器、键盘触发器、反病毒触发器等。

4.特洛伊木马(Trojan Horse)

特洛伊木马是一段独立的计算机程序,它无法进行自我复制,一旦被调用,将会执行一些不希望或有害的功能。它以隐秘代码段的方式进入目标机器,对目标机器中的私密信息进行收集和破坏,再通过互联网,把收集到的私密信息反馈给攻击者,从而实现信息窃取目的。

一个有效的特洛伊木马对程序的预期结果无明显影响,也许永远查不出它的存在。由于系统不能区分特洛伊木马和合法程序,只要用户使用了这个编辑程序,系统就不能阻止特洛伊木马的操作。特洛伊木马必须具有以下几项功能才能成功地入侵计算机系统:

(1)入侵者要写一段行为方式不会引起用户怀疑的程序进行非法操作;

(2)必须设计出某种策略诱使受骗者接收这段程序;

(3)必须使受骗者运行该程序;

（4）入侵者必须有某种手段回收由特洛伊木马发作为其带来的实际利益

特洛伊木马通常继承了用户程序相同的用户 ID 以及一些权力甚至特权。因此，特洛伊木马能在不破坏系统的任何安全规则的情况下进行非法活动。多数系统不是为防止特洛伊木马而专门设计的，一般只能在有限的情况下进行防御。特洛伊木马程序同病毒计算机程序一样具有潜伏性，且常常具有更大的欺骗性和危害性。

5.天窗(Skylight)

天窗(Skylight)又称后门，是嵌在操作系统里的一段非法代码，渗透者利用该代码提供的方法侵入操作系统而不受检查。天窗由专门的命令激活，一般不容易发现。通常天窗设置在操作系统内部，很像是操作系统里可供渗透的一个缺陷，它使得知情者可以绕开正常的安全访问机制而直接访问程序。天窗被用于合法程序员调试和测试程序。当程序开发者在设计一个包含认证机制的应用，或者一个要求用户输入多个不同的值才能够运行的程序时，为避开这些烦琐的认证机制以便调试顺利进行，程序开发者往往会设置这样的天窗。当天窗被某些渗透者利用作为获取未经授权的访问权限的工具时，它便成为一种安全威胁。

6.隐蔽通道(Covert Channel)

隐蔽通道最早被定义为：并非专门设计或者原本并非用于信息传输的通信通道。现如今可定义为：系统中不受安全策略控制的、违反安全策略的信息泄露路径。按信息传递的方式和方法区分，隐蔽通道分为隐蔽存储通道和隐蔽定时通道，前者在系统中通过两个进程利用不受安全策略控制的存储单元传递信息；后者在系统中通过两个进程利用一个不受安全策略控制的广义存储单元传递信息。

一个有效可靠的操作系统必须具有相应的保护措施，消除或者限制如计算机病毒、逻辑炸弹、特洛伊木马、天窗、隐蔽通道等对系统构成的安全隐患。

总之，计算机病毒只是通过复制自己来感染其他系统/程序的计算机程序。蠕虫类似于计算机病毒，但是它不复制自己。逻辑炸弹包括各种在特定的条件满足时就会被激活的恶意代码。计算机病毒、蠕虫和逻辑炸弹都可以隐藏在其他程序的源代码内部，而且这些程序往往伪装成无害的程序，如图形显示程序和游戏等，这些程序则称为特洛伊木马。天窗是嵌在操作系统里的一段非法代码，渗透者可以利用该代码提供的方法侵入操作系统而不受检查。隐蔽通道则是系统中不受安全策略控制的、违反安全策略的信息泄露路径。无论它们的表现形式和运作机理存在哪种差异，有一点是相同的，即它们都对操作系统安全构成了威胁。

3.1.2 操作系统的安全需求

从计算机信息系统的角度分析，在信息系统安全所涉及的众多内容中，核心问题是操作系统、网络系统与数据库管理系统的安全问题。数据库通常是建立在操作系统上的，如果没有操作系统安全机制的支持，就不可能保障其存取控制的安全可信性。在网络环境中，网络的安全可信性依赖于各主机系统的安全可信性。而像密码认证系统的密钥分配服务器的自身安全性、IPSec 网络安全协议的安全性等，如果不相信操作系统可以保护数据文件，那就不应该相信它总能够适时地加密文件并能妥善地保护密钥。因此操作系统的安全性在计算机信息系统的整体安全性中具有至关重要的作用，没有操作系统提供的安全性，信息系统的安全性是没有基础的。

通常一个安全的计算机信息系统应该满足机密性（Confidentiality）、完整性（Integrity）、可追究性（Accountability）和可用性（Availability）要求。

1.机密性

机密性是指不要泄露信息或资源。对信息的机密性需求最初源自一些敏感领域（如政府、工业）的计算机应用。

访问控制机制支持机密性。例如，密码技术通过加密对数据内容进行保密处理。加密密钥可控制对原数据的访问，但加密密钥本身又成为另一个需要保护的数据。

机密性也适用于数据的存在性，这有时比数据本身的泄露更重要。例如，知道"不信任某政客的确切人数"可能并不比知道"这项民意调查的是该政客的员工"更重要。访问控制机制有时仅仅是保护数据的存在性，以免存在性本身泄露了应该受到保护的信息。

对所使用资源的隐蔽要求是机密性的另一个重要方面。许多网站通常希望隐蔽自己的具体配置和正在使用的具体系统；一个组织可能并不希望别人知道其使用的具体设备（因为它可能被未授权或不恰当使用）。访问控制机制也可以为这些资源提供隐蔽的功能。

所有实施机密性的机制都需要支持系统的服务，假设这些安全服务依赖内核和其他代理可以提供正确的数据。因此，这些前提和基本信任就成为机密性机制的基础。

2.完整性

完整性是指对数据或资源的可信赖程度（Trustworthiness），它通常用于表述防止不当或未经授权的修改。完整性包括数据的完整性和来源的完整性。信息的来源可能会涉及其准确性和可信性（Credibility），以及人们对此信息的信任程度（Trust）。这说明了一个原则：完整性中的可信性是系统正确运行的关键。

完整性机制可以归类为防护（Prevention）机制和检测（Detection）机制。处理完整性与处理机密性有很大的差别。对于机密性，数据可能被破坏，也可能没有被破坏；而完整性既包括数据的正确性，又包括数据的可信赖程度。数据来源、数据到达当前机器之前被保护的程度，以及在当前的机器上被保护的程度都会影响数据的完整性。因此，评价完整性往往更困难，因为它依赖于关于数据来源的假设以及数据来源的可信性的假设，所以这是两个常常被忽视的安全基础。

3.可追究性

系统必须保证对数据的访问和系统能力的使用的个人行为可追究性，并且提供审计这些行为（Transactions）的方法。这涉及三个基本要素：标识、鉴别和审计能力。

标识是指可以唯一识别任意访问系统人员的能力。这可以由策略要求的级别来决定。许多访问控制系统将一些个人用户分成一个组，使得这些用户被授予同样的权限（访问特定的数据或功能）。这些特权也可能与位置、日期或所需的安全级别涉及的其他标准相关。

鉴别是指可以保证所标识的那些人确实是他们所标识的人。最常见的鉴别方式是使用口令，但也有其他技术。鉴别技术分为三大类：你知道什么；你拥有什么；一些个人特征。口令和密钥的管理决定着系统的可靠性和安全性。

审计能力是指授权人员跟踪个人行为的能力。系统必须提供授权人员跟踪个人行为的能力。这些跟踪机制的粒度与敏感级别相关，敏感级别越高，在审计系统中可以获得的信息越详细。授权人员应该能够轻松操纵系统，使得被审计数据可根据需要来选择。

4.可用性

可用性是指使用所期望的信息或资源的能力。可用性是可靠性和系统设计的一个重要方面,因为一个不可用的系统和没有系统是一样的糟糕。安全相关的可用性是指有人蓄意造成数据的拒绝访问或使服务不可用。系统设计通常采用一个统计模型来分析预期的使用模式和机制,以确保可用性。但有人可能会操纵使用模式,使得统计模型不再生效,这就意味着保证资源或数据可用的机制不是工作在其所设计的环境中,就会导致这些机制失效。

破坏系统的可用性,被称为拒绝服务攻击,这是最难检测的攻击,因为这要求分析者能够判定异常的访问模式是否可以归结为对资源或环境的蓄意操纵。蓄意操纵导致资源失效的企图可能看起来像异常事件或者可能就是异常事件,甚至可能表现为正常事件。

3.2 操作系统的安全机制

3.2.1 标识与鉴别机制

1.基本概念

标识与鉴别(Identify and Authentication,I&A)是涉及系统和用户的一个过程。标识就是系统要标识用户的身份,并为每个用户取一个系统可以识别的内部名称——用户标识符。用户标识符必须是唯一的且不能被伪造。鉴别是用户标识符与用户联系的过程,鉴别过程主要是识别用户的真实身份,鉴别操作总是要求用户具有能够证明他的身份的特殊信息。鉴别一般是在用户登录时发生的,系统提示用户输入口令,然后判断用户输入的口令是否与系统中存在的该用户的口令一致。这种口令机制是简便易行的鉴别手段,但比较脆弱。较安全的口令应是不小于6个字符并同时含有数字和字母的口令,并且限定一个口令的生存周期。另外,生物技术是一种比较有前途的鉴别用户身份的方法,如利用指纹、视网膜等,目前这种技术已取得了长足进展,逐步达到了实用阶段。

2.安全操作系统中的标识与鉴别机制

在安全操作系统中,可信计算基(TCB)要求先进行用户识别之后,才开始执行要TCB调节的任何其他活动。此外,TCB要维护鉴别数据,不仅包括确定各个用户的许可证和授权的信息,而且包括为验证各个用户标识所需的信息。这些数据将由TCB使用,对用户标识进行鉴别,并对代表某个用户的活动所创建的TCB之外的主体,确保其安全级和授权是受该用户的许可证和授权支配的。TCB要保护鉴别数据,保证它不被任何非授权用户存取。

3.与鉴别有关的认证机制

所有用户都必须进行标识与鉴别。所以需要建立一个登录进程与用户交互以得到用于标识与鉴别的必要信息。首先,用户提供一个唯一的用户标识符给TCB,接着TCB对用户进行认证。TCB必须能证实该用户的确对应于所提供的标识符。这要求认证机制做到以下几点:

(1)在进行任何需要TCB仲裁的操作之前,TCB都应该要求用户标识它们自己。TCB通过向每个用户提供唯一的标识来维护其认证信息。同时TCB还将这种标识与该用户有关的所有审计操作联系起来。

（2）TCB必须维护认证数据，包括证实用户身份的信息以及决定用户策略属性的信息。这些数据被用来认证用户身份，并确保那些代表用户行为的、位于TCB之外的主体的属性对系统策略的满足。

（3）TCB保护认证数据，防止被非法用户使用。即使在用户标识无效的情况下，TCB仍执行全部的认证过程。当用户连续执行认证过程的次数超过系统管理员指定的次数而认证仍然失败时，TCB关闭此登录会话。当尝试次数超过最高限次时，TCB发送警告给系统控制台或管理员，将此事件记录在审计档案中，同时将下一次登录延迟一段时间（由授权的系统管理员设定）。TCB应提供一种保护机制，当连续或不连续的登录失败次数超过管理员指定的次数时，该用户的身份就不能再使用了，直到有系统管理员干预为止。

（4）TCB应能为所有活动用户和所有用户帐户维护、保护、显示状态信息。

（5）一旦口令被用作一种保护机制，至少应该满足：

- 当用户选择了一个其他用户已使用的口令时，TCB应保持沉默。
- TCB应以单向加密方式存储口令，访问加密口令必须具有特权。
- 在口令输入或显示设备上，TCB应自动隐藏口令明文。
- 在普通操作过程中，TCB在默认情况下应禁止使用空口令。
- TCB应提供一种保护机制允许用户更换自己的口令，这种机制要求重新认证用户身份。TCB还必须保证只有系统管理员才能设置或初始化用户口令。
- 对每一个或一组用户，TCB必须加强口令失效管理。系统管理员的口令有效期通常比普通用户短。过期口令将失效，只有系统管理员才能进行口令失效控制。
- 在要求用户更改口令时，TCB应事先通知用户。
- 要求在系统指定的时间段内，同一用户的口令不可重用。
- TCB应提供一种算法确保用户输入口令的复杂性。口令至少应满足以下要求：口令应有系统指定的最小长度；TCB应能修改口令复杂性检查算法，默认的算法应要求口令包括至少一个字母字符、一个数字字符和一个特殊字符；TCB应允许系统指定一些不可用的口令并确保用户被禁止使用这些口令。
- 如果有口令生成算法，它必须满足：产生的口令容易记忆；用户可自行选择可选口令；口令应在一定程度上抵御字典攻击。

4. 口令管理

口令系统提供的安全性依赖于口令的保密性：用户在系统注册时，必须赋予用户口令；用户口令必须定期更改；系统必须维护一个口令数据库；用户必须记忆自身的口令；在系统认证用户时，用户必须输入口令。所以口令质量是一个非常关键的因素。它涉及以下几点：

（1）口令空间。口令空间的大小是字母表规模和口令长度的函数。满足一定操作环境下安全要求的口令空间的最小尺寸可以使用以下公式：

$$S = G/P, G = L \cdot R$$

其中，S代表口令空间的最小尺寸，L代表口令的最大有效期，R代表单位时间内可能的口令猜测数，P代表口令有效期内被猜出的可能性。

（2）口令加密算法。单向加密函数可以用于加密口令，加密算法的安全性十分重要。此外，如果口令加密只依赖于口令或其他固定信息，有可能造成不同用户加密后的口令是相同的。

（3）口令长度。口令的安全性由口令有效期内被猜出的可能性决定。可能性越小，口令越安全。在其他条件相同的情况下，口令越长越安全，口令有效期越短越安全。下面公式是计算口令长度的方法：

$$S = A^M$$

其中，S 代表口令空间的最小尺寸，A 代表字母表中字母的个数，M 代表口令长度。

计算口令长度的过程：建立一个可以接受的口令猜出可能性 P。计算 $S = G/P$，其中 $G = L \cdot R$。计算口令长度公式为：$M = \log_A S$。通常情况下，M 应四舍五入成最接近的整数。

系统管理员应担负的职责：

（1）初始化系统口令。系统中有一些事先注册的标准用户，在允许普通用户访问系统之前，系统管理员应能为所有标准用户更改口令。

（2）初始口令分配。系统管理员应负责为每个用户产生和分配初始口令，但要防止口令暴露给系统管理员。

（3）口令更改认证。有时用户会忘记口令，或者系统管理员可能会认为某一用户口令已经被破坏。所以，系统管理员应能产生一个新口令，更改用户口令，而事前他可以不知道该用户的口令。系统管理员在进行这个操作时，必须遵循初始口令的分配规则分配新口令。

（4）保证唯一用户 ID。在系统的整个生存周期内，每个用户 ID 应赋予一个唯一的用户。

（5）用户 ID 重新生效。

为确保口令的安全性，用户的职责有：

（1）安全意识。用户应明白他们有责任将其口令对他人保密，报告口令更改情况，并关注安全性是否被破坏。

（2）更改口令。用户应能够独自周期性更改其口令。至少应保证在口令有效期内被破坏的可能性足够低。

一个口令用于认证的时间越长，其暴露的可能性越大。口令过期后将被视为无效，相关的用户将得到口令过期通知。系统应要求使用过期口令登录的用户先更改其口令，然后才允许访问。

为了达到口令私有化的目的，用户只允许更改自己的口令。

更改口令发生在用户要求或口令过期的情况下。用户能连续正确地输入新口令，于是口令数据库就被更新，并发消息告诉用户。如果这一过程失败，用户将被通知出错信息，原口令仍保持有效。

3.2.2 访问控制机制

在计算机系统中，安全机制的主要内容是访问控制，包括三个任务：授权，确定可给予哪些主体访问客体的权力；确定访问权限（读、写、执行、删除、追加等访问方式的组合）；实施访问权限。

这里，访问控制仅适用于计算机系统内的主体和客体，而不包括外界对系统的访问。

客体是一种信息实体，它们蕴含或接收信息。主体是这样的一种实体，它引起信息在客体之间的流动，通常是指人、进程或设备等，一般是代表用户执行操作的进程。

在安全操作系统领域中，访问控制一般涉及自主访问控制和强制访问控制两种形式。

1.自主访问控制

自主访问控制(Discretionary Access Control,DAC)是最常用的一类访问控制机制,用来决定一个用户是否有权访问客体的一种访问约束机制。在自主访问控制机制下,文件的拥有者可以按照自己的意愿,精确指定系统中的其他用户对其文件的访问权。

需要自主访问控制保护的客体的数量取决于系统环境,几乎所有的系统在自主访问控制机制中都包括对文件、目录、IPC以及设备的访问控制。

为了实现完备的自主访问控制机制,系统要将访问控制矩阵相应的信息以某种形式保存。访问控制矩阵的每一行表示一个主体,每一列表示一个受保护的客体,矩阵中的元素表示访问模式。目前在操作系统中实现的自主访问控制机制都不是将矩阵整个地保存起来,而是基于矩阵的行或列表达访问控制信息。

(1)基于行的自主访问控制机制

基于行的自主访问控制机制在每个主体上都附加一个该主体可访问的客体的明细表,根据表中信息的不同可分成以下三种形式,即能力表、前缀表和口令。

● 能力表(capabilities list)。能力决定用户是否可以对客体进行访问以及进行何种模式的访问,拥有相应能力的主体可以按照给定的模式访问客体。在系统的最高层上,对于每个用户,系统有一个能力表,要采用硬件、软件或加密技术对系统的能力表进行保护,防止非法修改。用户可以把自己文件复制的能力传给其他用户,从而使别的用户也可以访问相应的文件;也可以从其他用户那里取回能力,从而恢复对自己文件的访问权限。这种访问控制方法,系统要维护一个记录每个用户状态的表,该表保留成千上万条目。当一个文件被删除以后,系统必须从每个用户的表上清除那个文件相应的能力。即使一个简单的问题,也要花费系统大量时间从每个用户的能力表中寻找。因此,目前利用能力表实现的自主访问控制系统并不多,而且在这些为数不多的系统中,只有少数系统试图实现完备的自主访问控制机制。

● 前缀表(profiles)。每个主体都被赋予前缀表,包括受保护的客体名和主体对它的访问权限。当主体要访问某一客体时,自主访问控制机制将检查主体的前缀是否具有它所请求的访问权限。作为一般的安全规则,除非主体被授予某种访问模式,否则任何主体对任何客体都不具有访问权限。相对于其他方法而言,用专门的安全管理员控制主体前缀是比较安全的,但这种方法非常受限。在一个频繁更迭对客体的访问权的环境下,这种方法肯定是不合适的。因为访问权的撤销通常也是比较困难的,除非对每种访问权,系统都能自动校验主体的前缀。而删除一个客体则需要判定在哪个主体前缀中有该客体,而客体名通常是没有任何规则的,因此很难进行分类。对于一个可访问许多客体的主体,它的前缀量非常大,因而很难管理。此外,所有受保护的客体都必须具有唯一的客体名,互相不能重名,在一个客体很多的系统中,应用这种方法就十分困难。

● 口令(password)。在基于口令机制的自主访问控制机制中,每个客体都相应地有一个口令。主体在对客体进行访问前,必须向操作系统提供该客体的口令。如果正确,它就可以访问该客体,否则不可以进行访问。

如果对每个客体,每个主体都拥有它自己独有的口令,则类似于能力表系统。不同之处在于,口令不像能力表那样是动态的。系统一般允许对每个客体分配一个口令或者对每个客体的每种访问模式分配一个口令。一般来说,一个客体至少需要两个口令,分别用于控制对该客体进行的读和写。

对于口令的分配,有些系统是只有系统管理员才有权力进行的,而另外一些系统则允许客体的拥有者任意地改变客体的口令。

口令机制对于确认用户身份,也许是一种比较有效的方法,但用于客体访问控制,它并不是一种合适的方法。因为如果要撤销某用户对一个客体的访问权,只有通过改变该客体的口令才行,而改变该客体的口令则意味着取消了所有其他可访问该客体的用户的访问权。当然可以通过对每个客体使用多个口令来解决这个问题,但这样就要求每个用户必须记住许多不同的口令,当客体很多时,用户就不得不将这些口令记录下来才不至于混淆或遗忘,这种管理方式很麻烦也不安全。另外,口令是由手工分发而非系统参与,所以系统不知道究竟是哪个用户访问了该客体,并且当一个程序运行期间要访问某个客体时,该客体的口令就必须镶嵌在程序中,其他用户完全不必知道某客体的口令,只需运行一段镶嵌该客体口令的程序就可以访问到该客体了,这就大大增加了口令意外泄露的危险,给这种机制带来了不安全性。

(2)基于列的自主访问控制机制

基于列的自主访问控制机制在每个客体都附加一个可访问它的主体的明细表,它有两种形式:保护位和访问控制表。

• 保护位(protection bits)。保护位机制给所有主体、主体组以及客体的拥有者指明一个访问模式集合。保护位机制不能完备地表达访问控制矩阵,一般很少使用。

• 访问控制表(Access Control List,ACL)。这是国际上流行的一种十分有效的自主访问控制模式,它在每个客体上都附加一个存取控制表,用来表示访问控制矩阵。表中的每一项都包括主体的身份和主体对该客体的访问权限。它的一般结构如图 3-1 所示。

客体 file1:	ID1.rx	ID2.r	ID3.x	…	IDn.rwx

图 3-1 存取控制表

图 3-1 中,对于客体 file1,主体 ID1 对它只具有读(r)和执行(x)的权力,主体 ID2 只具有读权力,主体 ID3 只具有执行的权力,而主体 IDn 则对它同时具有读、写(w)和执行的权力。在实际应用中,当对某客体可访问的主体很多时,存取控制表将会变得很长。而在一个大系统中,客体和主体都非常多,这时使用这种形式的访问控制表将占用很多 CPU 时间。因此,访问控制表必须简化,如把用户按其所属或其工作性质进行分类,构成相应的组(group),并设置一个通配符(wild card)"∗",代表任何组名或主体标识符,如图 3-2 所示。

文件 ALPHA		
Jones	CRYPTO	rwx
∗	CRYPTO	r_x
Green	∗	—
∗	∗	r

图 3-2 访问控制表的简化

图 3-2 中,CRYPTO 组中的用户 Jones 对文件 ALPHA 拥有 rwx 权限。CRYPTO 组中的其他用户拥有 rx 权限。Green 如果不在 CRYPTO 组中,就没有任何权限。其他用户

拥有 r 权限。

通过这种简化,可以极大地缩小存取控制表所占的空间,从而提高效率,并且能够满足自主访问控制的需要。

2.强制访问控制

在强制访问控制(Mandatory Access Control,MAC)机制下,系统中的每个进程、文件、IPC 客体都被赋予了相应的不能改变的安全属性,管理部门或操作系统自动地按照严格的规则来设置这些安全属性,它不像访问控制表那样由用户或程序直接或间接地修改。当一个进程访问一个客体(如文件)时,调用强制访问控制机制,根据进程的安全属性和访问方式,比较进程的安全属性和客体的安全属性,从而确定是否允许进程对客体的访问。如果一个进程代表用户,则其不能改变自身的或任何客体的安全属性,不能改变属于用户的客体的安全属性,也不能通过授予其他用户文件存取权限简单地实现文献共享。如果拥有某一安全属性的主体被系统判定不能访问某个客体,那么任何人(包括客体的拥有者)也不能使它访问该客体。从这种意义上讲,是"强制"的。

自主访问控制和强制访问控制是两种不同类型的访问控制机制,它们常结合起来使用。仅当主体能够同时通过这两种访问控制检查时,它才能访问一个客体。自主访问控制用于防止其他用户非法入侵自己的文件,强制访问控制使用户不能通过意外事件和有意识的误操作逃避安全控制,是强有力的安全保护方式。因此强制访问控制用于将系统中的信息分密级和类进行管理,适用于政府部门、军事和金融等领域。

强制访问控制的许多不同的定义都同美国国防部定义的多级安全策略相接近,所以人们一般都将强制访问控制和多级安全体系相提并论。

多级安全体系的思想起源于 20 世纪 60 年代末期的美国,是当时美国国防部决定研究开发的保护计算机中的机密信息的新方式。其实当时的美国国防部已有军事安全策略,可对人工进行管理,对机密信息进行存储。军事安全策略的数学描述就是多级安全(MLS),是计算机能实现的形式定义。

(1)军事安全策略

计算机内的所有信息(如文件)都具有相应的密级,每个人都拥有一个许可证。当某人想要阅读一个文件时,要先判断是否应该允许他阅读该文件,要把该人的许可证同文件的密级进行比较。仅当用户的许可证大于或等于文件的密级时,他才可以合法地获得文件的信息,否则没有权力阅读文件。军事安全策略的目的是防止用户取得他不应得到的密级较高的信息。密级、安全属性、许可证、访问类等的含义是一样的,分别对应于主体或客体,一般都统称安全级。

安全级由保密级别和范畴集构成:保密级别可分为公开、秘密、机密、绝密等级别;范畴集为该安全级涉及的领域,如人事处、财务处等。

安全级包括一个保密级别,范畴集可以包含任意多个范畴。安全级通常写作:保密级别后跟随范畴集的形式。例如,{机密:人事处,财务处,科技处}。

在安全级中,保密级别是线性排列的。例如,公开 < 秘密 < 机密 < 绝密;范畴集则是互相独立和无序的,两个范畴集之间的关系可以是包含、被包含或无关。两个安全级之间的关系有以下几种:

- 第一安全级支配第二安全级,即第一安全级的级别大于或等于第二安全级的级别,第一安全级的范畴集包含第二安全级的范畴集。

- 第一安全级支配于第二安全级,或第二安全级支配第一安全级,即第二安全级的级别大于或等于第一安全级的级别,第二安全级的范畴集包含第一安全级的范畴集。
- 第一安全级等于第二安全级,即第一安全级的级别等于第二安全级的级别,第一安全级的范畴集等于第二安全级的范畴集。
- 两个安全级无关,即第一安全级的范畴集不包含第二安全级的范畴集,同时第二安全级的范畴集也不包含第一安全级的范畴集。

"支配"在此处表示偏序关系,它类似于"大于或等于"的含义。例如,一个文件的安全级是{机密:NATO, NUCLEAR},如果用户的安全级为{绝密:NATO, NUCLEAR, CRYPTO},则他可以阅读这个文件,因为用户的级别更高,他的范畴集涵盖了文件的范畴集。相反具有安全级为{绝密:NATO,CRYTPO}的用户则不能读这个文件,因为用户缺少了 NUCLEAR 范畴。

(2)多级安全规则与 BLP 模型

多级安全计算机系统的第一个数学模型是 Bell-LaPadula 模型(一般称 BLP 模型),它是模拟符合军事安全策略的计算机操作的模型,是最早的也是最常用的一种模型,已实际应用于许多安全操作系统的开发中。BLP 模型的目标就是详细说明计算机的多级操作规则。多级安全策略是对军事安全策略的精确描述。由于 BLP 模型是最有名的多级安全策略模型,所以常把多级安全的概念与 BLP 模型等同。事实上其他一些模型也符合多级安全策略,只是每种模型都倾向于用不同的方法表达策略,但它们运用的策略都是相同的。BLP 模型有两条基本的规则,如图 3-3 所示。

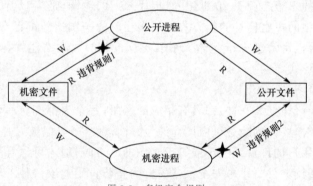

图 3-3 多级安全规则

规则 1:一个主体对客体进行读(R)访问的必要条件是主体的安全级支配客体的安全级,即主体的密级大于或等于客体的密级,主体的范畴集包含客体的全部范畴,即主体只能向下读,不能向上读。

规则 2:一个主体对客体进行写(W)访问的必要条件是客体的安全级支配主体的安全级,即客体的密级大于或等于主体的密级,客体的范畴集包含主体的全部范畴,即主体只能向上写,不能向下写。

规则 2 允许一个主体可以向一个高安全级的客体写入信息。实际上,大多数多级安全系统只是允许主体向与它安全级相等的客体写入信息。当然,为使主体既能读客体,又能写该客体,两者的安全级也必须相等。

3.2.3 最小特权管理

在安全操作系统中,为了使系统能够正常运行,系统中某些进程往往需要具有一些特权,来违反系统安全策略。在传统的超级用户特权管理模式中,超级用户/进程拥有所有特权,而普通用户/进程不具有任何特权。这样的管理模式便于系统的维护和配置,但却对系统的安全性有害。一旦超级用户的口令丢失或超级用户被冒充,将会对系统造成极大的损失。另外,超级用户的误操作也是系统极大的潜在安全隐患。因此必须实行最小特权管理机制。

1.特权管理职责

最小特权管理的思想是系统给用户/管理员的特权不应超过其执行任务所需特权,如将超级用户的特权划分为一组细粒度的特权,分别授予不同的系统操作员/管理员,使各系统操作员/管理员只具有完成其任务所需的特权,从而保护系统的安全,减少不必要的损失。

例如,可在系统中定义5个特权管理职责,任何一个用户获得的权力都不能破坏系统的安全策略。为保证系统的安全性,每个人都不会被赋予一个以上的职责。当然,如果需要,也可以对它们进行改变和增加,但必须考虑相应操作对系统安全的影响。

(1)系统安全管理员(SSO):系统安全管理员应熟悉应用环境的安全策略和安全习惯,以便能够做出与系统安全性相关的决定。

系统安全管理员职责:

- 对系统资源和应用定义安全级;
- 限制隐蔽通道活动的机制;
- 定义用户和自主访问控制的组;
- 为所有用户赋予安全级。

(2)审计员(AUD):审计员负责控制安全审计系统。

审计员职责:

- 设置审计参数;
- 修改和删除审计系统产生的原始信息(审计信息);
- 控制审计归档。

SSO并不控制安全审计功能,这些是AUD的职责。AUD和SSO形成了一个"检查平衡"(Check and balance)系统。因为SSO设置和实施安全策略,所以AUD控制审计信息表明安全策略已被实施且未被歪曲。

(3)操作员(OP):操作员完成常规的,非关键性操作。

操作员职责:

- 启动和停止系统,以及磁盘一致性检查等操作;
- 格式化新的介质;
- 设置终端参数;
- 允许或不允许登录,但不能改变口令、用户的安全级和其他有关安全性的登录参数;
- 产生原始的系统记帐数据。

OP不能做影响安全级的操作,所以尽管这些功能在广义上会影响系统安全性,但它们不影响可信计算基(TCB)。

(4)安全操作员(SOP):安全操作员完成那些类似于 OP 职责的日常例行活动,但是其中的一些活动是与安全性有关的。SOP 可以被认为是具有特权的 OP。

安全操作员职责:

- 完成 OP 的所有责任;
- 例行的备份和恢复;
- 安装和拆卸可安装介质。

(5)网络管理员(NET):网络管理员负责所有网络通信的管理。

网络管理员职责:

- 管理网络软件,如 TCP/IP;
- 设置 BUN 文件,允许使用 uucp、uuto 等指令进行网络通信;
- 设置与连接服务器、CRI 认证机构、ID 映射机构、地址映射机构和网络选择有关的管理文件;
- 启动和停止 RFS,通过 RFS 共享和安装资源;
- 启动和停止 NFS,通过 NFS 共享和安装资源。

2.一个最小特权管理机制的实现

特权即超越了访问控制限制,将它与访问控制结合使用可提高系统的灵活性。普通用户不能使用特权命令,系统管理员在特权管理机制的规则下可以使用特权命令。代表管理员工作的进程具有一定特权,它可以超越访问控制完成一些敏感操作,即任何企图超越访问控制的特权任务,都必须通过特权机制的检查。

一种最小特权管理机制实现的方法是,对可执行文件赋予相应的特权集,对于系统中的每个进程,根据其执行的程序和所代表的用户赋予相应的特权集。当某个进程请求一个特权操作时,将调用特权管理机制,判断该进程是否具有这种操作特权。

这样,特权不再与用户标识相关,已不是基于用户 ID 了,它直接与进程和可执行文件相关联。一个新进程继承的特权既包括进程的特权,又包括所运行文件的特权,一般把这种机制称为"基于文件的特权机制"。这种机制的最大优点是特权的细化,其可继承性使得执行进程中特权可增加。对于一个新进程,只有当它被明确赋予特权的继承性,它才可以继承特权。

系统中不再有超级用户,而是根据敏感操作分类,使同一类敏感操作具有相同特权。例如,许多命令需要超越强制访问控制的限制读取文件,这样在系统中就可以定义一个特权,并将此特权加入这类命令的可继承特权集中,执行其中某个命令的进程,如果先前已经具有此特权,那么它就可以不受强制访问控制读的限制。

(1)文件的特权

可执行文件具有两个特权集,当通过 exec( )系统调用时,进行特权的传递。

- 固定特权集:固有的特权,与调用进程或父进程无关,将全部传递给执行它的进程。
- 可继承特权集:只有当调用进程具有这些特权时,才能激活这些特权。

这两个集合是不能重合的。当然可执行文件也可以没有任何特权。

当文件的属性被修改时(如文件打开写或改变它的模式),它的特权会被删去,这将导致此文件从可信计算基(TCB)中删除。因此,如果要再次运行此文件,必须重新给它设置特权。

（2）进程的特权

当调用 fork( )创建一个子进程时，父子进程拥有相同的特权。但是，当通过 exec( )执行某个可执行文件时，进程的特权取决于调用进程的特权集和可执行文件的特权集。

每个进程都具有两个特权集：

- 最大特权集：包含固定的和可继承的所有特权。
- 工作特权集：进程当前使用的特权集。

新进程的工作特权集和最大特权集的计算是基于文件和进程具有的特权，当通过 exec( )系统调用执行一个可执行文件时，如图 3-4 所示，用下述方法计算新进程的特权：

- 调用进程的最大特权集"与"可执行文件的可继承特权集；
- 然后"或"文件的固定特权集。

当通过 fork( )产生一个新进程时，父进程的特权传递给子进程。只有当前进程的最大特权集中具有该特权，或者可执行文件的固定特权集中具有该特权，才可将一个特权传递给一个新进程。

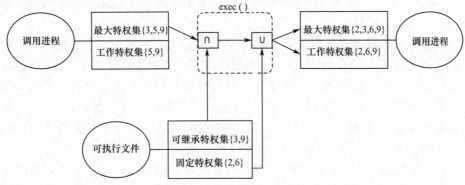

图 3-4 exec( )一个新进程时的特权计算

3.2.4 可信通路机制

在计算机系统中，用户与操作系统相互作用是通过不可信的中间应用层的。但在进行用户登录、定义用户的安全属性、改变文件的安全级等操作时，必须确定用户是与安全内核通信，而不是特洛伊木马。系统必须防止特洛伊木马模仿登录过程，窃取用户的口令。特权用户在进行特权操作时，也需要证实从终端上输出的信息是正确的，而不是来自特洛伊木马。这些都需要一个机制保障用户和内核的通信，这种机制就是可信通路（Trusted Path）机制。

提供可信通路的一个办法是给每个用户提供两台终端设备，分别用于完成日常的工作以及与内核的硬连接。这种办法虽然十分简单，但代价相当高。用户建立可信通路的一种现实方法是使用通用终端，通过发"安全注意符"给安全内核，"安全注意符"是不可信软件不能拦截、覆盖或伪造的。

为了使用户确信自己的用户名和口令不被别人窃走，Linux 提供了"安全注意键"。安全注意键（Secure Attention Key，SAK）是一个键或一组键，按下它（们）后，保证用户看到真正的登录提示，而非登录模拟器。即它保证是真正的登录程序（而非登录模拟器）读取用户的帐号和口令。SAK可以用下面命令来激活：

```
echo"1">/proc/sys/kernel/sysrq
```

严格地说，尽管 Linux 中的 SAK 会杀死正在监听终端设备的登录模拟器，但它不能阻止登录模拟器在按下 SAK 后立即开始监听终端设备，因此它并未构成一个可信通路。当然，由于 Linux 限制用户使用原始设备的特权，因此普通用户无法执行这种高级模拟器，这就减少了它所带来的威胁。

3.2.5 安全审计机制

1.审计的概念

一个系统的安全审计就是对系统中有关安全的活动进行记录、检查及审核。审计的主要目的就是检测和阻止非法用户对计算机系统的入侵，并显示合法用户的误操作。审计会对涉及系统安全的操作做一个完整的记录，因此它以事后追查的手段来保证系统的安全。审计为系统进行事故发生前的预测、报警，事故原因的查询、定位以及事故发生之后的实时处理，提供详细可靠的依据和支持。如果有违反系统安全规则的事件发生，就能够有效地追查事件发生的地点和过程。

审计是操作系统安全的一个重要方面，安全操作系统要求用审计方法监视安全相关的活动。美国国家安全局和国家电脑安全中心颁布的橘皮书中就明确要求，"可信计算机必须向授权人员提供可以对访问、生成或泄露秘密或敏感信息的任何活动进行审计的能力。根据一个特定机制和/或特定应用的审计要求，可以有选择地获取审计数据，但审计数据中必须有足够细的粒度，以支持对一个特定个体已发生的动作或代表该个体发生的动作进行追踪"。在我国 GB 17859—1999 标准中也有相应的要求。

审计过程一般是一个独立的过程，与系统其他功能相隔离。同时要求操作系统必须能够生成、维护及保护审计过程，使其免遭修改、非法访问及毁坏，特别要保护审计数据，要严格限制未经授权的用户访问它。

2.审计事件

系统审计用户操作的最基本单位是审计事件。系统将所有要求审计或可以审计的用户动作都归纳成一个个用户行为和可记录的审计单位，即审计事件。

审计机制对系统、用户主体、对象都可以定义为要求被审计的事件集。

安全操作系统一般将要审计的事件分成 3 类：注册事件、使用系统的事件和利用隐蔽通道的事件。第 1 类是准备进入系统的用户产生的事件，属于系统外部事件，第 2 类和第 3 类是已经进入系统的用户产生的事件，属于系统内部事件。

审计机制一般对系统定义了一个必须审计事件的集合——固定审计事件集。对用户来讲，系统可以通过设置来要求审计哪些事件，即用户事件标准。用户的操作处于系统监视之下，一旦其行为落入其用户事件集或系统固定审计事件集中，系统就会将这一信息记录下来。否则系统将不对该事件进行审计。

审计过程会增大系统的开销（CPU 时间和存储空间），如果设置的审计事件过多，系统的性能也会下降很多，所以在实际设置过程中，不能设置太多的审计事件，要选择最主要的事件加以审计，以免事件过多影响系统性能。系统审计员可以通过设置审计事件标准，确定对系统中哪些用户或哪些事件进行审计,审计的结果可以存放于审计日志文件中,审计的结果也可以按要求的报表形式打印出来。

3.审计记录和审计日志

安全操作系统的审计记录一般包括:事件的日期和时间,代表正在进行事件的主体的唯一标识符,事件的类型、事件的成功与失败等。审计日志是存放审计结果的二进制码结构文件,每次审计进程开启后,都会按照已设定好的路径和命名规则产生一个新的日志文件。

4.审计的实现

实现审计机制,先要解决的问题是如何才能保证系统中所有与安全相关的事件都能够被审计。一般的多用户、多进程操作系统中,系统调用是用户程序与操作系统的唯一接口。如果能够找到系统调用的总入口,在此处(审计点)增加审计控制,就可以成功地审计系统调用,也就成功地审计了系统中所有使用内核服务的事件。

系统中应当有一些特权命令属于可审计事件。通常一个特权命令需要使用多个系统调用,逐个审计所用到的系统调用,会使审计数据复杂而难于理解,审计员很难判断出命令的使用情况。因此虽然系统调用的审计已经十分充分,但是特权命令的审计仍然是必要的。在被审计的特权命令的每个可能的出口处都应增加一个新的系统调用,专门用于审计该命令。当发生可审计事件时,要在审计点调用审计函数并向审计进程发消息,由审计进程完成审计信息的缓冲存储、归档工作。虽然审计事件及审计点处理可能各不相同,但审计信息都要经过写缓冲区、写盘再归档,这部分操作过程是相同的。因此可把它放在审计进程内完成,其余工作在审计点完成。另外,审计机制应当提供灵活的选择手段,使审计员可以开启/关闭审计机制,增加/减少系统审计事件类型,增加/减少用户审计事件类型,修改审计控制参数等。

可审计事件是否被写入审计日志,需要进行判定,所以可在有关事件操作的程序入口处、出口处设置审计点。在入口处,审计点判断是否需要审计,如果需要审计,则设置审计状态并分配内存空间。在程序的出口处,审计点收集审计内容,包括操作的类型、参数、结果等。

一般情况下,系统开机引导时自动开启审计功能,审计管理员可以随时关闭审计功能。审计功能被关闭后,任何用户的任何动作就不在处于审计系统的监视之下,也不再记录任何审计信息。

系统在记录用户的审计信息时,要将这些信息写入审计日志文件中,这会使系统花费一些时间,影响系统的性能。为了将这种时间开销降低,审计系统可在系统中开辟一片审计缓冲区,不必每有一条记录都立即写入审计日志文件中,大多数情况下只需将审计信息写入审计缓冲区中,在缓冲区已经写满或者其中容量达到规定的限度时,审计进程才将审计缓冲区中的有效内容一次性地全部写入审计日志文件中。

审计管理员可以用文档或报告的形式打印审计信息,为各种分析提供需要。同时它可以在认为没有必要保留的前提下,删除任何一个审计日志文件,也可以将这些日志文件转存在除硬盘之外的存储媒体上,以节省系统磁盘空间。

3.3.1 Windows 操作系统安全机制

Windows NT 是微软公司于 1992 年开发的一个完全 32 位的操作系统,它支持多进程、多线程、均衡处理和分布式计算。Windows NT 是一个支持并发的单用户系统,可以运行在不同的硬件平台上,如 Intel 系列、MIPS 和 Alpha AXP 等。Windows NT 的结构是层次结构和客户机/服务器结构的混合体,除了与硬件直接相关的部分由汇编语言实现外,其余主要部分是用 C 语言编写的。Windows NT 用对象模型管理它的资源,因此在 Windows NT 中使用的是对象而不是资源。微软公司宣称 Windows NT 是一个安全的操作系统,它的设计目标是橘皮书的 C2 级。一个 C2 级别的操作系统必须在用户级实现自主访问控制,必须提供审计访问对象的机制,必须实现客体重用。

1. 系统结构

操作系统设计有以下几种方法:第一种方法是一般像 MS-DOS 一样的小系统,由可以相互调用的一系列过程组成。这种结构有许多缺点,例如,修改一个过程可能导致系统其他部分发生错误。第二种方法是层次系统,它把系统划分为模块和层。每个模块为其他模块(更高层)提供一系列函数以供调用。这种设计方法比较容易修改和测试,还可以方便地替换掉一层。第三种方法是客户机/服务器结构,在这种方法中操作系统被划分为一个或多个进程。每个进程提供服务,被称为服务器。可执行的应用程序被称为客户机,一个客户机通过向指定的服务器发消息来请求服务。系统中所有的消息都是通过微内核发送的,如果有多个服务器存在,则它们共享一个微内核。并且,客户机和服务器均在用户模式下执行。这种方法的优点是一个服务器发生错误或重启时,不影响系统的其他部分。

Windows 的结构是层次结构和客户机/服务器结构的混合体,其系统结构如图 3-5 所示。

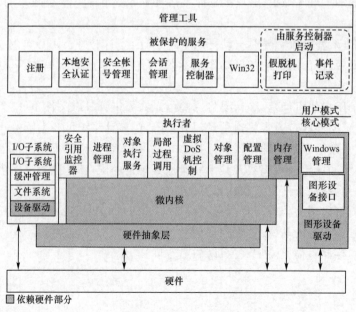

图 3-5　Windows 系统结构

执行者是唯一运行在核心模式中的部分。它划分为三层:硬件抽象层为上一层提供硬件结构的接口,有了这一层就可以使系统方便地移植。在硬件抽象层之上是微内核,它为底层提供执行、中断、异常处理和同步的支持。最高层由一系列实现基本系统服务的模块组成,这些模块之间的通信是通过定义在每个模块中的函数实现的。

被保护的子系统有时被称为服务器或是被保护的服务,它以具有一定特权的进程形式在用户模式下执行,提供了应用程序接口(API)。当一个应用调用 API 时,则消息通过局部过程调用(LPC)发送给对应的服务器,然后服务器通过发送消息应答调用者。可信计算基(TCB)服务是被保护的服务,它在与系统安全相关的环境下以进程方式执行,这就意味着进程占有一个系统访问令牌。

以下介绍一些标准的服务:注册、本地安全认证(LSA)、安全帐号管理(SAM)、会话管理、服务控制器、Win32。

第一个在系统中创建的用户进程就是会话管理。它负责执行一些关键的系统初始化步骤,在注册表中注册子系统,并且初始化动态链接库(DLL),然后启动注册服务。会话管理还作为应用程序和调试器之间的监控器。

Windows 注册服务是一个注册(logon)进程,为交互式注册和注销提供接口。此外,它还管理 Windows NT 的桌面。NT 注册服务本身是在系统初始化时,以 logon 进程通过 Win32 注册。

Win32 服务为应用程序提供有效的微软 32API。另外,它提供图形用户接口并且控制所有用户的输入和输出。此服务只输出两种对象:Window Station 和桌面对象。

本地安全认证主要是进行安全服务。它在用户注册进程、安全事件日志进程等本地系统安全策略中起到重要作用。安全策略是由本地安全策略库实现的,这个库是由本地安全认证服务管理,并且只有通过本地安全认证才能访问它,库中主要保存着可信域、用户和用户组的特权、访问权限和安全事件。

安全帐号管理主要是管理用户和用户组的帐号,根据它的权限决定它的作用范围。此外,它还为认证服务提供支持。安全帐号存储在注册表的数据库中,这个数据库只有通过安全帐号管理工具才能访问和管理。

在 Windows 中,所有的软件、硬件资源都是用对象表示的。实际上,它们可分为以下两种:

(1)微内核对象(内核对象)

它是由微内核产生的最基本的对象,对用户不可见。它输出给执行者其他部分应用,提供只有内核最底层才能完成的基本功能。内核对象又可分为派遣对象和控制对象两种。其中,派遣对象(Dispatcher Object)控制调度和同步。派遣对象有一个信号状态,它可以允许线程挂起对象的执行,直到信号状态发生改变。控制对象(Control Object)是由执行者和设备驱动控制的,它们不可等待,因此没有信号状态。

(2)执行者对象(它在用户模式下可见)

大多数执行者对象封装一个或多个微内核对象。执行者为诸如 Win32 的服务提供一系列的对象。通常情况下,服务直接为客户机程序提供执行者对象。另外,服务可以为客户机应用基于一个或多个简单对象构造出新的对象。

2.安全模型

Windows 的安全模型影响整个 Windows 操作系统。由于对对象的访问必须经过一个核心区域的验证，因此没有得到正确授权的用户是不能访问对象的。

首先，必须在 Windows 中拥有一个帐号；其次，规定该帐号在系统中的特权和权限。在 Windows 系统中，特权专指用户对整个系统能够做的事情。权限专指用户对系统资源所能做的事情。Windows 系统中有一个安全帐号管理数据库，其中存放了用户帐号和该帐号所具有的特权，用户对系统资源所具有的权限和特定的资源一起存放。在 Windows 中，安全模型由本地安全认证、安全帐号管理器和安全引用监控器构成。除此之外，安全模型的主要部分还由注册、访问控制和对象安全服务等的相互作用和集成构成。Windows 的安全模型如图 3-6 所示。

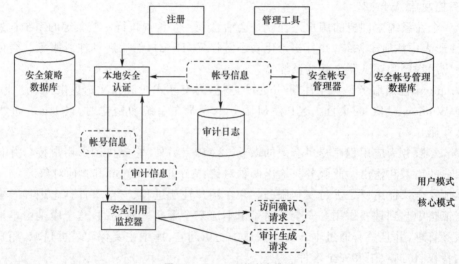

图 3-6 Windows 的安全模型

（1）安全主体类型

用户帐户：在 Windows 中一般有两种用户，本地用户和域用户。前者是在安全帐户管理器（SAM）数据库中创建的，每台基于 Windows 的计算机都有一个本地 SAM，包含该计算机上的所有用户。后者是在域控制器（DC）上创建的，并且只能在域中的计算机上使用。域用户有着更为丰富的内容，包含在活动目录（AD）数据库中。DC 中也包含本地 SAM，但其帐户只能在目录服务恢复模式下使用。一般来说，本地安全帐户管理中存储着两种用户的帐户，管理员帐户和来宾帐户，其中后者默认是禁用的。

组帐户：除用户帐户外，Windows 还提供组帐户。在 Windows 系统中，具有相似工作或相似资源要求的用户也可以组成一个工作组（也称用户组）。对资源的存取权限许可分配给一个工作组，也就是同时分配给该组中的所有成员，从而可以简化管理维护工作。

计算机：计算机实际上是另外一种类型的用户。在活动目录的结构中，计算机层是由用户层派生出来的，它具备用户的大多数特性。因此，计算机也被看作主体。

服务：近年来，微软试图分解服务的特权，但在同一用户的不同服务下还是存在权限滥用的问题。为此，在 Windows Vista 以后的系统和 Windows Server 2008 系统中，服务成为主体，每个服务都有一个应用权限。

(2)域和委托

域模型是 Windows NT 网络系统的核心,所有 Windows NT 的相关内容都是围绕着域来组织的,而且大部分 Windows NT 的网络都基于域模型。在安全方面,域模型远远优于工作组。

域是一些服务器的集合,这些服务器被归为一组,并且这一组服务器共享同一个安全策略和用户帐号数据库,因此系统管理员可以用一个简单而有效的方法维护整个网络的安全。域由一个主域控制器、备份域控制器、服务器和工作站组成,可以通过建立域来区分机构中不同的部门。虽然设定正确的域配置并不能保证人们获得一个安全的网络系统,但是管理员可控制网络用户的访问。

在域中,主域控制器是用来维护域的安全和安全帐号管理数据库的服务器,而其他存有域的安全数据和用户帐号信息的服务器则称为备份域控制器。主域控制器和备份域控制器都能验证用户登录上网的请求。备份域控制器的作用在于,如果主域控制器崩溃,它能为网络提供一个备份并防止重要数据因此而丢失。每个域只允许有一台主域控制器,其中存放了安全帐号管理数据库的原件,并且只能在主域控制器中对数据进行维护。在备份域控制器中,不允许对数据进行任何改动。

委托是一种管理方法,它将两个域连接在一起,并允许域中的用户互相访问。若要使用户帐号和工作组能够在建立它们的域之外的域中使用,则需要委托关系。委托分为两个部分,即受托域和委托域。这样,用户只需要一个用户名和口令就可以访问多个域。

委托关系只能被定义为单向的。只有域与域之间相互委托,才能够获得双向委托关系。受托域就是帐号所在的域,也称为帐号域;委托域含有可用的资源,也称为资源域。在 Windows NT 中有三种委托关系:单一域模型、主域模型和多主域模型。

在单一域模型中只有一个域,因此没有管理委托关系的负担。用户帐号是集中管理的,资源可以被整个工作组的成员访问。

在主域模型中有多个域,其中一个被设定为主域。主域被所有的资源域委托而自己却不委托任何域。资源域之间不能建立委托关系。这种模型具有集中管理多个域的优点。在主域模型中,对用户帐号和资源的管理是在不同的域之间进行的。资源由本地的委托域管理,而用户帐号由受托的主域进行管理。

在多主域模型中,除了拥有一个以上的主域外,其他和主域模型基本上是一样的。所有的主域彼此都建立了双向委托关系,所有的资源都委托所有的主域,而资源域之间都不建立任何委托关系。由于主域彼此委托,因此只需要一份用户帐号数据库的备份。

(3)活动目录

活动目录是 Windows 网络体系结构中一个基本且不可分割的部分。它是在 Windows NT4.0 操作系统的域结构基础上改进而成的,并提供了一套为分布式网络环境设计的目录服务。活动目录使得组织机构可以有效地对有关网络资源和用户的信息进行共享和管理。另外,目录服务在网络安全方面也扮演着中心授权机构的角色,从而使操作系统可以轻松地验证用户身份并控制其对网络资源的访问。同等重要的是,活动目录是系统集成和巩固管理任务的集合点。

- 活动目录如何工作

活动目录允许组织机构按照层次式的、面向对象的方式存储信息,并且提供支持分布式网络环境的多主复制机制。

层次式组织:活动目录使用对象来代表网络资源;使用容器来代表组织或相关对象的集合;将信息组织为由这些对象和容器组成的树结构,这与 Windows 操作系统用目录和文件来组织一台计算机上的信息的方法非常类似。

此外,活动目录通过提供单一、集中、全面的视图来管理对象集合和容器集合间的联系,这使得资源在一个高度分布式的网络中更容易被定位、管理和使用。组织机构能够按照一种优化自身可用性和管理能力的方法对资源进行组织,这是因为活动目录的层次式结构具有灵活性并且可以进行配置。

面向对象的存储:活动目录用对象的形式存储有关网络元素的信息,可以通过设置属性来描述这些对象的特征。这种方式允许公司在目录中存储各种各样的信息,并且密切控制对信息的访问。

- 活动目录服务的特点

简化管理:通过层次化组织用户和网络资源,活动目录使管理员可单一的管理用户帐号、客户、服务器和应用程序。这就减少了冗余的管理任务,同时,让管理员管理对象组或容器而非每个独立的对象,从而增加管理的准确性。

加强安全性:强大且一致的安全服务对企业网络而言是至关重要的。管理用户验证和访问控制的工作往往单调且易错。活动目录集中进行管理并加强了安全性,安全性与组织机构的商业过程一致并且基于角色。活动目录使用以下方法增强安全性:通过向网络资源提供单一的集成、高性能且对终端用户透明的安全服务,改进了密码的安全性和管理;通过根据终端用户角色锁定桌面系统配置来防止对特定客户主机操作进行访问,从而保证桌面系统的功能性;通过提供对安全的 Internet 标准协议和身份验证机制的内建支持来加速电子商务的部署;通过对目录对象和构成它们的单独数据元素设置访问控制特权控制安全性。Windows 服务器最主要的结构优势之一便是它对活动目录以及活动目录中实现新层次上数据保护的先进安全特征的集成。这对于通过 Internet 进行商务活动的组织机构十分重要。

扩展的互操作性:为将不同的系统结合在一起并增强目录及管理任务,活动目录提供了一个中枢集成点。上述功能是依靠将 Windows 目录特性通过基于标准的接口尽数开放来实现的,因此,公司能够加强现有的目录,并开发具备目录功能的应用程序和基础结构。关于微软公司如何在其自身的产品线中使用活动目录特性的一个范例就是 Microsoft Exchange。

3.安全机制

(1)安全标识符

Windows 并不是根据每个帐户的名称来区分帐户的,而是通过使用安全标识符(SID)。在 Windows 环境下,几乎所有对象都具有对应的 SID,例如本地帐户、域帐户、本地计算机等对象都有唯一的 SID。我们可以将用户名理解为每个人的名字,将 SID 理解为每个人的身份证号码,人名可以重复,但身份证号码绝对不会重复。这样做主要是为了便于管理,例如:因为 Windows 是通过 SID 区分对象的,完全可以在需要的时候更改一个帐户的用户名,而不再对新名称的同一个帐户重新设置所需要的权限,因为 SID 是不会变化的。然而如果有一个帐户,已经给该帐户分配了相应的权限,一旦删除了该帐户,然后重新建立一个使用同样用户名和密码的帐户,原帐户具有的权限和权利并不会自动应用给新帐户,因为尽管帐户的用户名和密码都相同,但帐户的 SID 已经发生了变化。

表示某个特定帐号和组的 SID 在创建该帐号或组时由系统的本地安全授权机构(LSA)生成,并与其他帐号信息一起存储在注册的一个安全域里。域帐号或组的 SID 由 LSA 生成并作为活动目录里的用户或组对象的一个属性存储。SID 在它们所标识的帐号或组的范围内是唯一的。每一个本地帐号或组的 SID 在创建它的计算机上是唯一的,机器上的不同帐号或组不能共享同一个 SID。SID 在整个生存期内也是唯一的。LSA 绝对不会重复发放同一个 SID,也不重用已删除帐号的 SID。

SID 是一个 48 位的字符串,在 Windows 7 系统中,用户要想查看当前登录帐户的 SID,可以使用管理员身份启动命令提示符窗口,然后运行"Who am I / user"命令。

(2)安全资源访问

Windows 的安全性达到了橘皮书 C2 级,实现了用户级自主访问控制,它的访问控制机制如图 3-7 所示。

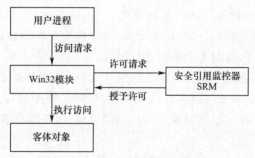

图 3-7　Windows 的访问控制机制

为了实现进程间的安全访问,Windows 中的对象采用了安全性描述符(Security Descriptor)。安全性描述符主要由头部、用户 SID(Owner)、工作组 SID(Group)、访问控制列表(DACL)和系统访问控制列表(SACL)组成,安全性描述符如图 3-8 所示。

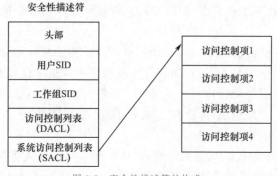

图 3-8　安全性描述符的构成

当某个进程要访问一个对象时,进程的 SID 与对象的访问控制列表进行比较,判定是否可以访问该对象。访问控制列表由访问控制项组成,每个访问控制项标识用户和工作组对该对象的访问权限。一般情况下,访问控制列表有 3 个访问控制项,分别代表:拒绝对该对象的访问;允许对该对象读取和写入;允许执行该对象。访问控制列表首先列出拒绝访问的访问控制项,然后才是允许的访问控制项。对访问控制列表判断的规则如下:

- 从访问控制列表的头部开始,检查每个访问控制项,看是否显式地拒绝用户或工作组的访问。继续检查,看进程所要求的访问类型是否显式地授予用户或工作组。
- 重复上述步骤,直到遇到拒绝访问,或是直到所有请求的权限均被满足为止。
- 如果对某个请求的访问权限在访问控制列表既没有授权又没有拒绝,则拒绝访问。

因此,进程访问对象的"规则"即访问令牌和访问控制列表。

在 Windows 中,用户进程并不直接访问对象,而由 Win32 模块代表进程访问对象。这样做的主要原因是使程序不知道如何直接控制每类对象,而是由操作系统去做此工作,并且由操作系统负责实施进程对对象的访问,可使对象更加安全。

当某一进程请求 Win32 模块执行对象的一种操作时,Win32 模块借助安全引用监控器进行校验。安全引用监控器首先检查用户的特权,然后再将进程的访问令牌与对象的访问控制列表进行比较,决定进程是否可以访问该对象。另外,在 Windows 中,如果文件的拥有者把禁止的权限给予每个人,但是管理员(Administrator)帐号还是能够取得文件的拥有权,是由于特权优于对象的权限。

Windows 初始时禁止所有用户可能拥有的特权,而当进程需要某个特权时,才打开相应的特权。由于每个进程均有自己的访问令牌,其中包含用户的特权信息,因此进程所打开的特权只在当前进程内有效,而不会影响其他进程。

Windows 安全子系统的另外一个重要特点是"假扮",这种特点非常适用于客户机/服务器模式。当客户机和服务器通过远程过程调用连接时,服务器可以临时"假扮"成客户机身份,从而按照客户机的权限访问对象。当访问结束后,服务器恢复自己的真实身份。

(3)访问控制

Windows 2000 以后的版本中,访问控制是一种双重机制,它对用户的授权基于用户权限和对象许可。用户权限是指对用户设置允许或拒绝该用户访问某个客体对象;对象许可是指分配给客体对象的权限,定义了用户可以对该对象可以操作的类型。例如,设定某个用户有修改某个文件的权限,这是用户权限;若对该文件设置了只读属性,则是对象许可。

Windows 的访问控制策略基于自主访问控制的根据策略对用户进行授权来决定用户可以访问哪些资源以及对这些资源的访问能力,以保证资源的合法使用。

(4)安全审计

配置 Windows 达到橘皮书 C2 级,必须要有审计功能。系统运行中产生 3 类日志:系统日志、应用程序日志和安全日志,可使用事件查看器浏览和按条件过滤显示。前两类日志任何人都能查看,它们是系统和应用程序生成的错误警告和其他信息;安全日志则对应审计数据,它只能由审计管理员查看和管理。前提是它必须存储于 NTFS 文件系统中,使 Windows 的系统访问控制(SAC)生效。

Windows 的审计子系统默认是关闭的,审计管理员可以在服务器的域用户管理或工作站的用户管理中打开审计并设置审计事件类。审计事件分为 7 类:系统类、登录类、对象存

网络空间安全

取类、特权应用类、帐号管理类、安全策略管理类和详细审计类。对于每类事件,可以选择审计失败还是成功或是二者都审计。对于对象存取类的审计,管理员还可以在资源管理器中进一步指定各文件和目录的具体审计标准,如读、写、修改、删除、运行等操作,也分为成功和失败两类进行选择。

审计数据以二进制结构文件形式存储于物理磁盘,每条记录包括事件发生时间、事件源、事件号和所属类别、机器名、用户名和事件本身的详细描述。

用户登录到系统时,Win Logon 进程为用户创建访问令牌作为用户的身份标识,包含用户及所属组的安全标识符。文件等客体则含有自主访问控制列表(DACL),标明谁有权访问;系统访问控制列表(SACL),标明哪些主体的访问需要被记录。用户进程访问客体对象时,通过 Win32 子系统向内核请求访问服务,内核的安全引用监控器将访问令牌与客体的DACL 进行比较,确定是否拥有访问权限,同时检查客体的 SACL,确定本次访问是否落在既定的审计范围内,若是,则送至审计子系统。审计过程如图 3-9 所示。

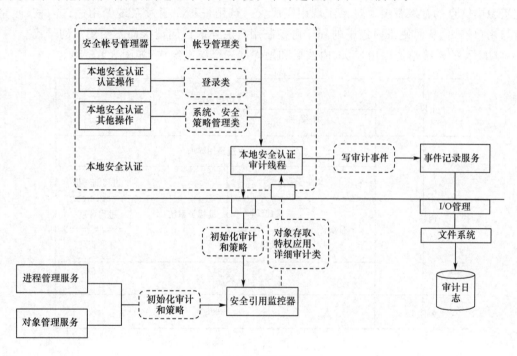

图 3-9 审计过程

 ### 3.3.2 Linux/UNIX 操作系统安全机制

Linux/UNIX 是一种多用户、多任务的操作系统,这类操作系统的基本安全机制是防止同一台计算机的不同用户之间互相干扰。当然,UNIX 中仍然存在很多安全问题,其新功能的不断纳入及安全机制的错误配置或错误使用,都可能带来新的安全问题。在安全结构上,Linux 与 UNIX 基本上是相同的。如无特别说明,下面关于 UNIX 操作系统安全机制的描述同样适用于 Linux 操作系统。

UNIX 操作系统借助以下四种方式提供系统功能:
- 系统调用:用户进程通过 UNIX API 的内核部分——系统调用接口显式地从内核获

得服务。内核以主调进程的身份执行这些请求。

●异常:进程的某些非正常操作,诸如除数为0或用户堆栈溢出等将引起硬件异常。异常需要内核干预,内核为进程处理这些异常。

●中断:外围设备通过中断机制通知内核I/O完成状态变化。中断由内核处理,它们被内核视为全局事件,与任何特定进程都不相关。

●系统进程:类似于Swapper和Page Daemon的一组特殊进程。它们执行系统级的任务,如控制活动进程的数目或维护空闲内存池。

UNIX系统具有两个执行态:核心态和用户态。处于核心态的进程运行内核中程序,处于用户态的进程运行核外程序。系统保证用户态下的进程只能存取它自己的指令和数据,而不能存取内核和其他进程的指令和数据,并且保证特权指令只能在核心态执行。用户程序可以通过系统调用进入内核,并在系统调用执行结束后返回用户态。系统调用是用户程序进入UNIX内核的唯一入口,它是用户在编写程序时可以使用的接口。因此,用户对系统资源中信息的存取都要通过系统调用完成。一旦用户程序通过系统调用进入内核,便完全与用户隔离,从而使得内核中的程序可控制用户的存取访问请求而不受用户的干扰。

UNIX的系统结构由用户层、内核层和硬件层三个层次组成,如图3-10所示。

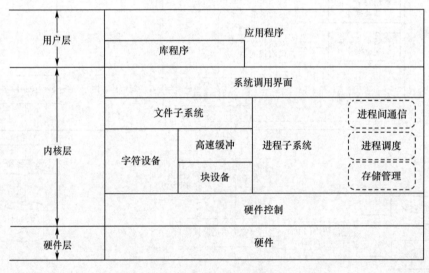

图3-10 UNIX的系统结构

UNIX内核的两个主要组成部分是文件子系统和进程子系统。文件子系统控制用户文件数据的存取与检索,同时也负责分配管理文件空间及回收文件系统的空闲空间。在UNIX中,设备也作为一种特殊的文件受到统一的管理。进程子系统负责进程间通信、进程调度及存储管理。此外,用户进程访问内核资源信息的唯一途径是系统调用,是系统实施存取控制的一个方法。下面将对Linux/UNIX的文件子系统、进程子系统和系统调用分别进行说明。

(1)文件子系统

一个文件系统由一系列块(Dlock)构成,每个块的大小一般在生成这个文件系统时指定,或依赖于系统的实现。一个文件系统一旦生成,其块的大小是固定的。一个文件系统包含引导块(Boot Block)、超级块(Super Block)、索引节点表(Inode Node Table)、数据块

（Data Block）。引导块包含该文件系统的引导程序；超级块包含空闲索引节点表和空闲数据块表；索引节点表用来存储文件相关信息及存储位置；数据块是磁盘上存放数据的磁盘块。

文件的逻辑结构和物理结构是两个不同的概念。逻辑结构是表示文件内容的字符流，用户可通过 cat 命令查看。物理结构是文件在磁盘上的存储格式。文件通常不是以连续的方式存放在磁盘上的，大于一块的文件通常被分散地存放在磁盘上。然而当用户存取文件时，UNIX 文件系统将以正确的顺序获取各块，向用户提供文件的逻辑结构。

系统中的每一个文件都有一个与之相联系的索引节点表，它包括文件数据的磁盘地址明细表，指出文件数据在磁盘上的存储位置，实现从物理结构到逻辑结构的转变。该表的结构如图 3-11 所示。

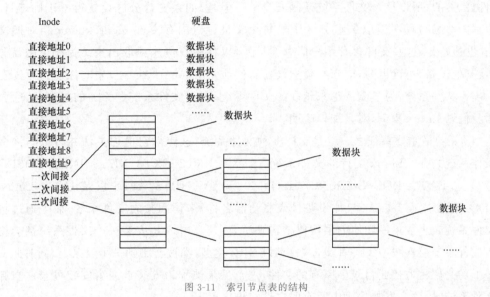

图 3-11　索引节点表的结构

目录是一种特殊的文件，可实现文件名到索引节点号的转换，也是文件系统能成为树状结构的关键。目录文件是由一系列的目录登记项构成的，每项由该目录包含的一个文件名及该文件的索引节点号两部分组成。内核对文件是用索引节点号来操作的，目录项便实现了从文件名到索引节点号的转换。

设备文件：UNIX 系统上的各种设备之间的通信都是通过设备文件来实现的。就程序而言，磁盘是文件，MODEM 是文件，甚至内存也是文件。所有连接到系统上的设备都在/dev 目录中有一个文件与其对应。当在这些文件上执行 I/O 操作时，由 UNIX 系统将 I/O 操作转换成实际设备的动作。只有根用户能建立设备文件，其参数是文件名、字母 c 或 b 分别代表字符设备或块设备、主设备号、次设备号。块设备是类似磁带或磁盘这样一些以块为单位存取数据的设备。字符设备是如终端、打印机、MODEM 或者其他任何以字符为传输单位的设备。主设备号指定了设备驱动程序，当在设备上执行 I/O 时，系统将调用这个驱动程序。次设备号规定具体的磁盘驱动器、带驱动器、信号线编号或磁盘分区。在调用设备驱动程序时，次设备号将传递给该驱动程序。每种类型的设备一般都有自己的驱动程序。

文件系统将主设备号和次设备号存放在节点中的磁盘地址表内,因此无须为设备文件分配磁盘空间(除节点本身占用的磁盘区外)。当程序试图在设备文件上执行 I/O 操作时,系统识别出该文件是一个特别文件,然后调用由主设备号指定的设备驱动程序,并以次设备号作为调用设备驱动程序的参数。

将设备处理成文件,使得 UNIX 程序独立于设备,即程序不必了解要使用的设备的任何特性,存取设备也不需要记录长度、块大小、传输速度、网络协议等信息,所有细节由设备驱动程序考虑。当存取设备时,程序只需打开设备文件,然后作为普通的 UNIX 文件来使用即可。从安全角度看,这也是一种恰当的处理方式,因为任何设备上进行的 I/O 操作只经过了少量的渠道(设备文件)。用户不能直接地存取设备,因此一旦正确地设置了磁盘分区的存取许可,用户就只能通过 UNIX 文件系统存取磁盘,而文件系统内部是有安全机制(文件许可)的,所以整个文件系统便是安全的。但是,如果磁盘分区设置得不正确,则任何用户都能够编写程序读取磁盘分区中的每个文件。对内存文件 mem、kmem 和对换文件 swap 也是如此,这些文件含有用户信息,程序可以将用户信息提取出来。为避免磁盘分区(以及其他设备)可读可写,应当在建立设备文件前先用 umask 命令设置文件建立屏蔽值。

虚拟文件系统:为了支持越来越多的文件系统,虚拟文件系统(VFS)的概念孕育而生。下面我们以 Linux 为例,对其加以说明。

Linux 的最重要特征之一就是支持多种文件系统,这使得它更加灵活并可以与许多其他操作系统共存。Linux 支持的文件系统有:EXT、EXT2、EXT3、XIA、MINIX、UMSDOS、MSDOS、VFAT、PROC、SMB、NCP、ISO9660、SYSV、HPFS、AFFS 以及 UFS。Linux 和 UNIX 并不使用设备标志符(如设备号或驱动器名称)来访问独立文件系统,而是通过将整个文件系统表示成单一实体的层次树结构来访问它。Linux 每安装一个文件系统都会将其加入文件系统层次树中。不管文件系统属于什么类型,都被连接到一个目录上,同时此文件系统上的文件将取代此目录中原有的文件,这个目录被称为安装点或者安装目录。当卸载此文件系统时,这个安装目录中原有的文件将再次出现。

VFS 使得 Linux 可以支持多个不同的文件系统,每一个文件系统表示一个 VFS 的通用接口,如图 3-12 所示。由于软件将 Linux 文件系统的所有细节进行了转换,因此 Linux 核心的其他部分及系统中运行的程序将看到统一的文件系统。Linux 的虚拟文件系统允许用户能同时透明地安装许多不同的文件系统。

虚拟文件系统的设计目标是为 Linux 用户提供快速且高效的文件访问服务,同时它必须保证文件及其数据的正确性。当安装并使用一个文件系统时,Linux VFS 为其缓存相关信息,若该缓存中数据在创建、写入和删除文件与目录时被修改,则必须谨慎地更新文件系统中对应内容。如果能够在运行核心内看到文件系统的数据结构,那么就可以看到那些正被文件系统读写的数据块。描述文件与目录的数据结构被不断地创建与删除,而设备驱动将不停地读取与写入数据。这些缓存中最重要的是 Buffer Cache,它被集成到独立文件系统访问底层块设备的例程中。当进行块存取时,数据块首先被放入 Buffer Cache 里,并根据其状态保存在各个队列中。这里,Buffer Cache 不仅缓存数据而且协助管理块设备驱动中的异步接口。

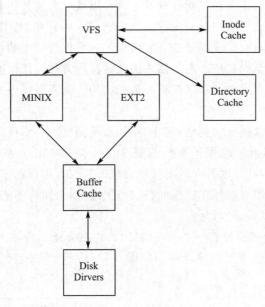

图 3-12　VFS 的逻辑示意图

(2)进程子系统

进程系统的安全是由处理器和内存管理机制支持的。一般处理器至少支持用户态和核心态两种模式。在内存管理机制方面,现在普遍采用虚拟存储技术,下面我们以 Linux 为例进行说明。

虚拟内存系统中的所有地址都是虚拟地址而不是物理地址,通过操作系统所维护的一系列表格,由处理器实现虚拟地址到物理地址的转换。为了使转换更加简单,虚拟内存与物理内存都以页面来组织。不同系统中页面的大小可以相同也可以不同,Alpha AXP 处理器上运行的 Linux 页面大小为 8 KB,而 Intel x86 系统上页面大小为 4 KB。每个页面通过一个称为页面框号(PFN)的数字来表示。

页面模式下的虚拟地址由两部分构成:页面框号和页面内偏移值。处理器处理虚拟地址时必须完成地址分离工作。在页表的帮助下,它将虚拟页面框号转换成物理页面框号,然后访问物理页面中相应偏移处。

理论上每个页表入口应包含以下内容:

- 有效标记,表示此页表入口是有效的。
- 页表入口描述的物理页面框号。
- 访问控制信息。用来描述此页可以进行哪些操作、是否可写、是否包含可执行代码。

处理器必须先得到虚拟地址页面框号及页面内偏移值,才能将虚拟地址转换为物理地址。一般将页面大小设为 2 的次幂。处理器使用虚拟页面框号为索引来访问处理器页表,检索页表入口。如果在此位置的页表入口有效,则处理器将从此入口中得到物理页面框号。如果此入口无效,则意味着处理器存取的是虚拟内存中一个不存在的区域。在这种情况下,处理器是不能进行地址转换的,它必须将控制传递给操作系统来完成后续处理工作。通过将虚拟地址映射到物理地址,虚拟内存可以以任何顺序映射到系统物理页面。页表入口包含了访问控制信息。由于处理器已经将页表入口作为虚拟地址到物理地址的映射,那么可以很方便地使用访问控制信息来判断处理器是否在以其应有的方式来访问内存。

　　诸多因素使得有必要严格控制对内存区域的访问。内存中,操作系统决不能允许进程对有些如包含可执行代码的只读部分进行写操作。相反执行可写的包含数据的页面肯定会发生错误。多数处理器至少有核心态与用户态两种执行方式。任何情况下都不允许在用户态下执行核心代码或者在用户态下修改核心数据结构。页表入口中的访问控制信息是与处理器相关的。

　　进程管理子系统控制进程的创建、终止、审计以及调度。它监视进程的状态变化以及核心态和用户态之间的切换。进程子系统的安全设计使得 Linux 系统实现了两种执行模式——核心态和用户态,其分别具有较高特权和较低特权。用户程序在用户态执行,内核功能在核心态执行。由于用户进程在较低的特权级上运行,它们将不能破坏其他进程或内核,因此程序错误造成的破坏被局域化。

　　Linux 系统中,每个进程都有一个固定的结构,内核将此结构称为进程的映像。进程的二进制映像(图 3-13)既包括用户地址空间如图 3-13(a)所示,又包括内核地址空间如图 3-13(b)所示。

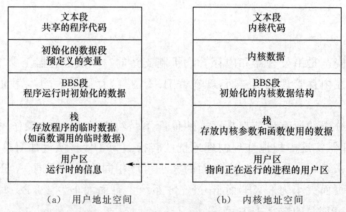

图 3-13　进程的二进制映像

　　内核地址空间只能在核心态访问,系统中只有一个内核实例运行,因此所有进程都映射到单一内核地址空间。尽管所有的进程都共享内核,但内核空间是受保护的,进程在用户态时不能访问它。进程只能通过系统调用接口才能访问内核。当进程调用一个系统调用时,会执行一个特殊的指令序列,使系统进入核心态从而实现模式转换,并将控制权交给内核,由内核代替进程完成操作。当系统调用完成后,内核执行另一组特殊指令将系统返回到用户态,即实现另一个模式转换,控制权返回给进程。

　　进程在用户态执行时,可以访问用户地址空间;在核心态时,内核代表当前进程执行,此时内核通过地址转换表可以直接访问当前进程的地址空间。计算机存储管理单元(MMU)一般有一组存储单元来标识当前进程的转换表,在当前进程将 CPU 放弃给另一个进程时,内核通过指向新进程的地址转换表的指针加载这些寄存器。MMU 寄存器是有特权的,只能在核心态访问。这保证了一个进程只能访问自己用户空间内的地址,而不会访问和修改其他进程的空间,如图 3-14 所示。

　　内核也必须完成系统级任务,如中断。这些任务并不是为了特定的进程完成的,因此在系统上下文中处理。这时,内核不会访问当前进程的地址空间,如图 3-15 所示。

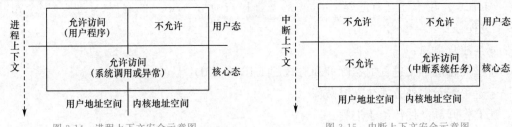

图 3-14　进程上下文安全示意图　　　　　　图 3-15　中断上下文安全示意图

（3）系统调用

用户使用一些常用的、与安全有关的系统调用时，要注意其安全属性，实现安全操作。

- creat( )：建立一个新文件或重写一个暂存文件。

参数：文件名和存取许可值（八进制方式）。如：

creat("/user/pat/read_ write",0666) /＊建立存取许可方式为 0666 的文件＊/

调用此子程序的进程必须要有建立文件所在目录地写和执行许可，置给 creat( ) 的许可方式变量将被 umask( ) 设置的文件建立屏蔽值所修改，新文件的所有者和小组由有效的 UID 和 GID 决定。返回值为新建文件的文件描述符。

- open( )：在 C 程序内部打开文件。

参数：文件路径名和打开方式（I,O,I&O）。

如果调用此子程序的进程没有打开此文件的正确存取许可，将会执行失败。如果调用此子程序打开不存在的文件，除非设置了 O_CREAT 标志，否则调用将不成功。此时，新文件的存取许可作为第三个参数（可被用户的 umask( ) 修改）。当文件被进程打开后再改变该文件或该文件所在目录的存取许可，不影响对该文件的 I/O 操作。

- read( )：从已由 open( ) 打开并用作输入的文件中读信息。它并不关心该文件的存取许可，一旦文件作为输入打开，即可从该文件中读取信息。

- write( )：输出信息到已由 open( ) 打开并用作输出的文件中。同 read( ) 一样，它也不关心该文件的存取许可。

- exec( ) 族：包括 execl( )、execv( )、execle( )、execve( )、execlp( ) 和 execvp( )。可将一个可执行模块复制到调用进程占有的存储空间。正被调用进程执行的程序将被新程序取代从而不复存在。这是 UNIX 系统中一个程序被执行的唯一方式：用将执行的程序覆盖原有的程序。

安全注意事项：

实际的、有效的 UID 和 GID 传递给由 exec( ) 调入的、不具有 SUID 和 SGID 许可位的程序。

如果由 exec( ) 调入的程序有 SUID 和 SGID 许可位，则有效的 UID 和 GID 将设置给该程序的所有者或用户组。

文件建立屏蔽值将传递给新程序。

除对 exec( ) 设置了关闭标志的文件外，所有打开的文件都传递给新程序。用 fcntl( ) 子程序可设置对 exec( ) 的关闭标志。

● fork( )：用来建立新进程，其建立的子进程与调用 fork( ) 的进程（父进程）完全相同（除了进程号外）。

安全注意事项：

子进程将继承父进程的实际的和有效的 UID 和 GID。

子进程继承文件方式建立屏蔽值。

所有打开的文件传给子进程。

● signal( )：允许进程处理可能发生的意外事件和中断。

参数：信号编号和信号发生时要调用的子程序。

信号编号定义在 signal.h 中。信号发生时要调用的子程序可由用户编写，也可用系统给的值，如 SIG_IGN 则信号将被忽略，SIG_DFL 则信号将按系统的默认方式处理。如许多与安全有关的程序禁止终端发中断信息（BREAK 和 DELETE），以免自己被用户终端终止运行。有些信号使 UNIX 系统产生的进程的核心转储，此系统子程序可用于禁止核心转储。

● access( )：检测指定文件的存取能力是否符合指定的存取类型。

参数：文件名和要检测的存取类型（整数）。

存取类型的数字意义和 chmod 命令中规定许可方式的数字意义相同。此子程序使用实际的 UID 和 GID 检测文件的存取能力（一般有效的 UID 和 GID 用于检查文件存取能力）。

返回值：0（许可）；−1（不许可）。

● chmod( )：将指定文件或目录的存取许可方式改成新的许可方式。

参数：文件名和新的存取许可方式。

● chown( )：同时改变指定文件的所有者和用户组的 UID 和 GID。

由于此子程序同时改变文件的所有者和用户组，故必须取消所操作文件的 SUID 和 SGID 许可，以防止用户建立 SUID 和 SGID 程序，然后运行 chown( ) 去获得别人的权限。

● stat( )：返回文件的状态（属性）。

参数：文件路径名和一个结构指针，指向状态信息存放的位置。

返回值：0（成功）；−1（失败）。

● umask( )：将调用进程及其子进程的文件建立屏蔽值，设置为指定的存取许可。

参数：新的文件建立屏蔽值。

该命令用来设置限制新文件权限的掩码。当新文件被创建时，其最初的权限由文件创建掩码决定。用户每次注册进入系统时，umask 命令都被执行，并自动设置掩码改变默认值，新的权限将会把旧的覆盖。

● getuid( )：返回进程的实际 UID。

● getgid( )：返回进程的实际 GID。

● geteuid( )：返回进程的有效 UID。

● getegid( )：返回进程的有效 GID。

● setuid( )：用于改变有效的 UID。

● setgid( )：用于改变有效的 GID。

1.安全性与操作系统之间的关系是怎样的？

2.如何从操作系统安全的角度理解计算机恶意代码、病毒、特洛伊木马之间的关系？

3.操作系统的通用安全需求主要包括哪些？请简要描述这些需求的含义和通用机制。

4.在安全操作系统中，对于用户的标识与鉴别需要注意哪些问题？

5.自主访问控制与强制访问控制是安全操作系统常用的两种访问控制机制，请分别简述两种访问控制的基本内容以及它们之间的异同点。

6.在自主访问控制中常有几种表达访问控制信息的方式，分别简述它们的主要内容并且分析各自的优缺点。

7.为什么在实现了强制访问控制的不同系统中，访问控制的主/客体范畴、控制规则可能会有所不同？

8.在一个安全操作系统中，特权的设置与访问控制机制的关系是怎样的？

9.在一个安全操作系统中，审计日志空间满了以后怎么办？请给出几种可行的设计思路。

10.在安全操作系统中，对于用户的标识与鉴别需要注意哪些问题？请简述 Linux 与 Windows 的标识与鉴别机制。

第4章　数据库安全

导　读

随着信息系统体系结构的不断发展以及新的应用需求的不断出现,数据库技术与网络、面向对象、Web、普适计算、联机分析处理技术、数据挖掘等技术不断融合,摆脱了单一数据库系统的局限,呈现出开放式、网络化、分布式、智能化等新特征。在这种开放式环境下,数据库系统面临的安全威胁和风险也迅速增加,数据库安全的研究领域迅速扩大,对数据安全的要求不断提升,这些新的领域和新的要求已经超出了现有技术所能解决的范围,数据库安全问题面临诸多挑战。同时,加强数据库的安全性也有利于增强信息系统用户对数据管理基础平台和信息服务的信心,推动信息技术及其应用的健康发展。因此,数据库安全在现代信息技术中占有十分重要的地位,也是众多学者和研究人员研究的热点之一。

本章首先分析了数据库安全的威胁与需求问题,其次介绍了数据库访问机制的身份验证、权限、角色与架构以及权限管理等内容,最后给出了当前数据库系统安全技术,主要包括 SQL 注入与防范技术、数据库备份与恢复技术、数据库加密与审核技术。

关键概念

数据库安全　安全威胁　访问机制　身份验证
权限管理　系统安全

思政目标

随着信息技术的发展,特别是移动互联网的飞速发展,数据库的应用已经扩展到各行各业,特别是在电子商务、政府办公、企业事务管理等领域得到了广泛应用,数据处理成为计算机应用的主要方面。计算机应用的飞速发展带动了数据库的广泛应用,随之也产生了数据库的安全问题,出现了数据库大量敏感数据的窃取和篡改问题。数据库作为重要信息的承载主体,是信息系统的核心部件,如何有效地保证数据库系统的安全,实现数据的保密性、完整性和有效性,已成为信息安全领域的重要课题。

一旦数据库建立,无论是否接入应用系统,都存在着安全风险,保护数据不泄露或不被窃取是数据库管理员和应用系统开发者的重要工作。如果利用数据库作为后台开发网络应用系统,那么数据库的安全风险就更大。大多数网络攻击者的攻击行为都是针对各种类型的数据库而展开的,可见数据库的安全直接关系到应用系统的安全以及服务器的安全,因此保证数据库的安全是非常重要的。

4.1 数据库安全概述

数据是指对客观事物进行记录并可以鉴别的符号,是对客观事物的性质、状态以及相互关系等进行记载的物理符号或这些物理符号的组合,是可识别的、抽象的符号。简而言之,数据是符号的集合,是对事物特性的描述。这里的"符号"不仅仅指文字、字母、数字和其他特殊符号,还包括图形、图像、声音等多媒体的表示。例如,"0、1、2""阴、雨、下降、气温""学生的档案记录""货物的运输情况"等都是数据。

数据库是逻辑相关数据的一个持久性共享集合,含有数据自身的定义与描述,是能为多个用户共享、具有尽可能小的冗余度、与应用程序彼此独立的数据集合。通俗地说,数据库是一个存储数据的仓库,这些数据是按照一定的数学模型组织起来的,是有组织、有管理的数据集合。例如,教务管理系统数据库中包括学生基本信息表、班级表、课程表、成绩表和毕业表等众多数据表,这些表及其视图、存储过程等对象共同组成了一个数据库。

目前,商品化的数据库产品主要以关系型数据库为主,技术也比较成熟。SQL Server、Oracle、MySQL、DB2 是当前数据库管理系统市场中四大主流产品,市场占有率很高。

微软公司除了 SQL Server 这个数据库产品外,还有一个桌面级的产品 Microsoft Access。Access 是一个小型的桌面数据库,应用简单、操作容易,主要用于少量数据的处理。SQL Server 在事务处理、数据挖掘、负载均衡等方面功能强大,使数据库应用系统的开发、设计变得方便快捷。甲骨文(Oracle)公司的 Oracle 数据库应用非常广泛,其操作难度较大,对数据库管理人员要求较高。Oracle 数据库作为一个成熟的数据库产品,适用于大型数据库系统,稳定性高。Oracle 公司旗下的另一个产品 MySQL,也是一个关系型数据库管理系统,应用非常广泛,特别是在基于 Linux 系统的 Web 应用方面,MySQL 通常都是较佳的后台数据库。DB2 是 IBM 公司推出的一个重量级数据库产品,主要应用于金融领域等超大型应用系统,具有较好的可伸缩性,可支持从大型机器到单用户环境,应用于所有常见的服务器操作系统平台下。

随着计算机技术和网络技术的进步,数据库的运行环境也在不断变化。数据易受各种因素的影响,如人为的错误、硬盘的损毁、电脑病毒、自然灾难等都有可能造成数据库中数据的丢失,给企事业单位造成无可估量的损失。数据库安全主要为数据库系统建立和采取的技术与管理提供安全保护,以保护数据库系统和其中的数据不因偶然或恶意的原因而遭到破坏、更改和泄露。

数据库安全包含两层含义:第一层是指系统运行安全,系统运行安全通常受到的威胁主要指一些网络不法分子通过互联网、局域网等入侵电脑,使系统无法正常启动,或让电脑超负荷运行大量算法,并关闭 CPU 风扇,使 CPU 过热而烧坏;第二层是指系统信息安全,系统信息安全通常受到的威胁主要有攻击者入侵数据库,并窃取想要的资料。数据库系统的安全特性主要是针对数据而言的,包括数据独立性、数据安全性、数据完整性、并发控制、故障恢复等方面。

 4.1.1 数据库安全威胁

在数据库环境中,不同的用户通过数据库管理系统访问同一组数据集合,从而减少了数据的冗余、消除了不一致的问题,同时也免去了程序对数据结构的依赖。然而,这同时也导致数据库面临更严重的安全威胁。根据安全威胁的来源及攻击的性质,可将数据库的安全威胁分为以下几方面:

1.物理安全威胁

在信息安全体系中,物理安全是保护信息系统的软、硬件设备、设施以及其他媒体免遭地震、水灾、火灾、雷击等自然灾害,人为破坏或操作失误,以及各种计算机犯罪行为导致破坏的技术和方法。其中,物理安全是基础,若无法保证物理安全,则其他安全措施形同虚设。物理安全威胁主要包括:

• 自然或意外灾害:如地震、水灾、火灾等。这些事故可能会破坏系统的软、硬件,导致完整性破坏和拒绝服务。

• 磁盘故障:计算机运行过程中最常见的问题是磁盘故障,这会导致重要数据的丢失。

• 控制器故障:控制器发生故障,会破坏数据的完整性。

• 电源故障:电源故障分为电源输入故障和系统内部电源故障,由于系统停电是不可预料的,因此无论处在哪种情况下都有可能使数据受到毁损。

• 存储器故障:介质、设备和其他备份故障。如果服务器出错、被毁,那么存储设备或其使用的介质的任何错误都会导致数据的丢失。

• 芯片和主板的故障:芯片和主板的故障会导致严重的数据毁损。

2.逻辑安全威胁

数据库逻辑安全是指数据库系统结构、数据库模式、数据库数据不被非法修改,事务及操作符合数据库各种完整性约束。逻辑安全威胁主要包括:

• 非授权访问:对未获得访问许可的信息的访问。

• 推理访问数据:由授权读取的数据,通过推论得到不应该访问的数据。

• 病毒:病毒可以自我复制,永久地或通常是不可恢复地破坏自我复制的现场,达到破坏信息系统及取得信息的目的。

• 特洛伊木马:一些隐藏在公开的程序内部,收集环境的信息,可能是由授权用户安装的,利用用户的合法的权限对数据安全进行攻击。

• 天窗或隐蔽通道:在合法程序内部的一段程序代码,特定的条件下如特殊的一段输入数据将启动这段程序代码,从而许可此时的攻击可以跳过系统设置的安全稽核机制进入系统,以实现对数据防范的攻击和达到窃取数据的目的。

3.传输安全威胁

目前的数据库应用大多是基于网络环境的。在网络系统中,无论是调用任何指令,还是任何信息的反馈均是通过网络传输实现的。因此对数据库而言,网络连接的安全性是进行

网络通信的基本保证,网络连接安全涉及的方面很多,技术广泛,具体可以归结为以下几个方面:

- 对网络上信息的监听:对于网上传输的信息,攻击者只需在网络链路上通过物理或逻辑的手段,例如对双绞线进行搭线窃听、安装通信监视器等,就能对数据进行非法的截获与监听,进而得到敏感信息。
- 对用户身份的仿冒:当一个实体假扮成另一个实体时,就发生了仿冒。对用户身份仿冒这一常见的网络攻击方式,能对数据库的信息产生严重的威胁。对网络信息篡改的攻击者可对网络上的信息进行截获并且修改其内容,使用户无法获得准确、有用的信息。
- 对信息的否认:某些用户可能对自己发出或接收到的信息进行恶意的否认。
- 对信息进行重放:重放是重复发送一份报文或报文的一部分,以便产生一个被授权效果。"信息重放"的攻击方式是指攻击者截获网络上的密文信息后并不将其破译,而是再次转发这些数据包,以实现其恶意的目的。

4.人为错误的威胁

操作人员或系统用户的错误输入和应用程序的不正确使用,都可能导致系统内部的安全机制的失效,导致非法访问数据的可能,也可能导致系统拒绝提供数据服务。

4.1.2 数据库安全需求

计算机应用的飞速发展带动了数据库的广泛应用,随之也产生了数据库的安全问题,出现了数据库大量敏感数据的防窃取和防篡改问题。数据库作为信息的载体是信息系统的核心部件,如何有效地保证数据库系统的安全,实现数据的保密性、完整性、可用性、可控性和隐私性,已成为研究的重要课题。数据库的安全需求包括以下几个方面:

1.保密性

保密性是指保护数据库中的数据不被泄露和未授权的获取,即不能将信息泄露给非授权用户,即使是攻击者得到了信息本身,也无法从中得到信息的内容或提炼出有用的数据。数据库保密性分为存储的保密性和传输的保密性:存储的保密性是指数据在系统存储的过程中不被攻击者获得其内容,数据库管理系统必须根据用户或应用的授权来检查访问请求,以保证仅允许授权的用户访问数据库;传输的保密性是指数据在网络传输的过程中不被第三方获得其内容。

2.完整性

完整性是指保护数据库中的数据不被无意或恶意地插入、破坏和删除,保证数据的正确性、一致性和相容性,即保证合法用户得到与现实世界信息语义和信息产生过程相一致的数据,包括数据库物理完整性、数据库逻辑完整性和数据库数据元素取值的正确性。这种保护通过访问控制、备份与恢复以及一些专用的安全机制共同实现。其中,备份与恢复的主要目标是在系统发生错误时保证数据库中数据的一致性。

3.可用性

可用性是指确保数据库中的数据被授权实体访问并按需求使用的特性,企业中部分运行关键业务的数据库系统应保证全天候的可用性。网络环境下拒绝服务、破坏网络和有关系统的正常运行等都属于对可用性的攻击。

4.可控性

可控性是指对数据操作和数据库系统事件的监控属性,也指对违背保密性、完整性、可用性的事件具有监控、记录和事后追查的属性。

5.隐私性

隐私性是指在使用基于数据库的信息系统时,保护使用主体的个人隐私(如个人属性、偏好、使用时间等)不被泄露和滥用。隐私性是与保密性和完整性密切相关的,但它涉及与使用数据相关的用户偏好、职责履行、法律遵从证明等其他保护需求,如个人不希望其消费习惯、消费偏好等被泄露,企业希望营造一个用户放心的信息环境、维护企业信誉、避免卷入法律纠纷等。

4.2 数据库访问机制

访问控制是数据库安全最基本、核心的技术。访问控制(Access Control)是通过某种途径显式地准许或限制访问能力及范围,以防止非法用户的侵入或合法用户的不慎操作所造成的破坏。

传统的访问控制机制有两种:自主访问控制(Discretionary Access Control,DAC)和强制访问控制(Mandatory Access Control,MAC)。在 DAC 机制中,客体的拥有者全权管理有关该客体的访问授权,有权泄露、修改该客体的有关信息。利用 DAC 机制,用户可以有效地保护自己的资源,防止其他用户的非法读取。MAC 机制是一种基于安全级标记的访问控制方法,它是多级安全的标志,特别适用于多层次安全级别的军事应用当中。利用 MAC 机制可提供更强有力的安全保护,使用户不能通过意外事件和有意的误操作逃避安全控制。

近年来,基于角色的访问控制(Role-Based Access Control,RBAC)得到了越来越多关注。RBAC 的核心思想就是将访问权限与角色相联系,通过给用户分配合适的角色,使用户与访问权限相关联。RBAC 核心模型包含五个基本的静态集合(用户集、角色集、对象集、操作集和特权集)及一个运行过程中动态维护的集合(会话集),这些集合称为 RBAC 的组件。通过应用 RBAC,可以将安全性放在一个接近组织结构的自然层面上进行管理。

4.2.1 身份认证模式

身份认证是指用户要向系统证明他就是所声称的用户,目的是防止非法用户访问系统和网络资源它包括识别和验证两个步骤:

①识别是指明确访问者的身份,识别信息是公开的。

②验证是对访问者声称的身份进行确认,验证信息是保密的。

在身份认证中用户必须提供他是谁的证明,认证的目的就是弄清楚他是谁,他具有什么特征,他知道什么可用于识别他的东西。这种证实用户的真实身份与其所声称的身份是否相符的过程是为了限制非法用户访问网络资源,这是其他安全机制的基础。

身份认证是安全系统中的第一道关卡,它在安全系统中的地位极其重要,是最基本的安全服务,其他的安全服务(如访问控制)都要依赖于它。识别身份后,由访问监视器根据用户身份和授权数据库决定是否能够访问某个资源。一旦身份认证系统被攻破,系统的所有安全措施将形同虚设,黑客攻击的目标往往就是身份认证系统。安全系统中的身份认证和访问控制,如图 4-1 所示。根据所使用环境的不同,身份认证分为单机状态下的身份认证和网络环境下的身份认证。

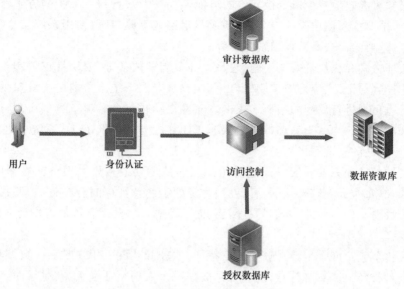

图 4-1　身份认证和访问控制示意图

1.单机状态下的身份认证

单机状态下的身份认证相对于网络环境下的身份认证来说比较容易实现,其用户输入自己的认证信息,计算机认证并给予用户相应的权限。单机状态下用户登录计算机时,一般可通过以下几种形式认证用户身份:

● 用户所知道的东西(基于知识的认证方式),如口令、密码等。

● 用户所具有的生物特征或者行为特征(基于属性的认证方式),如指纹、脸形、声音、视网膜扫描、签名等。

● 用户所拥有的东西(基于持有的认证方式),如智能卡、通行证、USB Key 等。

常见的单机状态下身份认证方式主要包括以下几个方面:

(1)基于知识的认证方式

基于知识的认证方式是最常用的一种身份认证技术,每个用户在进行网络注册时,都要由系统指定或用户自己选择一个用户帐户(用户名)和用户口令。这些用户帐户及口令信息都被存储于系统的用户信息数据库中。也就是说,每个要入网的合法用户都有一个系统认可的用户名和用户口令。

当用户要登录网络时,首先要输入自己的用户名和用户口令,然后服务器将验证用户输入的用户名和用户口令信息是否合法。如果验证通过,用户即可进入网络,去访问其所需要且有权访问的资源,否则用户将被拒于网络之外。对口令的攻击分为联机攻击和脱机攻击两种方式:联机攻击的表现形式是联机反复尝试口令进行登录;脱机攻击的表现形式为截获口令密文后进行强力攻击。基于口令的认证方式中最需要考虑的问题是如何存储口令。存储方式一般为直接明文存储口令、Hash 散列存储口令、加 Salt 的 Hash 散列存储口令等。

为保证用户口令的安全性,要从口令的选取和口令的保护两方面入手。一般对口令的选取有一定的限制,比如:口令长度尽量长(不得少于若干个字符);口令不能是一个普通的英语单词、英文名字、昵称或其变形;口令中要含有一些特殊字符;口令中要字母、数字和其他符号交叉混用;不要使用系统的默认口令;不要选择用户的明显标识作为口令等。这样的口令选取限制可有效地减少口令被猜中的可能性。一般进行口令保护的方式有:不要向别人透露口令;不要重复使用同一口令;定期或不定期地更改口令;使用系统安全程序测试口令的安全性;重要的口令要进行加密处理等。

这种认证方式存在严重安全问题,它是一种单因素的认证,安全性仅依赖于口令,而且用户往往选择容易记忆、容易被猜测的口令,这也是安全系统最薄弱的突破口,同时口令文件被窃取后也可被进行离线的字典式攻击。随着自动化口令破解工具的实现,这种方法已经变得越来越不可靠。基于静态口令的认证在计算机网络中和分布式系统中更加不安全。

(2)基于属性的认证方式

基于属性的认证方式一般是通过对用户人体的一处或多处生理特征检测而进行的验证。众所周知,每个人具有唯一的、可靠的、稳定的生物特征(如指纹、虹膜、脸形、掌纹等),可用来进行身份验证。此外,人们的视网膜、面部轮廓、笔迹、声音等都可作为人体特征用来进行身份验证。

该过程主要包括四个步骤:抓图、抽取特征、比较和匹配。用户唯一的典型特征数据将会被提取并且被转化成数字符号,这些符号将被存成个人的特征模板,在登录时,人们同生物特征识别系统交互比较来进行身份认证,以确定匹配或不匹配。

因为这些特征都具有因人而异和随身携带的特点,他人模仿这些特征比较难,并且特征不能转让,所以该技术具有很好的安全性、可靠性和有效性。但是基于生物特征的认证方式识别的速度相对较慢,使用代价高,而且在网络上传送时如果泄露了生物信息,也不易更新替换认证信息,所以使用范围较窄。

(3)基于持有的认证方式

典型的基于持有的认证方式是智能卡,智能卡的外观和手感就像一张信用卡,但其原理就像一台小型计算机。智能卡是可编程的,卡里有一个处理器,具有存储和处理能力,可用来对数值进行运算,可无数次地接收写入信息,可下载应用软件和数据,然后可多次反复地使用它。用户在登录计算机网络时,可用它来证明自己的身份。不仅如此,它还可以代替身份证、旅行证件、信用卡、出入证等证件。

基于智能卡的认证方式是一种双因素的认证方式,也称为"增强的认证"。它要求用户拥有两个完全不同的因素:所知道的东西(个人身份识别码 PIN)和所拥有的东西(智能卡)。

进行认证时,用户输入 PIN,智能卡识别 PIN 是否正确,如果正确,即可读出智能卡中的秘密信息,进而利用该秘密信息与主机之间进行验证。

在基于智能卡的认证方式中,即使 PIN 或智能卡被窃取,用户仍不会被冒充。智能卡提供硬件保护措施和加密算法,可以利用这些功能加强安全性能。

因此,一般情况下,数据库管理员可组合使用上述方法,使其更加安全有效,如将口令与智能卡结合使用,通常被称为双因素身份认证。因为上述每种身份认证方法均有自身的弱点,而采用双因素身份认证可取长补短,提升数据库抵抗非法访问的能力,增加数据库的安全性。

2.网络环境下的身份认证

常见的网络环境下的身份认证协议主要存在两种:S/KEY 认证协议和 Kerberos 认证协议。

(1)S/KEY 认证协议

攻击者常常在网络上使用监听手段,获得合法用户的帐号和口令,进而得到数据库系统的访问权限,由于同一用户每次登录时使用的口令散列相同,攻击者仍能截获口令,只需要直接"重放"口令散列,便可仿冒合法用户登录成功。因此,网络环境下的身份认证不能使用静态口令,而必须使用一次性口令技术。

与静态口令不同,一次性口令之所以能够更好地实现网络身份认证是因为它是变动的口令,其变动源于产生口令的运算因子是变化的。它一般使用双运算因子:固定因子,即用户的口令散列,以及变动因子。正是变动因子的不断变化,才产生了不断变动的一次性口令。此外,采用不同的变动因子,形成不同的一次性口令认证技术,例如,基于时间同步的认证技术、基于事件同步的认证技术、挑战/应答式的非同步认证技术。

S/KEY 就是一种一次性口令认证技术,它能对抗上述的重放攻击,但是它不能防止会话劫持等主动攻击,没有完整性保护机制,无法阻止攻击者修改网络中的验证数据,无法防范拦截和修改数据包,无法防范内部攻击。最重要的一点是,S/KEY 认证协议不能对服务器的身份进行认证。S/KEY 认证协议的过程如图 4-2 所示。

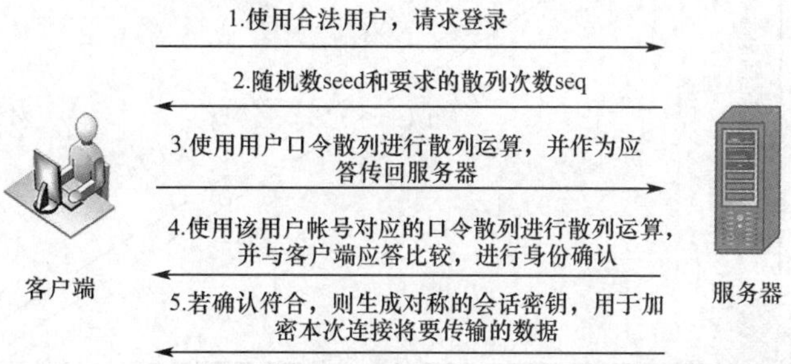

图 4-2　S/KEY 认证协议的过程

①客户端首先用注册的合法的用户帐号向服务器提出登录请求。

②服务器向客户端发送一个挑战:随机数 seed 和要求的散列次数 seq。

③客户端使用用户口令散列对它们进行散列运算,并将这个新计算出来的值作为应答传回服务器。

④服务器从本地 SAM 或者活动目录中取出该用户帐号对应的口令散列与刚发送的挑战进行散列运算,并将结果与客户端的应答比较,进行身份确认。

⑤如允许访问,服务器生成一个随机数作为对称的会话密钥,用于加密本次连接中客户端与服务器之间将要传输的数据。该会话密钥采用用户的散列口令加密,并发送给客户端。

(2)Kerberos 认证协议

Kerberos 认证协议能够弥补 S/KEY 认证协议的一项不足,Kerberos 很好地解决了攻击者可能来自某个服务器所信任的工作站的问题。在一个开放的分布式网络环境中,用户通过工作站访问服务器上提供的服务。当结合使用网络访问控制和网络层安全协议时,可以保证只有经过授权的工作站才能连接到服务器,并可以防止传输的数据流被非法窃听,同时服务器只能对授权用户提供服务,并能够鉴别服务请求的种类。

Kerberos 是与密码或智能卡一起使用以进行交互登录的协议,是颁发用于访问网络服务的票证。这些票证包含加密的数据,其中包括加密的密码,用于向请求的服务确定用户的身份。除了输入密码或智能卡凭据,整个身份验证过程对用户都是不可见的。如果该用户没有通过相应的 Kerberos 认证,则他将被拒绝访问该服务器。Kerberos 基于可信赖的第三方(密钥分配中心 KDC),能够提供不安全分布式环境下的双向用户实时认证,并且保证数据的安全传输。

用户(Client)首先应向认证服务器(AS)申请得到一个票据许可票据 Ticket$_{tgs}$,由用户工作站的客户端模块保存,每当用户申请新的服务,客户端则用该票据证明自己的身份;由票据许可服务器(TGS)向特定的服务(V)授予一个服务许可票据 Ticket$_v$,客户将每个服务许可票据保存后,在每次请求特定服务时使用该票据证实自己的身份,这两种票据都是可以重用的,其认证过程如图 4-3 所示。

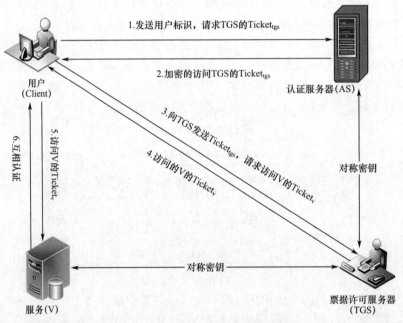

图 4-3　Kerberos 协议认证过程

Kerberos 认证协议比其他传统的认证协议更安全、更灵活、更有效,它是交互式验证,使用独特的票证系统并能提供更快的身份验证。资源服务器将票证作为访问资源服务器的依据,票证可以多次使用并可以存储在客户端。但是,Kerberos 很难实现用户行为的不可否认性;实现起来比较复杂,要求通信的次数多,计算量较大;KDC 通信流量和负担很重,容易形成瓶颈;在分布式系统中,认证服务器星罗棋布,域间会话密钥的数量惊人,密钥的管理、分配、存储都是很严峻的问题。

 4.2.2　权限、角色与架构

1.权限

权限是指用户可以访问的数据库以及数据库对象可以执行的相关操作。用户若要对数据库及其对象进行相关操作,必须具有相应的权限。权限一般分为系统权限和对象权限,系统权限是对某一数据库对象操作的权限,如创建和删除表、视图、存储过程、session 等操作都属于系统权限;对象权限是针对特定的对象操作的权限,如 DELETE 权限允许对表和视图进行删除操作,SELECT 权限允许对表、视图、序列等进行查询操作。

实际情况中,管理员会将离开部门的人员的权限删除,同时为提升的职员添加新的权限,这就要求访问权限应该是可以变化的,涉及授权管理的问题,也就是谁有权授权其他主体访问某客体的权限和如何授权的问题。可通过以下的语句对权限进行基本操作:

- 授予权限

语法:grant 权限 1,权限 2,… to 用户。

- 收回权限

语法:revoke 权限 1,权限 2,… from 用户。

2.角色

角色是一组权限的集合。对管理权限而言,角色是一个工具,是根据企业内为完成各种不同的任务需要而设置的,根据用户在企业中的职权和责任来设定它们的角色。授权者管理权限的授予和撤销,用户则根据授权者授予的权限访问数据。数据库中存在很多系统权限,如果在管理数据库系统时,授权者若逐一将权限分配给用户,是非常大的工作量,不仅操作复杂,而且管理不便捷、重用性不高,难以系统地对数据库中的用户进行管理,尤其是面对实际情况中,相关部门人员的招聘、离职、调任等所带来的权限变化。例如,如果 10 个新建用户需要后续赋予 10 个不等的不同权限,若逐一进行授予权限,数据库管理者需进行10^2次操作。

因此,为便捷高效地进行数据库管理,可添加一个角色表,把某些人归为一类角色,授予角色一组权限,然后将该角色分配给适当的用户,让用户与访问权限相关联。用户可以在角色间进行转换,系统可以添加、删除角色,还可以对角色的权限进行添加或删除。可通过以下的语句对角色进行基本操作:

- 创建角色

语法:create role 角色名;

- 授权角色

语法:grant select on 数据库对象 to 角色名;

- 删除角色

语法:drop role 角色名;

3.架构

在 ANSI SQL-92 标准里,架构被定义为由单个用户所有的一组数据库对象,可以看成一个存放数据库对象的容器,这些数据库对象包含表、视图、存储过程等,位于数据库内部,而数据库位于服务器内部。一个命名空间是一组不能重名的对象。例如,两张表只有在不同的架构下才能命名相同的名字,即同一个架构下不能存在重名的表。

在 SQL Server 2000 中,一个完整的表的名称形式应为"服务器名.数据库名.用户名.对象名","用户名"既是数据库中的用户,又是"架构名"。而在 SQL Server 2005/2008 中,一个表的完全限定名称应该为"服务器名.数据库名.架构名.对象名",架构独立于创建它们的数据库用户,可以在不改变架构名称的情况下转让架构的所有权,并且可以在架构中创建具有用户友好名称的对象,明确指示对象的功能。

用户可分为普通用户和特权用户,用户可以对数据库对象进行操作,包括但不限于表、视图、存储过程、session 等数据库对象。用户对数据库的访问需要以适当的身份通过认证,每个用户都有自己的用户名和密码,并且拥有它们所创建的任意表、视图和其他资源。一个用户可以拥有 0 个或多个角色,用户、角色之间的关系为多对多关系,一个用户可以对应多个角色,一个角色可以对应多个用户,如图 4-4 所示。

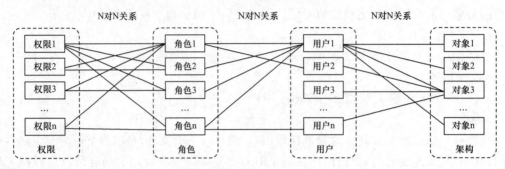

图 4-4　权限、角色、用户与架构关系示意图

4.2.3　权限管理

权限管理是关系数据库实现安全与保护的重要途径,也是数据库安全最早研究解决的问题之一。权限管理的总体目标是提供保护与安全控制,允许授权用户合法地访问信息。RBAC 模型支持系统管理员通过用户分配(UA)、特权分配(PA)等操作来管理普通用户的特权。在经过身份认证之后,不同用户登录访问同一数据库,会看到用户所创建的不同的任意表、视图、存储过程、session 等对象拥有不同的权限。在 SQL Server 数据库中用户的权限分为 4 个级别,如下:

①服务器级别:主要有创建数据库、查看数据库、服务器设置等权限。服务器权限规定了数据库管理员可执行的服务器管理任务,可以通过"服务器属性"对话框中的"权限"项进行管理。

②数据库级别:主要包括备份数据库、创建表、创建过程、创建函数、创建架构、创建角色等权限。数据库权限是用户对某个具体的数据库所具有的操作权限。

③数据库对象级别:为数据库的对象设置权限,主要设置用户对数据表的操作权限,例如查看表定义,更新、删除、插入、选择、引用等权限。

④数据库对象字段权限:用户对数据库中指定表字段的操作权限,主要有查询 SELECT 和更新 UPDATE 两种权限。

与权限管理有关的命令很多,主要有 GRANT(授予权限)、REVOKE(回收权限)、DENY(明确拒绝权限)、WITH GRANT(转授权限)等。数据库中常用权限有 SELECT(查询)、INSERT(插入)、UPDATE(修改)、DELETE(删除)、CONTROL(数据库的所有权限)、CREATE DATABASE(创建数据库)、CREATE TABLE(创建数据库表)等。

4.3　数据库系统安全技术

传统的物理安全、操作系统安全机制和数据库访问控制机制为数据库提供了一定的安

全保障,但这些并不能满足全部的安全需求,它们无法保证一些部门重要数据和敏感数据的安全。为了保护数据安全,可以采用很多安全技术和措施。这些数据库系统安全技术和措施主要有 SQL 注入与防范技术、数据库备份与恢复技术、数据库加密与审核技术等。

4.3.1 SQL 注入与防范技术

在移动互联网普及的今天,大家可能在新闻或者网络上了解过某个网站会员信息泄露、某个公司在售卖客户资料等事件。最严重的情况是攻击者可能获得数据库管理的最高权限,然后复制数据库并对数据库进行破坏。SQL 注入(SQL Injection)是影响企业运营且最具破坏性的漏洞之一,它会泄露保存在应用程序数据库中的敏感信息,包括用户名、口令、姓名、地址、电话号码以及信用卡明细等容易被利用的信息。

1.SQL 注入含义

SQL 注入是一种系统安全漏洞,是将 SQL 代码插入或添加 Web 表单、URL、页面请求的查询字符串中,修改程序员设计的正常 SQL 语句,之后再将这些参数传递给后台的 SQL 服务器加以解析并执行这些修改后的 SQL 命令,从而达到某种目的。利用 SQL 注入进行应用程序的攻击称为 SQL 注入攻击,它是攻击者对数据库攻击的常用手段之一,也是很多应用程序,特别是 Web 应用程序所面临的主要威胁之一。

2008 年年初,数十万 Web 站点遭到一种自动 SQL 注入攻击的破坏。典型的 SQL 注入大部分是针对服务器端的数据库,然而根据目前的 HTML5 规范,攻击者可以采用完全相同的方法执行 Java Script 或其他代码来访问客户端数据库以窃取或破坏数据。移动应用程序(Android 或者 IOS)也与之类似,恶意应用程序或客户端脚本也可以采用类似的方式对移动应用程序进行 SQL 注入攻击。

2.如何产生 SQL 注入

随着互联网应用的迅猛发展,由于程序员的水平及经验参差不齐,一部分程序员在编写代码的时候,没有对用户输入的数据进行必要的合法性检查,这样的应用程序就可能存在安全隐患。这种安全隐患一旦被攻击者利用,他们会将恶意代码插入字符串中,之后再将这些字符串保存到数据库的数据表中或将其当作元数据。当将存储的字符串置入动态 SQL 命令中时,数据库服务器会执行这些恶意代码。如果 Web 应用未对动态构造的 SQL 语句使用的参数进行正确性审查,攻击者就很可能会修改后台 SQL 语句的构造,那么该语句将与应用的用户拥有相同的运行权限,这时 SQL 注入攻击就已经开始了。下面通过一个简单的示例来进行演示,说明 SQL 注入是如何产生的:

①当访问 http://localhost:58031/main.asp? ismanager=1 这个 URL 时,会查询当前数据库中所有管理者的信息。

②现在尝试向该 URL 注入 SQL 命令,并将其放在 ismanager 参数中,修改参数值为 ismanager =1 OR 1=1, URL 变为:http://localhost:58031/main.asp? ismanager =1 OR 1=1。

③修改 URL 中"?"后面的参数值后,本来应该给 ismanager 这个参数输入 0 或 1 进行查询,但却故意加入了"OR 1=1"代码,"1=1"是一个永真条件,URL 执行后,显示了所有员工,包括管理者与非管理者员工。

通过 OR 来重构 SQL 语句仅仅是 SQL 注入的一种方法。不过这种攻击成功与否,通常高度依赖于基础数据库系统和所攻击的 Web 应用程序的可靠性。此外,SQL 注入还包括内联 SQL 注入与终止式 SQL 注入攻击。

内联 SQL 注入是指向查询注入一些 SQL 代码后,原来的查询仍然会全部执行,只是多增加了部分 SQL 语句,达到某种目的。内联 SQL 注入包括数字值内联注入与字符串内联注入等。终止式 SQL 注入是指攻击者在注入 SQL 代码时,通过将原 SQL 语句的剩余部分注释掉,从而结束原来的语句执行,达到注入的目的,包括数据库注释攻击与执行多条语句。

3.寻找和确认 SQL 注入漏洞

由于 Web 应用程序的攻击者不太可能通过浏览程序源代码方式来寻找 SQL 注入漏洞,因此通常是利用推理进行测试、数据库错误、应用程序响应的方式来寻找 SQL 注入漏洞。

推理测试的原理是通过发送意外数据来触发 Web 应用发生异常,根据测试的结果来判断后台数据库所执行的操作,从而寻找 SQL 注入漏洞。其规则主要遵循以下 3 点:识别 Web 应用上的数据输入;了解哪种类型的请求会触发异常;检测服务器响应中的异常。

数据库错误的原理是当 Web 服务器检索用户数据并向数据库服务器发送 SQL 查询,数据库返回错误时,不同的应用会做不同的处理。当尝试识别某一输入是否会触发 SQL 漏洞时,Web 服务器的错误消息非常有用。

此外,可利用执行延迟,有效判断代码存在 SQL 注入漏洞的风险。SQL 语句中一般都有延时语句,其作用是延时执行 SQL 命令或者是在指定的时间执行命令。如果注入的延时命令被成功执行,则可以有效地判断出存在注入风险。将 ismanager 参数调整为 1;waitfor delay '0:0:10',URL 如下:http://localhost:58031/main.asp? ismanager＝1; waitfor delay '0:0:10'。在这个 URL 中,ismanager＝1 后加入了一个延时 10 秒执行的语句,如果数据库服务器响应了延时操作,则可以确认代码存在 SQL 注入漏洞。

当发现有 SQL 注入漏洞时,一般都需要发送大量的请求以便从 Web 应用程序后台的远程数据库中获取需要的信息,手动检测方法费时且效率较低,一些专门的软件可以帮助管理员进行检测,例如,HP Weblnspect、Pangolin、SQLMap、Bobcat、BSQL、Havij 以及 SQLInjector 等。

4.SQL 注入的防范

SQL 注入攻击是数据库的危险因素之一,如何有效地进行 SQL 注入攻击的防御,是数据库安全技术的重点内容,主要介绍了代码层防御与平台层防御。

(1)代码层防御

代码层防御是指在编写 Web 应用程序时应该如何进行代码的防御,包括以下几个方面:

①输入验证防御

输入验证防御是指在 Web 页面代码中,用户提交表单数据前,利用一定的规则对输入的数据进行合法性验证。这里的验证不仅要验证数据的类型,还应该利用正则表达式或业务逻辑来验证数据的内容是否符合要求。输入验证一般分为两种:白名单验证和黑名单验证。白名单验证是用户先建立白名单规则,包含在规则内的数据全部通过,因此,也称为包含验证或正验证;黑名单验证是用户先建立黑名单规则,在规则内的数据禁止通过,因此,也称为排除验证或负验证。

②使用参数化语句防御

动态 SQL(或者将 SQL 查询组装成包含受用户控制的输入的字符串并提交给数据库)是引发 SQL 注入漏洞的主要原因。Web 应用防御是指在编写应用程序时,如果要对数据库进行查询或插入、删除和修改操作,应该使用参数化语句(也称为预处理语句)而非动态 SQL 来安全地组装 SQL 查询。在提供数据时可以只使用参数化语句,但却无法使用参数化语句来提供 SQL 关键字或标识符(比如表名或列名)。

③输入与输出规范化防御

可确保对包含用户可控制输入的查询进行正确编码,以防止使用单引号或其他字符来修改查询,并限制对原始数据的访问,这样可以控制对数据的使用。将输入解码或变为规范格式后才能执行输入验证过滤器和输出编码。此时,任何单个字符都存在多种表示及编码方法,应尽可能使用白名单输入验证并拒绝非规范格式的输入。

(2)平台层防御

平台层防御是针对应用程序所在的网络环境的安全防御,是指能提高应用程序总体安全的运行时的优化处理或配置更改,是总体安全策略的重要组成部分,其不能替代代码层的防御,它们是互补的关系。对于 Web 请求,这种防御有助于提高应用程序对数据的监控和处理,较典型的平台层防御是 Web 防火墙。

Web 防火墙是一种网络设备或是一种将安全特性添加到 Web 应用的基于软件的防御方案,通常是一些以最小化配置嵌入 Web 服务器或应用程序中的模块,一般位于整个局域网的出口处或者 Web 应用程序前端,检测访问局域网中的所有数据,一旦发现危险请求,则记录下来并禁止访问或发出报警。

目前国内中小型网站一般采用安全狗、龙盾等软件,大型专业网站一般采用绿盟 Web 应用防火墙、深信服应用防火墙等。专业的 Web 防火墙都是收费的,一般也不会让非工作人员随意查看,但安全狗等小型防火墙,普通用户也可以下载安装,还可以自己设定 SQL 注入拦截规则。它们的主要好处是 Web 基础结构仍保持不变,并且能够无缝地处理 HTTP/HTTPS 通信,因为它们运行在承载 Web 或应用程序的进程中,不会耗费 Web 服务器资源,相反它们可以保护多种不同技术的 Web 应用程序。

在这里特别强调,平台层防御不能代替代码层防御,更不能取代数据库自身安全策略的设置,这些平台层的防御软件仅仅是与安全代码和安全设置互补的关系。一般来说,加固过的数据库尽管不能完全阻止 SQL 注入,但却明显会使利用漏洞变得更困难,也有助于减轻漏洞可能造成的影响。

4.3.2 数据库备份与恢复技术

在实际工作中难免会遇到数据丢失、误删除、误修改等情况,此时数据库备份后进行恢复就成为数据丢失或误操作后的一种简单有效的补救方法,并且在系统发生故障后,能及时地从备份的介质上恢复正确的数据,是快速恢复系统的一种措施。因此数据库备份与恢复通常是大中型企事业网络系统管理员每天必做的工作之一。备份与恢复保证了数据的安全性,同样也可以认为是一种数据库整体迁移方式。

1.数据库备份

数据库备份是指为防止系统出现操作失误或系统故障导致数据丢失,而将全部或部分数据集合从应用主机的硬盘或阵列中复制到其他存储介质上的过程。数据库备份分为完整备份、增量备份、事务日志备份和按需备份,使用者可以根据实际需求选择不同的备份形式。

(1)完整备份

完整备份是按常规定期备份数据库,即制作数据库中所有内容的副本,这些内容包括用户表、系统表、索引、视图和存储过程等所有数据库对象。如果数据库很大,在完整备份时就需要花费很多的时间和占用很大的存储空间。

(2)增量备份

增量备份是以完整备份为基础,每次备份的数据只是相当于在上一次备份后增加的和修改过的内容,即备份的都是已更新过的数据。比如,系统在星期日做了一次完全备份,然后在以后的六天里每天只对当天新的或被修改过的数据进行备份。由于只备份增量数据,因此,比完整备份数据量小,恢复数据的速度也快,但它的缺点是恢复数据过程比较麻烦,不可能一次性地完成整体的恢复。

(3)事务日志备份

事务日志备份是一种非常重要的,也是应用广泛的备份模式。首先必须先做一个数据库的完整备份,标记为 WZ1;第 1 次事务日志备份标记为 RZ1,它记录的是当前数据库与完整数据库备份的事务日志差异;第 2 次事务日志备份标记为 RZ2,它记录的是当前数据库与RZ1 备份的事务日志差异。以此类推,下一次事务日志备份是对上一次事务日志备份的差异备份。注意,事务日志备份与差异备份的基准点不一样,另外事务日志备份的好处是支持数据恢复到具体的时间点。

(4)按需备份

除以上备份方式外,还可采用对随时所需数据进行备份的方式进行数据备份。按需备份就是指除正常备份外,额外进行的备份操作。额外备份可以有许多理由,比如,只想备份很少的几个文件或目录,备份服务器上所有的必需信息,以便进行更安全的升级等。这样的备份在实际应用中经常遇到。

一般来说,数据库管理员通常会根据数据库安全级别及自身实际情况去决定备份模式,从而决定数据库的恢复模式。一般情况下,完整备份模式便可满足需求,有时候可以采用完整备份+增量备份模式;在要求较高的情况下,通常采用完整备份+事务日志备份模式;在更高的要求和灵活处理方面,可以采用完整备份+增量备份+事务日志备份模式。

对于实际使用的数据库来说,数据库备份是一项非常重要的工作,应认真对待。数据库备份需要先制定数据备份策略。数据备份策略包括确定须备份的数据内容(如进行完全备份、增量备份、事务日志备份还是按需备份)、备份频率(如以月、周、日还是小时为备份频率)、备份方式(如采用手工备份还是自动备份)、备份介质(如以光盘、硬盘、磁带还是 U 盘做备份介质)和备份介质的存放等。

2.数据库恢复

数据库恢复是在数据库遭到破坏或者数据丢失等意外情况下,将备份数据恢复到计算机系统中,还原数据库中数据到某一正确状态下的过程,与数据库备份是一个相反的过程。数据库恢复措施在整个数据安全保护中占有相当重要的地位,因为它关系到系统在经历灾

难后能否迅速恢复运行。每一种恢复模式都会按照设定的方式恢复数据库中的数据和日志。SQL Server 数据库系统提供了 3 种数据库的恢复模式，分别是完整恢复模式、大容量日志记录恢复模式和简单恢复模式。

(1)完整恢复模式

完整恢复模式是最高等级的数据库恢复模式。在完整恢复模式中，将备份到介质上的指定系统信息全部转储到它们原来的地方，即使那些大容量数据操作和创建索引的操作，也都记录在数据库的事务日志中。在数据库遭到破坏后，可以使用该数据库的事务日志迅速还原数据库，数据文件丢失或损坏不会导致数据丢失。

一般应用在服务器发生意外灾难时，导致数据全部丢失、系统崩溃或是有计划的系统升级、系统重组等，也称为系统恢复。在完整恢复模式中，它会消耗大量的磁盘存储空间，但可以利用事务日志将数据库还原到具体时间点，这样利用存储成本获得更高的数据安全成本，因此这是生产型数据库通常采用的恢复模式。

(2)大容量日志记录恢复模式

大容量日志记录恢复模式是完整恢复模式的补充模式，允许执行高性能的大容量复制操作。通过使用最小方式记录大多数大容量操作，减少日志空间使用量，比完整恢复模式节省了日志存储空间。但大容量日志记录恢复模式不支持具体时间点恢复，因此必须在增大日志备份与增加数据丢失风险之间进行权衡。

(3)简单恢复模式

简单恢复模式仅适用于那些规模比较小的数据库或数据不经常改变的数据库。当使用简单恢复模式时，可以通过执行完全数据库备份和增量数据库备份来还原数据库，但数据库只能还原到执行备份操作的时间点。执行备份操作之后的所有数据修改都会丢失，并且需要重建。这种模式的好处是耗费比较少的磁盘空间，恢复模式最简单。数据只能恢复到已丢失数据的最新备份，而无法恢复到具体的时间点。

4.3.3　数据库加密与审核技术

1.数据库加密技术

尽管 SQL 注入攻击等可以获得数据表中的数据，但对于重要敏感数据，例如用户密码、身份证号码、银行卡信息、手机号码等，对敏感数据进行加密是一种有效的数据保护手段。即使加密后的数据库数据泄露，攻击者也不会获得数据明文信息，因此数据加密也是数据保护的有效手段。一个良好的数据库加密系统应该满足以下基本要求：

(1)字段加密

字段加密是对记录的字段数据进行的，只有以记录的字段数据为单位进行加密，才能适应数据库操作。如果以文件或列为单位进行加密，必然会形成密钥的反复使用，从而降低加密系统的可靠性。加密机制在理论上和计算机上都具有足够的安全性，且抗攻击能力强，解密时能够识别对密文数据的非法篡改。此外，为避免影响数据库的性能，不能对数据库中所有字段都加密。

(2)密钥动态管理

加密系统应该具有密钥存储安全、使用方便、可靠的密钥管理机制。数据库客体之间隐含着复杂的逻辑关系,一个逻辑结构可能对应着多个数据库物理客体,所以数据库加密不仅密钥量大,而且组织和存储工作较为复杂,需要对密钥实行动态管理。

（3）合理处理数据

合理处理数据包括:首先要恰当地处理数据类型,加密后的数据应该满足定义的数据完整性约束,否则 DBMS 将会因加密后的数据不符合定义的数据类型而拒绝加载;其次,需要处理数据的存储问题,加密后的数据存储量没有明显的增加。

（4）不影响合法用户的操作

加密的目的是保障数据库安全和数据安全,但加密最基本的要求是不影响合法用户的操作,应要求加密系统中加密和解密(特别是解密)速度要足够快,不影响数据库的性能。在现阶段,平均延迟时间不应超过 0.1 秒。此外,加密和解密对数据库的合法用户来说,数据的录入、修改和检索等操作应该是透明的,不需要考虑数据的加/解密问题。

从数据的角度,加密可分为对称加密和非对称加密。对称加密是指加密和解密使用同一个密钥的加密算法,即加密密钥等于解密密钥。对称加密最常用的一种方式是资料加密标准(DES)。所有的参与者都必须彼此了解,而且完全互相信任,因为他们每一个人都有一份钥匙。如果传送者和接收者位于不同的地点,无论他们在开面对面的会议,还是在公共传输系统(电话系统或邮局服务)上,当秘密钥匙被互相交换时,只要攻击者在钥匙传送的途中窃听或者拦截,他就可以读取所有正在传输的已加密的数据信息。所以,对称加密通常来说会比较弱,因为使用数据时不仅需要传输数据本身,还需要通过某种方式传输密钥,这很有可能使密钥在传输的过程中被窃取。

非对称加密是指加密和解密使用不同密钥的加密算法,即加密密钥不等于解密密钥。用于将数据信息加密的密钥称为公钥,用于解密的密钥称为私钥。这两把钥匙之间具有数学关系,所以两者存在一一对应关系,即用一个钥匙加密过的资料只能用相应的另一个钥匙来解密。公钥密码法,是一种非对称加密,每一个人都可使用一对钥匙,其中一个是公开的,而另一个是私密的,但两种钥匙都必须加以保护防止被修改。

公钥加密算法中使用较广的是 RSA,RSA 使用两个密钥:一个公共密钥,一个专用密钥。如用其中一个加密,则可用另一个解密,密钥长度可变。加密时将明文分成不同的块,RSA 算法把每一块明文转化为与密钥长度相同的密文块。密钥越长,加密效果越好,但加密解密的开销也大,因此,相比对称加密来说,非对称加密的安全性会大大提高,但是,非对称加密的算法通常会比对称加密复杂,会带来性能上的损失。因此,一种折中的办法是使用对称密钥来加密数据,使用非对称密钥来解密对称密钥,这样既可以利用对称密钥的高性能,又可以利用非对称密钥的可靠性。

按照执行加密部件与数据库管理系统的不同关系,可以将数据加密分为库内加密和库外加密。库内加密通常是在 DBMS 内部实现支持加密的模块,数据库管理系统接收到应用程序发送的数据后,利用自身的加密算法或用户自定义的加密算法进行加密,然后将加密数据存储到数据库中,整个加密过程在数据库内部由数据库管理系统完成。库内加密方式的优点是加密功能强,并且加密功能几乎不会影响 DBMS 原有的功能。另外,对于数据库应用来说,库内加密方式是完全透明的,不需要做任何改动就可以直接使用。其缺点主要是性能影响较大,加重了数据库服务器的负担,以及密钥管理安全风险大。

库外加密是在 DBMS 范围之外,由专门的加密服务器完成加/解密操作,即应用程序利用加密算法,将要写入数据库的数据先加密,再将加密的数据写入数据库,整个加密过程由应用程序完成,数据库管理系统仅仅是接收加密后的数据并保存。两类加密的结果是一致的,但库外加密将加密密钥与所加密的数据分开保存,比库内加密更安全些,也减少了数据库服务器的负载。库外加密方式主要的缺点是加密后数据库功能会受一些限制,如加密后数据无法正常的索引。

数据加密的效果就是让数据变得模糊、变成乱码,可读性变为零,将数据变得毫无意义,除非利用解密算法将密文转换为明文。虽然加密是确保安全性的有力工具,但加密并不能解决访问控制问题,但可以通过限制数据丢失来增强数据安全性。

2.数据库审核技术

数据安全策略最重要的一项能力就是能追踪到谁访问过或者企图访问指定的数据库,提供检测未授权的访问企图,或者具有能找到内部有恶意的工作人员误用了合法访问的能力,能够协助管理员跟踪敏感配置的更改。针对用户操作数据库是否具有合法性,数据库管理系统还提供了数据审核功能,用户只需要合理地设置好服务器审核规范和数据库审核规范,就可以查看数据库审核日志并对日志进行分析。SQL 跟踪将数据库上的任何操作都详细显示出来,因为日志记录详细,即使执行一条简单的语句,也会产生大量的日志。审核的主要目标如下:

- 安全性:审核功能及其对象,必须真实安全。
- 性能:必需尽量减少对性能的影响。
- 管理:审核功能必须易于管理。
- 可发现:以审核为中心的问题,必须易解答。

审核日志是一个需要采取特别保护措施的数据,管理员必须考虑审核数据存放的位置、访问文件的权限等。为了真正达到审核目的,必须对记录数据库系统中所发生过的事件的审核数据提供查询和分析手段。SQL Server 2008 提供了两种数据审核规范:服务器审核规范,包括服务器操作,如管理更改以及登录和注销操作,数据库审核规范,包括数据操作语言和数据定义语言操作。

(1)服务器级别的审核

服务器审核规范是与某一个服务器级别的操作组相关的审核,从定义的名称来看,服务器审核规范是服务器级别的,主要针对管理更改以及登录和注销操作的审核,服务器级别操作组涵盖了整个 SQL Server 实例中的操作,若将相应操作组添加到服务器审核规范中,则可以记录任何数据库中的任何架构对象访问检查。

(2)数据库级别的审核

服务器级别的操作不允许对数据库级别的操作进行详细筛选。实现详细操作筛选需要数据库级别的审核,例如,对 Student 数据库中 Users 表执行的 SELECT 操作进行的审核。在用户数据库审核规范中不包括服务器范围的对象,例如系统视图。数据库审核规范是针对某一个数据库对象、某一个架构、某一个主体进行详细的审核,审核可以针对具体的表、具体的架构和具体的操作,可以精细化的设置。

除上述两种审核类别外,还可以对审核过程中的操作进行审核。这些操作可以是服务器范围或数据库范围的操作。如果在数据库范围内,则仅针对数据库审核规范进行。

在大数据时代,数据成为科学研究的基石。在享受着语音图像识别、无人驾驶、手机导航等智能技术带来便利的同时,数据也在背后担任着驱动算法不断优化迭代的角色。数据库安全必须在信息安全防护体系中处于被保护的核心位置,不易受到外部攻击者攻击,同时数据库自身应该具备强大的安全措施,能够发现并抵御入侵者。

本章习题

1.什么是数据库安全?

2.数据库安全的威胁有哪些?

3.数据库安全的需求有哪些?

4.身份认证在数据库访问机制中是什么作用? 身份认证模式包括哪几个方面?

5.Kerberos 协议基本思想是什么? 其验证过程是什么?

6.什么是权限、角色与架构? 它们之间的关系是什么?

7.数据库系统安全技术包括哪些内容?

第5章　密码学基础

导　读

　　自从人类文明诞生以来,就产生了保护敏感信息的愿望,而信息的价值就源于信息可以被交流和使用。我们需要在公开的地方存储信息,使用非隐秘介质交换信息,通过不安全的信道传输信息,就需要某种手段保护信息在存储、交换和传输中的安全,而密码学正是基于保护敏感信息的需要产生和发展起来的。密码学(Cryptology)是安全工程与数学的交叉学科,是现在很多安全协议的基础工具。狭义来说,它是研究信息系统安全保密的科学,是专门研究编制密码和破译密码,即对信息进行编码实现隐蔽信息,以及对加密信息进行破译实现解密信息的一门学科。密码学包括两个分支:密码编码学(Cryptography)和密码分析学(Cryptanalyst)。前者研究如何加密,后者则研究如何解密,两者相互对立而又相互促进。

　　另外,密码学是保障信息安全的重要支撑技术,但密码学不是提供信息安全的唯一方式。信息安全的理论基础是密码学,信息安全问题的根本解决方法往往依靠密码学理论。但是,从事信息安全研究工作的人通常不理解或者不能正确运用密码学知识解决问题,很多安全问题都是因为不正确地使用了密码元素造成的。从事加密研究的人也往往不能把它和实际问题联系起来,这样就要求安全工程师在熟悉计算机安全知识和特定应用领域的同时,也要熟悉密码学知识。

思政目标

关键概念

　　密码学　单钥密码体制　公钥密码体制　应用

　　密码学(Cryptography)一词源于古希腊的 Crypto 和 Graphein,意思是密写,它以认识密码变换为本质,加密与解密基本规律为研究对象。密码学的发展可分为两个主要阶段,第一个阶段是传统密码学阶段,即古代密码学阶段,该阶段基本上依靠人工和机械对信息进行加密、传输和破译。其实早在几千年前，人类就已经有了保密通信的思想和方法，但这些保密方法都是非常朴素、原始和低级的，且大多数是无规律的。有记载的最早的密码系统可能是希腊历史学家发明的 Polybios，这是一种替代密码系统。此外，1949 年，信息论的创始人香农（C.E.Shannon）发表了一篇文章，论证了一般经典加密方法都是可以破解的。第二个阶段是计算机密码学阶段，该阶段又可细分为两个阶段，即使用传统方法的计算机密码学阶段和使用现代方法的计算机密码学阶段。前者是研究利用现代技术手段对计算机系统中的数据进行加密、解密和变换的学科，是数学和计算机科学交叉的学科，也是一门新兴的学科，是指计算机密码工作者沿用传统密码学的基本观念进行信息的保密；而后者是指使用现代思想进行信息的保密，它包括对称密钥密码体制和非对称密钥密码体制两个方向。此外，密码学还包括密码编码学（Cryptography）和密码分析学（Cryptanalysis）两方面的内容。前者是对信息进行编码，实现对信息的隐蔽，即研究如何通过编码技术来改变被保护信息的形式，使得编码后的信息除指定接收者之外，其他人都不能理解；后者是研究加密信息的破译或信息的伪造，即研究如何解密一个密码系统，恢复被隐藏的信息的原貌。密码编码学是实现对信息保密的，密码分析学是实现对信息解密的，这两部分相辅相成、互相促进，同时也是矛盾的两个方面。

5.1 密码学概述

5.1.1 加密和解密

信息在不安全的网络公共信道中传输时，可能会被攻击者截获并获取内容。其中，截获是指非授权方介入系统窃听传输的信息，导致信息泄露。上述行为破坏了信息的保密性，如图 5-1 所示。其中，非授权方可能是一个人，也可能是一个程序。此外，截获攻击的方式主要包括嗅探和监听等，进而获取有用信息，如用户口令、帐号等，文件或程序的不正当复制等。

图 5-1　截获

加密（Encryption）是将明文信息采取数学方法进行函数转换，将其转换成密文，只有特定接收方才能将其解密并还原成明文的过程，是保证信息保密性的主要技术手段；解密（Decryption）是将密文还原成明文的过程。加密和解密数据模型如图 5-2 所示。其中，加密和解密主要涉及三方面内容：明文、密钥、密文。其中，明文（Plaintext）是加密前的原始信息；密文（Ciphertext）是明文被加密后的信息；密钥（Key）是控制加密算法和解密算法得以实现的关键信息,分为加密密钥和解密密钥。不同于古典密码学,现代密码学中的加密和解密算法是可以公开的,需要保密的只有密钥。如果不知道密钥,攻击者是无法解密密文的,即使截获了密文,看到的也只是一些乱码,不能获知明文的具体内容。加密可以采用密码算法来实现,密码算法从密钥的角度,可分为对称密码算法和非对称密码算法。

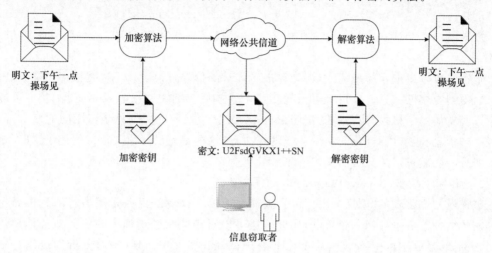

图 5-2　数据加密模型

5.1.2　密码分析学

密码分析学是在不知道密钥的情况下,恢复出明文的一门科学。成功的密码分析能恢复出消息的明文或密钥。密码分析也可以发现密码体制的弱点,最终得到明文或密钥。对密码进行分析的尝试称为攻击(Attack)。假设攻击者是在已知密码体制(已知加密算法)的前提下来破译使用的密钥,根据攻击者掌握的资源不同,最常见的攻击形式见表 5-1。

表 5-1　　　　　　　　　　　　　　密码攻击的类型

攻击类型	密码分析者已知的信息
唯密文攻击	● 加密算法 ● 要解密的密文
已知明文攻击	● 加密算法 ● 要解密的密文 ● 用(与待解密的密文)同一密钥加密的一个或多个密文对
选择明文攻击	● 加密算法 ● 要解密的密文 ● 分析者任意选择一些密文,以及对应的明文(与待解密的密文使用同一密钥加密)
选择密文攻击	● 加密算法 ● 要解密的密文 ● 分析者有目的地选择一些密文,以及对应的明文(与待解密的密文使用同一密钥解密)
选择文本攻击	● 加密算法 ● 要解密的密文 ● 分析者任意选择的明文,以及对应的密文(与待解密的密文使用同一密钥加密) ● 分析者有目的地选择一些密文,以及对应的明文(与待解密的密文使用同一密钥解密)

1.唯密文攻击(Ciphertextonly)

破译者根据截获的密文来破译密码。破译者的任务是恢复尽可能多的明文,或者最好能推算出加密消息的密钥,以便采用相同的密钥解出其他被加密的消息。有时破译者能利用的数据分析资源仅为密文,这是最难的情况。

已知：$C_1=E_k(M_1),C_2=E_k(M_2),\cdots,C_i=E_k(M_i)$

推导出：$M_1,M_2,\cdots,M_i$ 或者密钥 K,或者找出一个算法从 $C_{i+1}=E_k(M_{i+1})$ 推导出 M_{i+1}。

唯密文攻击是最容易防范的,因为攻击者拥有的信息量最少。不过在很多情况下,分析者可以得到更多的信息。分析者可以捕获到一段或更多的明文信息及相应密文,也可能知道某段明文信息的格式等。例如,按照 Postscript 格式加密的文件总是以相同的格式开头,电子金融消息往往有标准化的文件头或者标志等,这些都是已知明文攻击的例子,拥有这些知识的分析者就可以从分析明文入手来推导出密钥。

2.已知明文攻击(Known Plaintext)

破译者根据已知的"明文-密文"组来破译密码。破译者的任务是用加密消息推导出用来加密的密钥或者推导出一个算法,用此算法可以对用同一密钥加密的任何新的消息进行解密。例如,END、IF、THEN 等词的密文有规律地在密文中出现,密码分析者可以合理地猜测它们。近代密码学认为,一个密码只有经得起已知明文攻击才是可取的。

已知：$M_1,C_1=E_k(M_1),M_2,C_2=E_k(M_2),\cdots,M_i,C_i=E_k(M_i)$

推导出：密钥 K,或者从 $C_{i+1}=E_k(M_{i+1})$ 推导出 M_{i+1} 的算法。

与已知明文攻击相近的是可能词攻击。若攻击者处理的是一般的分散文字信息,那么他可能对信息的内容一无所知,但如果他处理的是一些特定的信息,他就可能了解其中的内容。例如,对于一个完整的数据库文件,攻击者可能知道放在文件最前面的是某些关键词。

3.选择明文攻击(Chosen Plaintext)

破译者不仅可以得到一些消息的密文和相应的明文,而且他们也可以选择被加密的明文,也就是说破译者能够通过某种方式,让发送方在发送的信息中插入一段由他选择的信息。例如,公钥密码体制中,攻击者可以利用公钥加密其任意选定的明文,这种攻击就是选择明文攻击。一个例子是差分密码分析,这个比已知明文攻击更有效,因为密码分析者能选择特定的明文块去加密,那些块可能产生更多关于密钥的信息,分析者的任务是推导出用来加密消息的密钥或者推导出一个算法,此算法可以对同一密钥加密的任何新的消息进行解密。

已知：$M_1,C_1=E_k(M_1),M_2,C_2=E_k(M_2),\cdots,M_i,C_i=E_k(M_i)$

其中 $M_1,M_2,\cdots,M_i$ 可由密码分析者选择。

推导出：密钥 K,或者从 $C_{i+1}=E_k(M_{i+1})$ 推导出 M_{i+1} 的算法。

一般说来,如果破译者有办法选择明文加密,那么他会选取那些最有可能恢复出密钥的数据。

4.选择密文攻击(Chosen Ciphertext)

与选择明文攻击相对应,破译者除了知道加密算法外,还知道他自己选定的密文和对应的已解密的明文,也就是知道选择的密文和对应的明文。在这些攻击方法中,唯密文攻击的难度最大,因为攻击者拥有的信息量最少,但往往攻击者可以得到更多的信息,例如电子金融消息往往有标准化的文件头或者标志,这样就使其转化成了已知明文攻击。

此外,还需要注意:如果一个密码体制,无论用多少可使用的密文,都不足以确定其所对应的明文,则称该加密体制是无条件安全的。也就是说,无论花费多少时间,攻击者都无法将密文解密,因为他所需的信息不在密文里。除了一次一密之外,所有的加密算法都不是无条件安全的。因此,加密算法的使用者应挑选尽量满足以下标准的算法:

- 破译密码的代价超出密文信息的价值。
- 破译密码的时间超出密文信息的有效生命期。

如果满足了上述两条标准,那么加密体制是安全的,因为攻击者成功破译密文所需的工作量是巨大的。对称密码体制的所有分析方法都利用了这样一个事实,即明文的结构和模式在加密之后仍然保存了下来,并且在密文中能找到一些"蛛丝马迹"。随着对各种对称密码体制讨论的深入,这一点将会变得很明显。对公钥密码体制的分析是依据一个完全不同的假设,即密钥对的数学性质使得无法从一个密钥推导出另一个密钥,在后面章节中会详细介绍公钥的密码体制。

5.2 单钥密码体制

单钥密码体制是指采用的解密算法就是加密算法的逆运算,而加密密钥也就是解密密钥的一类加密体制。而且,通信时 A、B 双方必须相互交换密钥,当 A 需要发送信息给 B 时,A 用自己的加密密钥进行加密,B 在接收到数据后,用 A 的加密密钥进行解密。因此,在双方交换数据的时候,还需要有一种非常安全的方法来传输密钥。根据不同的加密方式,单钥密码体制有两种不同的实现方式,即分组密码和序列密码(或称流密码)。其中,分组密码是把明文消息分组(含有多个字符),逐组进行加密;序列密码是根据明文按字符(如二元数字)逐位加密。该体制的主要类型代表包括古典密码体制替代与置换密码法、近现代密码体制中的对称密码体制 DES(数据加密标准)、AES(高级加密标准)。

5.2.1 古典密码学

古典密码是密码技术的源泉,但这些密码技术大都比较简单,多采用手工或机械操作来对明文进行加密/解密,而在科学技术充分发达的今天,由于其无法抵御现代密码攻击手段,已经毫无安全性可言。然而,研究这些密码的原理,对于理解、构造和分析现代密码是十分有益的。

1.置换密码

置换密码也称换位密码,是指明文字母本身不变,根据某种规则改变明文字母在原文中的相应位置,使其成为密文的一种方法。换位一般以字节(一个字母)为单位,有时也以位为单位。每个置换都可以用一个置换矩阵 E_k 来表示,且都有一个与之对应的逆置 D_k。置换密码的特点是采用一个仅有发送方和接收方知道的加密置换(用于加密)和对应的逆置换(用于解密)。置换过程是对明文长度为 L 的字母组中的字母位置进行重新排列。

令明文 $m = m_1 m_2 \cdots m_L$,置换矩阵所决定的置换为 π,则加密置换为:

$$c = E_k(m) = (c_1 c_2 \cdots c_L) = m_{\pi(1)} m_{\pi(2)} \cdots m_{\pi(L)}$$

解密置换为:

$$d = D_k(c) = (c_{\pi^{-1}(1)} c_{\pi^{-1}(2)} \cdots c_{\pi^{-1}(L)})$$

给定明文为"The simplest possible transposition ciphers",将明文分成 $L=5$ 的段,置换密码如下:

$$m_1=\overbrace{thesi}^{01234},m_2=\overbrace{mples}^{01234},m_3=\overbrace{tposs}^{01234},m_4=\overbrace{iblet}^{01234}$$

$$m_5=\overbrace{ransp}^{01234},m_6=\overbrace{ositi}^{01234},m_7=\overbrace{oncip}^{01234},m_8=\overbrace{hersx}^{01234}$$

最后一段长不足 5,加添一个字母 x。将各段的字母序号按下述置换矩阵进行换位:

$$E_k=\begin{bmatrix} 0 & 1 & 2 & 3 & 4 \\ 1 & 4 & 3 & 0 & 2 \end{bmatrix}$$

得到密文如下:

stieh emslp stsop eitlb srpna toiis iopcn shxre

利用下述置换矩阵可将密文恢复为明文。

$$D_k=\begin{bmatrix} 0 & 1 & 2 & 3 & 4 \\ 3 & 0 & 4 & 2 & 1 \end{bmatrix}$$

$L=5$ 时可能的置换矩阵总数为 5!=120 个,一般为 L! 个。可以证明,在给定 L 下所有的置换矩阵构成一个 L! 对称群。

2.代换密码

令 Γ 表示明文字母表,内有 q 个"字母"或"字符"。设其顺序号为 $0,1,2,\cdots,q-1$,可以将 Γ 映射为一个整数集 $Z_q=\{0,1,2,\cdots,q-1\}$,在加密时常将明文信息划分成长为 L 的信息单元,称为明文组,以 m 表示,如:

$$m=(m_0,m_1,\cdots,m_L),m_i\in Z_q$$

令 Γ' 表示密文字母表,内有 q' 个"字母"或"字符"。设其顺序号为 $0,1,2,\cdots,q'-1$,可以将 Γ' 映射为一个整数集 $Z_{q'}=\{0,1,2,\cdots,q'-1\}$,密文组为 $c=(c_1,c_2,\cdots,c_i,\cdots,c_{L'-1})$,$c_i\in Z_{q'}$,代换密码的加密变换是由明文空间到密文空间的映射,即:

$$f:m\rightarrow c,m\in\Gamma,c\in\Gamma'$$

加密变换通常是在密钥控制下进行的,即:

$$c=f(m,k)=E_k(m)$$

5.2.2 数据加密标准

数据加密标准(Data Encryption Standard,DES)是一种对计算机数据进行密码保护的数学算法,它的产生被认为是 20 世纪 70 年代信息加密技术发展史上的里程碑之一。由于 20 世纪 60 年代计算机技术迅猛发展,大量的数据资料被集中储存在大型计算机数据库中,并在计算机通信网中进行传输,其中很多数据具有高度的机密性和价值,因此对计算机通信及计算机数据进行保护的需求日益增长。针对这种情况,有人提出了两种保护方法:一是对数据进行物理保护,即把重要的数据存放到安全的地方,如银行的地下室中;另一种方法是对数据进行密码保护。

由于大家普遍认为加密算法如果足够复杂的话,密码是一种有效的保护措施。因此,在 1973 年美国国家标准局(NBS)发布了一个公开请求,寻找一个能够成为美国国家标准的加密算法。IBM 公司的沃尔特·塔奇曼和卡尔·迈歇尔于 1971—1972 年提出了一个算法——LUCIFER,NBS 将其提交给国家安全代理机构,它们重新审阅并对算法做了一些修改,提出了最初的数据加密标准(Data Encryption Standard,DES)算法。自此,DES 开始在政府、银行、金融界广泛应用。尽管有许多攻击方法试图攻破该体制,但在已知的公开文献中,还是无法完全、彻底地破解 DES。

1.DES 工作原理

DES 算法属于分组加密算法,是对一定大小的明文或密文进行加密或解密。在 DES加密系统中,每次加密或解密的分组大小均为 64 位,所以 DES 无须考虑密文扩充问题。无论明文或密文,一般的数据大小通常大于 64 位,此时只要将明文或密文中的每 64 位当一个分组进行分割,再对每个分组做加密或解密即可。当分割后的最后一个分组小于 64 位时,便在此分组之后附加"0"位,直到此分组大小为 64 位为止。DES 所用的加密或解密密钥也是 64 位,但因其中有 8 位用来做奇偶校验,所以 64 位中真正起到密钥作用的只有 56 位。而 DES 加密与解密所用的算法除了子密钥的顺序不同外,其他的部分都是相同的。

DES 全部 16 轮的加/解密结构如图 5-3 所示,其上方的 64 位输入分组数据可能是明文,也可能是密文,由使用者做加密或解密而定。加密与解密的不同只在于最右边的 16 个子密钥的使用顺序不同,加密的子密钥顺序为 $K_1, K_2, K_3, \cdots, K_{16}$,而解密的子密钥顺序正好相反,为 $K_{16}, K_{15}, K_{14}, \cdots, K_1$,其运算过程如图 5-3 所示。

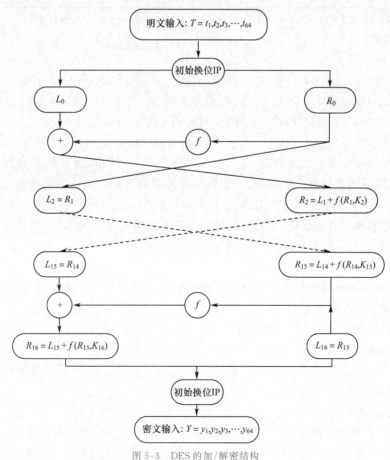

图 5-3　DES 的加/解密结构

① 加/解密输入分组与重排值如图 5-4 所示,通过初始置换打乱数据原来的顺序,再分

为 L_0 与 R_0 两个 32 位的分组。

②R_0 与第一子密钥 K 经函数 f 运算后,得到的 32 位输出再与 L_0 逐位异或(XOR)运算。

③其结果成为下一轮的 R_0,R_0 则成为下一轮的 L_1,如此连续运行 16 轮。

也可用下列两个式子来表示其运算过程:

$$R_i = L_{i-1} \text{ XOR } f(R_{i-1}, K_i), \quad L_i = R_{i-1}, i = 1, 2, 3, \cdots, 16$$

最后所得的 R_{16} 与 L_{16} 不再互换,直接连接成 64 位的分组,再根据如图 5-5 所示重新排列次序做终结置换动作,得到 64 位的输出。

58	50	42	34	26	18	10	2
60	52	44	36	28	20	12	4
62	54	46	38	30	22	14	6
64	56	48	40	32	24	16	8
57	49	41	33	25	17	9	1
59	51	43	35	27	19	11	3
61	53	45	37	29	21	13	5
63	55	47	39	31	23	15	7

图 5-4 加/解密输入分组与重排值

40	8	48	16	56	24	64	32
39	7	47	15	55	23	63	31
38	6	46	14	54	22	62	30
37	5	45	13	53	21	61	29
36	4	44	12	52	20	60	28
35	3	43	11	51	19	59	27
34	2	42	10	50	18	58	26
33	1	41	9	49	17	57	25

图 5-5 终结置换输出值

2.工作模式

(1)电子密码本

使用分组密码方式将一长串明文分成适当的分组,利用 $E()$ 对每个分组进行加密,即电子密码本(ECB)操作模式。随后,明文 P 被分解为 $P = [P_1, P_2, P_3, \cdots, P_j]$,其对应的密文为 $C = [C_1, C_2, C_3, \cdots, C_j]$,是明文 P 使用密钥 k 加密后的结果。

ECB 操作模式的缺点是在明文很长的情况下,破绽变得更明显了。当攻击者长时间地观察发送者和接收者之间的通信时,如果攻击者能获得一些所观察到的明文及其相应的密文,攻击者即可开始建立电子密码本,译出发送者和接收者后续的通信。攻击者不必计算密钥 k,只需查看电子密码本上的密文信息,利用对应的明文破解信息即可。ECB 操作模式的另一个缺点是当攻击者尝试修改加密信息时,能够抽取信息的重要部分,使用电子密码本生成一个错误的密文信息,并将其插入数据流进行后续通信。

(2)密码分组链

削减 ECB 模式存在问题的有效方法是使用链接。链接是一种反馈机制,一块分组的加密依赖于其前面分组的加密。

其加密过程是:$C_j = E_k(P_j \text{ XOR } C_{j-1})$

解密过程是:$P_j = D_k(C_j \text{ XOR } C_{j-1})$

C_n 是某个选定的初始值,$D_k()$ 是解密函数,则在 CBC 模式中,明文和前一分组的密文异或后,再对其结果进行加密。

(3)密码反馈

CBC 模式的缺点是即使明文错一位或在计算/存储以前的密文分组中有一点错误,都可能导致密文组的计算错误,进而影响所有后续的密文组。前两种方法都有一个共同缺点,即在完整的 8 位的数据分组未到来之前,加密/解密是不能开始的。密码反馈模式是一种流操作模式,一组 8 位信息并不需要等待全部的数据分组到达后才能加密。

3.DES 的安全性

随着技术的不断发展,人们使用了两种方法来进一步增加 DES 的安全性:一是多次使用 DES,称为三重 DES;二是寻找新的体制,要求多于 56 位的密钥。双重加密是第一次用一个密钥加密明文,然后使用不同的密钥加密一次;三重 DES 的设计思想是使用同样的算法,用不同的密钥加密两次相同的密文。虽然已证明双重加密设计事实上有 57 位密钥等级的安全性,但使用中间相遇攻击,密钥空间会从 2112 减少到 257。

因为双重加密的固有弱点,所以常用的是三重 DES,它具有近似等于 112 位密钥的加密级别的安全性。至少有两种版本来实现三重 DES:一种是选择 3 个密钥 k_1、k_2、k_3 并执行 $E_{k1}(E_{k2}(E_{k3}(m)))$;另一种是选择两个密钥 k_1 和 k_2 并执行;当 $k_1=k_2$ 时,减少为简单的 DES。两种版本的三重 DES 都能抵抗来自中间相遇攻击,但也有其他针对双重密钥版本的攻击。总之,三重 DES 有两个优点:第一,由于 168 位的密钥长度,它克服了 DES 对付穷举攻击的不足;第二,三重 DES 的底层加密算法和 DES 相同,而这个算法比任何其他算法都经过了更长时间、更详细的审查,除穷举方法以外没有发现任何有效的针对此算法的攻击。因此,有足够理由相信三重 DES 对密码破译有强大的抵抗力。如果安全是唯一的考虑因素,那么三重 DES 将是接下来几十年中标准化加密算法的合理选择。

5.2.3 高级数据加密标准

由于 DES 存在安全性问题,且 DES 是为 20 世纪 70 年代中期的硬件实现设计的,缺少高效的软件代码,而普遍适用的三重 DES 的迭代轮数是 DES 的 3 倍,因此运行速度更慢。其次,DES 和三重 DES 都使用 64 位大小的分组。由于效率和安全原因,需要更大的分组。因此三重 DES 注定不能成为长期使用的加密标准。为此,美国国家标准技术研究所(NIST)在 1997 年公开征集新的高级加密标准(Advanced Encryption Standard,AES),要求 AES 比三重 DES 速度快且至少和三重 DES 一样安全,并特别提出高级加密标准的分组长度为 128 位的对称分组密码,密钥长度支持 128、192 和 256 位。评估指标包括安全性、计算效率、所需存储空间、软硬件适配度,以及灵活性等。

在第一轮评估中,通过了 15 个候选算法,第二轮则把范围减小到了 5 个,包括 MARS、Rijndael、Serpent 等。其实,能够进入第一轮的 15 个候选算法都是很优秀的算法,这些作者也为能成为 AES 的候选算法而感到自豪。从全方位考虑,Rijndael 汇聚了安全、性能、效率、易用和灵活等优点,成为 AES 最合适的选择。因此,2001 年 11 月 NIST 完成评估并发布了最终标准(FIPS PUB 197),NIST 选择了 Rijndael 作为 AES 算法,开发和提交 Rijndael 作为 AES 算法的是两位来自比利时的密码学家 Joan Daemen 博士和 Vincent Rijmen 博士。

1.算法简介

AES 使用的是 128 位的分组,密钥长度为 128、192 或 256 位。在本节中,我们假设密钥长度为 128 位,这也是最常使用的密钥长度。

加密和解密算法的输入是一个 128 位的分组。在 FIPS PUB 197 中,分组被描述为一个字节方阵,被复制到状态(state)数组,且这个数组在加密或解密的每一步都会改变。最后一步结束后,状态数组将被复制到输出矩阵。类似地,128位密钥也被描述为一个字节方阵。然后,密钥被扩展成一个子密钥字的数组,每个字是4字节,而对于128位的密钥,子密钥总共有44个字。此外,矩阵中字节的顺序是按列排序的。例如,128位的明文输入的前4个字节占输入(in)矩阵的第1列,接下来4个字节占第2列,以此类推。类似地,扩展密钥的前4字节即一个字占矩阵的第1列。

2.总体结构

如图5-6所示,Rijndael加密算法的轮函数采用SP结构,并没有使用Feistel结构,而是在每轮替换和移位时都同时处理整个数据分组。每一轮由字节代换(subbyte)、行移位变换(shift row)、列混合变换(mix column)、轮密钥加变换(add round key)组成。AES最后一轮没有列混合变换,类似DES中最后一轮没有交换。在第一轮之前有一个初始轮密钥加,初始密钥加对安全性无任何意义。具体而言,算法执行一个"初始轮密钥加",然后执行N_{r-1}次"中间轮变换",以及一个"末轮变换"。

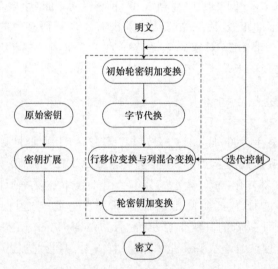

图 5-6 AES算法总体框架

5.3 公钥密码体制

1976年,美国斯坦福大学两名学者 W.Diffie 和 M.Hellman,在 IEEE Trans.on Information 刊物上发表了"New Direction in Cryptography"的文章,提出了"公钥密码体制"(public key crypto system)的概念,开创了密码学研究的新方向。公钥密码体制的出现主要有两个原因:一是对称密钥密码体制的密钥分配问题;另一个是对数字签名的需求。

与对称密钥加密方法不同,公钥密码系统采用两个不同的密钥来对信息加密和解密,且加密密钥与解密密钥不同,由其中一个很难得到另外一个。此外,在这种密码系统中,加密密钥通常是公开的,而解密密钥是保密的,加密和解密算法都是公开的。每个用户有一个对外公开的加密密钥 K_e(称为公钥)和对外保密的解密密钥 K_d(称为私钥)。因此这种密码体制又叫非对称密码体制或公开密钥密码体制。

目前,最常用的公开密钥密码算法是 RSA,是由美国麻省理工学院 Rivest、Shamir 和 Adleman 三位教授提出的一种基于因子分解的指数函数的单向陷门函数,也是迄今为止理论上最为成熟完善的一种公钥密码体制。RSA 是公钥系统中较具有典型意义的方法,大多数使用公钥密码进行加密和数字签名的产品和标准使用的都是 RSA 算法。RSA 算法的优点主要在于原理简单,易于使用,且该算法所根据的原理是数论知识,即寻求两个大素数比较简单,而将它们的乘积分解则极其困难。

1.密钥生成

在密钥生成的过程中,需要考虑两个大素数 p 和 q 的选取,以及 e 的选取和 d 的计算。

①用户可以任选两个大素数 p 和 q,并计算其乘积 $N=p\cdot q$,选择的素数要保密。

②任选一个整数 e,使 e 与 N 互素,即 $GCD(e,\Phi(N))=1$ 为加密密钥,并求出 e 在阶 T 中的乘法逆元 d,即 $e\cdot d=1\ \mathrm{mod}\ T$。根据欧拉定理,指数函数在模 N 中所有元素阶的最小公倍数 $T=\ln(p-1,q-1)$,即 T 等于 $p-1$ 与 $q-1$ 的最小公倍数,一般均使用 $T=(p-1)(q-1)=\Phi(N)$。

③将 (e,N) 公布为公开密钥,并将 d 秘密保存为私有密钥。p 与 q 可以毁去,以增加其安全性。

例 4.1 若 $p=13,q=31,e=7,d$ 是多少? 公钥是多少? 私钥是多少?

解:$N=p\cdot q=13\times31=403$

$T=(p-1)(q-1)=360$

因为:$e\cdot d=1\ \mathrm{mod}\ T$

所以:$7\cdot d=1\ \mathrm{mod}\ 360$

则:$d=103$

公钥是:$(e,N)=(7,403)$

私钥是:$(d,N)=(103,403)$

若要从公开密钥 N 和 e 计算出未知的 d,只能分解大数 N 的因子,但大数分解是一个很棘手的问题。Rivest、Shamir 和 Adleman 用最好的算法估计分解 N 的时间与 N 的位数之间的关系,即使用运算速度为每秒 100 万次的计算机分解 500 位的 N,得到分解操作数是 1.3×10^{39},分解时间是 4.2×10^{25} 年。由此可见,RSA 密码体制的保密性能良好。然而,由于 RSA 涉及高次幂运算,在对大量数据进行加密时,一般用硬件代替速度较慢的软件来实现 RSA。

2.参数选择

RSA 密码体制是将安全性等价于因子分解的一个系统。在公开密钥 (e,N) 中,若 N 能被因子分解,则在模 N 中所有元素阶的最小公倍数(陷门)即可被破解,解密密钥 d 无法保密,则整个 RSA 系统将失去安全性。虽然无法直接证明因子分解与破解 RSA 系统之间有直接联系。但事实显示若能分解因子 N,就能破解 RSA 系统。若能破解 RSA 系统,就

能分解因子 N。

另外，RSA 系统对于公开密钥 N 的选择是非常重要的，需要保证任何人在公开 N 后无法从 N 得到 T。对于公开密钥 e 与解密密钥 d 也存在一定的限制，否则会导致 RSA 系统被攻破或在密码协议上不安全。其中，选择参数直接影响到整个 RSA 系统的安全，常用参数选择要求如下：

①选择长度足够大的 p 和 q，使因子分解 N 在计算上不可能。

如果 N 能被因子分解，那么 RSA 密码体制就能被破解。因此，p 和 q 的长度必须足够大，使因子分解 N 在计算上不可能出现。

②p 和 q 之间的差必须足够大（差几个位以上）。

例 4.2　当 p 和 q 之间差很小时，在已知 $N = p \cdot q$ 情况下，估计 p 和 q 的平均值，然后利用 $\left(\dfrac{p+q}{2}\right) - N = \left(\dfrac{p-q}{2}\right)^2$，若等式右端的数值可以开根号，那么 N 可以被因子分解。

解：令 $N = 164\,009$，估计为 $\dfrac{p+q}{2} = 405$，则 $405^2 - N = 16 = 4^2$

$$\frac{p+q}{2} = 405, \frac{p-q}{2} = 4$$

故得 $p = 409, q = 401$。

③$p-1$ 和 $q-1$ 的最大公因子需足够大。

Simmons 及 Norris 证明如果 $p-1$ 及 $q-1$ 的最大公因子很小，那么 RSA 可能在不需要因子分解 N 的情况下就可以被破解。

3. e 不能太小

在 RSA 的系统中每个人的公开密钥 e，只要满足 $\mathrm{GCD}(e, \Phi(N)) = 1$，就可以任意选择不同数值大小的 e。为了加速加密运算的时间，我们建议 e 尽可能小，如选择 $e = 3$ 以加速加密运算和降低存储公开密钥的空间。

4. 解密密钥 d 应大于 N/4

一般使用位数较短的解密密钥 d 来降低解密时间，但解密密钥 d 的长度变短会使 RSA 系统处于危险之中。若 d 的长度太小，利用已知明文 M 加密后得 $C = M^e \bmod N$ 直接猜出 d，求出 $C^d \bmod N$ 是否等于 M。若是，则 d 正确，否则继续猜测 d。其中，由于此猜测空间很小，所以猜对的概率相对增大。因此，d 的长度不能太小。此外，1990 年，Wiener 提出一种针对 d 长度较小的攻击法，其证明若 d 的长度小于 N 长度的 1/4，那么利用连分数算法可在多项式时间内求出正确的解密密钥 d。

5.3.2　ElGamal 密码体制

1985 年，T. ElGamal 提出一个较著名的公钥密码算法——ElGamal 密码体制，它是一种基于离散对数问题的公钥密码体制，既能用于数字加密又能用于数字签名，是除 RSA 密码体制之外，最具代表性、安全性的公钥密码体制之一，目前已被广泛应用于密码协议中。由于 ElGamal 公钥密码体制的密文不仅依赖于待加密的明文，还依赖于随机数 k，因此用户选择不同的随机参数,便能够得到加密同一明文时的不同密文。

1.EIGamal 算法描述

(1)密钥生成

首先,任选一个大素数 p,使 $p-1$ 有大素数因子。$g \in Z_p^*$(Z_p^* 是一个有 p 个元素的有限域,Z_p^* 是由 Z_p 中的非零元素构成的乘法群)是一个本原根。其次,选择一个随机数 $x(1 < x < p-1)$,计算 $y = g^x \pmod{p}$,则公钥为 (y, g, p),私钥为 x。

(2)加密过程

假设信息接收方的公私钥对为 $\{x, y\}$,对于待加密的消息 $m \in Z_p$,发送方选择一个随机数 $k \in Z_{p-1}^*$,然后计算 $c_1 = g^k \pmod{p}$,$c_2 = m y^k \pmod{p}$,则密文为 (c_1, c_2)。

(3)解密过程

接收方收到密文 (c_1, c_2),先计算 $u = c_1^{-1} \pmod{p}$,再利用私钥计算 $v = u^x \pmod{p}$,最后计算 $m = c_2 v \pmod{p}$,则消息 m 被还原,即被解密。

2.EIGamal 密码体制的安全性

在 EIGamal 密码系统中,加密或解密的操作复杂性都是多项式的,且具有良好的安全性。此外,著名的美国数据签名标准 DSS 采用了 EIGamal 签名方案的一种变形,认为其跟 RSA 密码体制一样,被认为是目前较为安全的公钥密码体制,可见其安全性。然而,对于 EIGamal 密码体制的攻击依然屡见不鲜,常见的主要有低模攻击和已知明文攻击等。尽管如此,只要使用得当,该算法仍然具有非常高的安全性。

5.3.3 Diffie-Hellman 密钥交换算法

1976 年,W. Diffie 和 M. Hellman 在"密码学的新方向"一文中提出了著名的 Diffie-Hellman 密钥交换算法,标志着公钥密码体制的出现,现已在很多商业产品中得以应用。Diffie-Hellman 密钥交换算法不需要使用保密信道就可以安全分发对称密钥,这就是 Diffie-Hellman 密钥交换算法的重大意义所在。不仅如此,公钥加密本身就是一个重大创新,因为它从根本上改变了加密和解密的过程。

密钥交换问题是对称加密的难题之一,Diffie-Hellman 密钥交换算法有效地解决这个问题。这个机制的巧妙在于两个用户能够安全地交换密钥,并得到一个共享的会话密钥,然后利用这个密钥进行加密和解密。但是需要注意的是该密钥交换协议/算法只能用于密钥的交换,算法本身不能用于加密和解密,在双方确定要用的密钥后,须使用该密钥用某种对称加密算法实现加密和解密消息。

Diffie-Hellman 密钥交换算法的安全性基于求离散对数的困难性。假设给定 g 和 $x = g^k$,那么为了求解 k 需要进行对数运算 $\log_g(x)$。那么假设给定 g、p 和 $g^k \bmod p$,求解 k 的问题与对数问题类似,不同的是后者进行的是离散值的计算,称为离散对数。可以这样定义离散对数:首先定义一个素数力的原根,为其各次幂产生从 $1 \sim p-1$ 的所有整数根,也就是说,如果 a 是素数 p 的一个原根,那么数值 $a \bmod p$,$a^2 \bmod p$,$\cdots$,$a^{p-1} \bmod p$ 是各不相同的整数,并且以某种排列方式组成了 $1 \sim p-1$ 的所有整数;对于一个整数 b 和素数 p 的一个原根 a,可以找到唯一的指数 i,使得 $b = a^i \bmod p$,则指数 i 称为 b 的以 a 为基数的模

p 的离散对数,该值被记为$\text{ind}_{a,p}(b)$。基于以上可以定义 Diffie-Hellman 密钥交换法算法描述如下:

(1)有两个全局公开的参数,一个素数 q 和一个整数 a,a 是 q 的一个原根。

(2)假设用户 A 和 B 要交换密钥,用户 A 选择一个作为私有密钥的随机数 $X_A < q$,并计算公开密钥 $Y_A = a^{X_A} \bmod q$,并且 A 对 X_A 的值保密存放,使 Y_A 能被 B 公开获得。类似地,用户 B 选择一个私有的随机数 $X_B < q$,并计算公开密钥 $Y_B = a^{X_B} \bmod q$,并且 B 对 X_B 的值保密存放而使 Y_B 能被 A 公开获得。

(3)用户 A 产生共享对称密钥的计算方式是 $K = (Y_B)^{X_A} \bmod q$。同样,用户 B 产生共享对称密钥的计算方式是 $K = (Y_A)^{X_B} \bmod q$。这两个计算产生相同的结果(根据取模运算规则得到):

$$
\begin{aligned}
K &= (Y_B)^{X_A} \bmod q \\
&= (a^{X_B} \bmod q)^{X_A} \bmod q \\
&= (a^{X_B})^{X_A} \bmod q \\
&= a^{X_B X_A} \bmod q \\
&= (a^{X_A})^{X_B} \bmod q \\
&= (a^{X_A} \bmod q)^{X_B} \bmod q \\
&= (Y_A)^{X_B} \bmod q
\end{aligned}
$$

因此,上述过程表示双方交换了一个相同的对称密钥。

(4)因为 X_A 和 X_B 是保密的,而一个攻击方可以利用的参数只有 q、a、Y_A 和 Y_B。因此,攻击方只能通过计算离散对数来确定用户私钥。例如,要获取用户 B 的对称密钥,攻击方必须先计算 $X_B = \text{ind}_{a,q}(Y_B)$,然后才可以像用户 B 那样计算出对称密钥 K。

已知:素数 $q = 97$ 和它的一个原根 $a = 5$,A 和 B 分别选择私钥 $X_A = 36$ 和 $X_B = 58$,

求解:计算相应的公钥:
$$Y_A = 5^{36} \bmod 97 = 50 (A \text{ 计算})$$
$$Y_B = 5^{58} \bmod 97 = 44 (B \text{ 计算})$$

A 和 B 交换公钥后,双方均可单独计算出对称密钥 K:
$$K = (Y_B)^{X_A} \bmod 97 = 44^{36} \bmod 97 = 75 (A \text{ 计算})$$
$$K = (Y_A)^{X_B} \bmod 97 = 50^{58} \bmod 97 = 75 (B \text{ 计算})$$

然而 Diffie-Hellman 密钥交换算法也存在一些不足:

①没有提供用户双方身份的任何信息,易遭受中间人攻击。

Diffie-Hellman 密钥交换算法是计算密集型的,易遭受拒绝服务攻击,即攻击者请求大量的密钥,被攻击者花费了相当多的计算资源来求解无用的幂系数,而不是真正地做工作。

②无法防止重放攻击。

在 Diffie-Hellman 密钥交换算法中,没有把通信双方的身份包含进去,即它不能鉴别通信双方的身份,因此易遭受中间人攻击,中间人攻击过程如图 5-7 所示。

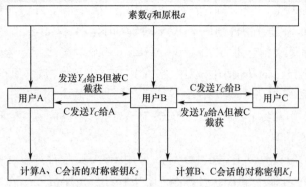

图 5-7　中间人攻击示意图

③B 在发送给 A 的报文中发送它的公钥 Y_B。

④截获保存 Y_B 并给 A 发送报文,该报文具有 B 的用户 ID,但使用 C 的公钥 Y_C,仍按照来自 B 的样子发送出去。A 收到 C 的报文后,将 Y_C 和 B 的用户 ID 存储在一起。类似地,C 使用 Y_C 向 B 发送来自 A 的报文。

⑤B 利用私钥 X_B 和 Y_C 计算对称密钥 K_1;A 利用私钥 X_A 和 Y_C 计算对称密钥 K_2;C 利用私钥 X_C 和 Y_B 计算 K_1,并使用私钥 X_C 和 Y_A 计算 K_2。

此刻 C 就可以转发 A 发给 B 的报文或转发 B 发给 A 的报文,在此过程中根据 C 的需要进行修改,使 A 和 B 都不知道它们其实是在和 C 进行通信,而非彼此。

那么如何防止中间人攻击呢?有很多种方法:

• 使用共享的对称密钥加密 Diffie-Hellman 密钥交换。

• 使用公钥加密 Diffie-Hellman 密钥交换。

• 使用私钥签名 Diffie-Hellman 密钥交换。

另外,OAKLEY 算法是对 Diffie-Hellman 密钥交换算法的改进,它保留了后者的优点,同时克服了其弱点,其具有五个重要特征:

①采用 64 位随机的 cookie 的机制来抵抗拒绝服务的攻击。其中,cookie 为双方提供一种较弱的源地址认证,cookie 交换可以在它执行协议中复杂运算(大整数求乘幂)之前完成。如果源地址是伪造的,则攻击者不能得到该 cookie,也就不能攻击成功。

②使得双方能够协商一个全局参数,基本上与 Diffie-Hellman 密钥交换算法的全局参数一样。

③增加了"现时"机制来对抗重放攻击。

④能够交换 Diffie-Hellman 密钥交换算法的公开密钥。

⑤认证 Diffie-Hellman 密钥交换算法中公开密钥的交换,因此能够认证交换中双方的身份,以抵抗中间人攻击。

5.4　密码学应用

5.4.1　数字信封

"数字信封"或"电子信封"的基本原理是利用对称密钥对原文进行加密传输,并将对称密钥用接收方公钥加密发送给对方,接收方收到电子/数字信封,用自己的私钥对信封进行解密,得到对称密钥,通过解密得到原文,具体过程如下:

(1)发送方 A 将原文信息进行杂凑运算,得到一个杂凑值,即数字摘要 MD。

(2)发送方 A 用自己的私钥SK_A对数字摘要 MD 进行加密,进而得到数字签名 DS,这里假设使用的非对称算法是 RSA 算法。

(3)发送方 A 利用对称算法(假设为 DES 算法)的对称密钥 K_{AB} 对原文信息、数字签名 DS 进行加密,得加密信息 E。

(4)发送方 A 利用接收方 B 的公钥PK_B,采用 RSA 算法对对称密钥 K_{AB} 进行加密,形成数字信封 DE,即将对称密钥 K_{AB} 放到了一个接收方公钥加密过的信封里。

(5)发送方 A 将加密信息 E 和数字信封 DE 一起发送给接收方 B。

(6)接收方 B 收到数字信封 DE 后,利用自己的私钥SK_B对数字信封进行解密,并取出对称密钥 K_{AB}。

(7)接收方 B 通过 DES 算法并利用对称密钥 K_{AB} 对加密信息 E 进行解密,进而得到原文信息和数字签名 DS。

(8)接收方 B 利用用发送方 A 的公钥PK_A对数字签名解密,得到数字摘要 MD。

(9)接收方 B 利用同样的杂凑运算,对原文信息求得一个新的数字摘要 MD'。

(10)接收方 B 将两个数字摘要 MD 和 MD' 进行比较,验证原文是否被修改。如果二者相等,说明数据没有被篡改,是保密传输的,签名是真实的;否则拒绝该签名。

以上过程保证了敏感信息在数字签名的传输过程中不被篡改,起到了保密作用。未经认证和授权的人无法看见原数据。

5.4.2 数字指纹

近年来,信息技术的迅猛发展及以其为基础的电子商务的广泛应用,使各类文字、图片、影视等作品通过网络的传播范围扩大,为创作者和发行商带来了新机遇。但同时,人们也很容易对以数字形式存在的产品进行非法拷贝和分发。如何对数字化产品进行版权保护已成为信息时代版权保护的核心问题之一。

数字指纹技术是近几年发展起来的新型数字版权保护技术,是在原产品中嵌入与用户有关的信息,产品提供者(也称发行商)能够根据该信息对非法用户进行跟踪,嵌入的内容对不同购买者是不同的。数字指纹技术具有广泛的应用环境和广阔的应用前景,它可以用于在线出版业方面如电子图书馆的构建、DVB(Digital Video Broadcast)、VOD(Video On Demand)等环境下的付费(pay-per-view)数据的保护。

通常来讲,数字指纹是指与用户和某次购买过程有关的信息。当发行商发现被非法分发的授权信息时,可以根据该信息对进行非法分发的用户实现跟踪。数字指纹体制主要由两部分构成,一部分是用于向拷贝中嵌入指纹并对带指纹拷贝进行分发的拷贝分发体制;另一部分是实现对非法分发者进行跟踪并审判的跟踪体制。往往上述两部分通过发行商、用户(还可能有登记中心,审判者等实体)之间的一系列协议来实现,因此数字指纹体制也可以分为算法和协议两部分。其中,算法包括指纹的编码和解码,指纹的嵌入和提取以及拷贝的分发策略等内容;而协议部分则规定了各实体之间如何进行交互以实现具有各种特点的拷贝分发和跟踪体制(如实现用户的匿名性等)。

另外,数字指纹应满足以下几项基本要求:

(1)保真性。嵌入指纹后的数据拷贝相对于原拷贝,其质量不应降低。这实际是信息隐藏方案的基本要求。

(2)鲁棒性。嵌入的指纹信息要能够抵抗可能受到的处理、操作甚至是恶意攻击,使得提取出的信息足以跟踪非法分发者。鲁棒性要求攻击者不能对指纹进行随意修改,其理想目标是使攻击者无法在不破坏原拷贝的情况下伪造出一个新的可用拷贝。

(3)嵌入量。因为嵌入的内容要实现用户攻击后能留下的足够的信息,使发行商进行跟踪,因此要求有足够的嵌入量。

(4)合谋容忍性。这是对数字指纹的一个关键要求,通常从以下两个方面考虑合谋容忍性:①在一定的合谋人数下,发行商能够确定出至少一个非法分发者,该人数称为合谋安全尺寸;②无论合谋人数的多少(即使超过了上述尺寸),无辜购买者也不能受到指控。

(5)效率。要求带指纹拷贝的生成算法和跟踪算法的实现具有很好的效率。

以上是对数字指纹体制的若干基本要求,此外还有一些其他的要求,如实现用户的不可否认性和用户的匿名性等。针对不同的需求环境,对指纹体制的各项要求侧重点也会有所不同。在数字指纹体制中,具有较强鲁棒性的指纹嵌入算法,具有抗合谋攻击能力的编码和跟踪方案,以及有效、快速的协议实现,是决定指纹方案的安全性和效率的关键环节。

5.4.3 数字签名

为了鉴别文件或书信的真伪,传统做法是相关人员在文件或书信上亲笔签名或用印章。其中,签名或印章起到认证、核准、生效的作用。但随着信息时代的到来,人们希望通过数字通信网络传递相关文件,这就出现了真实性认证的问题,因此数字签名就应运而生了。数字签名在ISO7498—2—1989标准中的定义为:附加在数据上的一些数据,或是对数据所做的密码变换,这种数据和变换允许数据单元的接收者用于确认数据来源和数据的完整性,并保护数据,防止被人(例如接收者)伪造。美国电子签名标准(DSS,FIPS 186-2)对数字签名做了解释:"利用一套规则和一个参数对数据计算所得的结果,利用此结果能够确认签名者的身份和数据的完整性。"在数字签名中,常采用公钥技术进行数字签名。

数字签名用来保证信息传输过程中信息的完整性和确认信息发送者的身份。在电子商务中安全、方便地实现在线支付,均依赖于安全认证手段,如数据传输的安全性、完整性,身份验证机制以及交易的不可抵赖措施等,电子签名可以进一步方便企业和消费者在网上做交易。例如,商业用户无须等待纸上签字或信函往来,足不出户就能够通过网络获得想要的文件等,企业之间也能通过网上协商达成有法律效力的协议。

数字签名是以加密技术为基础,生成一系列符号及代码,组成电子密码进行签名,以代替传统的书写签名或印章。数字签名必须保证以下几点:①接收者能够核实发送者的签名;②发送者事后不能抵赖签名;③接收者不能伪造签名。

5.4.4 PGP 加密系统

PGP(Pretty Good Privacy)既是一个应用于电子邮件和文件加密的软件,又是一个电子邮件安全标准。PGP 符合 PEM 的绝大多数规范,但不要求 PKI 的存在。它包括对称加密算法(IDEA)、非对称加密算法(RSA)、单向散列算法(MD5)以及一个随机数产生器,每种算法都是 PGP 不可分割的组成部分。PGP 之所以得到普遍认可,是因为它集中了几种加密算法的优点,使它们优势互补,并汇集了各种加密方法的精华。它不是一种完全的公钥加密体系,而是一种混合加密算法,不仅功能强、速度快,且源代码公开。

PGP 的出现解决了电子邮件的安全传输问题。PGP 软件兼有加密和签名两种功能,它不但可以保密用户的邮件,防止非授权者阅读,而且能对邮件进行数字签名,使收信人确信邮件未被第三者篡改,还可以提供一种安全的通信方式,事先不需要任何保密的渠道来传递会话密钥。另外,需要强调的是,PGP 加密系统不仅可以用于邮件的加密,还可以用于普通文件加密、军事目的,完全能够实现电子邮件的安全性。

PGP 给邮件加密和签名的过程是:①A 用自己的私钥将根据 MD5 算法得到的 128 位"邮件摘要"进行加密(签名),附加在邮件后;②A 利用 B 的公钥将整个邮件加密。这样在 B 收到这份密文以后,用自己的私钥将邮件解密,可以得到 A 的原文和签名;③B 也利用 MD5 算法从原文计算出一个 128 位的特征值,再将其与用 A 的公钥解密签名所得到的数据进行比较。若相符,则说明这份邮件确实是 A 寄发的;否则,则不是。这样,保密性和认证性要求都得到了满足。

对 PGP 来说,公钥本就是公开的,不存在防偷盗的问题。但公钥在发布过程中存在被篡改和冒充的问题,对此 PGP 采用 CA(权威机构)认证方法解决。另外,私钥对于公钥来说,不存在被篡改问题,却存在泄露问题。对此 PGP 让用户为随机生成的 RSA 私钥指定一个口令来解决上述问题。

 本章习题

1.简述以下密码术语的含义:密码学、明文、密文、加密、解密、密钥、密码体制。

2.古典密码体制中有哪些具体的密码法?现代密码的设计还离不开它们的哪些基本思想?

3.假设明文 M=encryption,考虑两字母组合的最大值为 2 525,选取参数 p=43,q=59,e=12,试用 RSA 算法对其进行加密。

4.在 DES 算法中,密钥的生成主要分为哪几步?

5.简述 DES 算法和 RSA 算法保密的关键所在。

6.在 RSA 算法中,令公钥 N=164 009,估计 $(p+q)/2=405$,求 p 和 q 的值。

7.为什么 Diffie-Hellman 公钥体制具有很高的安全性?

8.数字签名的基本原理是什么?

第6章 身份认证

导读

在现实的世界里，要验证一个人的身份有很多方法，如根据长相、证件、指纹或者特殊持有物等，但是这些方法在网络中通常是不适用的，因为现在的计算机还不是非常精确，因此必须借助双方所共同信赖的验证程序来验证对方身份。通俗地讲，在当今计算机网络中，存在着大量的资源，当我们进入网络时不仅可以使用这些资源，我们的计算机本身也可以成为网络资源。显然，有很多资源并不是提供给所有人的，那怎么去验证用户有没有资格去使用这些资源呢？就是需要借助身份认证。

身份认证是验证主体的真实身份与其所声称的身份是否符合的过程。认证的结果只有符合和不符合。其实，现实生活中每时每刻都存在着身份认证，如银行取钱、坐飞机，甚至进家门之前，家人都会对你进行一些身份验证。在网络空间中，如何去验证一个人的身份呢？这正是本章将要学习的内容。

思政目标

关键概念

身份认证　公开密钥基础设施　身份认证协议　生物特征识别

6.1 身份认证概述

身份认证是计算机及网络系统验证主体的真实身份是否就是其声称的那个人的过程，即鉴别用户是否为合法用户，是安防体系的一个重要组成部分。其实，计算机和计算机网络构成了虚拟的数字世界，在这个世界中一切信息都是由一组特定的数据表示的，包括用户的身份信息，而计算机只能通过这样一组数据来识别用户的数字身份。身份认证的内容包括两个，一个是身份，另一个是授权。身份的作用是让系统知道确实存在这样一个用户，如用户名;授权的作用是让系统判断该用户是否有权访问他所申请访问的资源或数据。在上述过程中,保证以数字身份进行操作的访问者,就是这个数字身份的合法拥有者,即如何保证操作者的物理身份与数字身份相对应,就成为一个重要的安全问题,这也是身份认证技术的意义所在。

6.1.2 身份认证系统架构

身份认证一般都是实时的且只验证实体的身份含义。身份认证系统的组成如下:

(1)第一方是出示证件的人,称作示证者 P(Prover),又称声称者(Claimant)。

(2)第二方为验证者 V(Verifier),检验声称者提出的证件的正确性和合法性,决定是否满足要求。

(3)第三方是可信赖者 TP(Trusted Third Party),参与调解纠纷。在许多应用场合没有第三方。

6.1.3 身份认证方法

目前,网络空间安全中常用的身份认证方法主要有以下几种:

1.用户名/密码方式

用户名/密码是基于"What you know"的验证手段,同时也是最简单的常用的身份认证方法之一。其中,每个用户的密码是自己设定的,因此只要输入正确的密码,计算机就认为他就是这个用户。例如:在哈里森·福特主演的《防火墙》中,比尔·考克斯绑架了杰克的妻子和儿女,威胁他交出银行安全防御系统的破解密码,最终侵入银行的系统窃取了 100 万美元。由此可见,计算机将能输入正确的密码的人认定为合法用户。然而,人们很容易遗忘自己的密码,许多用户为了避免遗忘,经常采用有意义的字符串作为密码、标记密码等方式。虽然,这样能防止用户遗忘密码,但是密码是静态的数据,并且在验证过程中需要在计算机内存和网络中传输,而每次验证过程使用的验证信息都是相同的,容易被他人截获。因此,用户名/密码方式是一种安全系数很低的身份认证方式。

2.IC 卡认证

IC 卡是一种内置集成电路的不可复制的硬件,存储了与用户身份相关的数据。合法用户可以随身携带 IC 卡,验证用户的身份时必须将 IC 卡插入专用的读卡器读取其中的信息。IC 卡认证是基于"What you have"的手段,通过 IC 卡硬件的不可复制性保证用户身份不被仿冒。然而,IC 卡中蕴含的数据是静态的,还是很容易被截取。因此,IC 卡认证存在着巨大的安全隐患。

3.动态口令

在信息系统中通过某个条件来验证一个人的身份,称为单因子认证。由于只使用一种验证条件判断用户的身份容易被仿冒,因此双因子认证应运而生。其中,双因子认证是通过两种不同的验证条件来判别一个人的身份。从认证条件的内容来看,可以分为静态认证和动态认证。身份认证技术的发展,经历了从硬件认证到软件认证,从单因子认证到双因子认证,从静态认证到动态认证的过程。其中,动态口令(一次性口令)是通过让用户的密码按照时间或使用次数不断动态变化,且每个密码只使用一次的技术。它采用一种称为动态令牌的专用硬件,由密码生成芯片运行专门的密码算法,根据当前时间或使用次数生成当前密码。用户使用时只需输入动态令牌上显示的当前密码,即可验证身份。

4.智能卡技术

智能卡是一种双因素的认证方式,也称为"增强的认证",该技术可以在卡里存储身份识别信息,该信息能够被智能卡阅读器读取。此外,智能卡可看作一个功能齐全的计算机,包括内存、微处理器和智能卡读取器的串行接口,如全球移动通信系统(Global System for Mobile Communications,GSMC)电话的客户身份识别卡(Subscriber Identity Modules,SIM)。另外,智能卡相较于 PC 具有更高的安全系数,可以更为安全地存储密钥。因为即使你的计算机完全被别人控制,你的私钥也不会一起被盗,所以你的身份对于系统来说仍然是可信任的。

5.生物特征认证

以生物特征识别作认证已逐渐成为趋势。生物识别是指采用每个人独一无二的生物特征来验证用户身份的技术,即利用身体的一部分作为钥匙/密码开启"大门",得到想要的东西。换句话说,一般人可能会丢掉钥匙或忘记密码,但用自己身体的一部分作为密码或者钥匙就不会有这样的顾虑。由于生物特征本身与传统的密码相比,具有明显的优势,因此得到了广泛的研究和应用。目前,较为常用的用于身份识别的生物特征有:面相、声纹、步态、指纹、虹膜等。从理论上来说,生物特征认证是最可靠的身份认证方式,因为它直接使用人的物理特征来体现一个人的数字身份,被仿冒的可能性微乎其微。

6.USB Key 认证

USB Key 认证采用软硬件结合、一次一密的双因子认证模式,解决了安全性与通用性之间的矛盾,是一种方便、安全、经济的身份认证方式。USB Key 内置了单片机或智能卡芯片,用来存储用户的密钥或数字证书,是一种 USB 接口的硬件设备。基于 USB Key 的身份认证系统主要有两种应用模式:一是基于冲击/响应的认证模式;二是基于 PKI 体系的认证模式。

6.2 公开密钥基础设施

PKI(Public Key Infrastructure)即公开密钥基础设施,是指一种遵循既定标准的密钥管理平台,通过公钥技术的实施来提供安全服务的安全基础设施。简单来说,PKI 的目的就是充分利用公钥密码学的理论基础,建立起一种普遍适用的基础设施环境,为各种网络应用及敏感信息提供全面的安全服务。因此,PKI 技术是公开密钥系统信息安全技术的核心,也是网络空间安全的基础技术。

另外,公开密钥密码采用一种非对称密钥形式,从而进行安全可靠的数字签名和签名验证。但是该技术存在比较复杂,在使用过程中理解较为困难、实施难度大等问题,很难让每一个应用程序的开发者完全正确地理解和实施。因此,PKI 希望通过一种专业的基础设施的开发,让开发者和应用人员摆脱烦琐的密码技术,享有完善的安全服务。

6.2.1 数字证书

数字证书的概念是 Kohnfelder 于 1978 年提出的,是将用户身份信息、用户公钥信息以及一个可信第三方认证机构 CA 的数字签名的数据结合在一起。由于证书上有权威机构的签字,因此证书上的内容是值得信任的;又由于证书上有用户的名字等身份信息,别人很容易知道公钥的主人是谁。而且,网络的用户群绝不是几个互相信任的人,对于庞大的用户群体来说,彼此之间均不能轻易信任,所以公钥加密体系采取数字证书解决了公钥的发布和彼此信任的问题。

1.证书格式

在互联网中应用程序所使用的证书都来自不同的厂商或组织,为了实现可交互性证书的格式,需进行标准化,从而能够被不同的系统识别。在许多网络安全领域,X.509 已经形成了一个标准,定义了一个开放的框架,在一定的范围内可以进行扩展。

X.509 目前有三个版本:V1、V2 和 V3。其中,V3 是在 V2 的基础上加上扩展项后的版本。1988 年,国际电联 ITU-T 在 X.500 标准的基础上制定了 X.509 V1 标准;X.500 于 1993 年进行了修改,在 V1 基础上增加了两个额外的域,细化了证书、CA 等重要的概念,用于支持目录存取控制,从而产生了 V2 版本;为了适应新的需求发展了 X.509 V3 版本证书格式,该版本证书通过对 V1 和 V2 证书增加标准扩展项进行了扩展。X.509 V1 和 V2 证书所包含的主要内容如下:

①证书版本号(Version Number):版本号指明 X.509 证书的格式版本,现在合法的版本有 1、2 和 3,分别代表 X.509 版本 1、版本 2 和版本 3,也为将来的版本进行了预定义。

②证书序列号(Serial Number):是由证书签发者分配给证书的唯一数字标识符。当证书被取消时,实际上是将此证书的序列号放入由 CA 签发的 CRL 中。

③签名算法标识符(Signature Algorithm Identifier):用来指定由 CA 签发证书时所使用的签名算法,包括公开密钥算法和 HASH 算法,由对象标识符加上相关参数组成,须向国际知名标准组织(如 ISO)注册。例如,对象标识符 SHA-1 RSA 就用来说明该数字签名是利用 RSA 对 SHA-1 生成的消息摘要签名。

④签发机构名(Issuer Name):此域用来标识签发证书的 CA 的 X.500 DN 名字,包括国家、省市、地区、组织机构、单位部门和通用名。

⑤有效期(Period of Validity):指定证书的有效期,由证书开始生效的日期(Not Valid Before)和失效的日期(Not Valid After)表示。每次使用证书时,都要检查证书是否在有效期内。

⑥证书主体名(Subject Name):指定证书持有者的 X.500 唯一名字,包括国家、省市、地区、组织机构、单位部门和通用名,还可包含 E-mail 地址等个人信息。此字段必须是非空的,除非使用了其他的名字形式。

⑦证书持有者公开密钥信息(Subject Public Key Information)包含两个重要信息:证书持有者的公开密钥的值和公开密钥使用的算法标识符,此标识符包含公开密钥算法和参数。该项是必须说明的。

⑧签发者唯一标识符(Issuer Unique Identifier):在 V2 版加入证书定义中,此域用在当同一个 X.500 名字用于多个认证机构时,用一个比特字符串来唯一标识签发者的 X.500 名字可选,是隐含且可选的。

⑨证书持有者唯一标识符(Subject Unique Identifier):在 V2 版的标准中加入 X.509 证书定义中,此域用在当同一个 X.500 名字用于多个证书持有者时,用一个比特字符串来唯一

标识证书持有者的 X.500 名字。

⑩签名值(Issuer's Signature):证书签发机构对证书上述内容的签名值,包含证书发行者对该证书的签名、用于证书签名的算法标识符和所有相关参数。X.509 V3 证书是在 V2 的基础上以标准形式或普通形式增加了扩展项,使证书能够附带额外信息。标准扩展是指由 X.509 V3 版本定义地对 V2 版本增加的具有广泛应用前景的扩展项。

2.CRL 格式

证书废除列表(Certificate Revocation Lists,CRL)又称证书黑名单,可以为应用程序和其他系统提供一种检验证书有效性的方式。当证书被废除以后,证书机构 CA 会通过发布 CRL 的方式通知各个相关方。目前,同 X.509 V3 证书相对应的 CRL 所包含的内容格式如下:

①CRL 的版本号:0 表示 X.509 V1 标准,1 表示 X.509 V2 标准。目前最为常用的是同 X.509 V3 证书对应的 CRL V2 版本。

②签名算法:用于指定证书签发机构对 CRL 内容进行签名的算法,包含算法标识和算法参数。

③证书签发机构名:签发机构的 DN 名,由国家、省市、区县、组织机构、单位部门和通用名等组成。

④此次签发时间:此次 CRL 签发时间。

⑤下次签发时间:下次 CRL 签发时间。

⑥用户公钥信息:包括废除证书序列号和时间。废除的证书序列号是指要废除的由同一个 CA 签发的证书的唯一标识号。

⑦签名值:证书签发机构对 CRL 内容的签名值。

3.证书的存放

数字证书是一种数字标识,可以说是 Internet 上的安全护照或身份证明,是一个经证书授权中心数字签名的包含公开密钥拥有者信息和公开密钥的文件。最简单的证书包含公开密钥、名称以及证书授权中心的数字签名。例如:当人们去其他国家旅行时,护照可以证实其身份,并被获准进入这个国家。数字证书提供的是网络上每个人不一样的身份证明。一般情况下,证书中还包括密钥的有效时间、发证机关(证书授权中心)的名称、该证书的序列号等信息,证书的格式遵循 X.509 国际标准。

6.2.2 PKI 的构成

完整的 PKI 系统应该具有五大系统,包括认证中心(CA)、数字证书库、密钥备份及恢复系统、证书作废处理系统、客户端应用接口系统等基本构成部分。每个系统的具体内容如下:

(1)认证中心

认证中心即数字证书的签发机构和权威认证机构,是 PKI 的核心。CA 是保证电子商务、电子政务、网上银行、网上证券等环境秩序的第三方机构,具有权威性、可信任性和公正性的特征。

(2)数字证书库

数字证书库即存储 CA 颁发证书和撤销证书的存储区域,可供用户进行开放式查询,获得所需的用户证书及公钥。

（3）密钥备份及恢复系统

密钥备份及恢复系统为了避免数据丢失，PKI提供了密钥备份和恢复的机制，但值得注意的是，密钥的备份与恢复须由可信机构来完成。此外，密钥备份与恢复只针对解密密钥，签名私钥不能够做备份。

（4）证书作废处理系统

证书作废处理系统由于密钥介质丢失、用户身份变更和有效期等情况，任何证书都有可能作废，因此PKI系统会定期自动更换证书和密钥，过期、作废的证书需要进行作废处理。可见，证书作废处理系统是PKI的关键部分。

（5）客户端应用接口系统

客户端应用接口系统一个完整的PKI系统需要具备良好的应用接口，且用户在使用时需在客户端装软件或者使用应用接口系统。这些应用接口系统能够方便地使用加密、数字签名等安全服务。申请人可通过浏览器申请、下载证书，并可以查询证书的各种信息，对特定的文档提供时间戳请求等。PKI应用接口系统可以通过各种各样的应用提供安全、一致、可信的方式与PKI进行交互。

为了保证系统的可用性，便于系统构建，对PKI的结构进行了层次划分，主要由三个层次构成，如图6-1所示。其中，PKI系统的最底层是操作系统层，是基于密码技术、网络技术和通信技术构建的，包括了相关的各种硬件和软件；中间层为PKI的主体——系统层，包括安全服务API、CA服务系统、证书CRL和密钥管理服务等；较高层为安全应用接口，包括数字信封、基于证书的数字签名和身份认证等API接口，为上层的各种业务应用系统提供标准的接口服务；最高层为应用层，主要是业务应用系统。

图 6-1　PKI系统的应用框架层次

6.2.3　PKI的体系结构

PKI体系包括计算机软件、硬件、权威机构及应用系统，为实施网络空间安全提供了基本的安全服务，从而使那些陌生或距离较远的用户可以通过信任链安全地交流。一个典型

的 PKI 体系结构包括 PKI 策略、软硬件系统、证书机构 CA、注册机构 RA、证书发布系统和 PKI 应用,如图 6-2 所示。

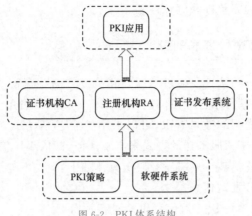

图 6-2　PKI 体系结构

(1)PKI 策略定义了组织信息安全方面的指导方针,同时也定义了密码系统使用的处理方法和原则,包括一个组织怎样处理密钥和有价值的信息,并根据风险的级别定义安全控制的级别。

(2)证书机构 CA 是 PKI 的信任基础,它管理公钥的整个生命周期,其作用包括:发放证书;规定证书的有效期和通过发布证书废除列表(CRL)确保必要时可以废除证书。

(3)注册机构 RA 给用户和 CA 提供接口,它获取并认证用户的身份,向 CA 提出证书请求,完成收集用户信息和确认用户身份的功能。注册管理一般由一个独立的注册机构(RA)来承担,包括接受用户的注册申请、审查用户的申请资格,并决定是否同意 CA 给用户签发数字证书。RA 的作用并不是用户签发证书,而是对用户的资格进行审查。当然,对于一个规模较小的 PKI 应用系统来说,可以把注册管理的职能交给证书机构 CA 来完成,而不单独设立 RA,但这并不意味着取消了 PKI 的注册功能,而是将其视作 CA 的一项功能。PKI 国际标准推荐由一个独立的 RA 来完成注册管理的任务,可以增强应用系统的安全性。

(4)证书发布系统负责证书的发放,如可以通过用户自己,或是通过目录服务器发放。目录服务器可以是一个组织中现存的,也可以是 PKI 方案中提供的。

(5)PKI 应用非常广泛,包括 Web 服务器和浏览器之间的通信、电子邮件、电子数据交换(EDI)、在 Internet 上的信用卡交易和虚拟私有网(VPN)等。

(6)软硬件系统包括硬件系统和软件系统。硬件系统是指构成计算机的物理设备;软件系统是由系统软件和应用软件组成的。

一般来说,CA 是证书的签发机构,是 PKI 的核心。众所周知,构建密码服务系统的核心内容是如何实现密钥管理。公钥体制涉及一对密钥(私钥和公钥),私钥只由用户独立掌握,无须在网上传输,而公钥则是公开的,需要在网上传送。所以公钥体制的密钥管理主要是针对公钥的管理问题,目前较好的解决方案是数字证书机制。

6.3　身份认证协议

以网络为背景的认证技术的核心基础是密码学,对称密码和公开密码是实现用户身份识别的主要技术,虽然身份认证方式有很多,但归根结底都是以密码学思想为理论基础。实现认证必须要求示证方和验证方遵循一个特定的规则,这个规则被称为认证协议,认证过程的安全取决于认证协议的完整性和健壮性。

6.3.1 基于对称密码体制的身份认证协议

基于对称密码体制下的认证要通过示证方和验证方的共享密钥,来维持彼此的信任关系,实际上认证就是建立某种信任关系的过程。在一个只有少量用户的封闭式网络系统中,各用户之间的双人共享密钥的数量有限,可以采用挑战-应答方式来实现认证;对于规模较大的网络系统,一般采用密钥服务器的方式来实现认证,即依靠可信的第三方完成认证。为了更方便地进行协议描述,规定一些描述符号,具体如下:

- $A{\to}B$ 表示 A 向 B 发送信息;
- $E_k(x)$ 表示使用共享密钥 k 对信息串 x 进行加密;
- $x \parallel y$ 表示信息串 x 和 y 相连接。

1.基于挑战-应答方式的认证协议

顾名思义,基于挑战-应答(Challenge-Response)方式的身份认证机制就是每次认证时,认证服务器端都给客户端发送一个不同的"挑战"字串,客户端程序收到这个"挑战"字串后,做出相应的"应答",即挑战,将挑战发送给示证方,示证方使用共享密钥加密挑战,然后回送给验证方,验证方通过解密密文得到挑战,通过验证挑战的正确与否,来认证示证方的身份。使用者只需安装客户程序,申请成为合法用户并运行客户程序,使用自己的用户名/口令进行认证,就可以安全地使用网络了。

为了核实对方的身份,对于 A 和 B 之间通信,B 发送给 A 一个挑战 Nb,A 收到后使用 A 和 B 之间的共享密钥 k 对 Nb 进行加密,然后将密文发送给 B,B 使用 k 还原密文并判断还原的内容与挑战 Nb 是否一致。在这个过程中 B 就可以核实 A 的身份,因为只有 A 才能够使用 k 加密 Nb,如图 6-3 所示。

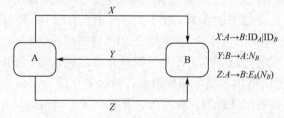

图 6-3 基于挑战-应答方式的认证协议

2.Needham-Schroeder 认证协议

Needham-Schroeder 协议是由 Needham 和 Schroeder 在 1978 年设计的,是早期较有影响的基于可信第三方的认证协议。在 Needham-Schroeder 认证协议中,引入一个公正、可信的第三方,所有的使用者共同信任它,此第三方被称为认证服务。每个使用者需要在认证服务器(Authentication Server,AS)上完成注册,AS 则保存了每一个用户的信息并与每一个用户共享一个对称密钥。实际上,用户和 AS 之间的信任关系依靠它们的共享密钥来维系。

Needham-Schroeder 协议的具体描述如下。

①$A \rightarrow KDC : ID_A \parallel ID_B \parallel N_1$：A 通知 KDC 要与 B 进行安全通信，$N_1$ 为临时值。ID_A 和 ID_B 分别是 A 和 B 网络用户标识。

②$KDC \rightarrow A : E_{kA} [Ks \parallel ID_B \parallel N_1 \parallel E_{kB} [Ks \parallel ID_A]]$：KDC 告知 A 会话密钥 Ks 和需转发给 B 的信息，其中，N_1 用来回应 A 是当次申请的信息，并且使用 k_A 信息内容进行加密，保证其安全性。使用 k_B 密钥转发给 B 的内容，此内容只能被 B 和 AS 还原。

③$A \rightarrow B : E_{kB} [Ks \parallel ID_A]$：A 转发 KDC 给 B 的内容。

④$B \rightarrow A : E_{ks} [N_2]$：B 用 ks 加密挑战值 N_2，发送给 A 并等待 A 的回应认证信息。

⑤$A \rightarrow B : E_{ks} [f(N_2)]$：A 还原 N_2 后，根据事先的约定 $f(x)$，计算 $f(N_2)$，使用 ks 加密后，回应 B 的挑战，完成认证，随后 A 和 B 使用 ks 进行加密通信。

Needham-Schroeder 协议虽然设计比较严密，但也存在漏洞。协议的第④、第⑤步目的是防止某种类型的重放攻击，特别是如果敌方能够在第③步捕获该消息并重放，将在某种程度上干扰破坏 B 的运行操作。但假设攻击方 C 已经掌握 A 和 B 之间通信的一个老的会话密钥，C 可以在第③步冒充 A 利用老的会话密钥欺骗 B，除非 B 记住所有以前使用的与 A 通信的会话密钥，否则 B 无法判断这是一个重放攻击。如果 C 可以中途阻止第④步的握手信息，则可以冒充 A 在第⑤步响应，从这一点起 C 就可以向 B 发送伪造的消息，而对 B 来说，会认为是用认证的会话密钥与 A 进行的正常通信。

6.3.2　基于公钥密码体制的身份认证协议

基于公钥密码体制的身份认证协议一般有两种认证方式，一种是 A 利用 B 的公钥对挑战信息进行加密，并将其发送给 B；B 收到后通过自己的私钥解密还原挑战信息，并将挑战信息的明文发还给 A，A 可以根据挑战信息的内容来核实 B 的身份。另一种是 A 需要认证 B，A 发送一个明文挑战消息（也称挑战因子，通常是随机数）给 B，B 接收到挑战信息后，用自己的私钥对挑战明文消息加密，称为签名；随后，B 将签名信息发送给 A，A 使用 B 的公钥来解密签名消息，称为验证签名，以此来确定 B 是否具有合法身份。

其中，KDC 为 AS 的密钥分配中心，主要为用户生成并分发通信密钥，ks、k_A 和 k_B 分别是用户 A、B 与 AS 之间的共享密钥，Needham-Schroeder 协议的目的就是将会话密钥 ks 安全地分发给 A 和 B，随后 A、B 和 KDC 可以通过对称加密信息及挑战值来核实对方的身份，并取得信任。

1.Needham-Schroeder 公钥认证协议

1978 年，Needham 和 Schroeder 提出了一个双向认证协议 Needham-Schroeder 公钥认证协议，具体内容如下。

①$A \rightarrow B : E_{KUB} [ID_a \parallel R_a]$：A 使用 B 的公钥加密 A 的标识 ID_A，确保只有 B 才能使用私钥解密。

②$B \rightarrow A : E_{KUA} [R_A \parallel R_B]$：B 使用 A 的公钥加密 A 的挑战 R_A 和 B 的挑战 R_B，发送给 A，确保只有 A 才能使用其私钥解密。

③$A \rightarrow B : E_{KUB} [R_B]$：A 还原出 R_B 后，再使用 B 的公钥加密 R_B，作为验证应答信息发送给 B。

2.基于 CA 数字证书的认证协议

数字证书是一个经过权威的、可信赖的、公正的第三方机构（CA 认证中心，CA 是 Certificate Authority 的缩写)签名的,包含拥有者信息及公开密钥的文件。基于 CA 数字证书的认证协议是属于公开密钥认证协议的范畴,在真实网络环境中公钥是采用数字证书的形式发布的,并引入了第三方管理公钥提供仲裁。数字证书将公钥及其持有者的真实身份绑定在一起,类似于现在的居民身份证。唯一有所不同的是数字证书不是纸质的证书,而是一段含有证书持有者身份信息并经过 CA 认证中心审核签发的电子数据,因此可以更加方便灵活地在网络空间安全中使用。

目前,数字证书的格式普遍采用 X.509 V3 国际标准,内容包括证书版本、序列号、签名算法、签发者、有效期、主体唯一标识、公钥、证书颁发者的数字签名等。另外,基于数字证书进行身份认证的过程如图 6-4 所示,大致包括五个环节:①申请数字证书;②颁发数字证书;③基于数字证书的身份认证过程;④获得 CA 的公钥;⑤验证证书和签名信息。

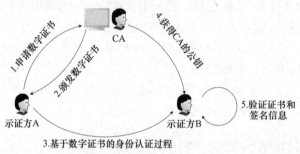

图 6-4　基于数字证书的身份认证过程

6.3.3　Kerberos 认证机制

Kerberos 是一个网络认证协议,是美国麻省理工学院为 Athena 工程而设计的,它的名字来自希腊神话中守卫冥王大门的长有三个头的看门狗。Kerberos 系统为分布式计算环境提供了一种对用户双方进行验证的认证方法,利用对称密钥加密体制为客户端/服务器应用提供认证。在该环境中,机器属于不同的组织,用户对机器拥有完全的控制权。因此,用户对于想要获得的服务,必须提供身份证明,同时服务器也必须证明自己的身份,在进行商业活动时,可以加密所有的通信来确保私密性和数据完整性。Kerberos 给每个登录进网络的用户分配一个唯一的票据(Ticket)钥匙,这个票据随后被嵌入消息中,用来让消息的接收者(程序或其他用户)来验证消息发送者的身份。

1.Kerberos 系统组成

Kerberos 系统提供的认证服务由三部分组成:中心数据库、安全服务器和 Ticket 分配服务器(TGS),它们全部集中在主机上。其中,中心数据库是安全服务的重中之重,其中存有安全系统的安全信息,包括用户注册名及相关口令、网上所有工作站和服务器的网络地址、服务器密钥、存取控制表等。

(1)中心数据库

中心数据库由 KDC(密钥分发中心)进行维护,包括内部网络系统中每个用户的帐户信息,该信息是由企业的安全管理员录入数据库中的,包括用户的账号(登录帐号)和密码。一般的所有内部网络中的服务器和用户在安全数据库中均有帐户。

（2）安全服务器

当用户登录到企业内部网络中并请求访问内部网络服务器时，安全服务器（认证服务器）根据 KDC 中存储的用户密码生成一个 DES 加密密钥，对一个 Ticket（凭证或入场券）进行加密。这个 Ticket 包括用户将要进行加密所使用的新的 DES 加密密钥，以及基于应用服务器产生的阶段性加密密钥，客户方使用该 Ticket 向应用服务器证实自己的身份。

（3）Ticket 分配服务器（TGS）

当用户要访问某个服务器时，TGS 将通过查找 KDC 中的存取表来确认该用户的身份，这时 TGS 会把与该服务器相连的密钥和加密后的 Ticket 发送给该用户和服务器。若用户要访问采用 Kerberos 身份认证服务的内部网络中的服务器，则必须在 KDC 中进行登记；一旦用户进行了登记，KDC 可以为用户向整个企业网络中的任何应用服务器提供身份验证服务，用户只需登录一次就可以安全地访问网络中的所有安全信息，这种登录的过程提供了在用户和应用服务之间的相互认证，双方都可以确认对方的身份。

2.Kerberos 系统的认证过程

Kerberos 的工作过程就像到售票处购买入场券以及到电影院看电影的过程一样，作为一个观众，如果想看某一场电影，要先到售票处购买入场券，得到入场券后观众需要到检票口检票。检票口人员在证实入场券合法后，观众就可以入场欣赏电影了。其中，不一样的地方只是必须是事先在 Kerberos 系统中登录的客户才可以申请服务，而且 Kerberos 要求申请到入场券的用户就是要去 TGS 中得到最终服务的用户。另外，在用户和服务器间通信时，需要进行数据的加密，从而需要为用户和服务器的对话产生一个临时的密钥。

为了达到上面的要求，Kerberos 维护一个数据库，包含了客户的身份和私钥的信息。私钥用于加密 Kerberos 和用户的通信。如果客户是一个用户，则该用户由一个口令来标识自己的身份，而私钥是一个加密后的口令。为了得到服务，想要得到服务的用户向 Kerberos 进行登记，并在登记时分配私钥，以便以后按一定的过程进行修改。登录完成后，如果用户需要使用服务，则需要通过 Kerberos 进行认证。认证过程分为三个步骤：

首先，在用户要求某一服务时，系统提示用户输入名字，用户输入后，就向认证服务器发送一个包含用户名字和 TGS 服务器名字的请求，如果认证服务器验证通过，会产生一个会话密钥（会话密钥用于客户和 TGS 间的通信）和入场券。该入场券包含用户名、TGS 服务器名字、当前时间、入场券的生命周期、用户 IP 地址和刚创建的会话密钥，并使用 TGS 的私钥进行加密。

其次，认证服务器把产生的会话密钥和入场券用该用户的私钥进行加密并发送给用户；用于加密的私钥是从用户的口令转换得到的，因此在得到响应后，用户会被要求输入口令，通过口令才可以得到加密后的私钥，从而得到入场券和会话密钥；用户在取得入场券的会话之后，就从内存中删除其私钥，并保存入场券和会话密钥，以备后续过程中再次使用。在入场券的生命周期内，用户可以多次使用该入场券访问 TGS 服务器。

最后，如果用户希望访问服务器就要建立一个认证符，包括用户的 IP 地址和当前时间，使用会话密钥加密后和入场券一起送给响应服务器，服务器用会话密钥取得认证符，用其私钥取得入场券，两者进行比较，如果信息相符，则说明用户合法，从而可以让用户访问服务器。另外，如果用户希望服务器证实自己的身份，则服务器需要把用户送来的认证中的时间戳加 1 后，用会话密钥加密后送给用户。经过这样的交换后，用户和服务器可以相互信任对方,而且拥有一个会话密钥,可以用于以后的通信。

TGS 也是众多服务器中的一种,因而其访问方法和上面的一样。特殊的是,TGS 本身可以产生其他服务器的入场券。用户在第一步取得 TGS 入场券后,还要向 TGS 服务器申请某个具体服务器的入场券。如果 TGS 判断用户递交的申请合法,则送回用户一个入场券和会话密钥,用户用这个入场券就可以访问最终的服务器。

6.4 基于生物特征的身份认证

生物特征认证是指采用人体生物特征来验证用户身份的技术,可以理解为认证的是"你本身的特征"的方法,或者用 Schneier 所说的那句话:"你就是你的密钥。"由于生物特征本身与传统的密码等身份识别相比具有很大的优点,因此得到了广泛且深入的研究和应用。生理特征与生俱来,多为先天性的,如指纹、虹膜、人脸、DNA 等;行为特征则是习惯使然,多为后天性的,如笔迹、步态等。因此,用于身份识别的生物特征包括指纹、虹膜、人脸、掌纹、声音、签名、笔迹、手形、步态及多种生物特征融合等诸多种类,其中,虹膜和指纹识别被公认为较为可靠的生物识别方式。从理论上说,生物特征认证是最可靠的身份认证方式,因为它直接使用人的物理特征来表示一个人的数字身份,不同的人具有相同生物特征的可能性可以忽略不计,因此几乎不可能被仿冒。最近,基于自动脸部识别、语音识别、步态识别,以及"数字狗"(气味识别)等的生物学认证方法已经被广泛使用。

6.4.1 生物特征身份认证的基本原理

基于生物统计学的方法以人体唯一的、可靠的、稳定的生物特征(如指纹、虹膜、脸形、掌纹、血型等)为依据,采用计算机强大的计算功能和网络技术进行图像处理和模式识别。基于生物统计学的认证系统有两个阶段:一是登记阶段,在这个阶段登记用户的生物,并录入数据库中,在这个阶段中必须要保证录入的准确性;二是识别阶段,将生物测试系统用到实际中去测定(用于认证问题)用户是否通过认证。总的来说,基于生物统计学的认证系统大多进行了四个步骤:抓图、抽取特征、比较和匹配。

因为这些生物特征都具有因人而异和随身携带的特点,模仿特征是极其困难的,而且特征不能转让,所以该技术具有很好的安全性、可靠性和有效性。但是基于生物特征的认证方式识别的速度相对较慢,使用代价高,使用面窄,且不适合在网络环境中使用,而且在网络上传送时如果泄露也不易更新,所以使用得还不是非常广泛。历史上,第一个用于身份认证的生物特征是指纹,其他如声音、虹膜则用得比较少。

6.4.2 生物特征识别技术

1.虹膜识别

在所有生物特征中,虹膜识别技术是错误率最低的一种生物特征识别技术。每个人的虹膜都包含一个独一无二的像冠、水晶体、细丝、斑点等特征的结构。此外,虹膜具有随机的细节特征和纹理图像,人在出生半年至一年内虹膜发育完全,此后终生不变,而且一般不会因疾病而变化。没有任何虹膜的形状是完全相同的,就像是世界上没有同一片叶子,即使是同一个人的左眼和右眼虹膜形状也不会完全相同。可见,虹膜是众多生物鉴定技术中安全系数最高的。

2. 人脸识别

人脸识别是当今世界人们日常生活中最常用的身份验证手段。人脸识别过程中常使用的人脸图像是指在采集时图像背景、照明度、分辨率都不变的静态图像。因为人们对这种技术没有任何的排斥心理,因此人脸识别逐渐成为一种最友好的生物特征身份认证技术。然而,人脸及用户所处环境的复杂性,如表情、姿态、图像的环境光照强度等条件的变化,以及人脸上的遮挡物(眼镜、胡须)、容貌的变化等,都会导致人脸识别方法的鲁棒性受到影响。因此,人脸识别技术仍然是 21 世纪富有挑战性的课题。

3. 指纹识别

指纹识别是在中国古代就已经用作签名的一种形式。指纹是人手指末端皮肤凸起形成的花纹,形成于胎儿期,形成后终生不变。指纹识别的使用已有百年的历史,尤其常见于警务工作中,是警务工作中最常用的鉴定技术。由于指纹识别的长期使用以及指纹鉴定的效果,因此指纹识别已经成为生物鉴定的代名词以及事实上的标准。然而,指纹鉴定主要的一个不足之处是由于先前长期应用于鉴定犯罪嫌疑人,大众还难以接收指纹鉴定的民用,这需要一定的时间以便大众更新观念。指纹鉴定的另一不足是目前指纹鉴定计算量大,需要设计新的算法以降低复杂度。

4. 掌纹识别

掌纹识别是生物特征识别的另一个热点技术。掌纹不仅包括手掌皮肤脊纹(隆线)和它们的排列,还包括手掌皮肤上的屈肌纹和腕纹等。掌纹的形态通常由遗传基因控制,一旦成型就很稳定。而且,每个人的掌纹形态各不相同,不同个体的花纹即使相似,其纹线数目或长度尺寸也不一致。尽管掌纹曲线长度尺寸及掌纹曲线之间的间距会随年龄的增大而变化,而且由于种种原因会使表皮剥落,但变化后或新生的掌纹仍保留原来的结构。然而,由于掌纹的复杂性、多样性,目前基于掌纹的生物特征识别技术的研究与应用屈指可数,大多数的研究都集中于掌纹特征提取、描述及分类算法,掌纹识别系统中的一些关键问题还没有得到很好的解决,需要进一步研究。

5. 手形识别

手形指的是手掌的几何特征,也称掌形,包括手指或手掌的三维立体形状,如长度、宽度、厚度和手掌表面区域等,该特征稳定性高,不易随外在环境和生理的变化而改变,使用也相对方便。此外,相较于其他生物特征(例如虹膜、指纹),手形的测量也比较容易,对图像获取设备的要求也较低,手形的处理相对也比较简单,在所有的生物特征识别方法中手形的认证速度是最快的。然而,手形识别大多利用手部的外部轮廓所构成的几何图形进行识别,特征量少导致鉴别力不足,不能作为主要特征进行身份验证,可以将手形与手部其他特征结合使用,实现大规模应用。

6. 静脉识别

静脉识别是利用静脉中红细胞对于特定近红外线的吸收特性来读取静脉图案。选择静脉而不是动脉的最主要原因就是它比动脉靠近皮肤,当红外线照射手掌时容易读取信息。静脉图案的样本数量多,曲线和分支复杂,每个人的差别也清楚明了,因此手指静脉、手背和手掌静脉均可以作为一种生物特征。然而,人体静脉识别是模式识别领域的前沿课题,目前静脉识别技术受到图像获取技术的限制,只有少数研究部门在从事该领域的研究,尚没有静脉图像处理的算法,大多借鉴指纹等其他生物特征识别技术图像处理手段,而没有专门针对静脉图像的算法,制约了该特征识别技术的发展。

除上述几种主流生物特征识别技术之外,还有视网膜、嘴唇形状、体味以及 DNA 等其他几种生物特征识别技术处于研究之中。另外,行为特征作为生物特征识别的另一个发展方向也迅速发展起来,如走路步态、按键方式、签名笔迹及语音等。

本章习题

1.什么是身份认证?

2.身份认证有哪几种方法?

3.PKI 的构成要素有哪些?

4.在 DES 算法中,密钥的生成主要分为哪几步?

5.简述 Kerberos 身份认证的原理。

6.生物特征识别的技术有哪些?

第7章　访问控制

学习指南

导　读

如果说身份认证技术解决了用户"是谁"的问题,那么访问控制(Access Control)决定了用户"能够做什么"。国际标准化组织(ISO)在网络安全标准 ISO 7498-2 中定义了5 种层次型安全服务,分别是身份认证服务、访问控制服务、数据保密服务、数据完整性服务和不可否认服务。因此,访问控制是实现信息系统安全的一个重要组成部分,它保证了网络资源不被非法访问和使用。访问控制通过访问策略控制,实现主体对客体访问的限制,并在身份识别的基础上,根据身份对提出资源访问的请求实现权限控制。美国国防部的可信计算机系统评估标准将访问控制作为评价系统安全的主要指标之一。因此,访问控制对提高系统安全的重要性是不言而喻的,而授权则是实施访问控制的基础。这个授权是指资源的所有者或控制者准许其他人访问这种资源,包含信息资源、处理资源、通信资源和物理资源。访问一种资源意味着从这个资源中得到信息,修改资源或使它完成某种功能。

本章首先介绍访问控制的基本功能和机制,其次介绍三种常用的访问控制类型,包括自主访问控制、强制访问控制和基于角色的访问控制,最后对几种访问控制策略进行了介绍,并给出了访问控制策略配置实例。

关键概念

自主访问控制　强制访问控制　基于角色的访问控制
访问控制策略

思政目标

随着计算机技术的发展和网络的广泛应用,信息的获取和处理越来越便捷,信息的共享程度越来越高,极大地推动了社会发展,同时也为不法分子非法使用系统资源开启了方便之门,信息系统安全问题越来越受到重视。广义地讲,所有的计算机安全都与访问控制有关。

实际上 RFC 2828 定义计算机安全如下：用来实现和保证计算机系统的安全服务的措施，特别是保证访问控制服务的措施。因此，访问控制是计算机保护中极其重要的一环。应用访问控制的最终目的在于限制系统内用户的行为和操作，包括用户能做什么，不能做什么，系统程序根据用户的行为应该做什么。

访问控制指系统对用户身份及其所属的预先定义的策略组和限制其使用数据资源能力的手段，通常用于系统管理员控制用户对服务器、目录、文件等网络资源的访问。访问控制是系统保密性、完整性、可用性和合法使用性的重要基础，是计算机网络系统安全防范和保护的重要手段，是保证网络安全最重要的核心策略之一，也是计算机网络安全理论基础的重要组成部分，它能确保在授权用户获取所需资源的同时拒绝非授权用户。

现实世界中每个公民都拥有各自的身份，同时也行使与身份相匹配的权利。网络也是一个有规则的世界，不同的主体拥有对网络资源的不同访问权限。访问控制是通过对访问的申请、批准和撤销的全过程进行有效的控制，从而确保只有合法用户的合法访问才能给予批准，而且相应的访问只能执行授权的操作。它允许用户对其常用的信息库进行适当权限的访问，限制用户随意删除、修改或拷贝信息文件的行为或操作，从而防止非法用户的侵入或因为合法用户的不慎操作而造成的破坏，进而保证系统资源受控地、合法地使用，有效保护系统资源不被越权访问或使用。访问控制技术还可以使系统管理员跟踪用户在网络中的活动，及时发现并拒绝"黑客"的入侵。

访问控制技术是对信息系统资源进行保护的重要措施，旨在限制对关键资源的访问，防止非法用户进入系统及合法用户对系统资源的非法访问。它通过对主体访问客体的权限或能力的限制，以及限制进入物理区域（出入控制）和限制使用计算机系统及计算机存储数据的过程（存取控制），实现了系统共享数据管理的需求，较好地防止了对信息，特别是对机密信息的窃取和破坏。访问控制也可以定义为主体依据某些控制策略或权限对客体本身或是其资源进行的不同授权访问。访问控制的目的是防止对信息资源的非授权访问和非授权使用的信息资源。用户只能根据自己的权限大小来访问系统资源，不能越权访问。

计算机信息系统访问控制技术最早产生于 20 世纪 60 年代，目前在信息系统中常用到的访问控制技术主要包括自主访问控制（Discretionary Access Control，DAC）、强制访问控制（Mandatory Access Control，MAC）和基于角色的访问控制（Role-Based Access Control，RBAC）三类，它们在多用户系统（如各种 UNIX 系统）中得到广泛的应用。

7.1 访问控制概述

7.1.1 访问控制功能

访问控制是信息安全保障机制的重要内容，是实现数据保密性和完整性机制的主要手段之一，目标是防止对任何资源（如计算资源、通信资源或信息资源）进行非授权的访问。非授权访问包括未经授权的使用、泄露、修改、销毁以及颁发指令等。通过访问控制服务，可以限制对关键资源的访问，防止非法用户侵入或者因合法用户的不慎操作所造成的破坏。

对系统来说，访问控制是指主体依据某些控制策略或权限对客体本身或是其资源进行的不同授权访问,从而使计算机系统在合法范围内使用。访问包括读取数据、更改数据、运行程序、发起连接等。访问控制包括 3 个要素:主体、客体和控制策略。

1.主体(Subject)

主体是指一个提出请求或要求的实体,是动作的发起者,但不一定是动作的执行者,它造成了信息的流动和系统状态的改变,简记为 S。有时我们也称为用户(User)或访问者(被授权使用计算机的人员),简记为 U。主体可以是某个用户,也可以是其他任何代理用户行为的实体(例如进程、服务和设备)。这里规定实体(Entity)表示一个计算机资源(物理设备,数据文件,内存或进程)或一个合法用户。主体的含义是广泛的,可以是用户所在的组织(以后称为用户组)、用户本身,也可以是用户使用的计算机终端、手持终端(无线)等,甚至可以是应用服务程序或进程。根据主体权限不同可以分为 4 类:

(1)特殊的用户:包括网络管理员在内的对网络、系统和应用软件服务有特权操作许可的用户,具有最高级别的特权,可以访问任何资源,并具有任何类型的访问操作能力。

(2)普通的用户:最大的一类用户,其访问操作受到一定限制,由系统管理员分配。

(3)做审计的用户:负责整个安全系统范围内的安全控制与资源使用情况的审计。

(4)作废的用户:曾经有权使用系统,但现在遭到系统拒绝的用户。

2.客体(Object)

客体是指包括可供访问的各种软、硬件资源,同时也指接受其他实体访问的被动实体,简记为 O。客体在信息流动中的地位是被动的,是处于主体的作用之下,对客体的访问意味着对其中所包含信息的访问。客体的概念也很广泛,凡是可以被操作的信息、资源、对象都可以认为是客体。在信息社会中,客体可以是信息、文件、记录、程序等的集合体,也可以是网络上的硬件设施、无线通信中的终端,甚至一个客体可以包含另外一个客体。客体是系统中被动的、主体行为的承担者,对一个客体的访问隐含着对其所含信息的访问。

3.控制策略

控制策略是主体对客体的操作行为集和约束条件集,简记为 KS。简单讲,控制策略是主体对客体的访问规则集,这个规则集直接定义了主体对客体的作用行为和客体对主体的条件约束。访问策略体现了一种授权行为,也就是客体对主体的权限允许,这种允许不超越规则集中的定义。

访问控制系统 3 个要素之间的行为关系如图 7-1 所示,可以使用三元组 (S,O,P) 来表示,其中 S 表示主体,O 表示客体,P 表示许可。访问控制的主要目的是限制访问主体对客体的访问,从而保障数据资源在合法范围内得以有效使用和管理。为了达到上述目的,访问控制需要完成两个重要任务。其一,识别和确认访问系统的用户。当主体 S 提出一系列正常的请求信息 $I_1,I_2,\cdots,I_n$ 时,通过信息系统的入口到达控制规则集 KS 监视的监控器,由 KS 判断是否允许或拒绝这次请求,因此这种情况下,必须先要确认是合法的主体,而不是仿冒的欺骗者,也就是对主体进行认证。其二,决定该用户可以对某一系统资源进行何种类型的访问。主体通过验证能够访问客体,但并不保证其有权限可以对客体进行操作,因此通过授权(Authorization)来限制用户对资源的访问级别。授权是资源的所有者或者控制者准许他人访问资源,这是实现访问控制的前提,适当的访问控制能够阻止未经允许的用户有意或无意地获取数据。客体通过访问控制表来实现对主体的具体约束,对主体的验证一般会鉴别用户的标识和用户密码。用户标识(User Identification,UID)是一个用来鉴别用户身份的字符串,为了与其他用户区别,每个用户有且仅有唯一的一个用户标识。当一个用户注册进入系统时必须提供其用户标识,然后系统执行一个可靠的审查来确信当前用户是对应用户标识的那个用户。

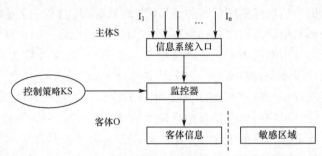

图 7-1 访问控制关系示意图

访问控制在信息系统中应用非常广泛,如对用户的网络接入过程进行控制、操作系统中控制用户对文件系统和底层设备的访问。另外当需要提供更细粒度的数据访问控制时,可以在应用程序中实现基于数据记录或更小的数据单元访问控制。例如,大多数数据库(如Oracle)都提供独立于操作系统的访问控制机制,Oracle 使用其内部用户数据库,且数据库中的每个表都有自己的访问控制策略来支配对其记录的访问。

7.1.2 访问控制机制

访问控制机制(Access Control Mechanisms)从较低层面(软件和硬件)定义了按照策略和模型的要求实现访问控制的具体方法,是在系统中具体实施这些策略的所有功能的集合,这些功能可以通过系统的硬件或软件来实现。访问控制机制是指在信息系统中,为检测和防止未授权访问,以及为使授权访问正确进行所设计的硬件或软件功能、操作规程、管理规程和它们的各种组合。访问控制机制决定用户及代表一定用户利益的程序能做什么,以及做到什么程度。它主要有以下几项任务:

(1)根据系统的安全策略给每一个用户或各类用户进行授权,根据系统的需要,还要具有动态授权或安全地修改权限的功能。

(2)在用户提出访问请求时,识别和确认用户。

(3)根据系统对用户的授权和访问控制规则,对用户的请求做出执行或拒绝的响应。

总的来说,访问控制包括两个部分:授权和控制,而授权和控制均是依据系统事先制定的安全策略来进行的。

访问控制机制有很多种形式,每种都有各自的优缺点。一般而言,访问控制机制需要保存用户和资源的安全属性。用户安全属性包括用户身份标识、用户组和用户角色等信息,或者包括反映了用户被授予的信任级别的安全标签。资源属性则具有更多的形式,例如,它们可以包括敏感性标签、类型或访问列表。

访问控制机制分为以下几类:

(1)基于访问控制表的访问控制机制

发起者的访问控制信息是一个唯一的身份标识。目标的访问控制信息是一个访问控制表,其表示一组登记项,每个登记项都有两个字段,一个是身份标识,另一个是该标识对应的发起者的动作描述(允许或拒绝的动作)。

（2）基于能力的访问控制机制

发起者的访问控制信息是它可以访问的目标和对目标进行的操作。目标的访问控制信息是唯一的身份标识。

（3）基于标签的访问控制机制

发起者的访问控制信息是一种安全许可证书,该证书表示的内容很容易和其他安全标签比较。目标的访问控制信息是其拥有的全部安全标签。

（4）基于上下文的访问控制机制

访问控制信息包括上下文控制表和由登记项组成的登记项序列。每个登记项都有两个字段,即上下文描述和操作描述;上下关联信息,该信息从执行动作处的上下文获得;编辑本段访问控制机制的实现方法;利用存放对等实体访问权的方法控制信息库;利用鉴别信息(如口令、证书等);利用授权安全标签;利用试图访问的时间、路由或持续时间。

从系统应用者的角度看,要明确一种访问控制机制对访问控制策略的影响是一项艰巨的任务,若无法了解这种影响将导致系统的安全性无法判定。事实上,由于大多数的企业需要用到多种多样的访问控制机制,因此系统的安全性更加难以确定。为了给访问控制策略提供更强大的支持和更有效的控制,超级管理员的功能被应用在大量的企业管理和资源管理中。其权限超越了所有本地访问控制机制的权限,能进行各类管理,如文件管理、数据库管理、应用程序管理、主机和网络操作系统管理等,从而导致一个访问控制管理系统凌驾于另一个或多个访问控制管理系统之上,最终对访问控制策略产生无法估计的影响。

访问控制的机制实现起来就像一个可信任的"参考监视器(Reference Monitor)",拦截每一个对系统的访问请求,做出是否允许的判定后再对请求予以回应。这个参考监控器需要具备以下特性:

（1）防篡改(Tamper-proof):它不能被随意改变(至少要具备发现被篡改的能力)。

（2）安全内核(Security kernel):要确保它为保护系统而实现的各类功能的安全,即这些功能对应的所有程序代码都是经过验证确定为安全的,它自身的功能在系统中也应该是受限制的。

（3）非旁路(Non-bypassable):未经它判定前,所有对系统和系统资源的访问都不能进行。

（4）小(Small):它必须足够小,以利于分析和测试。

7.2 访问控制类型

7.2.1 自主访问控制

自主访问控制又称任意访问控制(Discretionary Access Control,DAC),是指根据主体身份或者主体所属组的身份或者二者的结合,对客体访问进行限制的一种方法。它是访问控制措施中常用的一种方法,这种访问控制方法允许合法用户以用户或用户组的身份访问策略规定的客体,同时阻止非授权用户访问客体。某些用户还可以自主地把自己拥有的客体的访问权限授予其他用户。

安全操作系统需要具备的特征之一就是自主访问控制,它基于对主体及主体所属的主体组的识别来限制对客体的存取。Linux、UNIX、Windows NT/Server 版本的操作系统都提供自主访问控制的功能。在实现上,首先要对用户的身份进行鉴别,然后就可以按照访问控制列表所赋予用户的权限允许和限制用户使用客体的资源。主体控制权限的修改通常由特权用户或特权用户(管理员)组实现。在大多数的操作系统中,自主访问控制的客体不仅仅是文件,还包括邮箱、通信信道、终端设备等。

建立访问控制模型和实现访问控制都是抽象和复杂的行为,实现访问控制不仅要保证授权用户使用的权限与其所拥有的权限对应,制止非授权用户的非授权行为,还要防止敏感信息的交叉感染。自主访问控制机制中有两个重要概念:存取许可与存取模式,其决定着能否正确理解对客体的控制和对客体的存取。存取许可是一种权力,即存取许可能够允许主体修改客体的访问控制表,因此可以利用存取许可实现自主访问控制机制的控制。在自主访问控制方式中,有等级型、拥有型和自由型 3 种控制模式。存取模式是经过存取许可确定后,对客体进行的各种不同的存取操作。存取许可的作用在于定义或改变存取模式;存取模式的作用是规定主体对客体可以进行何种形式的存取操作。

在各种以自主访问控制机制进行访问控制的系统中,存取模式主要有:读(Read,R),即允许主体对客体进行读和复制的操作;写(Write,W),即允许主体写入或修改信息,包括扩展、压缩及删除等;执行(Execute,E),即允许将客体作为一种可执行文件运行,在一些系统中该模式还需要同时拥有读模式;拥有(Own,O),即主体是客体资源的拥有者;空模式(Null,N),即主体对客体不具有任何的存取权。与存取模式对应的权限集为{Read,Write,Execute,Own,Null},简写为{R,W,E,O,N}。

为了达到对主体访问权限的限制目的,自主访问控制一般采用目录表、访问控制列表、访问控制矩阵和权限位方法。

1.目录表

在目录表(Directory List)访问控制方法中借用了系统对文件的目录管理机制,为每一个欲实施访问操作的主体建立一个能被其访问的"客体目录表"。例如,某个主体 A 的客体目录表如图 7-2 所示,其中,主体 A 对客体 1 具有读的权限,对客体 2 具有写的权限,对客体 n 具有执行的权限。

客体1: R　　　　客体2: W　　　　……　　　　客体n: E

图 7-2　主体 A 的客体目录表

当然,客体目录表中各个客体的访问权限的修改,只能由该客体的合法属主,或具有存取许可权限的主体确定,不允许其他任何用户在客体目录表中进行写操作,否则将可能出现对客体访问权的伪造。因此,系统对所有客体目录表的维护必须在客体的拥有者或具有存取许可权限的主体控制下进行。

目录表访问控制机制的优点是容易实现,每个主体拥有一张客体目录表,这样主体能访问的客体及权限就一目了然了,依据该表监督主体对客体的访问比较简便。其缺点是系统开销浪费较大,这是由于每个用户都有一张目录表,如果某个客体允许所有用户访问,则将给每个用户逐一填写目录表,从而造成系统额外开销。

2.访问控制列表

访问控制列表(简称访问控制表,Access Control List,ACL)的策略正好与目录表访问控制相反,它是从客体角度进行设置的,以文件为中心建立的访问权限表。它在一个客体上附加一个主体明细表,表示各个主体对这个客体的访问权限。明细表中的每一项都包括主体的身份和主体对这个客体的访问权限,如图7-3所示。利用访问控制列表,能够很容易地判断出对于特定客体的授权访问,哪些主体可以访问并有哪些访问权限。同样很容易撤销特定客体的授权访问,只要把该客体的访问控制列表置为空即可。任何得到授权的主体都可以有一个访问控制列表。在图7-3中,对于客体 Object1,主体 A 具有拥有、读和写的权力,主体 B 具有读和写的权力,主体 C 只能读的权力。

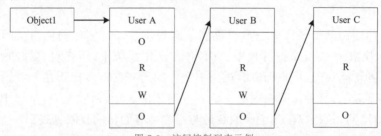

图 7-3 访问控制列表示例

由于访问控制列表表述直观、易于理解,而且比较容易查出对某一特定资源拥有访问权限的所有用户,有效地实施授权管理,目前,大多数 PC、服务器和防火墙都使用 ACL 作为访问控制的实现机制。例如,UNIX 和 VMS 系统利用访问控制列表的简略方式,允许以少量工作组的形式实现访问控制列表,而不允许单个的个体出现,这样可以使访问控制列表很小,用几位就可以和文件存储在一起。

访问控制列表方式的缺点是任何得到授权的客体都有一个访问控制列表,当授权客体数量多时,每个表单独存放会产生大量的表,若集中存放,会因各个客体的访问控制列表长度不同,而出现存放空间碎片,造成浪费;其次,每个客体被访问时,都需要对访问控制列表从头到尾扫描一遍,从而影响系统运行速度,并浪费了存储空间。

3.访问控制矩阵

访问控制矩阵(Access Control Matrix,ACM)模型是描述一个保护系统的最简单框架,这个模型将所有用户对文件的访问权限存储在矩阵中。访问控制矩阵是最初实现访问控制机制的概念模型,其利用二维矩阵的形式规定了访问控制规则和授权用户权限的方法,是对上述两种方法的综合。也就是说,对每个主体而言,都拥有对哪些客体的哪些访问权限;而对客体而言,又有哪些主体对它可以实施访问,将这种关联关系加以阐述,就形成了访问控制矩阵。其中,特权用户或特权用户组可以修改主体的访问控制权限。

访问控制矩阵的实现见表7-1。其中,矩阵中的列代表客体的访问权限属性,矩阵中的行代表主体的访问权限属性,矩阵中的每一格表示所在行的主体对所在列的客体的访问授权。访问控制矩阵中的客体一般意味着文件、设备或者进程,但客体既可以指小到进程之间发送的一条消息,又可以大到整个系统。在更微观的层次,访问控制矩阵也可以为计算机程序语言建模。在这种情况下,客体指程序中的变量,主体是程序中的进程或模块。

表 7-1　　　　　　　　　　　　　　　　　　访问控制矩阵的实现

主体	客体 1	客体 2	客体 3
用户 1	R	R	W
用户 2		W	
用户 3	E		R

　　访问控制的任务是确保系统的操作按照访问控制矩阵授权的访问执行的,通过引用监控器协调客体对主体的每次访问而实现。这种方法清晰地实现认证与访问控制的相互分离,但是查找和实现起来有一定的难度。而且,在较大的系统中,用户和文件系统要管理的文件都很多,那么控制矩阵将会呈几何级数增长,这样矩阵中的许多格可能都为空,造成很大的存储空间浪费。因此在实际应用中,访问控制很少利用矩阵方式实现。

　　4.权限位

　　主体对客体的访问权限可用一串二进制位来表示。二进制位的值与访问权限的关系是:1 表示拥有权限,0 表示未拥有权限。例如,在操作系统中,用户对文件的操作,定义了读、写、执行三种访问权限,用户拥有的对一个文件的所有访问权限可用一个由 3 个二进制位组成的位串来表示,每种访问权限由 1 位二进制数来表示,由左至右,位串中的各个二进制位分别对应读、写、执行权限。位串的赋值与用户拥有的访问权限见表 7-2。

表 7-2　　　　　　　　　　　　　　位串的赋值与用户拥有的访问权限

二进制位串	操作权限
000	不拥有任何权限
001	拥有执行权限,不拥有读、写权限
010	拥有写权限,不拥有读、执行权限
011	拥有写和执行权限,不拥有读权限
100	拥有读权限,不拥有写、执行权限
101	拥有读和执行权限,不拥有写权限
110	拥有读和写权限,不拥有执行权限
111	拥有读、写和执行权限

　　权限位的访问控制方法以客体为中心,简单、易实现,适合于操作种类不太复杂的场合。由于操作系统中的客体主要是文件、进程,操作种类相对单一,因此操作系统中的访问控制可采用基于权限位的方法。

　　由于 DAC 对用户提供灵活和易行的数据访问方式,能够适用于许多的系统环境,所以 DAC 被大量采用,尤其在商业和工业环境的应用中。然而,这种经典的自主访问控制模型存在一个明显的缺点:在自主访问控制中,具有某种访问权的主体能够自行决定将其访问权直接或间接地转交给其他主体,实施权限传递并可多次进行。例如,某用户 A 将其对客体目标文件 F 的存取许可权限传递给用户 B,用户 B 又可以将存取许可权限传递给用户 C。这样一来,在用户 A 不知道的情况下,用户 C 也有权访问文件 F,用户 B 和用户 C 还可以进一步传递这种权限,导致这种存取许可权限不受用户 A 的控制。其原因是在自主访问策略中,用户在获得文件的访问权后,并没有限制对该文件信息的操作,即并没有控制数据信息的分发。所以 DAC 提供的安全性还相对较低,容易产生安全漏洞,不能够对系统资源提供充分的保护,不能抵御特洛伊木马的攻击。

7.2.2　强制访问控制

强制访问控制(Mandatory Access Control,MAC)最早是由美国政府和军方提出的,用于保护那些处理特别敏感数据(如政府保密信息或企业敏感数据)的系统。与 DAC 相比,MAC 更为严格,其访问控制策略由安全管理员统一管理,而不是由数据属主来授权和管理数据的访问权限,因此强制访问控制提供的访问控制机制无法绕过。在强制访问控制中,用户的权限和客体的安全属性都是固定的,由系统决定一个用户对某个客体能否进行访问。所谓"强制",是指计算机系统根据使用系统的机构事先确定的安全策略,对用户的访问权限进行强制性的控制。也就是说,系统独立于用户行为强制执行访问控制,用户不能改变他们的安全级别或对象的安全属性。访问发生前,系统通过比较主体和客体的安全属性,来决定主体能否以其所希望的模式访问一个客体。此外,强制访问控制不允许一个进程生成共享文件,从而防止进程通过共享文件将信息从一个进程传到另一进程。

强制访问控制的实质是对系统当中所有的客体和所有的主体分配敏感标签(Sensitivity Label),并利用敏感标签来确定谁可以访问系统中的特定信息。用户的敏感标签指定了该用户的敏感等级或者信任等级,也被称为安全许可;而文件的敏感标签则说明了要访问该文件的用户所必须具备的信任等级。只要系统支持强制访问控制,那么系统中的每个客体和主体都有一个敏感标签同它相关联。敏感标签由两个部分组成:类别(Classification)和类集合(Compartments,有时也称为隔离间)。

类别是单一的、层次结构的。在军用安全模型(基于美国国防部的多级安全策略)中,有4 种不同的等级:绝密级(Top Secret,TS)、秘密级(Secret,S)、机密级(Confidential,C)及无级别级(Unclassified,U),其中 TS>S>C>U。类集合或者隔离间是非层次的,表示了系统当中信息的不同区域,类当中可以包含任意数量的项。在军事环境下,类集合可以是情报、坦克、潜艇、秘密行动组等。

基本上,强制访问控制系统根据如下判断准则来确定读和写规则:只有当主体的敏感等级高于或等于客体的等级时,访问才是允许的,否则将拒绝访问。根据主体和客体的敏感等级和读写关系可以有以下几种组合:

(1)下读(Read Down):主体级别高于客体级别的读操作。

(2)上写(Write Up):主体级别低于客体级别的写操作。

(3)下写(Write Down):主体级别高于客体级别的写操作。

(4)上读(Read Up):主体级别低于客体级别的读操作。

上述读写方式都保证了信息流的单向性,显然上读和下写方式保障了信息的完整性,低级别的主体可以读高级别客体的信息(不保密),但低级别的主体不能写高级别的客体(保障信息完整);上写和下读方式则保证了信息的保密性,低级别的主体不可以读高级别的信息(保密),但低级别的主体可以写高级别的客体(完整性可能被破坏)。

一个强制访问控制策略的例子如图 7-4 所示。该示例中,主体 Jack 只能读取级别低的文件,而不能访问比它级别高的文件。

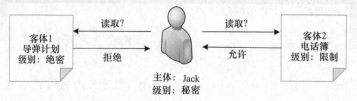

图 7-4　强制访问控制示例

　　强制访问控制机制的特点主要有：一是强制性，这是强制访问控制的突出特点，除了代表系统的管理员以外，任何主体、客体都不能直接或间接地改变它们的安全属性；二是限制性，即系统通过比较主体和客体的安全属性来决定主体能否以它所希望的模式访问一个客体，这种无法回避的比较限制，将防止某些非法入侵，同时，也不可避免地要对用户自己的客体施加一些严格的限制。

　　强制访问控制通常借助访问控制安全标签列表（Access Control Security Labels Lists，ACSLLs）实现。安全标签是限制和附属在主体或客体上的一组安全属性信息。安全标签的含义比能做什么更为广泛和严格，因为它实际上还建立了一个严格的安全等级集合。访问控制安全标签列表是限定一个用户对一个客体目标访问的安全属性集合。访问控制安全标签列表的实现示例见表 7-3，左侧为用户及对应的安全级别，右侧为文件系统及对应的安全级别。假设请求访问的用户 User A 的安全级别为 S，那么 User A 请求访问文件 File 2 时，由于 S<TS，访问会被拒绝；当 User A 请求访问文件 File N 时，由于 S>C，所以允许访问。

表 7-3　　　　　　　　　　　　　　访问控制安全标签列表

用户安全级别		文件安全级别	
User A	S	File 1	S
User B	C	File 2	TS
……	……	……	……
User X	TS	File N	C

　　安全标签能对敏感信息加以区分，这样就可以对用户和客体资源强制执行安全策略，因此，强制访问控制经常会用到这种实现机制。

　　由于 MAC 通过分级的安全标签实现了信息的单向流通，因此它一直被军方采用，其中较著名的是 Bell-LaPadula 模型和 Biba 模型；Bell-LaPadula 模型具有只允许向下读、向上写的特点，可以有效地防止机密信息向下级泄露；Biba 模型则具有不允许向下读、向上写的特点，可以有效地保护数据的完整性。

7.2.3　基于角色的访问控制

　　在 20 世纪 80 年代末到 90 年代初，人们逐渐发现在商业系统中按照工作或职位进行访问权限的管理会更加方便，因此，基于角色的访问控制（Role-Based Access Control，RBAC）模型被提出，并发展为迄今在企业或组织中应用最广泛的访问控制模型之一。

　　传统的自主访问控制和强制访问控制都是将用户与访问权限直接联系在一起，或直接对用户授予访问权限，或根据用户的安全级来决定用户对客体的访问权限。在基于角色的访问控制中,在用户和访问权限之间引入角色的概念,将用户和角色联系起来,通过对角色的授权来控制用户对系统资源的访问,从而将用户与权限进行逻辑上的分离。这种方法可根据用户的工作职责设置若干角色,不同的用户可以具有相同的角色,在系统中享有相同的权力,同一个用户又可以同时具有多个不同的用色,在系统中行使多个角色的权力。用户通过所分配的角色获得相应的操作权限,实现对信息资源的访问。

RBAC 的基本思想是用户先经认证后获得一个角色,该角色被分派了一定的权限,用户以特定角色访问系统资源,访问控制机制检查角色的权限,并决定是否允许访问,但用户不能自主地将访问权限传给他人。这是因为在很多实际应用中,用户并不是可以访问的客体信息资源的所有者(这些信息属于企业或公司),这样的话,访问控制应该基于员工的职务而不是基于员工在哪个组或谁是信息的所有者,即访问控制是由各个用户在部门中所担任的角色来确定的,例如,一个学校可以有教师、学生和其他管理人员等角色。

因此,RBAC 从控制主体的角度出发,根据管理中相对稳定的职权和责任来划分角色,将访问权限与角色相联系,用户担当哪个角色,他就具有哪个角色的权限,灵活地表达和实现了企业的安全策略,使系统权限管理在企业的组织视图这个较高的抽象集上进行,从而简化了权限设置的管理。从这个角度看,RBAC 很好地解决了企业管理信息系统中用户数量多、变动频繁的问题。

标准 RBAC 模型包括 4 个模型框架:RBAC0~RBAC3,如图 7-5 所示。其核心为 RBAC0 模型(Core RBAC),它定义了用户、角色、会话和访问权限等要素,并形式化地描述了访问权限与角色的关系,用户通过角色间接获得权限的访问控制方式。RBAC1 (Hierarchal RBAC)在 RBAC0 的基础上引入了角色继承的概念,进一步简化了权限管理的复杂度。RBAC2(Constraint RBAC)则增加了角色之间的约束条件,例如互斥角色、最小权限等。RBAC3(Combines RBAC)则是 RBAC1 和 RBAC2 的综合,探讨了角色继承和约束之间的关系。

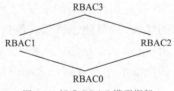

图 7-5　标准 RBAC 模型框架

Core RBAC 模型如图 7-6 所示,它的基本元素包括:用户(User)、角色(Roles)、对象(OBS)、操作(OPS)、权限(PRMS),以及一个动态的概念"会话(Sessions)"。整个 Core RBAC 模型的基本定义基于为用户分配角色,为角色分配权限,用户由此获得访问权限。

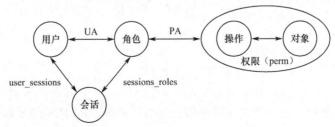

图 7-6　Core RBAC 模型

用户是访问控制的主体,在系统中可以进行访问操作。

对象是访问控制的客体,是系统中受访问控制机制保护的资源。

操作是对象上能够被执行的一组访问操作。

权限是对象及其上指定的一组操作,是可以进行权限管理的最小单元。

角色是 RBAC 的核心概念,是权限分配的载体,即通过给用户分配合适的角色,让用户与访问权限相联系。因此,所谓角色,实际上就是一组有意义的权限集合。

会话是用于维护用户和角色之间的动态映射关系的概念,是 Constraint RBAC 中动态职责分离机制的实现基础。即用户可以发起多个会话,这些会话相互独立,并可通过在会话中激活角色来获取当前会话中被许可的权限。上述元素之间的关系如下:

UA(用户分配):用户和角色之间的多对多映射关系,管理员为用户分配的所有角色,一个用户可以拥有一个或多个角色,而一个角色也可以被分配给一个或多个用户。

PA(特权分配):角色与权限之间的多对多映射关系,管理员为角色分配的所有权限。

user_ sessions:用户与会话之间的一对多映射关系。即一个用户可以通过登录操作开启一个或多个会话,而每个会话只对应一个用户。同一个用户开启的多个会话间相互独立。

sessions_ roles:会话与角色之间的多对多映射关系。即用户可以在一个会话中激活多个角色,而一个角色也可以在多个会话中被激活。在 Core RBAC 中,用户能够在会话中激活角色的条件是用户拥有该角色,且该角色未在此会话中被激活。

这就是说,当一个用户建立一个会话时,用户就激活分配给他的角色的子集。每个会话都与某一个用户相关联,每个用户又与一个或多个会话相关联。通过 sessions_roles 函数,可以获得会话激活的角色;通过 user_sessions 函数,可以获得与用户有关的会话。用户所拥有的权限,就是所有当前用户会话中被激活角色的权限。

基于角色的访问控制有以下 5 个特点:

(1)以角色为访问控制的主体。用户以什么样的角色对资源进行访问,决定了用户拥有的权限以及可执行何种操作。

(2)角色继承。为了提高效率,避免相同权限的重复设置,RBAC 采用了"角色继承"的概念,定义的各类角色都有自己的属性,但可能还继承其他角色的属性和权限。角色继承可以用祖先关系来表示,如图 7-7 所示,角色 2 是角色 1 的"父亲",它包含角色 1 的属性和权限。在角色继承关系图中,处于最上面的角色拥有最大的访问权限,越下端的角色拥有的权限越小。

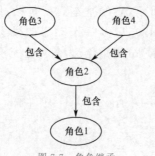

图 7-7　角色继承

(3)最小特权原则。最小特权原则是指主体执行操作时,按照主体所需权利的最小化原则分配给主体权力。最小特权原则的优点是最大限度地限制主体实施授权行为,可以避免来自突发事件、错误和未授权主体的危险。也就是说,为了达到一定目的,主体必须执行一定操作,但它只能做它所被允许做的操作,其他除外。

(4)职责分离(主体与角色的分离)。对于某些特定的操作集,某一个角色或用户不可能同时独立地完成所有这些操作。"职责分离"可以有静态和动态两种实现方式。

静态职责分离:只有当一个角色与用户所属的所有其他角色都彼此不互斥时,这个角色才能授权给该用户。

动态职责分离:只有当一个角色与用户的所有当前活跃角色都不互斥时,该角色才能成为该主体的另一个活跃角色。

(5)角色容量。在创建新的角色时,要指定角色的容量。在一个特定的时间段内,有一些角色只能由一定人数的用户占用。

现阶段,RBAC已经较为成熟,是实施面向企业的安全策略的一种有效的访问控制方式,其优点包括:

(1)完全独立于其他安全手段,是策略中立的(Policy-neutral)。

(2)支持多管理员的分布式管理,管理比较方便。

(3)支持由简到繁的层次模型,适合各种应用需要。

(4)通过角色配置用户及权限,增加了灵活性。目前在大型数据库系统的权限管理中得到广泛应用。

7.3 访问控制策略

 ### 7.3.1 最小特权

最小特权原则(Least Privilege Theorem)也称为最低权限原则,是系统安全中最基本的原则之一。所谓最小特权,是指在完成某种操作时所赋予网络中每个主体(用户或进程)的必不可少的特权。最小特权原则是指系统应限定网络中每个主体所必需的最小特权,最大限度地限制主体实施授权行为,这样既可以避免来自未授权主体、错误和突发事件的危险,又可以将可能的错误、网络部件、事故的篡改等原因造成的损失减到最小。换句话说,最小特权原则是指用户所拥有的权力不能超过他执行工作时所需的权限,比如财务部门的用户不允许访问审计部门的数据和资源,销售部门的用户不能访问产品定价等。

实现最小特权原则,需要计算环境中的特定抽象层的每个模块,如计算机程序、用户或者进程只能访问当下所必需的信息或者资源,然后在主体执行操作时,按照主体所需权利的最小化原则分配给主体权力。赋予每一个合法动作最小的权限,就是为了保护数据以及功能避免受到错误或者恶意行为的破坏。在RBAC中,可以根据组织内的规章制度、职员的分工等设计拥有不同权限的角色,只将角色执行操作所必需的权限授予角色。当一个主体需要访问某资源时,如果该操作不在主体当前所扮演的角色授权操作之内,该访问将被拒绝。

最小特权原则避免了用户为实现想要的功能而带来的副作用,如执行一些不必要的或者有潜在危害的程序等。最小特权原则一方面给予主体"必不可少"的特权,这就保证了所有的主体都能在所赋予的特权之下完成所需要完成的任务或操作;另一方面,它只给予主体

"必不可少"的特权,这就限制了每个主体所能进行的操作。

最小特权原则的优点是最大限度地限制主体实施授权行为,它要求每个用户和程序在操作时应当使用尽可能少的特权,而角色允许主体以参与某特定工作所需要的最小特权去控制系统。特别是被授权拥有高特权角色(Powerful Roles)的主体,不需要用到其所有的特权,只有在那些特权有实际需求时,主体才会运用它们。另外,它还减少了特权程序之间潜在的相互作用,从而尽量避免对特权无意的、没必要的或不适当的使用。最低权限原则还在系统架构设计、操作安全、网络安全等领域有所要求,是访问控制中重要的概念。

7.3.2 多级安全策略

安全级别一般分多级,对应的安全策略为多级安全策略,其可以粗略地描述为:

(1)仅当主体的安全级支配客体的安全级时,允许该主体读访问该客体。

(2)仅当客体的安全级支配主体的安全级时,允许该主体写访问该客体。

这一策略可简称为"向下读,向上写",执行的结果是信息只能由低安全级的客体流向高安全级的客体,高安全级的客体的信息不允许流向低安全级的客体。若要使一个主体既能读访问某个客体,又能写访问这个客体,则两者的安全级必须相同。

多级安全系统必然要将客体资源按照安全属性分级考虑,如层次安全级别(Hierarchical Classification),分为 TS、S、C、RS 和 U 五个安全等级,TS 代表绝密级(Top Secret),S 代表秘密级(Secret),C 代表机密级(Confidential),RS 代表限制级(Restricted),U 代表无级别级(Unclassified)。TS、S、C、RS 和 U 这五个安全级别从前往后依次降低,即安全级别的关系为 TS>S>C>RS>U。多级安全策略的优点是避免敏感信息的扩散。具有安全级别的信息资源,只有安全级别相匹配的主体才能够访问。同样的,也可以对主体按这样的安全级别划分,当然也可以有另外的安全级别划分方法。

7.3.3 基于身份和规则的安全策略

安全策略能够提供恰当的、符合安全需求的整体方案。一种安全策略应表明:在安全领域的范围内,什么操作是明确允许的,什么操作是一般默认允许的,什么操作是明确不允许的,什么操作是默认不允许的。建立安全策略是实现安全的最首要的工作,也是实现安全技术管理与规范的第一步。

ISO 7498 标准是目前国际上普遍遵循的计算机信息系统互联标准,1989 年 12 月国际标准化组织(ISO)颁布了该标准的第二部分,即 ISO 7498-2,并首次确定了开放系统互联(OSI)参考模型的信息安全体系结构。我国将其作为 GB/T 9387.2-1995 标准,并予以执行。按照 ISO 7498-2 中 OSI 安全体系结构中的定义,访问控制的安全策略有以下两种实现方式:基于身份的安全策略和基于规则的安全策略。目前使用的两种安全策略建立的基础都是授权行为。就其形式而言,基于身份的安全策略等同于 DAC 安全策略,基于规则的安全策略等同于 MAC 安全策略。

1.基于身份的安全策略

基于身份的安全策略(Identification-based Access Control Policies,IDBACP)的目的是

过滤对数据或资源的访问,只有能通过认证的那些主体才有可能正常使用客体资源。基于身份的安全策略实例见表 7-4,这是以访问控制矩阵的形式实现的。基于身份的安全策略包括基于个人的安全策略和基于组的安全策略。

表 7-4　　　　　　　　　　　　　基于身份的安全策略实例

文件 / 授权用户	文件 1	文件 2	…	文件 N
用户 A(X)	读、写	读、写		读、写
用户 B(X)		读		
…				
用户 N(X)	读、写	读、写		读、写

(1)基于个人的安全策略

基于个人的安全策略(Individual-based Access Control Policies,IDLBACP)是指以用户为中心建立的一种策略,这种策略由一些列表来组成,这些列表限定了针对特定的客体,哪些用户可以实现何种操作行为。例如,在表 7-4 中,对文件 2 而言,授权用户 B 有只读的权力,授权用户 A 则被允许读和写,这个策略的实施默认使用了最小特权原则,对于授权用户 B,只具有读文件 2 的权力。

(2)基于组的安全策略

基于组的策略(Group-based Access Control Policies,GBACP)是基于个人的安全策略的扩充,指一组用户被允许使用同样的访问控制规则访问同样的客体。例如,在表 7-5 中,授权用户 A 对文件 1 有读和写的权力,授权用户 N 同样允许对文件 1 进行读和写,则对于文件 1 而言,A 和 N 基于同样的授权规则;若对于所有的文件而言,从文件 1、2 到 N,授权用户 A 和 N 都基于同样的授权规则,那么用户 A 和 N 可以组成一个用户组 G。这样表 7-4 的实现可以用表 7-5 表示,并且访问控制矩阵可以省略一行。

表 7-5　　　　　　　　　　　　　基于身份的组策略示例

文件 / 授权用户	文件 1	文件 2	…	文件 N
用户 B		读		
…				
用户组 G 用户 N(X) 用户 A(X)	读、写	读、写		读、写

2.基于规则的安全策略

基于规则的安全策略中的授权通常依赖于敏感性。在一个安全系统中,数据或资源应该标注安全标记。代表用户进行活动的进程可以得到与其原发者相应的安全标记。

基于规则的安全策略在实现上,由系统通过比较用户的安全级别和客体资源的安全级别来判断是否允许用户进行访问。

7.3.4 访问控制策略配置实例

1.入网访问控制

入网访问控制是网络访问的最先屏障,其为网络访问提供了第一层访问控制。它控制哪些用户能够登录到服务器并获取网络资源,控制准许用户入网的时间和准许在哪台工作站入网。例如,ISP服务商实现的就是接入服务。用户的入网访问控制可分为三个步骤:用户名的识别与验证、用户口令的识别与验证、用户帐号的默认限制检查。三道关卡中只要任何一关未过,该用户便不能进入该网络。

对网络用户的用户名和口令进行验证是防止非法访问的第一道防线。为保证口令的安全性,用户口令不能显示在显示屏上,口令长度应不少于6个字符,口令最好是数字、字母和其他字符的混合。同时用户口令必须经过加密,经过加密的口令,即使是系统管理员也难以得到它。另外,系统还可以采用一次性用户口令,或使用如智能卡等便携式验证器来验证用户的身份。

用户名或用户帐号是所有计算机系统中最基本的安全形式,用户帐号应只有系统管理员才能建立。网络管理员也可对用户帐户的使用、用户访问网络的时间和方式进行控制和限制。用户口令应是每个用户访问网络所必须提交的"证件"。用户可以根据自己的需要修改自己的口令,同时系统管理员可以控制口令的以下几个方面:最小口令长度、强制修改口令的时间间隔、口令的唯一性、口令过期失效后允许入网的宽限次数。

用户名和口令通过验证之后,系统需要进一步对用户帐户的默认权限进行检查。网络应能控制用户登录入网的站点,限制用户入网的时间,限制用户入网的工作站数量。当用户对交费网络的访问资费用尽时,网络还应能对用户的帐号加以限制。针对用户登录时多次输入口令不正确的情况,系统应按照非法用户入侵对待并给出报警信息,同时禁止用户进入网络。

2.目录级安全控制

网络应允许控制用户对目录、文件、设备的访问。用户在目录一级指定的权限对所有文件和子目录有效,用户还可以进一步指定对目录下的子目录和文件的权限。对目录和文件的访问权限一般有8种:系统管理员权限(Supervisor)、读权限(Read)、写权限(Write)、创建权限(Create)、删除权限(Erase)、修改权限(Modify)、文件查找权限(File Scan)、存取控制权限(Access Control)。用户对文件或目标的有效权限取决于以下两个因素:用户的受托者指派、用户所在组的受托者指派、继承权限屏蔽取消的用户权限。一个网络系统管理员应当为用户设置适当的访问权限,这些访问权限限制着用户对服务器的访问。8种访问权限的有效组合可以让用户有效地完成工作,同时又能有效地控制用户对服务器资源的访问,从而加强了网络和服务器的安全性。

3.操作权限控制

操作权限控制是针对可能出现的网络非法操作而采取安全保护措施。用户和用户组被赋予一定的权限。网络管理员能够通过设置,指定用户和用户组可以访问网络中的哪些服务器和计算机,可以在服务器或计算机上操控哪些程序,访问哪些目录、子目录、文件和其他资源。网络管理员还可以根据访问权限将用户分为特殊用户、普通用户和审计用户,可以设定用户对可以访问的文件、目录、设备能够执行何种操作。受托者指派和继承权限屏蔽可作为两种实现方式。受托者指派控制用户和用户组如何使用网络服务器的目录、文件和设备。继承权限屏蔽相当于一个过滤器，可以限制子目录从父目录那里继承哪些权限。根据访问权限将用户分为以下几类：特殊用户，即系统管理员；一般用户，系统管理员根据它们的实际需要为它们分配操作权限；审计用户，负责网络的安全控制与资源使用情况的审计。系统通过访问控制表来描述用户对网络资源的操作权限来实现操作权限控制策略。

4. 属性安全控制

访问控制策略允许网络管理员在系统一级对文件、目录等指定访问属性，而属性安全控制可以将给定的属性与网络服务器的文件、目录和网络设备联系起来。属性安全在权限安全的基础上提供更深层次的网络安全保障。网络上的资源都应预先标出一组安全属性，用户对网络资源的操作权限对应于一张访问控制表，属性安全控制级别高于用户操作权限设置级别。属性设置经常控制的权限包括以下方面：向文件或目录写入或删除、文件复制、查看目录或文件、执行文件、隐含文件、共享文件或目录等。属性安全控制策略可以保护网络系统中重要的目录和文件，维持系统对普通用户的控制权，防止用户对目录和文件的误删除等操作。

5. 防火墙控制

防火墙是一种保护计算机网络安全的技术性措施，是用来阻止网络中的黑客访问某个机构内部网络的屏障，也可称为控制进出方向通信的门槛。防火墙分为专门设备构成的硬件防火墙和运行在服务器或计算机上的软件防火墙。无论哪一种，防火墙往往都安置在网络边界上，通过网络通信监控系统隔离内部网络和外部网络，以阻挡来自外部网络的入侵。

6. 网络监测和锁定控制

网络管理员应对网络实施监控，服务器应记录用户对网络资源的访问，对非法的网络访问，服务器应以图形、文字或声音等形式报警，以引起网络管理员的注意，及时阻止非法访问活动。同时，网络服务器应能够自动记录不法分子试图进入网络活动的次数，当次数达到设定数值，该用户帐户将被自动锁定。

7. 网络端口和节点的安全控制

网络中的节点和端口往往加密传输数据，这些重要位置的管理必须防止黑客发动的攻击。因此，网络服务器的端口往往使用自动回呼设备、静默调制解调器加以保护，并以加密的形式来识别节点的身份。自动回呼设备用于防止仿冒合法用户，静默调制解调器用以防范黑客的自动拨号程序对计算机进行攻击。网络还常对服务器端和用户端采取安全控制，要求用户必须携带证实身份的验证器（如智能卡、磁卡、安全密码发生器）。在对用户的身份进行验证之后，才允许用户进入用户端。然后，用户端和服务器端再进行相互验证。

8. 网络服务器安全控制

网络允许在服务器控制台上执行一系列操作。用户使用控制台可以执行装载和卸载模块、安装和删除软件等操作。网络服务器的安全控制包括：可以设置口令锁定服务器控制台，以防止非法用户修改、删除重要信息或破坏数据；可以设定服务器登录时间限制、非法访问者检测和关闭的时间间隔等。

本章习题

1.什么是访问控制？访问控制包括哪几个要素？

2.访问控制机制包括哪些？

3.什么是自主访问控制？什么是强制访问控制？这两种访问控制有什么区别？

4.比较目录表、访问控制列表、访问控制矩阵、访问控制安全标签列表和权限位的访问控制实现机制各有什么优缺点。

5.基于角色的访问控制的特点有哪些？

6.哪种访问控制模式使用多级安全策略？

7.基于组的策略可以应用于什么情况？

8.列举几种重要的访问控制策略配置实例。

第8章 信息内容安全

导 读

随着信息时代的到来,信息技术革命日新月异,互联网已经融入社会生活的方方面面,对人们的生产和生活方式产生了深远影响。由于互联网具有开放性、共享性、动态性、自由性等特点,因此信息内容安全面临着严峻的挑战,针对互联网中信息内容安全的研究有着十分重要的意义。信息内容安全主要包括两方面:一方面是指针对非法的信息内容实施监管,如对网络中的反动、暴力、色情信息的过滤;另一方面是指对合法的信息内容加以安全保护,如对合法的音像制品及软件的版权保护。信息内容安全涉及政治、经济、文化、健康、保密、隐私、产权等方面,属于通用网络内容分析的一个分支。解决信息内容安全采用的主要技术手段包括信息过滤技术、信息隐藏与数字水印技术、个人隐私保护技术等。

本章首先介绍了信息过滤的基本原理、模型与方法和典型系统,其次给出了信息隐藏技术的基本原理,介绍了数字隐写、数字水印与版权保护的相关问题,最后分析了四种不同类型的个人隐私保护技术。

关键概念

信息化 信息内容安全 信息过滤 信息隐藏 数字水印 个人隐私保护

互联网起源于 20 世纪 60 年代末 70 年代初。近几十年来,互联网的迅速发展,不仅促进了全世界范围内信息的有效传播与流通,而且对科学研究、工商行业的发展,乃至人们的日常生活方式都带来了深远影响。自 20 世纪 90 年代开始,我国的互联网行业也经历了从无到有、从小到大的跨越式发展历程。

根据第 45 次《中国互联网络发展状况统计报告》,截至 2020 年 3 月,中国网民规模达 9.04 亿,互联网普及率为 64.5%,网民中使用手机上网的比例高达 99.3%;并且受 2020 年初新冠肺炎疫情影响,全国大中小学开学推迟,教学活动改至线上,在线教育用户规模达到46.8%;而在电商直播的带动下,网络直播用户规模也达到了62%。互联网作为继报纸、广播和电视之后的重要新型传播媒体,给人们的生活提供了极大的便利,如即时通信、搜索引擎、网上购物、网络社交等。互联网的发展已经逐渐改变了人们的生活和工作方式。

在信息化已成为世界发展趋势的背景下,互联网的确有着应用极为广泛、发展规模庞大、非常贴近于人们生活等众多特点。然而,互联网也带来了一些负面影响,如色情、反动等不良信息在网络上大量传播,垃圾电子邮件等不正当行为的泛滥,利用网络传播盗版的音像制品、软件等侵犯版权的行为,网络诈骗、网络暴力以及网络恐怖主义活动等。这些非法信息严重地阻碍经济的正常发展,甚至危害到社会稳定及国家安全。因此,在建设信息化社会的过程中,提高信息安全保障水平及对互联网中各种不良信息的监测能力,是国家信息技术水平的重要一环,也是顺利建设信息化社会的坚实基础。

信息内容安全(Content-based Information Security)作为对上述问题的解决方案,是研究如何利用计算机从包含海量信息且迅速变化的网络中,对与特定安全主题相关的信息进行自动获取、识别和分析的技术。根据所处的网络环境,它也被称为网络内容安全(Content-based Network Security)。信息内容安全是管理信息传播的重要手段,属于网络安全系统的核心理论与关键组成部分,对提高网络使用效率、净化网络空间、保障社会稳定具有重大意义。

8.1 信息过滤

8.1.1 信息过滤的基本原理

信息过滤是指在动态的信息流中,根据用户的需求,搜索和识别用户预期的信息,屏蔽无用和不良的信息。通常,可以认为信息过滤是用以描述一系列将信息传递给需要它的用户处理过程的总称。在信息内容安全领域,信息过滤是提供信息有效流动,消除或减少信息过量、信息混乱、信息滥用造成的危害的重要手段。

信息过滤是伴随信息检索的发展而发展起来的,两者如同一个硬币的正反面。信息检索是指将信息按一定的方式组织起来,并根据用户的需要找出有关信息的过程和技术。早期的大部分信息过滤的研究都是基于"有效的信息检索技术同样也是有效的信息过滤技术"这一设想展开的,无论是信息过滤还是信息检索其目标都是为用户选取合适的信息。

然而,随着相关研究的深入和科学技术的发展,信息过滤逐渐形成了与信息检索不同的,有自身特点的研究体系。相比较而言,信息过滤更加关注用户长期、相对固化和稳定的需求,通过必要的技术手段帮助用户从大量的信息源中进行筛选,着重排除与用户需求无关或用户不希望得到的信息。

信息过滤的原理如图 8-1 所示,这也是 Belkin 和 Croft 在文章中通过研究给出的实现信息过滤的一般模型。原始信息经过特征抽取被表示为代表其特征的一定格式,用户的信息需求被表示为特征描述,运用移动过的过滤规则将两者进行比较和匹配,实现对信息内容的过滤,同时还可以基于用户在使用过滤结果中对过滤的情况进行评价和反馈,对需求特征

的描述进行完善。他们还在文章中指出:

(1)相对于传统的数据库来说,信息过滤系统是一个针对非结构化或半结构化的信息系统。

(2)信息过滤系统主要处理的是文本信息。

(3)信息过滤系统常常要处理巨大的数据量。

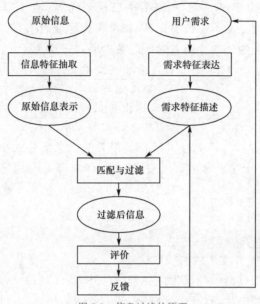

图 8-1　信息过滤的原理

根据信息过滤的原理,可以归纳出一个通用的信息过滤系统模型,如图 8-2 所示。一个简单的信息过滤系统包括三个基本部分,即输入模块(主要负责信息源采集)、处理模块(实现信息识别和分析、过滤)和输出模块(包括过滤信息递送和用户反馈等)。

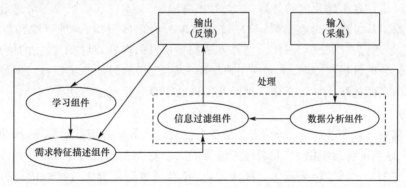

图 8-2　通用的信息过滤系统模型

其中,处理模块是较为核心的部分,在技术功能的实现上一般可能涉及数据分析、信息过滤、需求特征描述和学习四大组件。数据分析组件从信息源收集数据信息并以一种合适的方式表示,然后将其作为输入送到信息过滤组件中去。需求特征描述组件以显式或隐式的方式获得用户信息需求,并以此构建需求特征描述,将其送到信息过滤组件。信息过滤组件把信息源的表示与用户需求特征的描述进行匹配,决定该信息内容是否为用户需要,随后将与用户需求相关的信息输出。而学习组件主要实现根据用户反馈,学习和修改、完善用户需求特征描述,具有提高过滤效果和准确性的功能。

对于特定场景下应用的信息过滤系统,通常可根据其实际应用的需要,设计相对固化的需求特征描述组件,其处理模块内部可不带有完整的用户反馈及学习功能,只提供指向性较强的专有数据处理和过滤功能。

人们通常都是通过使用信息检索的评价方法来对信息过滤进行评价,最为常用的是信息检索中的两个指标:查全率(Recall)和查准率(Precision)。查全率或称召回率,是被过滤出的正确文本数占应被过滤文本总数的比率;查准率或称准确率,是被过滤出的正确文本数占全部被过滤出文本总数的比率。两者对应的数学公式分别为:

$$查全率 = \frac{被过滤出的正确文本数}{应被过滤的文本总数}$$

$$查准率 = \frac{被过滤出的正确文本数}{全部被过滤出的文本总数}$$

假设,信息集合大小为 N,其中与用户需求相关的信息集合大小为 M。通过信息过滤系统进行过滤,若已经通过过滤的 n 条相关信息中,有 m 条是与用户需求相关的,则该系统的查全率 $r = \frac{m}{M}$,其查准率 $p = \frac{m}{n}$。

8.1.2 信息过滤的模型与方法

进行网络不良信息的过滤已经成为世界各国的共识。国内外从 20 世纪 90 年代起就陆续通过了诸多法案和管理办法,旨在净化网络,同时各国的科研人员也进行了很多相关实现技术的研究。网络信息过滤的方法很多,从是否对网络信息进行预处理来看,信息过滤可以分为主动过滤和被动过滤两类:主动过滤是先对网络信息进行预处理,如对网页或网站预先分级、建立允许或禁止访问的地址列表等,在过滤时根据分级或地址列表决定能否访问;被动过滤是对网络信息不做预先的处理,过滤时才对地址、文本内容或图像等信息进行分析以决定是否过滤。从过滤的对象来看,信息过滤可以分为内容过滤、网址过滤和混合过滤三类:内容过滤是通过文本分析、图像识别等方法扫描信息的内容,阻挡不适宜的信息;网址过滤是对有问题的网址进行控制,不允许用户访问其信息;混合过滤是将内容与网址结合起来控制不适宜信息的传播。下面介绍常见的几种网络不良信息过滤方法:

1.分级法

分级其实就是按照等级进行分类,它是根据网页的内容属性或其他特征,按照一定的标准,分门别类地揭示和组织网页,并通过浏览器的安全设置选项实现过滤的一种方法。分级的结果以一定的形式描述出来成为分级标记,这是对网页进行分级过滤的依据。分级标记可以附在网页上,也可以保存在文件或数据库中,使用时与过滤模板进行比较以决定是否过滤。网页的分级可以由网页作者、用户或第三方进行,由网页作者实施的分级叫作自我分级,由第三方的组织或机构实施的分级叫作第三方分级。

2.URL 地址列表法

URL 地址列表法是利用预先编制好的 URL 或者 IP 列表数据库,决定当用户访问这些站点时给予阻断还是允许访问,这是信息过滤中最直接也是最简单的一种方法。URL 地址列表可以分为两种:白名单(White Lists),即允许访问的 URL 地址列表;黑名单(Black

Lists），即禁止访问的 URL 地址列表。实际上，每一种 URL 地址列表都可以看作根据只有一个类目的分级体系进行分级的结果。

URL 地址列表的收集和编制一般由管理者或第三方根据一定的标准进行，比如家长可以根据自己小孩的情况编制白名单或者黑名单；公司、学校、图书馆或者其他机构也可以根据各自的管理对象编制 URL 地址列表；许多 ISP 或者过滤软件开发商还编制了各种 URL 地址列表，供用户们选择使用。URL 地址表能够以携有基于 RDF 格式元数据的 XML 文件或者数据库的形式保存在客户端或者服务器端。使用时，过滤软件会对用户请求访问的地址与 URL 地址列表进行比较，以决定是否可以访问或者是否可以将信息传递给用户。

3.动态文本分析法

在信息过滤系统中，动态文本分析法首先把用户的信息需求描述出来成为用户需求模板，然后根据这一模板对动态的文本信息进行过滤，再利用反馈机制改进用户需求模板。由于用户需求模板可以用关键词、规则（一条规则本质上就是一个 If-Then 语句）或分类的方法来描述，大家比较熟悉的是利用关键词列表来描述，所以这一方法有时候又简单地称为关键词法，即对文本内容、检索词、URL、文档的元数据等进行关键词简单匹配或布尔逻辑运算，来对满足匹配条件的网页或网站进行过滤。采用动态文本分析法着重解决描述用户需求模板、描述网络信息文档、匹配技术和反馈机制等四个方面的问题。

4.基于内容的过滤方法

基于内容的过滤即根据内容特征进行识别和过滤的技术方式，根据分析识别技术的机制，可简单分为文本内容关键词识别过滤和应用高级人工智能技术的内容识别过滤两类。其中文本内容关键词识别过滤与索引（标签关键词）过滤相似，而人工智能内容识别过滤方式是应用人工智能技术，判断信息是否属于不良或不宜信息。其涉及技术面较广，相应的内容识别与过滤技术还可细分为文本语义特征识别、图像特征识别、音频特征识别、视频特征识别等。

在实际应用中，前 3 种方法应用范围最广。表 8-1 对这些方法进行了简单的比较。

表 8-1   目前常用的过滤方法比较

技术路线	速度	灵活性	技术难度	防欺骗性	互联网覆盖
分级法	快	中	易	差	窄
URL 地址列表法	快	差	易	差	窄
动态文本分析法	快	中	易	中	广
基于内容的过滤方法	慢	好	难	好	广

以上几种过滤方式均存在各自的缺陷和不足。URL 地址列表法的缺陷表现在两个方面：一是用户可以轻易地通过代理、镜像等获取到被封锁网站上的内容；二是 URL 列表的更新无法跟上网络上不良网站的增加和变化的速度。分级法过滤除了面临与 URL 过滤类似的问题，还存在蓄意错误标注，误导读者的可能。动态文本分析法主要问题在于，关键词取词的片面性导致过滤内容准确性的波动较大，从而导致封锁范围扩大化。基于内容的过滤方法主要不足是其运行速度慢，以及技术实现的难度较大。多数现有的系统混合应用了各种方法，来改善单一方法的局限性。

随着网络的不断发展，尤其是各种新型业务的应用，传统信息过滤方式对于网络信息内容已不再能起到良好的效果。对网络中的信息进行过滤将更加倾向于根据信息的自身内容来实现。因此,基于内容的智能识别和过滤技术将成为未来信息安全研究的趋势和内容过滤。

8.1.3 信息过滤的典型系统

网络信息过滤系统是对网络信息进行过滤的关键。网络信息过滤主要是运用有过滤功能的工具,根据一定的标准设置过滤条件,在运行过程中一旦触发条件则将不需要的信息拒之门外,而其他信息仍然可以获取。这些有过滤功能的工具可以分为 3 种:

(1)信息过滤软件

为过滤网络信息而专门开发的软件,利用预先设定的过滤模板扫描、分析网络信息并阻挡不适宜的信息,一般要加载到网络应用程序中。信息过滤软件可以分为两种:专用过滤软件,只能过滤某种网络协议的信息,如网页过滤软件、邮件过滤软件、新闻组过滤软件等,或者只能在某种网络应用中起作用,如儿童浏览器、儿童搜索引擎、广告过滤软件等;通用过滤软件,能对多种网络协议或应用起作用,如 Net Nanny 可以过滤网页、电子邮件、网络聊天的信息;Norton Internet Security 还可以过滤 FTP 和新闻组的信息。

(2)网络应用程序附加功能

有些网络应用程序如浏览器、搜索引擎、邮件管理、新闻组等附有过滤的功能,通过设置可以过滤不适宜的信息。如 IE 的内容分级审查功能,用户可以利用黑名单、白名单或组合使用各种支持 PICS 规范的分级标记进行过滤,具有过滤成本低、使用方便的特点。

(3)其他过滤工具

如防火墙、代理服务器等可以通过对源地址、目标地址或端口号的限制,防止子网的不适宜信息流出或子网外的不适宜信息流入。

作为网络信息的监视和管理系统,网络信息过滤系统采集来自网络的信息,为网络管理员提供一种对双向流动的网络信息进行监视的手段,它既可以作为网关软件的一个部分,又可以独立运行在一个网络节点上。网络信息过滤系统一般由以下几个部分构成:

①数据包捕获器。主要是通过监听网络中的数据通信,采用一定的机制从网络中截获符合特定服务的原始数据帧,传递给网络协议分析器进行分析。

②网络协议分析器。根据数据包捕获器送过来的原始数据帧,分离其中的协议头信息,提取 HTTP 和 E-mail 协议中相关语法元素的数据,构造成文档,并传递给文档过滤器。

③文档过滤器。根据规则数据库中设定的过滤规则,分析文档中包含的某些信息,采用相似度计算或关键词查找的方法,满足某种过滤条件的文档将保存到文档数据库。

④文档特征提取器。主要是根据分类语料数据库中某个人工标定分类的所有语料,通过统计或者其他的方法,抽取最能代表该类文档的特征数据,作为文档过滤中的一个标准。

⑤策略管理器。维护和管理策略数据库中的规则配置,比如配置 WWW 访问的目标地址、邮件过滤的邮件地址等。

⑥文档浏览器。对过滤后得到的文档提供用户浏览的工具。

⑦过滤效果评价器。对过滤准确性和正确性进行一定的评价,根据评价的结果对规则数据库进行一定的修改,使系统动态地进行学习和不断的调整。

网络信息过滤系统是为无结构化和半结构化的数据而设计的信息系统,主要用来处理

大量动态的信息,非结构化数据这个词常用来作为它的同义词使用。对于这些信息,传统的数据库系统没有进行很好地处理和表示。网络信息过滤系统与典型的具有结构化数据的数据库系统不同。在这里结构化不仅是指数据都符合统一的格式,就像一条记录类型的描述一样,并且一条记录中的字段也须由具有确定意义的单一数据类型构成。假如为一个复杂的文档定义数据类型。例如,一个电子邮件就是半结构化数据的例子,它的头域有明确的定义,而它的正文体却是半结构化的。

网络过滤系统包含大量的数据。一些典型的应用基本上都要处理海量的正文信息,其他媒介甚至比这还要大得多。典型的过滤系统应用包含输入的数据流或是远程数据源的在线广播。过滤也用来描述对远程数据库的信息进行检索,可用智能代理来实现。

网络过滤系统是从动态的数据流中收集或去掉某些文本信息。网络是一个动态性极强的信息源。动态性主要表现在内容的增减和链接不可预知地改变,这些改变对于力图获取信息的个人或者程序来说都会有至关重要的影响。

8.2 信息隐藏

8.2.1 信息隐藏的基本原理

随着计算机技术和网络技术的发展,越来越多的数字化多媒体内容信息(图像、视频、音频等)纷纷以各种形式在网络上快速交流和传播,极大地提高了信息表达的效率和准确性。人们如今可以通过互联网发布自己的作品、重要信息和进行网络贸易等,但是随之出现的问题也十分严重,如作品侵权更加容易,篡改也更加方便。因此,在开放的网络环境下,如何既充分地利用互联网的便利,又能对数字化多媒体内容进行有效的管理和保护,成为信息安全领域的研究热点。这也标志着一门新兴的交叉学科"信息隐藏学"的正式诞生。如今,信息隐藏技术学作为隐蔽通信和知识产权保护等的主要手段,正得到广泛的研究与应用。

信息隐藏(Information Hiding)也称数据隐藏(Data Hiding),其研究开始于 20 世纪 90 年代,是结合多个学科理论与技术而发展起来的新兴技术,其主要思想是利用载体信息存储或传输过程中,在时间和空间等方面具有的冗余特性,将一些有意义的秘密信息(如公司图标、著作权信息、合法权益人等)隐藏到载体信息中,从而得到隐秘载体。信息隐藏的载体可以是图像、音频、视频、网络协议、文本和各类数据,在不同的载体中,信息隐藏的方法有所不同,需要根据载体的特征选择合适的信息隐藏算法。

将有用信息隐藏到载体信息后,非授权者无法确认该载体信息中是否隐藏了私密信息,或即使知道有私密信息却也无法确认私密信息是什么,所以难以提取或去除载体信息中所隐藏的信息。含有私密信息的载体本身只是发生了微小变化,这种微小变化不易被第三方察觉,隐藏了私密信息的载体在感官上不会引起怀疑,这样可以达到隐蔽通信、版权保护等目的。

信息隐藏不同于传统的密码学技术。密码学技术主要研究如何将机密信息进行特殊的编码,以形成不可识别的密码形式(密文)进行传递;而信息隐藏则主要研究如何将某一机密信息秘密隐藏于另一公开的信息中,然后通过公开信息的传输来传递机密信息。对加密通信而言,可能的监测者或非法拦截者可通过截取密文,并对其进行破译,或将密文进行破坏后再发送,从而影响机密信息的安全;但对信息隐藏而言,可能的监测者或非法拦截者难以从公开信息中判断机密信息是否存在,难以截获机密信息,从而能保证机密信息的安全。多媒体技术的广泛应用,为信息隐藏技术的发展提供了更加广阔的领域。

为了说明信息隐藏的原理,我们假设通信双方分别为 A 和 B,A 希望将私密信息传递给 B,首先从一些不会被第三方怀疑的常见传输信息中选择一个消息 h 作为将要传输私密信息的载体,我们称 h 为载体对象。然后,在信息的发送方 A 将所需传递的私密信息 m 隐藏到载体对象 h 中,使得载体对象 h 变为伪装对象 h'。原始不含有私密信息的载体对象 h 和现在已经隐藏了私密信息 m 的伪装对象 h' 在感官效果(包括视觉、听觉等)上无法区分,这样就实现了信息的秘密传递,借用载体来欺骗第三方,从而达到私密信息安全通信的目的。

伪装对象 h' 通过公共通信信道被传输给信息接收方 B 后,由于 B 知道 A 使用的嵌入算法和需要的提取密钥,B 可以利用相应的提取算法将隐藏在载体中的私密信息提取出来。其中嵌入和提取的过程可能需要密钥,也可能不需要密钥,嵌入密钥和提取密钥可能相同(对称信息隐藏技术)也可能不同(非对称信息隐藏技术),具体情况与使用的嵌入和提取算法有关。在提取过程中,若不需要原始载体对象,则称为盲信息隐藏技术;若需要原始载体对象,则称为非盲信息隐藏技术。信息隐藏的原理如图 8-3 所示。

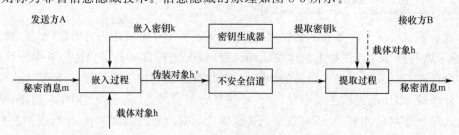

图 8-3　信息隐藏的原理

从信号处理的角度来理解,信息隐藏可视为在强背景信号(载体对象)中叠加一个弱信号(隐藏信息)。由于人类的听觉和视觉系统都有一定的掩蔽效应,叠加的信号只要低于某个阈值,人们可以充分利用这种掩蔽效应将信息隐藏而不被察觉。例如,当两个音调的频率接近而且同时演奏出来,那么音量高的音调将掩蔽音量低的音调。

8.2.2　数字隐写

信息隐藏的研究开始于 20 世纪 90 年代,虽然是一个新的领域,但其核心思想"隐写术"却由来已久。隐写(Steganography)也称隐写术,这个术语源于希腊词汇 Steganos 和 Graphia,前者的含义是"秘密的",后者的含义是"书写"。隐写术是一种隐蔽通信技术,是信息隐藏技术的重要分支之一,其主要目的是将重要的信息隐藏起来,以便不引起人注意地进行传输和存储。

最早的隐写术可以追溯到 Herodotus(公元前 480—公元前 425 年)编写的《历史》一书。此书中描述了大约在公元前 440 年,Histaieus 为了鼓动奴隶们起来反抗波斯人,他将其最信任的仆人头发剃光并把消息刺在仆人头皮上,等到仆人的头发长出来后,再把仆人送到朋友那里,他的朋友将仆人的头发剃光就获得了秘密信息。即使在 20 世纪初,这种最原始的方法仍然被某些德国间谍所使用。近代人们为了达到隐藏消息的目的,也会采用由诸如牛奶、尿液等有机物制成的不可见墨水来书写,这种墨水书写在纸上不留任何可见痕迹,只有通过加热或在该纸上涂上某种化学药品才能显影。

隐写术在其发展中逐渐形成了两大分支,即语义隐写和技术隐写,前者强调利用语言或语言信息编码的形式进行信息隐藏,后者则借用专门的技术手段实现信息隐藏。

语义隐写利用文字语言自身的特点,通过对原文按照一定规则进行重新排列或剪裁实现隐藏和提取密文。语义隐写包括符号码、隐语以及虚字密码等。

符号码是指非书面形式的秘密通信。例如,第二次世界大战中,有人曾利用一幅关于圣安东尼奥河的画传递了一份密信。画中河畔的小草叶子有长有短,长的草叶代表摩尔斯电码中的画线,短的草叶则代表摩尔斯电码的圆点。信的接收者利用电码本即可得到密信的内容。要注意的是,使用符号码的时候,符号码的结果不能影响载体特征,在本例中,如果小草叶子的形状和长短分布不符合常规,则隐写失败。

隐语是利用错觉或代码字的形式传递信息。在第一次世界大战中,德国间谍曾把不同类型的英国军舰用假的雪茄订单来代表。例如,朴次茅斯需要 5 000 根雪茄就代表朴次茅斯有 5 艘巡洋舰。

在虚字密码中通常使用每个单词的相同位置的字母来拼出一条消息。例如,我国古代常出现的"藏头诗"(或称嵌字诗)也是一种典型的虚字密码的形式,并且这种诗词格式也流传到现在。例如,绍兴才子徐文长中秋节在杭州西湖赏月时,做了一首七言绝句:

> 平湖一色万顷秋,
>
> 湖光渺渺水长流。
>
> 秋月圆圆世间少,
>
> 月好四时最宜秋。

其中每句的首字连起来读,正是"平湖秋月"。

技术隐写是隐写术中的主要分支,其伴随着科技,尤其是信息技术的发展而发展的。从古代利用动物或人的身体记载、木片上打蜡,到近代使用隐形墨水、微缩胶片,再到当代使用扩频通信、网络多媒体数据隐写等,每一种新隐写术的出现都离不开科学技术的进步。

数字隐写(Digital Steganography)是指将重要秘密消息隐藏于其他公开载体数据当中,在不引起任何怀疑的情况下秘密地传送消息,强调信息隐藏这一行为或事实的隐秘性与不可察觉性。因此,数字隐写技术要求主要包括透明性、统计意义上的不可检测性、较大的容量以及算法实现简单等。其中,不可检测性是指数字隐写算法抵抗隐写分析(Steganalysis)的能力,是衡量隐写算法安全性的重要技术指标。

隐写分析是指在已知或未知信息隐藏算法的情况下,通过专门的技术分析手段,从观察到的数据中检测判断其是否含有秘密信息,分析秘密信息数据量的大小和嵌入位置,并最终还原数据嵌入的过程。隐写分析促进了隐写技术的进步。随着隐写分析技术的进步,为抵御新的更高级的隐写分析算法,隐写技术将变得更加复杂、更难被检测出。

隐写算法为了达到嵌入秘密信息的目的,通常需要利用某种嵌入方法,通过修改载体系数来实现。需要特别指出的是,数字隐写与数字水印对于数据嵌入操作本身,没有本质上的差别,只因二者应用场景和目标的不同,致使相应的技术要求不尽相同。当综合考虑透明性、不可检测性、鲁棒性/脆弱性和容量等方面性能指标时,数字隐写特别要求所采用的信息隐藏算法应具有良好的不可检测性和高容量,而数字水印则更多地关注和强调鲁棒性/脆弱性。

通常,设计一种实用的隐写方法一般需要遵从以下四个准则:

(1)保持载体源的统计模型。

(2)使嵌入过程类似于某些自然的处理过程。

(3)设计能够抵抗现有隐写分析攻击的隐写方法。

(4)将嵌入秘密信息的影响最小化。

8.2.3 数字水印与版权保护

1.基本概念

计算机网络通信技术的蓬勃发展,使得数据的交换和传输变得简单而快捷,开放的互联网环境,有效地促进了信息交换与信息共享,但随之而来的副作用也非常明显。通过网络传输数据文件或作品,使有恶意的个人或团体有可能在没有得到作品所有者的许可下赋值和传播有版权的内容。因此,如何在网络环境中实施有效的版权保护和内容安全手段成为一个迫在眉睫的现实问题。

目前存在两种基本的数字版权标记手段:数字水印(Digital Watermarking)和数字指纹。数字水印是嵌入在数字作品中的一个版权信息,它可以给出作品的作者、所有者、发行者以及授权使用者等版权信息;数字指纹可以作为数字作品的序列码,用于跟踪盗版者。数字水印和数字指纹就是利用了信息隐藏的技术,利用数字产品存在的冗余度,将信息隐藏在数字多媒体产品中,以达到保护版权、跟踪盗版者的目的。数字指纹可以认为是一类特殊的数字水印,因此,一般涉及数字产品版权保护方面的信息隐藏技术统称为数字水印。

数字水印的基本思想是在数字作品(如图像、音频、视频等)中嵌入秘密信息,以便保护数字产品的版权、证明产品的真伪、跟踪盗版行为或提供产品的附加信息。其中嵌入的秘密信息被称为水印,其可以是版权标识、用户序列号或产品相关信息。当数字产品的版权归属产生疑问时,仲裁人(法院等)可以通过检测水印判定版权归属。

数字水印技术的研究与数字媒体的版权保护紧密相关。数字作品的所有者可在图像中嵌入数字签名、商标等信息作为水印,然后公开发布其水印版本作品。当该作品被盗版或出现版权纠纷时,所有者即可从盗版作品或水印版作品中获取水印信号作为依据,从而保护所有者的权益。数字水印作为一种新兴的防盗版技术,已受到人们越来越多的重视,并成为多媒体信息安全研究领域的一个热点。

作为信息隐藏技术的重要分支,数字水印技术又与常说的信息隐藏有所区别。信息隐藏需要强调的是能够将隐藏在载体对象后的私密信息完整无误地提取出来,而数字水印强调的是能够通过一定的技术验证嵌入多媒体对象后的水印信息,并不需要完整无误地将嵌入的信息提取出来,而是只需要证明载体中存在特定的水印即可,强调的是水印的存在性。

此外,数字水印与隐写术在技术实现上类似,但也有所区别。隐写术中,所要发送的秘密信息是主体,是要保护的对象,载体一般只是起到诱骗的作用而没有实际价值。对于数字水印来说,载体通常是数字产品,是版权保护对象,嵌入的信息是与该产品相关的版权标志。此外,数字水印需要的信息容量一般较小,而隐写术为实现通信的目的一般希望获得尽可能大的信息容量。

2.基本特征

一般而言,数字水印具有安全性、可证明性、冗余性、透明性和稳健性。

安全性是指未经授权者很难插入伪造水印,或检测到水印的存在,除非对数字水印具有足够的先验知识。任何破坏和消除水印的行为都将严重破坏多媒体信息的质量,使其不再具有使用价值。同时,有较低的虚警概率。所谓虚警,指的是当检测数字媒体信息时,数字媒体中本来没有包含任何水印,但检测结果却告知存在水印信息,这是一种错误的报警行为,称为虚警。虚警率则指发生虚警的检测对象占全部检测对象的比值。好的数字水印算法,在设计水印的产生办法、编码方式和嵌入位置时,都需要考虑到安全性。

可证明性指的是水印应能为受到版权保护的信息产品的归属提供完全和可靠的证据。水印算法保证在需要的时候,能够将嵌入保护对象中的所有者的有关信息(如注册的用户号码、产品标志或有意义的文字等)提取出来。水印可以用来判别对象是否受到保护,并能够监视被保护数据的传播、真伪鉴别以及非法复制控制等。

冗余性指的是为了保证水印的稳健性,一般需要将水印信息离散地分布在载体对象的各个位置,如像素块、物理线条位置等。将水印信息离散化还不够,因为水印信息应该能够抵抗许多攻击方式,即需要将水印信息嵌入多次,多次水印信息的嵌入就造成了水印信息在载体对象中的存在具有较大的冗余性。在实际的水印检测或恢复过程中,可能只需要其中较小的一部分即可验证水印信息的完整性或正确性。

透明性(仿真度)即信息的嵌入不会影响载体数据的使用价值。对音频而言,具有听觉不可察觉性;对图像、视频和文档而言,嵌入的信息不能影响其视觉质量,具有视觉不可感知性。对透明性的度量分为主观评测和客观度量。此外,在确定的应用环境中存在一个可容忍的客观失真度。

稳健性指的是水印嵌入算法能够抵抗一些常见的攻击行为,并且受到攻击后水印信息不会或者少有失真。例如,滤波攻击、压缩攻击会导致一些高频信息丢失,那么,水印嵌入的时候就需要考虑到不要将水印信息嵌入高频信号中。此外,数字水印应该难以被擦除。在不能得到水印的全部信息(如水印数据、嵌入位置、嵌入算法、嵌入密钥等)的情况下,只知道部分信息,应该无法完全擦除水印,任何试图完全破坏水印的努力将对载体的质量产生严重破坏,使得载体数据无法使用。

3.数字水印的分类

数字水印的分类方法很多,不同的水印算法有各自的优点,下面简单介绍几种:

①按照特性进行划分,数字水印可分成鲁棒型水印(Robust Watermark)和脆弱型水印(Fragile Watermark)。鲁棒性水印是指在恶意攻击下仍然不能被修改、去除的水印,可用于版权标识。脆弱型水印对宿主信息的修改敏感,用于数据的真伪鉴别和完整性鉴定,又称为认证水印,其可根据被破坏的情况,记录产品曾受到过的攻击。与鲁棒型水印不同的是,脆弱型水印中微小的变化就足以破坏数字作品中加载的水印。有些水印系统将鲁棒型水印和脆弱型水印结合起来,可以对经过恶劣信道或被恶意攻击的信息进行恢复。

②按照数字水印的检测过程划分,数字水印可分为明文水印和盲水印两种,其差别在于明文水印在检测过程中需要使用原始数据和水印密钥作为输入信息,而盲水印仅需要水印

密钥,不需要原始数据的参与。后者的应用范围更广泛,任何一个拥有水印提取软件的使用者都可以鉴别数字产品是否为盗版。

③按照水印的嵌入位置进行划分,可以分为空间域水印和变换域水印。其中,空间域水印在嵌入过程中不对数据进行任何变化,而是直接将水印信息叠加到载体对象的一些不重要的位置,一般采用替换法。这种方式具有复杂度低、实时性好等优点,但是其鲁棒性相对较差,很容易受到滤波攻击、压缩攻击等的影响。和空间域水印不同,变换域水印通过修改变换域系数来隐藏水印,因此水印信号被分散到变换域的所有或部分数据上,因性能较好而受到重视。

④按照水印所附载的媒体进行划分,由于数字水印的载体是多种多样的,可以是文本、图像、音频、视频、3D动画或软件等,因此数字水印就可以分为文本水印、图像水印、音频水印或视频水印等。其中,静态图像是网络上使用最广泛、也最容易引起版权纠纷的多媒体载体对象。静态图像的水印主要利用数字图像在存储和传输过程中信息的冗余性以及人类视觉系统特征进行信息嵌入,此外,也有部分静态图像的水印是嵌入变换域的一些系数中的。目前文本水印研究比较成熟,音频和图像水印研究已经取得丰硕成果;而视频水印和3D水印等研究还有待进一步地深入。

⑤从外观上,数字水印可以分为可见水印和不可见水印。可见水印是指可以从外观上察觉出来的水印,如纸币上的水印信息、票据中的水印信息以及部分文档或图像中的可见水印等,其主要目的是标识版权,防止非法使用;不可见水印是指不能从外观上察觉或者辨认出来的水印,具有不可见性,一般用于版权保护,以作为追查盗版者的证据。

此外,还可以从水印的检测方式、水印的用途、水印的信息内容等进行数字水印的分类。

4.数字水印的原理

数字水印具体来讲就是在某些媒体信息中添加某些数字信息,以便保护数字媒体的版权,证明数字产品的真实性和可靠性。一个完整的数字水印处理系统从功能上来讲,至少需要包括水印嵌入和水印检测两个基本功能,并且在实现这两个基本功能时还需要实现水印信息的自动生成。数字水印处理系统的基本框架如图8-4所示。

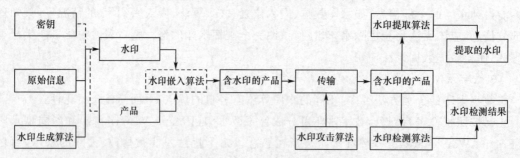

图 8-4 数字水印处理系统的基本框架

从图8-4中可以看出,数字水印有5大关键技术,分别是水印生成技术、水印嵌入技术、水印攻击技术、水印检测技术及水印提取技术,其中,水印生成技术、水印嵌入技术和水印检测技术、水印提取技术是最基本的技术并且尤为重要。

数字水印的生成过程,从通常意义上来讲,就是在密钥的控制下,由原始版权信息、认证信息、保密信息或其他有关信息,生成适合于嵌入原始载体中的待嵌入水印信息的过程。典型的水印信息生成模型如图 8-5 所示。

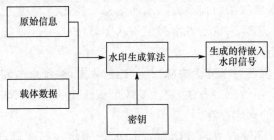

图 8-5　水印信息生成模型

水印信息嵌入模型如图 8-6 所示。水印信息嵌入至少具有两个输入量：一个是需要嵌入的水印信息，它可以采用任何类型的数据，包括随机序列、文本信息、数字图像等；另一个就是要在其中嵌入水印的原始数据，即载体。此外，水印信息嵌入模型的输入信息还可包括一个可选的密钥，密钥可以为公钥或私钥，主要目的是确保数据安全、防止水印信息被修改或擦除。水印嵌入算法的输出结果为含水印的载体作品，水印嵌入技术的好坏直接决定了数字水印的鲁棒性。

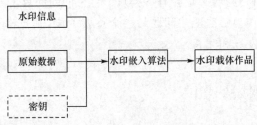

图 8-6　水印信息嵌入模型

水印信息检测模型如图 8-7 所示。水印检测一般是通过一定的算法来判断待测数据载体中是否含有水印信息及含有何种水印信息，因此一般采用水印信息、密钥和原始数据作为输入信息，而水印提取则是通过一定的算法将嵌入数据载体中的水印信息提取出来，它不需要用到原始数据。

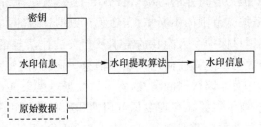

图 8-7　水印信息检测模型

5.针对数字水印技术的常见攻击

与密码学类似，数字水印也是一个对抗性的研究领域。而数字水印攻击者的存在，也给数字水印技术研究的不断深入提供了动力和需求。水印攻击系统也和密码攻击一样，可以分为主动攻击和被动攻击两种。主动攻击的目的在于使相应的水印提取过程无法完整、正确地提取水印信号，或不能检测到水印信号的存在。这种攻击方式相对简单，已广泛使用，也是目前绝大多数攻击者采用的攻击方式。值得一提的是，主动攻击并不等于随便对数据文件进行破坏，因为在大多数情况下，经过破坏的数据文件不仅会使水印信息遭到损害，还会使原始数据也遭到破坏,而损害的数据文件是没有使用价值的。因此,真正的主动攻击应该是在尽量不影响数据质量的前提下去除水印信息。相比主动攻击,被动攻击则试图破解数字水印算法,一旦成功,因为攻击者掌握了该水印算法的一切信息,则经该水印算法加密的数据全部将失去安全性。

此外,水印攻击系统还可以分为去除攻击、表达攻击、解释攻击和法律攻击四种。

(1)去除攻击:最常用的攻击方法,它主要攻击稳健性的数字水印,试图削弱载体中的水印强度,或破坏载体中的水印存在。

(2)表达攻击:它并不需要去除载体中的水印,而是将水印变形,试图使水印检测失效,从而使水印检测器无法检测到水印的存在。

(3)解释攻击:通常通过伪造水印来达到目的,使得检测出的水印存在多个解释。

(4)法律攻击:主要是利用法律上的漏洞,可能包括现有的及将来的有关版权和有关数字信息所有权的法案。

在信息爆炸的今天,数字水印技术作为数据信息版权保护、认证及防伪的重要手段,已经越来越得到人们的重视,相应的研究工作和有关的商业活动也如火如荼地开展。然而,随着数字技术的不断发展和进步,必定会有各类形形色色的新的攻击技术、解密技术和版权问题暴露出来。数字水印作为解决上述问题的一个重要手段,其技术也必定会在攻击技术和解密技术的推动下不断发展和完善。

8.3 个人隐私保护

8.3.1 关系型数据隐私保护

大数据时代,人类活动前所未有地被数据化。移动通信,数字医疗,社交网络,在线视频,位置服务等应用持续不断地产生大量数据。面向这些大规模、高速产生且蕴含高价值的大数据的分析挖掘,其不但为各行业的持续增长做出了贡献,也为跨行业应用提供了强有力的支持。然而,随着数据披露范围的不断扩大,隐藏在数据背后的主体也面临越来越严重的隐私挖掘威胁。为满足用户保护个人隐私的需求及相关法律法规的要求,大数据隐私保护技术须确保公开发布的数据不泄露任何用户敏感信息。同时,隐私保护技术还应考虑到发布数据的可用性。因为片面强调数据匿名性,将导致数据过度失真,无法实现数据发布的初衷。因此,数据隐私保护技术需要在实现数据可用性和隐私性之间保持良好平衡。

典型的隐私保护技术手段包括抑制(Suppression)、泛化(Generalization)、置换(Permutation)、扰动(Perturbation)、裁剪(Anatomy)等。此外,也有人通过密码学手段实现隐私保护。

①抑制是最常见的数据匿名措施,通过将数据置空的方式限制数据发布。

②泛化是指通过降低数据精度来提供匿名的方法。

③置换方法不对数据内容做更改,但是改变数据的属主。

④扰动是在数据发布时添加一定的噪声,包括数据增删、变换等,使攻击者无法区分真实数据和噪声数据,从而对攻击者造成干扰。

⑤裁剪技术的基本思想是将数据分开发布。

⑥密码学手段利用数据加密技术阻止非法用户对数据的未授权访问和滥用。

用户隐私保护需求可分为身份隐私、属性隐私、社交关系隐私、位置轨迹隐私等几大类。

（1）身份隐私

它是指数据记录中的用户 ID 或社交网络中的虚拟节点对应的真实用户身份信息。通常情况下，政府公开部门或服务提供商对外提供的都是匿名处理后的信息。但是一旦分析者将虚拟用户 ID 或节点和真实的用户身份相关联，即造成用户身份信息泄露（也称"去匿名化"）。用户身份隐私保护的目标是降低攻击者从数据集中识别出某特定用户的可能性。

（2）属性隐私

属性数据用来描述个人用户的属性特征，例如结构化数据表中年龄、性别等描述用户的人口统计学特征的字段。这些属性信息具有丰富的信息量和较高的个性化程度，能够帮助系统建立完整的用户轮廓，提高推荐系统的准确性等。然而，用户往往不希望所有属性信息都对外公开，尤其是敏感程度较高的属性信息。但是，简单地删除敏感属性是不够的，因为分析者有可能通过对用户其他信息（如社交关系、非敏感属性、活动规律等）进行分析、推测将其还原出来。属性隐私保护的目标是对用户相关属性信息进行有针对性的处理，防止用户敏感属性特征泄露。

（3）社交关系隐私

用户和用户间形成的社交关系也是隐私的一种。通常在社交网络图谱中，用户社交关系用边表示。服务提供商基于社交结构可分析出用户的交友倾向并对其进行朋友推荐，以保持社交群体的活跃和黏性。但与此同时，分析者也可以挖掘出用户不愿公开的社交关系、交友群体特征等，导致用户的社交关系隐私甚至属性隐私暴露。社交关系隐私保护要求节点对应的社交关系保持匿名，攻击者无法确认特定用户拥有哪些社交关系。

（4）位置轨迹隐私

在大数据时代，移动通信和传感设备等位置感知技术的发展将人和事物的地理位置数据化，移动对象中的传感芯片以直接或间接的方式收集移动对象的位置数据。位置大数据在带给人们巨大收益的同时，也带来了个人信息泄露的威胁。这是因为位置大数据既直接包含用户的隐私信息，又隐含了用户的个性习惯、健康状况、社会地位等其他敏感信息。位置大数据的使用不当，会对用户各方面隐私带来严重威胁。用户位置轨迹隐私保护要求对用户的真实位置进行隐藏或处理，不泄露用户的敏感位置和行动规律给恶意攻击者，从而保护用户安全。

对于关系型数据而言，简单地去标识符匿名化仅仅去除了表中的身份 ID 等标志性信息，攻击者仍可凭借背景知识，如地域、性别等准标识符信息，迅速确定攻击目标对应的记录。此类攻击称为记录链接（Record Linkage）攻击，简称链接攻击。

为避免攻击者通过链接攻击，从发布的数据中唯一地识别出数据集中的某个特定用户，导致用户身份泄露，Samarati 和 Sweeney 最早提出了适用于关系型数据表的 k-匿名（k-anonymity）模型，这是第一个真正意义上完整的隐私保护模型。该方法在发布关系数据时要求每一个泛化后的等价类（Equivalence Class）至少包含 k 条相互不能区分的数据，即要求一条数据表示的个人信息至少和其他 k−1 条数据不能区分，使得攻击者无法进一步获得该用户的准确信息，能够提供一定程度的用户身份隐私保护。

然而，用户购物历史、观影历史等数据虽然也可以用数据表的形式表示，但是这类数据中不存在严格的准标识符信息。因为数据发布方无法准确界定哪一条购买记录和用户评价信息是用户的准标识符信息，任何非特定记录都可能被攻击者用来重新识别出用户身份。很显然，基础的k-匿名模型的适用范围并不包括这类数据，而是仅限于能准确定义准标识符属性的关系型表结构数据。2006年，Netflix的用户隐私泄露事件就是由于公开的用户观影记录匿名程度不足而导致部分用户的身份泄露。

在经过k-匿名处理后的数据集中，攻击目标至少对应于k个可能的记录。但这些记录只满足准标识符信息一致的要求，而非准标识符数据和敏感数据保持不变。例如，在Netflix隐私泄露事件中，如果这k个用户的观影记录相同或非常接近，攻击者也能够获得用户的所有观影历史，分析用户的隐私属性。在k-匿名的数据记录中，如果记录的敏感数据接近一致或集中于某个属性，攻击者也可以唯一或以极大概率确定数据持有者的属性，这类攻击称为同质攻击。因此，人们在k-匿名模型的基础上进行了一系列改进，试图抵抗同质攻击。

Machanavajjhala等人提出了l-多样化(l-diversity)这一新的模型，要求在准标识符相同的等价类中，敏感数据要满足一定的多样化要求。但是，l-多样化方案仅能保证敏感属性值的多样性，未考虑敏感属性值的分布情况。如果匿名后的敏感属性分布明显不符合整体分布特征，例如相较于人群平均值，该等价类的用户有更高的概率患某种疾病，这种情况也会对用户隐私造成侵害，这种攻击方式称为近似攻击。因此，人们进一步提出t-贴近(t-closeness)模型。t-贴近模型要求等价类中敏感属性值的分布与整个表中的数据分布近似。一个等价类是t-贴近的，是指该等价类中的敏感属性的分布与整个表的敏感属性分布的距离不超过阈值t。一个表是t-贴近的，是指其中所有的等价类都是t-贴近的。

8.3.2 社交图谱中的隐私保护

近年来，随着信息技术的飞速发展，兴起了各种各样的在线社交网络(Social Network)服务，其中也包含了大量的个人信息。因为用户的个性化信息与用户隐私密切相关，所以互联网服务提供商一般会对用户数据进行匿名化处理之后再提供共享或对外发布。表面上看，活跃于社交网络上的信息并不泄露个人隐私，但事实上，几乎任何类型的数据都如同用户的指纹一样，能够通过辨识找到其拥有者。在当今社会，一旦用户的通话记录、电子邮件、银行账户、信用卡信息、医疗信息等大规模数据被无节制地搜集、分析与交易，那么用户都将"被透明"，不仅个人隐私荡然无存，还将引发一系列社会问题。

在社会学中，将社交网络定义为许多节点构成的一种社会结构，节点通常是指个人或组织，网络代表各种社会关系，个人和组织通过网络发生联系。用图结构将这一社会结构表现出来，就成为社交图谱(Social Graph)。最简单的社交图谱为无向图，图中的点代表个人用户，无向边代表两个用户间的关系是相互的。像微博、Twitter这类包含关注和被关注两种关系的社交网络中，其社交图谱为更复杂的有向图。

属性-社交网络模型进一步结合了用户属性数据和社交关系数据，如图8-8所示。其中包含两类节点，虚拟用户节点用圆形表示，属性节点用方框表示。每个属性节点代表一个可能的属性，例如年龄和性别为两个属性节点，并且每个用户可以有多个不同的属性。如果用户具有某种属性,则在对应的用户节点和属性节点间建立一条边,称为属性连接,用虚线表示。用户和用户间的朋友关系以对应的用户节点间的边表示,称为社交连接,用实线表示。

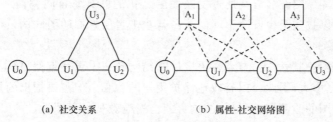

(a) 社交关系　　　　　　(b) 属性-社交网络图

图 8-8　社交网络模型

毫无疑问,在社交网络模型中,需要匿名及隐私保护的主要对象包含用户身份、属性、社交关系等大量与用户隐私相关的信息。由于社交网络分析的强大能力,简单地去标识化、删除敏感属性、删除敏感社交关系等手段无法达到预期目标,要保护的内容往往仍能通过分析被推测还原。具体而言,在社交网络中身份匿名需求具体表现为图结构中的节点匿名,即在公开发布的社交结构图中,不能识别出某个匿名节点所代表的特定用户身份。属性匿名需求重点表现为如何对社交网络的属性数据进行匿名化处理,从而阻止攻击者对用户的属性隐私进行窥探。而社交关系匿名重点在于如何防止攻击者通过用户的其他社交关系恢复出已保护的敏感社交关系。

在社交网络中,用户的上述三类隐私信息之间往往互相关联、互相影响,增大了隐私保护的难度。用户的身份隐私泄露会立即导致当前节点已标记的社交关系和属性信息泄露。同时,虚拟节点对应的社交关系和属性数据越丰富、越个性化,就越容易被攻击者识别,导致节点身份暴露。因此,依据当前社交网络分析技术能力,对社交图谱进行足够的处理变换,进行多特征联合匿名,在可用性的前提下,合理降低被保护内容被推测的准确度,是当前社交网络隐私保护的重要方向。

k-匿名模型可为社交图谱隐私保护提供可量化的匿名标准,前一节中提到的 l-多样化、t-贴近等模型也依然适用。由于社交图谱中的核心是图结构,其数据处理变换的手段是改变图结构及属性,例如节点的删除、分裂、合并,以及边的删除、添加等。因此,下面针对社交图谱这种图结构特征介绍了两种典型的匿名方案。

1.节点匿名方案

基于结构变换的匿名方案是较为典型的社交网络匿名方案,该方案的基本思想是使部分虚拟节点尽可能相似,隐藏各个节点个性化的特征,从而使得攻击者无法唯一地确定其攻击对象。在图连接信息丰富的社交网络中,攻击者可以通过对目标用户的邻居社交关系所形成的独特结构重新识别出用户。如果攻击者充分熟悉攻击目标的邻居社区,也能够将攻击目标缩小到具有一些特定邻居结构的节点集合中。攻击者所掌握的攻击目标的邻居信息越充分,越有可能将目标唯一地识别出来。例如,攻击者确定目标用户在此社交网络中仅与4位用户有连接,则可以将攻击目标范围缩小到图中度数为4的节点。更进一步,攻击者还了解到4位朋友中仅有2位互为朋友,攻击目标的范围又可进一步缩小。针对上述攻击,节点匿名的目标是通过添加一定程度的抑制、置换或扰动,降低精确匹配的成功率。

其中,最典型的是度匿名方案,该方案通过调整相似节点的度数,增加或删除边、噪声节点等,使得每个节点至少与其他 k−1 个节点的度数相同,使攻击者无法通过节点度数唯一地识别出其攻击目标(这里的 k 是指隐私保护机制"k-匿名"中的参数,用来控制隐私保护的强度)。在此方案的基础上,还有多种变体,逐步将匿名考量的参数范围扩大,包括相邻节点的度数、邻居结构等。图匿名方案通过变换使匿名化的图具备自同构性。通过该方案变换之后,目标图中可以找到至少 k 个不同的子图与攻击者所掌握的图同构,这样任何基于图结构的攻击都将失效。

从基本的度匿名到图匿名,节点在更多社交结构特征上更加近似,攻击者识别出某特定节点的难度也随之增大,因此可以有效地保护用户的隐私。但需要指出的是,随着匿名方案的安全性增强,对图的改动也越来越大,这可能会影响数据的可用性。

2.边匿名方案

用户的社交关系隐私是指用户某些特定的秘密连接不希望披露给公众,也不希望与此连接无关的公众可以推测这些秘密连接的存在。数据发布者需要有能力保证这些私密社交关系的匿名性。为了杜绝秘密连接关系的泄露,最直接的方案就是在数据发布时将对应的边删除。但是,这种方案并不能降低此边连接被推测得出的概率。研究表明,基于用户的基本社区结构(Community)可预测和恢复用户社交结构中缺失的连接。如果两者各自的合作者重合数目越多,两者越倾向于相互合作,亦即建立连接。

社交关系匿名有两个主要的技术思路:其一是通过节点匿名保护节点所代表的真实用户身份,从而达到保护用户间社交关系的目的;其二是在节点身份已知的前提下,通过对图中其他边数据的扰动,降低某个隐藏社交关系被推测出来的可能性。下面对这两种技术思路分别选取了一个典型代表予以介绍。

基于超级节点的匿名方案的基本思路是将社交网络的结构实施了分割和节点聚类,形成超级节点和超级边,因而形成事实上的等价类,使得用户身份、用户社交关系不可区分,达到隐藏真实社交关系的目的。其中分割操作如图 8-9 所示,这种方案实现了用户身份的隐藏,也实现了隐私属性的匿名,并保证节点的分布特征稳定,减少了不必要的信息损失。

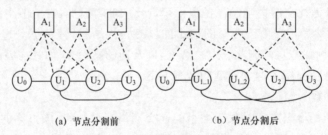

(a) 节点分割前   (b) 节点分割后

图 8-9　社交网络的分割操作

分割操作是形成两个新的独立节点,并根据属性间的相关性对原节点的属性进行对应分割。新节点分别继承原节点的部分属性连接和社交连接,从而实现节点的分割。但是进行匿名分割操作后社交网络的关系结构图与原来的社交网络结构图存在较大的区别。

节点聚类则将节点分为多个类,然后将同一类型的节点压缩为一个超级节点,两个超级节点之间的边压缩为一条边,因此在匿名图中隐藏了超级节点内部的节点和连接,同时超级节点间的连接也无法确定连接的真实顶点。此外,还可根据节点间的距离、节点间属性的差异等特征,实现不同的超级节点匿名方案。这类匿名方案能够避免攻击者识别出超级节点内部的真实节点,从而实现用户隐私保护,但很大程度上改变了图数据的结构,使得数据的可用性大为降低。

通过边扰动也可以实现社交关系隐藏,其基本思想是:根据节点的不同特征,将其划分为不同的等价类,然后用相同等价类的其他顶点来替换其部分社交连接的顶点,达到隐藏真实社交关系的目的。举例来说,若攻击者掌握关于节点度数的背景知识,那么可以采用基于度数的边交换方法,从等价类中选择度数符合特定要求的节点交换它们原有的连接,包括随机删边、随机扰动、随机交换等方法。

其中,随机删边的方法等概率地从图中选取一定比例的边,然后删除这些边。随机扰动的方法先以相同方式删除一定比例的边,然后再随机添加相同数量的边,使得匿名化后的图与原图边数相等。随机交换的方法如图 8-10 所示,首先随机选取两条边 (i_1, j_1) 和 (i_2, j_2),然后删除这两条边,并添加两条新的边 (i_1, j_2) 和 (i_2, j_1),前提是这两条边原先并不存在。基于交换的方法不仅保证了总边数不变,也保证了每个节点的度数不变。

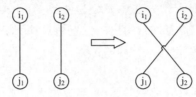

图 8-10　随机交换的方面

8.3.3　位置轨迹隐私保护

随着移动定位技术和无线通信技术的发展,位置轨迹数据已成为社会各界关注的热点问题,虽然它给人们的生产生活等方面带来了积极的影响,但也带来了信息泄露的风险。从前面的分析可以看出,用户的位置轨迹中也可能隐含用户的身份信息、社交关系信息、敏感属性信息等,但用户的位置轨迹隐私还包含独特的范畴,即用户的真实位置信息、敏感地理位置信息和用户的活动规律信息等,对应于用户的 3 种地理位置轨迹隐私保护需求。

用户的真实位置隐私保护通常指使用用户轨迹信息时不暴露用户的真实位置,例如在基于位置服务或者智能交通等应用或非实时的位置应用场景中,用户不希望自己被唯一准确地定位。用户的敏感地理位置隐私保护是指用户不希望公开访问历史中的某些特定地理位置,例如医院、家庭住址等,从而避免自己的疾病或住址泄露。用户的活动规律源于用户的长期出行历史,反映了包括用户的出行时间、交通工具、停留地点和目的地等信息的用户周期性和随机性出行的模式。如果敌手掌握了用户的活动规律,就能够预测用户当前出行的下一位置、目的地、未来的出行,甚至发现用户在出行路线上可能访问过的敏感地理位置。

基于位置的服务(Location Based Service,LBS)是移动互联网中最为典型的服务模式之一,是指服务提供商根据用户的位置信息和其他信息为用户提供相应的服务。LBS 包含两层含义:确定移动设备或用户的地理位置;为用户提供与该位置相关的服务信息。当用户需要使用某种位置服务时,通过手机等设备将位置信息提交到服务器,服务器经过一定的查询处理后将结果返回给用户,如查询"从 A 位置到 B 位置的路线"等。但无论哪种位置服务,都离不开用户位置这个重要因素。

位置服务的质量与位置信息的准确性息息相关,用户往往会把精确的位置信息发送到服务器端。这些信息无论是在传输过程中被非法窃取,还是服务提供商有意或无意地泄露,都会给用户隐私带来巨大的威胁。攻击者可以使用用户位置信息或相关的时空推理攻击来推测用户的隐私信息，并通过对这些敏感数据的分析和研究，从而掌握用户曾经去过的地方，了解用户的行为轨迹，推断出用户所从事的职业以及家庭地址，甚至挖掘出用户的行为习惯和兴趣爱好等更加私密的信息。

位置轨迹隐私保护技术源自数据库隐私保护，同样是以 k-匿名理论为基础。而位置轨迹隐私保护的特殊之处在于，位置轨迹数据同时具有准标识符和隐私数据双重性质。这种特殊性带来了一系列新的挑战：如果把所有位置轨迹数据当作准标识符进行处理，数据失真严重，会极大地影响数据的可用性；而一条轨迹数据中可能包含大量相互关联的点，仅对部分数据进行处理将难以满足 k-匿名隐私保护需求。

目前，位置轨迹隐私保护研究需要解决以下两个问题：

1.基于 LBS 的位置轨迹隐私保护

基于 LBS 的位置轨迹隐私保护方法主要分为两类：第一类是基于匿名的保护，也就是通过隐藏用户真实身份的标识信息保护用户的位置轨迹隐私；第二类是对用户所在的位置进行模糊化，使得攻击者不能确定用户精确的位置。

（1）基于匿名机制的隐私保护

由于每个移动终端设备都具有唯一的标识，当攻击者不能识别其标识信息时，便无法确定攻击对象的具体位置。目前，基于用户匿名机制的隐私保护方法主要有两种，分别是假名隐私保护方法和混合区域机制方法。

假名（Pseudonym）是匿名的一种特殊类型，假名保护法原理是用一个虚假的用户名替换真实的用户身份标识，混淆攻击者的视线，使之无法识别 LBS 查询的真实来源。基于 Mix-zone 的假名技术是指为移动对象配备不暴露其真实身份的假名，同时要求用户经过一段时间后在 Mix-zone 中更换假名。使用假名能够起到保护移动对象真实身份的作用，但是如果一直使用同一假名则相当于未使用，因此需要更换假名。在 Mix-zone 模型中通过破坏用户新旧假名之间的关联性来达到防止用户被跟踪的目的。

混合区域机制方法中，首先将用户的运动区域分为两类，第一类为用户应用区域，在该区域内，用户可以随意提出位置服务请求；第二类为混合区域，在该区域内没有用户提出任何的请求，服务器也不进行任何的响应，即在该区域内不进行任何的通信。混合中通信，在用户进入时进行假名替换，而当用户退出时用户通过假名技术使用另一个未曾使用过的假名。因此，攻击者无法将用户在进出混合区域前后的假名联系起来，从而达到了保护用户位置轨迹隐私的目的。

（2）基于位置模糊化机制（位置匿名技术）

基于位置模糊化机制的基本思想就是通过掩盖、模糊用户的准确位置来保护用户的位置轨迹隐私，主要分为虚假地址隐私保护方法、空间匿名方法和时空匿名方法三种。

虚假地址隐私保护方法的基本思想是移动用户或代理向 LBS 服务器请求服务时，伴随查询请求发送的除了用户自身地址信息外，还附加多个虚假的地址信息，通过地址集合来达到混淆攻击者、保护用户真实位置信息的目的。构造虚假地址的一个关键点是目标节点在匿名区域中的位置一定要随机化。虚假地址隐私保护方法也有缺点，它没有利用周围环境中的其他用户信息。如果攻击者可以探测目标用户所在区域的无线通信情况，则构造的虚假地址可以被识别，从而泄露了用户的位置轨迹隐私。

空间匿名方法的主要思想是为了降低用户的空间粒度，把用户的位置信息从一个点模糊化为一个空间区域,该空间区域可以是任意形状,通常情况下使用的是圆形和矩形,将这个匿名的区域称为匿名框(CR)。空间匿名如图 8-11 所示。圆点为用户查询的对象,小圆圈为用户真实位置,用户 P 的真实位置在经过空间匿名后扩展为一个虚线圆区域,与在该区域内的任一位置用户出现的概率相同。在用户提出查询请求的时候是将整个虚线圆区域发送给服务器,这样攻击者便无法确定用户在虚线区域中的具体位置,从而保护了用户的位置轨迹隐私。

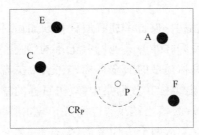

图 8-11　空间匿名

时空匿名就是在空间匿名的基础上增加了一个时间轴,这不仅增大了用户的位置区域,而且延迟了服务响应的时间。由于延迟了服务响应时间,因此在该时间段内可能有更多的用户,更多的查询,用户在匿名的时空区域中任一位置出现的概率相同,从而用户的位置匿名程度将更高。

2.基于定位服务的位置轨迹隐私保护

移动互联网环境下,研究位置轨迹隐私保护的另一个重要驱动要素源于位置信息采集。随着定位技术趋于多样化,定位功能本身也已经成为一种第三方服务,该过程中位置信息会被定位服务的提供者获得,因此也产生了位置轨迹隐私问题。2013 年,爆发的 Google 协同美国 NSA 棱镜计划利用其定位服务追踪用户位置的丑闻足以说明这一点。如何保护用户在使用定位服务过程中的位置轨迹隐私同样是实际应用中亟待解决的问题,现有的主要技术包括基于二元选择的用户隐私协议和位置欺诈防御技术两类。

(1)基于二元选择的用户隐私协议

当用户开启其移动设备的定位服务时,可以选择同意或拒绝定位服务的提供者采集用户周边的各类接入点信息。定位服务的提供者要想采集相关数据,必须经过用户明确的同意才能够进行,这从一定程度上保护了用户的位置轨迹隐私。

(2)位置欺诈防御技术

针对位置欺诈攻击,利用空间和时间概率模型,评测移动设备在真实场景下接收 RSS 的概率特性,并以此分辨真实用户的位置请求和攻击者发送的虚假位置请求。

8.3.4　差分隐私

以上讨论的隐私保护机制从各个角度分别对用户的隐私保护需求和攻击者的能力进行了分析,并在一定程度上解决了用户隐私保护问题。但是,现有以匿名为基础的隐私保护模型由于均需要特殊的攻击假设和一定的背景知识,且未能对隐私保护强度进行量化分析,因此在实际应用中具有较大的局限性。由此,微软研究院的 Cynthia Dwork 针对统计数据库的隐私泄露问题提出一种可有效解决以上局限性的隐私保护模型——差分隐私模型。

截至目前,差分隐私保护技术被公认为是比较严格和健壮的保护模型。其基本思想是对原始数据添加噪声,或者对原始数据转换后添加噪声,或者是对统计结果添加噪声达到隐私保护效果。在 Dwork 提出差分隐私模型时,采用拉普拉斯机制向查询结果中添加噪声,使真实输出值产生概率扰动,从而实现差分隐私保护。该保护方法可以确保在某一数据集中插入或者删除一条记录的操作不会影响任何计算(如计数查询)的输出结果。另外,该模型的优点在于不需要特殊的攻击假设,不关心攻击者所拥有的背景知识,同时给出了定量化分析来表示隐私泄露风险。

由此可见,在差分隐私模型中,攻击者拥有何种背景知识对攻击结果无法造成影响。即使攻击者已经掌握除了攻击目标之外的其他所有记录的敏感信息,仍旧无法获得该攻击目标的确切信息。对应于差分隐私模型的安全目标,首先,攻击者无法确认攻击目标在数据集中。其次,即使攻击者确认攻击目标在数据集中,攻击目标的单条数据记录对输出结果的影响并不显著,攻击者无法通过观察输出结果来获得关于攻击目标的确切信息。

实现差分隐私保护技术主要从两个方面考虑:安全性,如何保证所设计的方法满足差分隐私,以确保隐私不泄露;实用性,如何减少噪声带来的误差,以提高数据可用性。

典型的差分隐私保护机制是通过向一个函数的真实输出添加随机噪声的方法完成的。常用的添加噪声方法有拉普拉斯(Laplace)机制和指数机制。噪声的多少与全局敏感度紧密相关,即噪声通过函数的敏感度来调整。敏感度是函数独有的性质,是独立于数据库的。函数的敏感度是从两个只有一个记录不同的数据集中得到的输出的最大差别。

在关系型数据发布和位置轨迹数据发布中均有许多基于差分隐私模型的保护方案。差分隐私保护在大大降低隐私泄露风险的同时,极大地保证了数据的可用性。差分隐私保护方法的最大优点是,虽然基于数据失真技术,但所加入的噪声量与数据集大小无关,因此对于大型数据集,仅通过添加极少量的噪声就能达到高级别的隐私保护。

早期差分隐私的应用场景属于集中式模型,所有用户数据聚集之后应用保护算法处理后再安全发布。该模式下存在一个可信任的数据管理员,具有访问原始隐私数据的权利。然而,在现实情况中,用户其实更希望能够自己保护自己的隐私,不相信除了自己以外的任何人。这种情形促使了本地差分隐私(Local Differential Privacy,LDP)的产生。

本地差分隐私的含义是,用户所有可能的输入经随机化算法处理后,其输出值之间的概率差异都小于某个预设的隐私阈值,其算法的核心是随机化算法。而通过随机化处理实现用户隐私保护的理念可以回溯到早期经典的随机回答(Random Response,RR)协议。在LDP 模式下,无论单个用户的数据如何变化,数据收集者采集所有用户数据都能学习到几乎同样的知识。换句话说,拥有任意背景知识的攻击者看到被 LDP 扰动后的单个用户数据后,不能准确推测用户的原始数据。

本地差分隐私的思想最早是由 Kasiviswanathan 等人在 2008 年提出的。其主要目的是使数据保护的过程直接在用户本地进行,使服务器无法获得真实隐私数据。然而,本地差分隐私需要大量的数据才能保持其准确性,因此在随后的一段时间发展比较缓慢。直到2014 年 Google 的 Erlingsson 等人开发了 Rappor 技术,并将其应用在 Chrome 浏览器中收集用户隐私数据,使 LDP 又重新活跃在学术圈中。2015 年,Bassily 等人又在 STOC 上公开了一个利用 LDP 挖掘热门选项(Heavy Hitter)的协议 SH。自此,Rappor 和 SH 成为LDP 应用领域的两个重要基石,是后续深入研究的基础。

1.简述信息过滤的基本原理。

2.常用的信息过滤评价指标有哪些？简述各指标的含义与度量方法。

3.给出三种以上网络不良信息过滤方法。

4.信息隐藏的基本原理是什么？

5.比较数字隐写和数字水印之间的异同。

6.数字水印的基本特征有哪些？

7.用户隐私保护需求可分为哪几类？请简要说明。

8.位置轨迹隐私保护方法有哪些？

第9章 防火墙

导　读

防火墙是一种装置,它是由软件/硬件设备组合而成,通常处于企业的内部局域网与互联网之间,限制互联网用户对内部网络的访问,以及管理内部用户访问互联网的权限。换言之,一个防火墙在一个被认为是安全和可信的内部网络和一个被认为是不那么安全和可信的外部网络(通常是互联网)之间提供的一个隔离工具,是一个网络边界安全系统。主要有如下几种类型的防火墙:操作系统自带的过滤规则、个人防火墙、网络防火墙、硬件防火墙、专用软件防火墙。许多网络设备也含有简单的防火墙功能,如路由器、调制解调器、无线基站、IP交换机等。

本章首先介绍了防火墙的概念。其次介绍了防火墙所采取的几种主要技术:包过滤技术、状态检测技术和代理服务技术。再次对当前防火墙网络部署进行讲解和介绍,包括接口、协议以及地址转换相关内容。最后介绍了虚拟专用网络的工作原理及其实例。

关键概念

防火墙　防火墙技术　接口安全　IP地址　VPN

所谓"防火墙"是指一种将内部网和公众访问网(如 Internet)分开的方法,它实际上是一种建立在现代通信网络技术和信息安全技术基础上的应用性安全技术,即隔离技术。防火墙被越来越多地应用于专用网络与公用网络的互联环境之中,尤其以接入 Internet 网络的应用最为广泛。

防火墙主要是借助硬件和软件的作用,于内部和外部网络的环境间产生一种保护屏障,从而实现对计算机不安全网络因素的阻断。只有在防火墙同意情况下,用户才能够进入计算机内,如果不同意就会被阻挡在外,防火墙技术的警报功能十分强大,当外部的用户要进入计算机内时,防火墙就会迅速的发出相应的警报,并提醒用户的行为,并进行自我的判断来决定是否允许外部的用户进入内部。只要是在网络环境内的用户,这种防火墙都能够进行有效的查询,同时把查询到信息向用户进行显示,然后用户需要按照自身需要对防火墙实施相应设置,对不允许的用户行为进行阻断。通过防火墙还能够对信息数据的流量实施有效查看,并且还能够对数据信息的上传和下载速度进行掌握,便于用户对计算机使用的情况具有良好的控制判断,计算机的内部情况也可以通过这种防火墙进行查看,还具有启动与关闭程序的功能,而计算机系统内部中具有的日志功能,其实也是防火墙对计算机的内部系统实时安全情况与每日流量情况进行的总结和整理。

防火墙是指设置在不同网络(如可信任的企业内部网和不可信的公共网)或网络安全域之间的一系列部件的组合,是在两个网络通信时执行的一种访问控制尺度,其能最大限度阻止网络中的黑客访问特定网络。作为不同网络或网络安全域之间信息的唯一出入口,防火墙能根据企业的安全政策控制(允许、拒绝、监测)出入网络的信息流,且本身具有较强的抗攻击能力。它是提供信息安全服务,实现网络和信息安全的基础设施。在逻辑上,防火墙是一个分离器,一个限制器,也是一个分析器,有效地监控了内部网和 Internet 之间的任何活动,保证了内部网络的安全。

9.1 防火墙概述

9.1.1 防火墙的结构

防火墙的配置与安全管理是最重要的,用户可以自己设置多层防火墙,即使一层防火墙被突破,其他防火墙还可以保护网络。防火墙体系结构主要有三种:双重宿主主机体系结构、屏蔽主机体系结构、屏蔽子网体系结构。

1.双重宿主主机体系结构

双重宿主主机体系结构是围绕具有双重宿主的主机计算机而构筑的,该计算机至少有两个网络接口。这样的主机可以充当与这些接口相连的网络之间的路由器,它能够发送 IP 数据包从一个网络到另一个网络。实现双重宿主主机的防火墙体系结构禁止这种发送功能,所以 IP 数据包从一个网络并不是直接发送到其他网络。防火墙内部的系统能与双重宿主主机通信,同时防火墙外部的系统能与双重宿主主机通信,但是这些系统不能直接互相通信,它们之间的 IP 通信被完全阻止。

双重宿主主机的防火墙体系结构是相当简单的,双重宿主主机位于两者之间,并且被连接到 Internet 和内部的网络。在双重宿主主机体系结构中应用最广泛的是双穴主机网关,这种网关是用一台装有两块网卡的堡垒主机做防火墙;两块网卡各自与受保护网和外部网相连。堡垒主机上运行着防火墙软件,可以转发应用程序,提供服务等。

2.屏蔽主机体系结构

屏蔽主机模式中的过滤路由器为保护堡垒主机的安全建立了一道屏障。它将所有进入的信息先送往堡垒主机,并且只接收来自堡垒主机的数据作为发出的数据。屏蔽主机防火墙强迫所有外部网络到内部网络的连接,通过此过滤路由器和堡垒主机,而不会直接连接到内部网络,反之亦然。

这种结构的安全性依赖于过滤路由器和堡垒主机,只要有一个失败,整个网络的安全将受到威胁。过滤路由器是否正确配置是这种防火墙安全与否的关键,过滤路由器的路由表应当受到严格的保护,否则数据包就不会被转发到堡垒主机上(而直接进入内部网)。该防火墙系统提供的安全等级比双宿/多宿主机模式的防火墙要高,这样也就具有更好的可用性。

3.屏蔽子网体系结构

屏蔽子网体系结构添加额外的安全层到被屏蔽主机体系结构,即内部网络通过添加周边网络更进一步地把 Internet 隔离开。

堡垒主机是用户网络上最容易受侵袭的计算机,任凭用户尽最大的力气去保护它,它仍是最有可能被侵袭的计算机。如果在屏蔽主机体系结构中,用户的内部网络对来自用户的堡垒主机的侵袭门户洞开,那么用户的堡垒主机是非常诱人的攻击目标。当它与用户的其他内部计算机之间没有其他的防御手段时,如果有人成功地侵入屏蔽主机体系结构中的堡垒主机,那就毫无阻挡地进入了内部系统。

通过在周边网络上隔离堡垒主机,能减少在堡垒主机上侵入的影响。屏蔽子网体系结构的最简单的形式为:两个屏蔽路由器,每一个都连接到周边网。其中一个位于周边网与内部的网络之间,另一个位于周边网与外部网络之间。为了侵入用这种类型的体系结构构筑的内部网络,入侵者必须通过两个路由器。即使侵袭者设法侵入堡垒主机,他仍然必须通过内部路由器。在此情况下,没有损害内部网络的单一的易受侵袭。作为入侵者,只是进行了一次访问。

9.1.2 防火墙的功能

防火墙是设置在被保护网络和外部网络之间的一道屏障,以防止发生不可预测的、有潜在破坏性的侵入。通过监测、限制和更改跨越防火墙的数据流,尽可能地对外部屏蔽网络内部的信息、结构和运行状况,以此来实现网络的安全保护,防火墙的主要功能有以下几个方面:

(1)不同的网络,限制安全问题的扩散,对安全集中管理,简化安全管理的复杂程度。相对于内部网络的普通用户来说,网络管理员关注的是整个网络的安全,因此可以对防火墙进行精心配置,使整个网络获得较高的安全性。

(2)防火墙可以方便地记录网络上的各种非法活动(尤其是经过防火墙的数据包),监视网络的安全性,并在遇到紧急情况时报警。

(3)防火墙可以作为部署网络地址转换(Network Address Translation,NAT)的地点,利用 NAT 技术,将有限的公有 IP 地址静态或动态地与内部的私有地址对应起来,用来缓解地址空间短缺的问题或者隐藏内部网络的结构。

(4)防火墙是审计和记录 Internet 使用费用的一个最佳地点。

(5)防火墙也可以作为 IPSec 的平台。过滤在理解高层协议内容的情况下,才能实现这种功能。

(6)内容控制功能。根据数据内容进行控制,例如,防火墙可以从电子邮件中过滤掉垃

圾邮件,还可以过滤掉内部用户访问外部服务的图片信息。只有代理服务器和先进的过滤在理解高层协议内容的情况下,才能实现这种功能。

9.1.3 防火墙的分类

防火墙的类型有如下几种:网络级防火墙(包括包过滤防火墙)、应用级网关防火墙、电路级网关防火墙以及状态监视器等。

1.网络级防火墙

网络级防火墙是基于源地址和目的地址、应用或协议以及每个 IP 包的端口来做出通过与否的判断。一个路由器便是一个"传统"的网络级防火墙,大多数的路由器都能通过检查这些信息来决定是否将所收到的包转发,但它不能判断出一个 IP 包来自何方,去向何处。

网络级防火墙可以判断这一点,它可以提供内部信息以说明所通过的连接状态和一些数据流的内容,比较判断的信息和规则表,在规则表中定义了各种规则来表明是否同意或拒绝包的通过。包过滤防火墙检查每一条规则直至发现包中的信息与某规则是否相符,如果没有一条规则能符合,防火墙就会使用默认规则,在一般情况下,默认规则就是要求防火墙丢弃该包。

2.应用级网关防火墙

应用级网关防火墙又称为代理服务器。这种防火墙有较好的访问控制,是目前最安全的防火墙技术,但它对用户是不透明的,用户在受信任的网络上通过防火墙访问 Internet 时,经常会发现存在延迟并且必须进行多次登录(login)才能访问 Internet 或内联网的问题。应用级防火墙应用于特定的 Internet 服务,如 HTTP、NNTP、FTP 和 Telnet 等。代理服务器通常运行在两个网络之间,它对于客户来说就像是一台真的服务器一样,而对于外界的服务器来说,它又是一台客户机。当代理服务器接收到用户的请求后,会检查用户请求的站点是否符合要求,如果允许用户访问该站点,代理服务器会去那个站点取回所需信息再转发给客户。代理服务器通常都拥有一个高速缓存,这个缓存内有用户经常访问站点的内容,在下一个用户要访问同样的站点时,服务器就不用重复地去抓同样的内容,既节约了时间又节约了网络资源。代理服务器会像一堵真的墙那样,挡在内部用户和外界之间,从外面只能看到代理服务器而看不到任何的内部资源,诸如用户的 IP 等。应用级网关比单一的包过滤更为可靠,而且会详细地记录下所有的访问记录。但是应用级网关的访问速度慢,因为它不允许用户直接访问网络。而且应用级网关需要对每一个特定的互联网服务安装相应的代理服务软件,用户不能使用未被服务器支持的服务,它的效率不如网络级防火墙。

常用的应用级防火墙的相应代理服务器,例如 HTTP、NNTP、FTP、Telnet、Rlogin 等。但是,对于新开发的应用,尚没有相应的代理服务,它们将通过网络级防火墙和一般的代理服务。

3.电路级网关防火墙

电路级网关防火墙用来监控受信任的客户或服务器与不受信任的主机间的 TCP 握手信息,这样来决定该会话是否合法。电路级网关在 OSI 模型中会话层上过滤数据包,这样比包过滤防火墙要高两层。实际上电路级网关并非作为一个独立的产品存在,它是与其他的应用级网关结合在一起的。另外,电路级网关还提供一个重要的安全功能——代理服务器(Proxy Server)。代理服务器是个防火墙,在其上运行一个叫作"地址转移"的进程,将所有公司内部的 IP 地址映射到一个"安全"的 IP 地址,这个地址是由防火墙使用的。但是,作为电路级网关也存在着一些缺陷,因为该网关是在会话层工作的,它无法检查应用层级的数据包。

4.状态监视器

状态防火墙的安全特性是非常好的,它采用了一个在网关上执行网络安全策略的软件引擎,称为检测模块。检测模块在不影响网络正常工作的前提下,采用抽取相关数据的方法对网络通信的各层实施监测,抽取部分数据(状态信息),并动态地保存起来作为以后制定安全决策的参考。检测模块支持多种协议和应用程序,并可以很容易地实现应用和服务的扩充。与其他安全方案不同,当用户访问到达网关的操作系统前,状态监视器(Stateful Inspection)要抽取有关数据进行分析,结合网络配置和安全规定做出接纳、拒绝、鉴定或加密该通信等决定。一旦某个访问违反安全规定,安全报警器就会拒绝该访问,并做记录,向系统管理器报告网络状态。

状态监视器的另一个优点是它会监测 RPC(Remote Procedure Call)和 UDP(User Datagram Protocol)之类的端口信息,包过滤和代理网关都不支持此类端口。这种防火墙无疑是非常坚固的,但它的配置非常复杂,而且会降低网络的速度。

总而言之,无论是什么类型的防火墙,都只是一层安全的防护,防火墙的配置与安全管理是最重要的,其可以为自己的网络设置多层防火墙,即使一层防火墙被突破,网络还可以由其他防火墙来保护。但是防火墙不是万能的,网络的整体安全部署才是最重要的,防火墙只是第一道保护屏障。

9.2 防火墙关键技术

9.2.1 包过滤技术

1.包过滤技术的原理

网络层防火墙技术根据网络层和传输层的原则对传输的信息进行过滤。网络层技术的一个范例就是包过滤(Packet Filtering)技术。因此,利用包过滤技术在网络层实现的防火墙也叫包过滤防火墙。

在基于 TCP/IP 协议的网络上,所有往来的信息都被分割成许许多多一定长度的数据包,包中包含发送者的 IP 地址和接收者的 IP 地址等信息。当这些数据包被送上互联网时,路由器会读取接收者的 IP 地址信息并选择一条合适的物理线路发送数据包。数据包可能经由不同的路线到达目的地,当所有的包到达目的地后会重新组装还原。

包过滤技术是在网络的出入口(如路由器)对通过的数据包进行检查和选择。选择的依据是系统内设置的过滤逻辑(包过滤规则),也称为访问控制表(Access Control Table)。通过检查数据流中每个数据包的源地址、目的地址、所用的端口号、协议状态或它们的组合,来确定是否允许该数据包通过。通过检查,只有满足条件的数据包才允许通过,否则被抛弃(过滤掉)。如果防火墙中设定某一 IP 地址的站点为不适宜访问的站点,则从该站点地址来的所有信息都会被防火墙过滤掉。这样可以有效地防止恶意用户利用不安全的服务对内部网进行攻击。包过滤防火墙要遵循的一条基本原则就是"最小特权原则",即明确允许管理员希望通过的那些数据包,禁止其他的数据包。

在网络上传输的每个数据包都可分为数据和包头两部分。包过滤器就是根据包头信息来判断该包是否符合网络管理员设定的规则表中的规则,以确定是否允许数据包通过。包过滤规则一般是基于部分或全部报头信息的,如 IP 协议类型、IP 源地址、IP 选择域的内容、TCP 源端口号(TCP 目标端口号)等。例如,包过滤防火墙可以对来自特定的 Internet 地址的信息进行过滤,或者只允许来自特定地址的信息通过。它还可以根据需要的 TCP 端口来过滤信息。如果将过滤器设置成只允许数据包通过 TCP 端口 80(标准的 HTTP 端口),那么在其他端口,如端口 25(标准的 SMTP 端口)上的服务程序的数据包均不得通过。

包过滤防火墙既可以允许授权的服务程序和主机直接访问内部网络,又可以过滤指定的端口和内部用户的 Internet 地址信息。大多数包过滤防火墙的功能可以设置在内部网络与外部网络之间的路由器上,作为第一道安全防线。路由器是内部网络与 Internet 连接必不可少的设备,因此在原有网络上增加这样的防火墙软件几乎不需要任何额外的费用。

包过滤技术的原理在于监视并过滤网络上流入/流出的 IP 包,拒绝发送可疑的包。由于 Internet 与 Intranet 的连接多数都要使用路由器,因此路由器成为内外通信的必经端口,路由器的厂商在路由器上加入包过滤技术,过滤路由器也可以称作包过滤路由器或筛选路由器(Packet Filter Router)。防火墙常常就是这样一个具备包过滤技术的简单路由器,这种防火墙应该是足够安全的,但前提是配置合理。然而,一个包过滤规则是否完全严密及必要,是很难判定的,因此在安全要求较高的场合,通常还要配合使用其他的技术来加强安全性。

2.包过滤规则

包过滤防火墙的过滤规则的主要描述形式有逻辑过滤规则表、文件过滤规则表和内存过滤规则表。在包过滤系统中,规则表是十分重要的。依据规则表可检查过滤模块、端口映射模块和地址欺骗等。规则表制定的好坏,直接影响机构的安全策略是否会被有效地体现;规则表设置的结构是否合理,将影响包过滤防火墙的性能。

通常,包过滤技术可允许或不允许某些数据包通过,主要是依据包的目的地址、包的源地址和包的传输协议。大多数包过滤系统判决是否传输包时都不关心包的具体内容,而是让用户进行如下操作:

(1)不允许任何用户从外部网络用 Telnet 登录。

(2)允许任何用户使用 SMTP 往内部网发送电子邮件。

(3)只允许某台机器通过 NNTP(网络新闻传输协议)往内部网络发送新闻。

3.包过滤技术的优点

一个过滤路由器能协助保护整个网络。数据包过滤的主要优点之一就是一个恰当放置的包过滤路由器有助于保护整个网络。如果仅有一个路由器连接内部与外部网络,不论内部网络的大小和内部拓扑结构如何,通过该路由器进行数据包过滤,就可在网络安全保护上取得较好的效果。

包过滤对用户透明。数据包过滤不要求任何自定义软件或客户机配置,也不要求用户进行任何特殊的训练或操作。当包过滤路由器决定让数据包通过时,它与普通路由器没什么区别。比较理想的情况是用户没有感觉到它的存在,除非它们试图做过滤规则中所禁止的事。包过滤的一大优势是较强的"透明度"。包过滤器操作过程如图 9-1 所示。

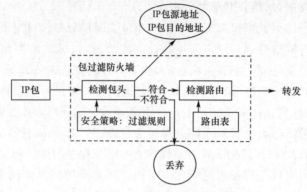

图 9-1　包过滤器操作过程

过滤路由器速度快、效率高。过滤路由器只检查报头相应的字段,一般不查看数据包的内容,而且某些核心部分是由专用硬件实现的,故其转发速度快、效率较高。

技术通用、廉价、有效。包过滤技术不是针对各个具体的网络服务采取特殊的方式,而是对各种网络服务都通用,大多数路由器都提供包过滤功能,不用再增加多余的硬件和软件,因此其价格低廉,能很大程度地满足企业的安全要求,其应用有效。

4.包过滤技术的缺点

安全性较差。防火墙过滤的只有网络层和传输层的有限信息,因而各种安全要求不可能充分满足;在许多过滤器中,过滤规则的数目有限,且随着规则数目的增加,性能将受到影响。过滤路由器只是检测 TCP/IP 包头,检查特定的几个域,而不检查数据包的内容,不按特定的应用协议进行审查和扫描,不做详细分析和记录。非法访问一旦突破防火墙,即可对主机上的软件和配置漏洞进行攻击。因而,与代理技术相比,包过滤技术的安全性较差。

不能彻底防止地址欺骗。大多数包过滤路由器都是基于源 IP 地址、目的 IP 地址而进行过滤的。而 IP 地址的伪造是很容易、很普遍的。如果攻击者将自己主机的 IP 地址设置成一个合法主机的 IP 地址,就可以轻易地通过路由器。因此,过滤路由器在防御 IP 地址欺骗方面大都无能为力,即使按 MAC 地址进行绑定,也是不可信的。因此对于一些安全性要求较高的网络,过滤路由器是不能胜任的。

一些应用协议不适合于数据包过滤。即使是完美的数据包过滤实现,也会发现一些协议不太适用于数据包过滤安全保护,如 RPC 和 FTP。

无法执行某些安全策略。包过滤路由器上的信息不能完全满足人们对安全策略的需求。例如,数据包表明它们来自什么主机,而不是什么用户,因此,我们不能强行限制特殊的用户。同样,数据包表明它到什么端口,而不是到什么应用程序。当我们通过端口号对高级协议强行限制时,不希望在端口上有指定协议之外的其他协议,恶意的知情者能够很容易地破坏这种控制。

从以上分析可以看出,包过滤技术虽然能确保一定的安全保护,且也有许多优点,但是它毕竟是早期的防火墙技术,本身存在较多缺陷,不能提供较高的安全性。在实际应用中,很少把这种技术作为单独的安全解决方案,而是把它与其他防火墙技术组合在一起使用。

9.2.2 状态检测技术

状态检测防火墙又称动态包过滤,是传统包过滤上的功能扩展。状态检测防火墙在网络层有一个检查引擎截获数据包,并抽取出与应用层状态有关的信息,并以此为依据决定对该连接是接受还是拒绝。状态检测技术是防火墙近几年才应用的新技术。

传统的包过滤技术只是通过检测 IP 包头的相关信息来决定数据流是通过还是拒绝,而状态检测技术采用的是一种基于连接的状态检测机制,将属于同一连接的所有包作为一个整体的数据流看待,构成连接状态表,通过规则表与状态表的共同配合,对表中的各个连接状态因素加以识别。这里动态连接状态表中的记录可以是以前的通信信息,也可以是其他相关应用程序的信息,因此,与传统包过滤防火墙的静态过滤规则表相比,它具有更好的灵活性和安全性。

状态检测防火墙摒弃了包过滤防火墙仅考察数据包的 IP 地址等几个参数,而不关心数据包连接状态变化的缺点,在防火墙的核心部分建立状态连接表,并将进出网络的数据当成一个个的会话,利用状态表跟踪每一个会话状态。状态检测防火墙对每一个包的检查不仅根据规则表,更考虑了数据包是否符合会话所处的状态,因此提供了完整的对传输层的控制能力。状态检测包过滤防火墙操作的基本过程,如图 9-2 所示。

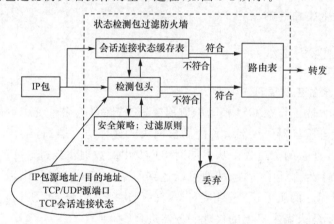

图 9-2 状态检测包过滤防火墙操作的基本过程

包过滤规则必须存储在安全策略设置里。当包到达端口时,对包头进行语法分析,同时在会话连接状态缓存表中保持一个状态。数据包还要和会话连接状态缓存表中的会话所处的状态进行对比,符合规则的才算检测通过。若一条规则阻止包传输或接收,则此包便不符合条件,并被丢弃。若一条规则允许包传输或接收,则此包便符合条件,可以被继续处理,符合条件的包将检查路由信息并被转发出去。先进的状态检测防火墙读取、分析和利用了全面的网络通信信息和状态,包括以下几个方面:

1.通信信息

通信信息即所有 7 层协议的当前信息。防火墙的检测模块位于操作系统的内核,在网络层之下,能在数据包到达网关操作系统之前对它们进行分析。防火墙先在低协议层上检查数据包是否满足企业的安全策略,对于满足的数据包,再从更高协议层上进行分析。它验证数据的源地址、目的地址和端口号、协议类型、应用信息等多层的标志,因此具有更全面的安全性。

2.通信状态

通信状态即以前的通信信息。对于简单的包过滤防火墙，如果要允许 FTP 通过，就必须做出让步而打开许多端口，这样就降低了安全性。状态检测防火墙在状态表中保存以前的通信信息，记录从受保护网络发出的数据包的状态信息，例如 FTP 请求的服务器地址和端口、客户端地址和为满足此次 FTP 请求临时打开的端口等，然后，防火墙根据该表内容对返回受保护网络的数据包进行分析判断，这样，只有响应受保护网络请求的数据包才被放行。这里，对于 UDP 或者 RPC 等无连接的协议，检测模块可创建虚会话信息用来进行跟踪。

3.应用状态

应用状态即其他相关应用的信息。状态检测模块能够理解并学习各种协议和应用，以支持各种最新的应用，它比代理服务器支持的协议和应用要多得多，并且它能从应用程序中收集状态信息存入状态表中，以供其他应用或协议做检测策略。例如，已经通过防火墙认证的用户可以通过防火墙访问其他授权的服务。

4.操作信息

操作信息即在数据包中能执行逻辑或数学运算的信息。状态监测技术，采用强大的面向对象的方法，基于通信信息、通信状态、应用状态等多方面因素，利用灵活的表达式形式，结合安全规则、应用识别知识、状态关联信息以及通信数据，构造更复杂的、更灵活的、满足用户特定安全要求的策略规则。

9.2.3 代理服务技术

1.代理服务技术的工作原理

代理服务器防火墙工作在 OSI 模型的应用层，它掌握着应用系统中可用作安全决策的全部信息，因此，代理服务器防火墙又称应用层网关。这种防火墙通过一种代理(Proxy)技术参与到一个 TCP 连接的全过程。从内部网用户发出的数据包经过这样的防火墙处理后，就好像是源于防火墙外部网卡一样，从而可以达到隐藏内部网结构的作用。代理服务技术通过在主机上运行代理的服务程序，直接对特定的应用层进行服务，因此也称为应用型防火墙，其核心是运行于防火墙主机上的代理服务器进程。

代理服务器是指代表客户处理在服务器连接请求的程序。当代理服务器得到一个客户的连接意图时，对客户的请求进行核实，并经过特定的安全化 Proxy 应用程序处理连接请求，将处理后的请求传递到真正的 Internet 服务器上，然后接收服务器应答。代理服务器对真正服务器的应答做进一步处理后，将答复交给发出请求的最终客户。代理服务器通常运行在两个网络之间，它对于客户来说像是一台真的服务器，而对于外部网的服务器来说，它又似一台客户机。代理服务器并非将用户的全部网络请求都提交给 Internet 上的真正服务器，而是先依据安全规则和用户的请求做出判断，是否代理执行该请求，有的请求可能被否决。当用户提供了正确的用户身份及认证信息后，代理服务器建立与外部 Internet 服务器的连接，为两个通信点充当中继。内部网络只接收代理服务器提出的要求，拒绝外部网络的直接请求。

一个代理服务器本质上就是一个应用层网关，即一个为特定网络应用而连接两个网络的网关。代理服务器像一堵墙一样挡在内部用户和外界之间，分别与内部和外部系统连接，代理服务器而无法获知任何的内部资源，诸如用户的 IP 地址等。

代理服务技术能够记录通过它的一些信息，如什么用户在什么时间访问过什么站点等。这些信息可以帮助网络管理员识别网络间谍。代理服务器通常都拥有一个高速 Cache，该 Cache 存储用户频繁访问的站点内容（页面），在下一个用户要访问该站点的这些内容时，代理服务器就不用连接到 Internet 上的服务器来重复地获取相同的内容，而是直接将本身 Cache 中的内容发出即可，从而节约了访问的响应时间和网络资源。

许多代理服务器防火墙除了提供代理请求服务外，还提供网络层的信息过滤功能。它们也对过往的数据包进行分析和注册登记，形成报告，同时当发现被攻击迹象时会向网络管理员发出警报，并保留攻击痕迹。

代理服务可以实现用户认证、详细日志、审计跟踪和数据加密等功能，并实现对具体协议及应用的过滤，如阻塞 Java 或 JavaScript。代理服务技术能完全控制网络信息的交换，控制会话过程，具有灵活性和安全性，但可能影响网络的性能，对用户不透明，且对每一种服务器都要设计一个代理模块，建立对应的网关层，实现起来比较复杂。

2. 代理服务器的实现

代理服务技术控制对应用程序的访问，它能够代替网络用户完成特定的 TCP/IP 功能。代理服务器适用于特定的互联网服务，对每种不同的服务都应用一个相应的代理，如代理 HTTP、FTP、E-mail、POP3 等。代理服务器的实现方式有以下几种：

应用代理服务器。应用代理服务器可以在网络应用层提供授权检查及代理服务功能。当外部某台主机试图访问受保护的内部网时，它必须先在防火墙上经过身份认证。通过身份认证后，防火墙运行一个专门程序，把外部主机与内部主机连接。在这个过程中，防火墙可以限制用户访问的主机、访问时间及访问方式。同样，受保护的内部网络用户访问外部网时也须先登录到防火墙上，通过验证后才可使用 Telnet 或 FTP 等有效命令。应用代理服务器的优点是既可以隐藏内部 IP 地址，又可以给单个用户授权。即使攻击者盗用了一个合法的 IP 地址，它也要通过严格的身份认证。但是这种认证使得应用网关不透明，用户每次连接都要受到"盘问"，这会给用户带来许多不便。而且这种代理技术需要为每个应用网关编写专门的程序。

回路级代理服务器。回路级代理服务器也称一般代理服务器，它适用于多个协议，但不解释应用协议中的命令就建立了连接回路。回路级代理服务器通常要求使用修改过的用户程序。套接字服务器（Sockets Server）就是回路级代理服务器。套接字（Sockets）是一种网络应用层的国际标准。当受保护的网络客户机需要与外部网交互信息时，在防火墙上的套接字服务器检查客户的 User ID、IP 源地址和 IP 目的地址，经过确认后，套接字服务器才与外部服务器建立连接。对用户来说，受保护的内部网与外部网的信息交换是透明的，感觉不到防火墙的存在，那是因为因特网用户不需要登录到防火墙上。回路级代理服务器可为各种不同的协议提供服务。大多数回路级代理服务器也是公共服务器，它们几乎支持任何协议，但不是每个协议都能由回路级代理服务器轻易实现。

智能代理服务器。如果一个代理服务器不仅能处理转发请求，同时还能够做其他许多事情，这种代理服务器称为智能代理服务器。智能代理服务器可提供比其他方式更好的日志和访问控制功能。一个专用的应用代理服务器很容易升级到智能代理服务器，而回路级代理服务器则较困难。

邮件转发服务器。当防火墙采用相应技术使得外部网络只知道防火墙的 IP 地址和域名时,从外部网络发来的邮件就只能送到防火墙上。这时防火墙对邮件进行检查,只有当发送邮件的源主机被允许通过时,防火墙才对邮件的目的地址进行转换,并送到内部的邮件转发服务器,由其进行转发。

3.代理服务技术的优缺点

代理服务技术的优点:缓解公有 IP 地址空间短缺问题;隐蔽内部网络拓扑信息;网关理解应用协议,可以实施更细粒度的访问控制;较强的数据流监控、记录和报告功能;应用层网关和代理服务器能实现用户级(应用层)认证,而网络层防火墙只能实现主机级(网络层)认证。

代理服务技术的缺点:对每一类应用都需要一个专门的代理,灵活性不够;每一种网络应用服务的安全问题各不相同,分析困难,因此实现困难而且速度慢,而且还可能有存在单点失效的风险。

9.2.4 技术展望

网络安全通常是通过技术与管理两者相结合来实现的,良好的网络管理加上优秀的防火墙技术是提高网络安全性能的最好选择。虽然网络防火墙技术已经发展了几代,防火墙的研究和开发人员也已尽了很大努力,但用户的需求永远是推动技术前进的原动力。

随着网上的攻击手段不断出现,以及防火墙在用户的核心业务系统中占据的地位越来越重要,用户对防火墙的要求越来越高。比如用户可能要求防火墙应能提供更细粒度的访问控制手段,防火墙对新出现的漏洞和攻击方式应能够迅速提供有效的防御办法,防火墙的管理应更加容易和方便,防火墙在紧急情况下可以做到迅速响应,防火墙具有很好的性能和稳定性等。用户的这些要求归纳起来是防火墙技术应具备智能化、高速度、分布式、多功能和专业化的发展趋势。

(1)智能化防火墙将从目前的静态防御策略,向具备人工智能的智能化方向发展。

(2)高速度随着网络传输速率的不断提高,防火墙必须在响应速度和报文转发速度方面做相应的升级,这样才不至于成为网络的瓶颈。

(3)分布式并行结构处理的防火墙是防火墙的另一发展趋势。在这种概念下,将有多台物理防火墙协同工作,共同组成一个强大的、具备并行处理能力和负载均衡能力的逻辑防火墙。

(4)多功能未来网络防火墙将在现有的基础上继续完善其功能并不断增加新的功能。

(5)专业化单向防火墙、电子邮件防火墙、FTP 防火墙等针对特定服务的专业化防火墙将作为一种产品门类出现。

9.3 防火墙网络战略部署

9.3.1 安全与端口

1.端口-MAC 地址表的形成

交换机之所以能够直接对目的节点发送数据包,而不是像集线器一样以广播方式对所

有节点发送数据包,就是因为交换机可以识别连在网络上的节点的 MAC 地址,并把它们放到一个叫作 MAC 地址表的地方。这个 MAC 地址表存放于交换机的缓存中,这样一来当需要向目的地址发送数据时,交换机就可在 MAC 地址表中查找这个 MAC 地址的节点位置,然后直接向这个位置的节点发送数据。所谓 MAC 地址数量是指交换机的 MAC 地址表中可以最多存储 MAC 地址数量,存储的 MAC 地址数量越多,那么数据转发的速度和效率也就越高。

但是不同档次的交换机每个端口所能够支持的 MAC 地址数量不同。在交换机的每个端口都需要足够的缓存来记忆这些 MAC 地址,所以 Buffer(缓存)容量的大小就决定了相应交换机所能记忆的 MAC 地址数量的多少。通常交换机只要能够记忆 1024 个 MAC 地址基本上就可以了,而一般的交换机通常都能做到这一点,所以在网络规模不是很大的情况下,该参数无须太多考虑。当然越是高性能交换机能记住的 MAC 地址就越多,具体需要在选择时要视所连网络的规模而定。

以太网交换机利用"端口-MAC 地址表"进行信息交换,因此,端口-MAC 地址映射表的建立和维护显得相当重要。一旦地址映射表出现问题,就可能造成信息转发错误。那么,交换机中的地址映射表是怎样建立和维护的呢?

这里有两个问题需要解决,一是交换机如何知道哪台计算机连接到哪个端口;二是当计算机在交换机的端口之间移动时,交换机如何维护地址映射表。显然,通过人工建立交换机的地址映射表是不切实际的,交换机应该能自动建立地址映射表。

通常,以太网交换机利用"地址学习"法来动态建立和维护端口-MAC 地址表。以太网交换机的地址学习是通过读取帧的源地址并记录帧进入交换机的端口进行的。当得到 MAC 地址与端口的对应关系后,交换机将检查地址映射表中是否已经存在该对应关系。如果不存在,交换机就将该对应关系添加到地址映射表;如果已经存在,交换机将更新该表项。因此,在以太网交换机中,地址是动态学习的。只要这个节点发送信息,交换机就能捕获到它的 MAC 地址与其所在端口的对应关系。

在每次添加或更新地址映射表的表项时,添加或更改的表项被赋予一个计时器。这使得该端口与 MAC 地址的对应关系能够存储一段时间。如果在计时器溢出前没有再次捕获到该端口与 MAC 地址的对应关系,该表项将被交换机删除。通过移走过时的或老的表项,交换机维护了一个精确且有用的地址映射表。

交换机建立起端口-MAC 地址表后,就可以对通过的信息进行过滤了。以太网交换机在地址学习的同时还检查每个帧,并基于帧中的目的地址做出是否转发或转发到何处的决定。

两个以太网和两台计算机通过以太网交换机相互连接,通过一段时间的地址学习,交换机形成了如图 9-3 所示的端口-MAC 地址表。

假设 PCA 需要向 PCD 发送数据,PCA 连接到交换机的端口 1。所以,交换机从端口 1 读入数据,并通过地址映射表决定将该数据转发到哪个端口。在图 9-3 所示的地址映射表中,PCD 与端口 5 相连。于是,交换机将信息转发到端口 5,不再向端口 1、端口 2、端口 3、端口 4 和端口 6 转发。

假设 PCE 需要向 PCB 发送数据,交换机在端口 6 接收该数据。所以通过搜索地址映射表,交换机发现 PCB 与端口 4 相连,交换机将信息转发到端口 4,不再向其他端口转发。

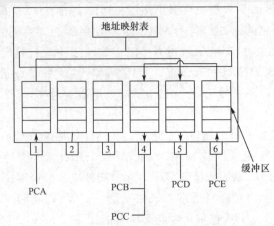

图 9-3　交换机端口 MAC 地址表的形成过程

以太网交换机隔离了本地信息,从而避免了网络上不必要的数据流动。这是交换机通信过滤的主要优点,也是它与集线器截然不同的地方。集线器需要在所有端口上重复所有的信号,每个与集线器相连的网段都将听到局域网上的所有信息流。而交换机所连的网段只听到发给它们的信息流,减少了局域网上总的通信负载,因此提供了更多更好的带宽。

假如交换机端口 2 刚刚接入 PCF,由于 PCF 一直没有发出数据,所以交换机地址映射表中没有 PCF 与其端口的映射关系。此时 PCA 需要向 PCF 发送信息,交换机在端口 1 读取信息后检索地址映射表,结果发现 PCF 在地址映射表中并不存在。在这种情况下,为了保证信息能够到达正确的目的地,交换机将向除端口 1 之外的所有端口转发信息,当然,一旦 PCF 发送信息,交换机就会捕获到它与端口的连接关系,并将得到的结果存储到地址映射表中。

2.端口-MAC 地址表的配置过程

(1)由用户模式进入特权模式。指定端口的安全模式,绑定 MAC 地址到端口,其中 MAC-Address 为计算机网卡的 MAC 地址。

(2)保存当前配置。

9.3.2　TCP/IP 协议

TCP/IP 是美国 DARPA 为 ARPANET 制定的一种异构网络互联的通信协议,通过它可实现各种异构网络或异种机之间的互联通信。TCP/IP 虽然不是国际标准,但已被世界广大用户和厂商所接受,成为当今计算机网络最成熟、应用最广的互联协议。国际互联网 Internet 上采用的就是 TCP/IP 协议。TCP/IP 协议也可用于任何其他网络,如局域网,以支持异种机的联网或异构型网络的互联。TCP/IP 同样适用于在一个局域网中实现异种机的互联通信。网络上各种各样的计算机上只要安装了 TCP/IP 协议,它们之间就能相互通信。运行 TCP/IP 协议的网络是一种采用包(分组)交换的网络。

1.TCP/IP 协议的层次结构

Internet 网络体系结构是以 TCP/IP 协议为核心的。基于 TCP/IP 协议的网络体系结构与 OSI/RM 相比,结构更简单。TCP/IP 协议分为 4 层,即网络接口层、网络层(IP 层)、传输层(TCP 层)和应用层。

(1)网络接口层

网络接口层在 TCP/IP 协议结构的最底层。该层中的协议提供了一种数据传送的方法,使得系统可以通过直接的物理连接的网络,将数据传送到其他设备,并定义了如何利用网络来传送 IP 数据报。TCP/IP 网络接口层一般包括 OSI 参考模型的物理层和数据链路层的全部功能,因此这一层的协议很多,包括各种局域网、广域网的各种物理网络的标准。

(2)网络层

网络层要解决主机到主机的通信问题。在发送端,网络层接受一个请求,将来自传输层的一个报文分组,连同发给目标主机的表示码一起发送出去。网络层把这个报文分组封装在一个 IP 数据报中,再填好数据报报头。使用路由选择算法,确定是将该数据报直接发送到目标主机,还是发送给一个网间连接器,然后把数据报传递给相应的网络接口再发送出去。在接收端,网络层处理到来的数据报,校验数据报的有效性,删除报头,使用路由选择算法确定该数据报应当在本地处理还是转发出去等。

(3)传输层

传输层在网络层的上一层,又称主机到主机传输层。传输层有传输控制协议(TCP)和用户数据报协议(UDP)两个重要的协议,用以提供端到端的数据传输服务,即从一个应用程序到另一个应用程序之间的信息传递。TCP 利用端到端的错误检测与纠正功能,提供可靠的数据传输服务。而 UDP 则提供低开销、无链接的数据报传输服务。

(4)应用层

应用层为协议的最高层,在该层应用程序与协议相互配合,发送或接收数据。每个应用程序应选用自己的数据形式。数据形式可以是一系列报文,也可以是一种字节流。不管哪种形式,都要把数据传递给传输层,以便递交出去。TCP/IP 的应用层大致和 OSI 的会话层、表示层和应用层对应,但没有明确的划分,它包含远程登录(Telnet)、文件传输(FTP)、电子邮件(SMTP)、域名(DNS)等服务。

2.TCP/IP 的主要协议

从名字上看 TCP/IP 似乎只包括了两个协议,即 TCP 协议和 IP 协议,但事实上它不止两个协议,而是由 100 多个协议组成的协议集。TCP 和 IP 是其中两个最重要的协议,因此以此命名。TCP 和 IP 两个协议分别属于传输层和网络层,在 Internet 中起着不同的作用。

此外,TCP/IP 协议集还包括一系列标准的协议和应用程序,如在应用层上有远程登录(Telnet)协议、文件传输协议(FTP)和电子邮件协议(SMTP)等,它们构成了 TCP/IP 的基本应用程序。这些应用层协议为任何联网的单机或网络提供了互操作能力,满足了用户计算机入网共享资源所需的基本功能。

IP 协议(Internet Protocol)是 Internet 中的基础协议,由 IP 协议控制的协议单元称为 IP 数据报。IP 协议提供不可靠的、尽最大努力的、无连接的数据报传递服务。IP 协议的基本任务是通过互联网传输数据报,各个 IP 数据报独立传输。IP 协议不保证传送的可靠性,在主机资源不足的情况下,它可能丢弃某些数据报,同时 IP 协议也不检查被数据链路层丢弃的报文。如目的主机直接在本地网中,IP 协议将直接把数据报传送给本地网中的目的主机;如目的主机是在远程网上,则 IP 将数据报再传送给本地路由器,由本地路由器将数据报传送给下一个路由器或目的主机。

TCP 协议(Transmission Control Protocol)尽管是 TCP/IP 协议集中的主要成员,但它

有很大的独立性,它对下层网络协议只有基本的要求,很容易在不同的网络上应用,因而可以被用于众多的网络上。TCP 协议是在 IP 协议提供的服务基础上,支持面向连接的、可靠的传输服务。发送方 TCP 模块在形成 TCP 报文的同时形成一个类似于校验和的"累计核对",随 TCP 报文一同传输。接收方 TCP 模块据此判断传输的正确性,若不正确则接收方丢弃该 TCP 报文,否则进行应答。发送方若在规定时间内未获得应答则自动重传。TCP 协议内部通过一套完整状态转换机制来保证各个阶段的正确执行,为上层应用程序提供双向、可靠、顺序及无重复的数据流传输服务。

UDP(User Data Protocol)协议是 TCP/IP 协议集中与 TCP 协议同处于传输层的通信协议。它与 TCP 协议不同的是,UDP 是直接利用 IP 协议进行 UDP 数据报的传输,因此 UDP 协议提供的是无连接、不保证数据完整到达目的地的传输服务。由于 UDP 比 TCP 简单得多,又不使用很烦琐的流控制或错误恢复机制,只充当数据报的发送者和接收者,因此开销小、效率高。

在局域网中所有站点共享通信信道,使用网络介质访问控制层的 MAC 地址来确定报文的发往目的地,而在 Internet 中目的地地址是靠 IP 地址来确定的。由于 MAC 地址与 IP 地址之间没有直接的对应关系,因此需要通过 TCP/IP 中的两个协议动态地发现 MAC 地址和 IP 地址的关系。这两个协议是地址解析协议(Address Resolution Protocol,ARP)和逆向地址解析协议(Reverse Address Resolution Protocol,RARP)。利用 ARP 协议可求出已知 IP 地址主机的 MAC 地址,而 RARP 协议的功能是由已知主机的 MAC 地址解析出其 IP 地址。

ICMP 就是一种面向连接的协议,用于传输错误报告控制信息。由于 IP 协议提供了无连接的数据报传送服务,在传送过程中若发生差错或意外情况则无法处理数据报,这就需要 ICMP 协议来向源节点报告差错情况,以便源节点对此做出相应的处理。大多数情况下,ICMP 发送的错误报文返回到发送原数据的设备,因为只有发送设备才是错误报文的逻辑接受者。发送设备随后可根据 ICMP 报文确定发生错误的类型,并确定如何才能更好地重发失败的数据报。

9.3.3 虚拟局域网(VLAN)技术

在标准以太网出现后,同一个交换机下不同的端口已经不在同一个冲突域中,所以连接在交换机下的主机进行点到点的数据通信时,也不再影响其他主机的正常通信。但是,后来我们发现应用广泛的广播报文仍然不受交换机端口的局限,而是在整个广播域中任意传播,甚至在某些情况下,单播报文也被转发到整个广播域的所有端口。这样一来,大大的占用了有限的网络带宽资源,使得网络效率低下。

但是我们知道以太网处于 TCP/IP 协议栈的第二层,第二层上的本地广播报文是不能被路由器转发的,为了降低广播报文的影响,可使用路由器减少以太网上广播域的范围,从而降低广播报文在网络中的比例,提高带宽的利用率。但这不能解决同一交换机下的用户隔离,并且使用路由器来划分广播域,无论是在网络建设成本上,还是在管理上都存在很多不利因素。为此,IEEE 协会专门设计规定了一种 802.1q 的协议标准,这就是 VLAN 技术的根本。它应用软件实现了第二层广播域的划分,完美地解决了路由器划分广播域存在的困难。

总体上来说,VLAN 技术划分广播域有着无与伦比的优势。虚拟局域网(VLAN)逻辑上把网络资源和网络用户按照一定的原则进行划分,把一个物理网络划分成多个小的逻辑网络。这些小的逻辑网络形成各自的广播域,也就是虚拟局域网 VLAN。使用 VLAN 技术可使组织中的几个部门都使用一个中心交换机,但是各个部门属于不同的 VLAN,形成各自的广播域,而且广播报文不能跨越这些广播域传送。

虚拟局域网将一组位于不同物理网段上的用户在逻辑上划分在一个局域网内,在功能和操作上与传统局域网基本相同,可以提供一定范围内终端系统的互联。VLAN 与传统的局域网相比,具有以下优势。

1.减少移动和改变的代价

减少移动和改变的代价也就是动态管理网络,即当一个用户从一个位置移动到另一个位置时,它的网络属性不需要重新配置,而是动态的完成,这种动态管理网络给网络管理者和使用者都带来了极大的好处。一个用户无论到哪里,都能不做任何修改地接入网络,这种前景是非常美好的。当然,并不是所有的 VLAN 定义方法都能做到这一点。

2.虚拟工作组

使用 VLAN 的最终目标就是建立虚拟工作组模型。例如,在企业网中,同一个部门的人员就好像在同一个 VLAN 上一样,很容易地互相访问、交流信息。同时,所有的广播包也都限制在 VLAN 上,而不影响其他人。一个人如果从一个办公地点换到另外一个地点,而他仍然在该部门,那么该用户的设备配置无须改变就可登录网络;同时,如果一个人办公地点没有变,但更换了部门,那么只需网络管理员更改一下该用户的配置即可。这个功能的目标就是建立一个动态的组织环境。当然,这只是一个理想的目标,想要实现还需要一些其他方面的支持。

3.增强通信的安全性

一个 VLAN 的数据不会发送给另一个 VLAN,这样其他 VLAN 用户的网络上是收不到任何该 VLAN 的数据包,这样就确保了该 VLAN 的信息不会被其他 VLAN 的人窃听,从而实现了信息的保密。

4.增强网络的健壮性

当网络规模增大时,部分网络出现问题往往会影响整个网络,引入 VLAN 后,可以将一些网络故障限制在一个 VLAN 内。

9.3.4 路由

1.路由器简介

路由器是一种具有多个输入端口和输出端口的专用计算机,其任务是转发分组。也就是说,路由器将某个端口收到的分组,按照其目的网络,将该分组从某个合适的输出端口转发给下一个路由器(也称为下一跳)。下一个路由器按照同样方法处理,直到该分组到达目的网络为止。路由器的转发分组是网络层的主要工作。

路由器相关安全特性具有两层含义:保证内部局域网的安全(不被非法侵入)和保护外部进行数据交换的安全。路由器安全关注的范围包括保护网络物理线路不会轻易遭受攻击、有效识别合法的用户和非法的用户,实现有效的访问控制,保证内部网络的隐蔽性,有效的防伪手段,重要的数据重点保护,对网络设备、网络拓扑的安全管理,对病毒提高安全防范意识。在开放式的网络环境中,每个网络都是一种对等关系,相互之间可以直接访问。为了增强网络的安全性,需要将这种对等界定在一定的范围之内。将一个网络划分为多个部分,在同一个网络中的某些主机可以认为是"互相信任的",而和其他的主机处于一种"不信任关系",使开放的环境处于一种受控的状态。同时信息加密也是保证数据安全的一种十分重要的手段。产生网络安全事故的很多原因是人为因素,例如安全意识淡漠、有意利用自己的某些特权等。因此保护网络的安全除了要进行技术上的更新之外,同时还需要对员工进行必要的安全意识教育。

2.路由选择

路由选择是指在网络中选择从源节点向目的节点传输信息的通道,而且信息至少通过一个中间节点。路由选择工作在 OSI 参考模型的网络层。路由选择包括两个基本操作,即最佳路径判定和网间信息包的传送(交换)。两者之间,最佳路径判定相对复杂。

(1)最佳路径判定

在确定最佳路径的过程中,路由选择算法需要初始化和维护路由选择表(routing table)。路由选择表中包含的路由选择信息,根据路由选择算法的不同而不同。一般在路由表中包括目的网络地址、相关网络节点、对某条路径满意程度以及预期路径信息等。

(2)交换过程

所谓交换指当一台主机向另一台主机发送数据包时,源主机通过某种方式获取路由器地址后,通过目的主机的协议地址(网络层)将数据包发送到指定的路由器物理地址(介质访问控制层)的过程。通过使用交换算法检查数据包的目的协议地址,路由器可确定其是否知道如何转发数据包。

(3)通过路由表进行选路

路由器转发分组的关键是路由表。每个路由器中都保存着一张路由表,路由表中每条路由项都指明分组到某子网,或某主机应通过路由器的哪个物理端口发送,然后就可到达该路径的下一个路由器,或者不再经过别的路由器而传送到直接相连的网络中的目的主机。

同时,路由器支持对静态路由的配置,同时支持 RIP、OSPF、IS-IS 和 BGP 等一系列动态路由协议,另外路由器在运行过程中根据接口状态和用户配置,会自动获得一些直接路由。

9.3.5 地址转换(NAT)

随着接入 Internet 的计算机数量的不断猛增,IP 地址资源也就愈加显得捉襟见肘。事实上,一般用户几乎申请不到整段的公网 C 类地址。在 ISP 那里,即使是拥有几百台计算机的大型局域网用户,也不过只有几个或十几个公网 IP 地址。显然,当它们申请公网 IP 地址时,所分配的地址数量远远不能满足网络用户的需求,为了解决这个问题,就产生了网络地址转换(Network Address Translation,NAT)技术。

NAT 技术允许使用私有 IP 地址的企业局域网可以透明地连接到像 Internet 这样的公用网络上,无须内部主机拥有注册的并且是越来越缺乏的公网 IP 地址,从而节约公网 IP 地址资源,增加了企业局域网内部 IP 地址划分的灵活性。

1.NAT 的应用

网络地址转换将内部网络的私有 IP 地址翻译成全球唯一的公网 IP 地址,使内部网络可以连接到互联网等外部网络上,广泛应用于各种类型 Internet 接入方式和各种类型的网络中。这样,NAT 不仅解决了 IP 地址不足的问题,而且还能够隐藏内部网络的细节,避免来自网络外部的攻击,起到一定的安全作用。

虽然 NAT 可以借助某些代理服务器来实现,但考虑到运算成本和网络性能,很多时候都是在路由器上实现的。

借助 NAT,私有 IP 地址的内部网络通过路由器发送数据包时,私有 IP 地址被转换成合法的 IP 地址,一个局域网只需少量地址(甚至是 1 个),即可实现使用私有地址的网络内所有计算机与 Internet 的通信需求。NAT 支持的数据流见表 9-1。

表 9-1   **NAT 支持的数据流**

支持的业务类型和应用	支持在数据流中有 IP 地址的业务类型	不支持的业务类型
任何应用数据流中不承载源/ 目的 IP 地址的 TC/UDP 业务	ICMP(包括 PORT 和 PASV)	路由表更新
HTTP	FTP	DNS 区域传递
TFTP	TCP/IP	BOOTP
Telnet	DNS	talk,ntalk
NTP	H.323	SNMP
NFS	IP 多播(只转换源地址)	Netshow

NAT 将自动修改 IP 包头中的源 IP 地址和目的 IP 地址,IP 地址校验则在 NAT 处理过程中自动完成。有一些应用程序将源 IP 地址嵌入 IP 数据包的数据部分中,所以还需要同时对数据部分进行修改,以匹配 IP 头中已经修改过的源 IP 地址。否则,在包的数据部分嵌入了 IP 地址的应用程序是不能正常工作的。但是,Cisco 的 NAT 虽然可以处理很多应用,但它还是有一些应用无法支持。

2.NAT 的实现方式

NAT 的实现方式有 3 种:静态转换是将内部网络的私有 IP 地址转换为公网合法的 IP 地址,IP 地址的对应关系是一对一且一成不变的。动态转换是将内部网络的私有地址转换为公有地址,IP 地址对应关系是不确定的、随机的,所有被授权访问互联网的私有地址可随机转换为任何指定的合法地址。超载 NAT(PAT)是改变外出数据包的源 IP 地址和源端口并进行端口转换,即端口地址转换采用超载 NAT 方式。

3.NAT 的优势和缺点

NAT 允许企业内部网使用私有地址,并通过设置合法地址集,使内部网可以与外部网进行通信,从而达到节省合法注册地址的目的。

NAT 可以减少规划地址集时地址重叠情况的发生。如果地址方案最初是在私有网络中建立的,因为它不与外部网络通信。所以有可能使用了保留地址以外的地址,而后来,该网络又想要连接到公用网络。在这种情况下,如果不做地址转换,就会产生地址冲突。

NAT 增加了配置和排错的复杂性。使用和实施 NAT 时,无法实现对 IP 数据包端对端的路径跟踪。在经过了使用 NAT 地址转换的多跳后,对数据包的路径跟踪将变得十分困难。然而,这样却可以提供更安全的网络链路,因为黑客想要跟踪或获得数据包的初始来源或目的地址也将变得非常困难,甚至无法获得。

NAT 也可能会使某些需要使用内嵌 IP 地址的应用不能正常工作,因为它隐藏了端到端的 IP 地址。某些直接使用 IP 地址而不通过合法域名进行寻址的应用,可能也无法与外部网络资源进行通信,这个问题有时可以通过实施静态 NAT 映射来避免。

9.3.6 防火墙综合应用实例

1.第一代防火墙:基于路由器的防火墙

由于多数路由器中包含有分组过滤功能,故网络访问控制通过路由控制来实现,从而使具有分组过滤功能的路由器成为第一代防火墙产品。

(1)基于路由器的防火墙的特点:利用路由器本身对分组的解析,以访问控制表方式实现对分组的过滤;过滤判决的依据可以是 IP 地址、端口号及其他网络特征;只有分组过滤功能,且防火墙与路由器是一体的,对安全要求低的网络采用路由器;附带防火墙功能的方法,对安全性要求高的网络则可单独利用一台路由器作为防火墙。

(2)基于路由器的防火墙的不足:首先,本身具有安全漏洞,外部网络要探寻内部网络十分容易。例如,在使用 FTP 协议时,外部服务器容易从 21 端口上与内部网相连,即使在路由器上设置了过滤规则,内部网络的 21 端口仍可由外部探寻。

其次,在分组过滤规则的设置和配置存在安全隐患。对路由器中过滤规则的设置和配置十分复杂,它涉及规则的逻辑一致性、作用端口的有效性和规则集的正确性,一般的网络系统管理员难以胜任,一旦出现新的协议,管理员就会加上更多的规则去限制,这往往会带来很多错误。

最后,攻击者可"仿冒"地址,黑客可以在网络上伪造假的路由信息欺骗防火墙。由于路由器的主要功能是为网络访问提供动态的、灵活的路由,而防火墙则要对访问行为实施静态的、固定的控制,这是一对难以调和的矛盾,防火墙的规则设置会大大降低路由器的性能。

2.第二代防火墙:用户化防火墙

(1)用户化防火墙的特点:将过滤功能从路由器中独立出来,并加上审计和告警功能;针对用户需求,提供模块化的软件包;用户通过网络发送的软件自己动手构造防火墙;与第一代防火墙相比,安全性提高而价格降低了;由于是纯软件产品,第二代防火墙产品无论在实现还是在维护上都对系统管理员提出了相当复杂的要求。

(2)用户化防火墙的不足:配置和维护过程复杂、费时;对用户的技术要求高;软件实现、安全性和处理速度均有局限;实践表明,使用中出现差错的情况很多。

3.第三代防火墙:建立在通用操作系统上的防火墙

基于软件的防火墙在销售、使用和维护上的问题迫使防火墙开发商很快推出了建立在通用操作系统上的商用防火墙产品,近年来在市场上广泛使用的就是这一代产品。

(1)通用操作系统防火墙的特点:是批量上市的专用防火墙产品;包括分组过滤或借用了路由器的分组过滤功能;装有专用的代理系统,监控所有协议的数据和指令;保护用户编程空间和用户可配置内核参数的设置;使得安全性和速度大为提高;第三代防火墙可以通过软件或硬件实现。然而随着安全需求的变化和使用时间的拖延,仍表现出不少问题。

（2）通用操作系统防火墙的不足：作为基础的操作系统，其内核往往不为防火墙管理者所知，由于原码的保密，其安全性无从保证；大多数防火墙厂商并非通用操作系统的厂商，通用操作系统厂商会对操作系统的安全性负责。

上述问题在基于 Windows NT 开发的防火墙产品中表现得十分明显。

4.第四代防火墙：具有安全操作系统的防火墙

（1）第四代防火墙是目前防火墙产品的主要发展趋势。具有安全操作系统的防火墙本身就是一个操作系统，因而在安全性上较第三代防火墙有质的提高。获得安全操作系统的办法有两种：一种是通过许可证方式获得操作系统的源码；另一种是通过固化操作系统内核来提高可靠性。

（2）具有安全操作系统的防火墙的特点：防火墙厂商具有操作系统的源代码，并可实现安全内核；对安全内核实现加固处理，即去掉不必要的系统特性，加上内核特性，强化安全保护；对每个服务器、子系统都做了安全处理，一旦黑客攻破了一个服务器，它将会被隔离在此服务器内，不会对网络的其他部分构成威胁；在功能上包括了分组过滤、应用网关、电路级网关，且具有加密与鉴别功能；透明性好，易于使用。

上述阶段的划分主要以产品为对象，目的在于对防火墙的发展有一个总体勾画。

9.4 虚拟专用网

9.4.1 VPN 的工作原理

1.VPN 概述

随着企业网应用的不断扩大，企业网的范围也不断扩大，从本地到跨地区、跨城市，甚至可以是跨国家的网络。但采用传统的广域网建立企业专网，往往需要租用昂贵的跨地区数字专线。同时 Internet 已遍布各地，物理上各地的 Internet 都是连通的，但 Internet 是对社会开放的，如果企业的信息要通过公众信息网进行传输，在安全性上存在着很多问题。那么，该如何利用现有的公众信息网建立安全的企业专有网络呢？为了解决上述问题，人们提出了虚拟专用网（Virtual Private Network，VPN）。虚拟专用网可以帮助远程用户、公司分支机构、商业伙伴及供应商同公司的内部网建立可信的安全连接，并保证数据的安全传输。虚拟专用网可用于不断增长的移动用户的全球互联网接入，以实现安全连接；可用于实现企业网站之间安全通信的虚拟专用线路；用于经济有效地连接到商业伙伴和用户的安全外联网虚拟专用网。

2.VPN 的关键安全技术

VPN 技术非常复杂，它涉及通信技术、密码技术和现代认证技术，是一项交叉科学。目前，VPN 主要包含三种技术：隧道技术、加密认证技术和 QoS 技术。

隧道技术。隧道技术是一种通过使用互联网络的基础设施在网络之间传递数据的方式。使用隧道传递的数据（或负载）可以是不同协议的数据帧或包。隧道协议将其他协议的数据帧或包重新封装然后通过隧道发送。新的帧头提供路由信息，以便通过互联网传递被封装的负载数据。

加密认证技术。VPN 是在不安全的 Internet 中通信,通信的内容可能涉及企业的机密数据,因此其安全性非常重要。VPN 中的安全技术通常由加密、认证及密钥交换与管理组成。认证技术防止数据的伪造和被篡改,它采用一种称为"摘要"的技术。"摘要"技术主要采用 Hash 函数将一段长的报文通过函数变换,映射为一段短的报文即摘要。由于 Hash 函数的特性,两个不同的报文具有相同的摘要几乎是不可能的。该特性使得摘要技术在 VPN 中有两个用途:验证数据的完整性、用户认证。

IPSec 通过 ISAKMP/IKE/Oakley 协商确定几种可选的数据加密算法,如 DES、3DES 等。DES 密钥长度为 56 位,容易被破译,3DES 使用三重加密增加了安全性。当然国外还有更好的加密算法,但国外禁止出口高位加密算法。基于同样理由,国内也禁止重要部门使用国外算法。国内算法不对外公开,被破解的可能性极小。

VPN 中密钥的分发与管理非常重要。密钥的分发有两种方法:一种是通过手工配置的方式,另一种采用密钥交换协议动态分发。手工配置的方法由于密钥更新困难,只适合于简单网络的情况。密钥交换协议采用软件方式动态生成密钥,适合于复杂网络的情况且密钥可快速更新,可以显著提高 VPN 的安全性。目前主要的密钥交换与管理标准有 IKE(互联网密钥交换)、SKIP(互联网简单密钥管理)和 Oakley。

QoS 技术。通过隧道技术和加密技术,已经能够建立起一个具有安全性、互操作性的 VPN。但是该 VPN 性能上不够稳定,管理上不能满足企业的要求,这就要加入 QoS 技术。实行 QoS 应该在主机网络中,即 VPN 所建立的隧道这一段,这样才能建立一条性能符合用户要求的隧道。

 9.4.2　VPN 的技术实现

1.MPLS 技术

为了综合利用网络核心的交换技术和网络边缘的 IP 路由技术的优点因而产生了多协议标签交换(MPLS)技术。MPLS 将第三层 IP 路由技术的智能、灵活和可扩展性与第二层交换技术的高速和流量管理完美地结合起来,从而弥补了传统 IP 网络的许多缺陷。MPLS 是一种可在多种第二层协议(主要是 ATM)上进行标签交换而不用改变现有路由协议的网络技术,这种标签交换具备第二层的速度,却是第三层的交换。它引入了新的标签结构,对 IP 网络的改变较大,引入了"显式路由"机制,为 QoS 提供了更可靠的保证。

MPLS 能够跨越多种链路层技术,为无连接的网络层提供面向连接的服务。MPLS VPN 通过把现有的 IP 网络分解成逻辑上隔离的网络来实现企业/政府部门互联。与 IPSec 不同,MPLS VPN 的安全性不通过加密实现,而是通过对不同用户间、用户与公网间的路由信息隔离来实现,成本较低,其安全性完全可以达到专用网的水平。

2.IPSec 技术

IPSec(IPSecurity)是由 IETFIPSec 工作组设计的端到端的确保 IP 层通信安全的协议集,它是 IPv6 的安全标准,也可应用于目前的 IPv4,包括安全协议部分和密钥协商部分。安全协议部分有封装安全载荷(Encapsulation Security Payload,ESP)和鉴别头(Authentication Header,AH)两种协议。其中 AH 提供了数据源身份认证、数据完整性和抗重放机制,ESP 实现了 AH 的所有功能,同时还为通信提供机密性。密钥协商部分使用 IKE(Internet Key Exchange)协议实现安全协议的自动安全参数(加密及鉴别算法、加密及鉴别密钥、通信的保护模式、密钥的生存期等)的协商。

IPSec可保障主机之间、安全网关之间(如路由器或防火墙)或主机与安全网关之间的数据包的安全。IPSec通过在IP层提供安全保护,对应用层透明,任何应用程序无须修改就可以充分利用其安全特性。IPSec比高层安全协议(如SOCKSv5)的性能好,比底层协议安全,更适应通信介质的多样性。IPSec是最安全的IP协议,已经成为新一代的Internet安全标准。但是IPSec比高层VPN中实现的针对单个用户的认证方式的安全性差一些,因为其不支持TCP/IP以外的其他网络协议,而且提供的访问控制方法也仅限于包过滤技术,并且它使用IP地址作为其认证算法的一部分。

3.GRE技术

GRE是通用路由封装协议,支持全部路由协议,用于在IP包中封装任何协议的数据包(IP/IPX/NetBEUI等)。在GRE中,乘客协议就是上面这些被封装的协议,封装协议就是GRE,传输协议就是IP。在GRE的处理中,很多协议的细微差别都被忽略,是一种通用的封装形式(使得非IP数据包能在IP互联网上传送)。GRE还可以将使用私有地址的网络互联,或者公共网络隐藏企业网的IP地址。

虽然GRE技术有很多优点,但是它提出得较早,因此也存在着一些缺点:GRE只提供了数据包的封装,而没有加密功能,所以经常与IPSec一起使用;由于GRE与IPSec采用的是同样的基于隧道的实现方式,因此IPSecVPN的缺陷,GRE VPN也同样具有;因为GRE是手工配置的,所以配置和维护费用与隧道数量直接相关,费用较高。若自动配置隧道,则容易形成回路问题。GRE VPN适用于一些小型点对点的网络互联,实时性要求不高,要求提供地址空间重叠的网络。

4.SSL技术

随着Web的出现和具有安全套接层(SSL)加密功能的浏览器盛行,用户不再需要利用复杂的客户端建立跨越Internet的安全通道(如IPSecVPN)。只要使用支持HTTPS(基于SSL的HTTP)的Web浏览器,就可以方便地建立安全通道访问远程应用,这种基于SSL协议、可通过浏览器访问的VPN就是SSL VPN。SSL VPN与IPSec VPN的最大不同是无客户端。SSL VPN利用Web浏览器,将VPN从客户端/服务器模式转换为浏览器/服务器模式,成本比IPSec VPN低很多。然而无客户端这一特性也使SSL VPN易于受到键盘记录软件和特洛伊木马的攻击。

SSL VPN最适合下述情况:客户端与目标服务器之间有防火墙或需要进行网络地址转换,不允许IKE或IPSec包通过,但允许HTTPS数据包通过;企业无法在远程计算机上安装软件以提供远程访问;企业需要通过Web远程接入互联网;需要细粒度访问控制能力的场合。一个建议方案是:以IPSec VPN作为一般远程接入方案和点对点连接方案,辅以SSL VPN作为访问Web服务的远程接入方案,这样既安全又节省成本。当前的一个研究方向是如何让IPSec VPN兼容SSL VPN,增强易用性和扩展性。

5.SOCKS技术

虽然SOCKS在PPTP和IPSec以前出现,但因SOCKS版本存在使用复杂、不安全等缺点,所以未受特别重视。SOCKS v5纠正了以前版本的错误,不仅提供认证和数据完整性,还提供加密。其单向的安全结构可在与其他网络建立隧道时,减少来自其他网络的攻击。它对许多认证、加密、密钥管理技术提供插件式支持,如通用安全服务 API(GSS-API)是认证和加密 SOCKS 数据包的默认机制,使得 SOCKS 数据包能够安全透明地通过防火墙的防御。即插即用的特性包括访问控制工具、协议过滤、内容过滤、流量监测、报告生成和管理应用。

SOCKS v5 支持低层的 IPSec/PPTP/L2TP/PPP,由它们提供隧道封装功能。由于组成 Extranet 的各子网之间通常存在很大差异,因此 Extranet VPN 需要工作在足够高的层次以便充分屏蔽底层技术差别并实现互操作,而且 VPN 技术需要实现对应用层防火墙技术的兼容性。所以 Extranet VPN 最适合利用会话层以上技术实现,典型的就是 SOCKS v5(同 SSL 协议配合使用)。虽然 SOCKS v5 提供强认证和访问控制方法,但整体性能较差,管理复杂,且推广使用较晚。

6.SSH 技术

SSH(Secure Shell)是一种介于传输层和应用层之间的加密隧道协议,具有客户端/服务器的体系结构。SSH 可以在本地主机和远程服务器之间设置"加密隧道",此"加密隧道"可以跟常见的 Telnet、rlogin、FTP、X11 应用程序相结合,目的是要在非安全的网络上提供安全的远程登录和相应的网络安全服务,这就形成了一种应用层的特定的 VPN——SSH VPN。

SSH 协议既可以提供用户认证,又可以提供主机认证,同时还提供数据压缩、数据机密性和完整性保护。通过使用 SSH 能够防止中间人攻击,以及 IP 欺骗和 DNS 欺骗。SSH 的不足之处在于它使用的是非基于证书的密钥管理,而是手工分发并预配置的公钥。与 SSL 和 TLS 相比,这是 SSH 的主要缺陷。但从 SSH 2.0 协议开始允许同时使用 PKI 证书和密钥,这样可以降低密钥管理的负担并提供更强大的安全保障。虽然 SSH 还有不足之处,但相对于其他 VPN 和专业防火墙的复杂性和费用来说,也不失为有一种可行的网络安全解决方案,尤其适合中小企业部署 VPN 应用。

7.PPTP 和 L2TP 技术

PPTP 和 L2TP 是目前主要的构建远程接入 VPN 的隧道协议,它们属于第二层隧道协议。根据隧道的端点是客户端计算机还是拨号接入服务器,隧道可以分为两种:

自愿隧道:客户端计算机可以通过发送 VPN 请求来配置一条自愿隧道,客户端计算机作为隧道的一个端点,它必须安装隧道客户软件,并创建到目标隧道服务器的虚拟连接。

强制隧道:由支持 VPN 的拨号接入服务器来配置和创建。位于客户端计算机和隧道服务器之间的拨号接入服务器作为隧道客户端,成为隧道一个端点。

自愿隧道技术为每个客户创建独立的隧道,而强制隧道中拨号接入服务器和隧道服务器之间建立的隧道可以被多个拨号客户共享,且只有最后一个隧道用户断开连接之后才能终止整个隧道。

9.4.3　IPSec VPN 应用实例

目前使用比较多的是,结合使用 L2TP 协议(远程隧道访问)和 IPSec 协议(封装和加密)两者的优点来进行身份认证、机密性保护、完整性检查和抗重放。这使得 L2TP 协议已经基本上取代了 PPTP 协议的使用,Windows 2000 后就有内置的 L2TP/IPSec 组合,可以对 IP 报文嵌套封装。基于 L2TP 协议的"加密"是在 IPSec 身份认证过程中生成的密钥,利用 IPSec 加密机制加密 L2TP 消息。要注意的是:可能拥有非基于 IPSec(非加密)的 L2TP 连接,在这种连接中 PPP 有效负载是以明文方式传送的。这种类型的连接不安全,所以 Internet 上的 VPN 连接不推荐使用非加密的 L2TP 连接(不要单独使用 L2TP)。

通过上述分析,纵观各种 VPN 技术的发展过程和趋势,可以认为具有良好发展前景的几种 VPN 技术是:IPSec(最安全、适用面最广的 IP 协议)、SSL(实现 VPN 的新兴技术,具有高层安全协议的优势)、L2TP(最好的实现远程接入 VPN 的技术)以及正在开发中的宽带和无线 VPN 安全协议。除了上述技术的各自发展和应用外,各种现有 VPN 技术的相互结合、取长补短更是未来 VPN 研究的发展方向,以适应各种复杂的网络环境,如 IPSec 与 SSL、IPSec 与 L2TP 技术的结合等。

VPN 的缺点是:需要为数据加密增加处理开销;需要添加报文头而增加报文开销;在具体实现时也存在如能否穿越 NAT 等问题;对 VPN 进行故障诊断很困难;连接的 VPN 用户也会有安全性问题等。

本章习题

1.什么是防火墙? 防火墙的主要功能有哪些?

2.防火墙可分为哪几种类型? 它们分别是如何工作的?

3.防火墙有哪几种关键技术?

4.简述防火墙的包过滤技术。

5.IP 技术是什么? 它的作用是什么?

6.什么是虚拟专用网?

7.VPN 技术的主要作用有哪些?

8.什么是 VPN 的隧道(封装)技术?

第 10 章　恶意程序

导　读

恶意程序通常是指带有攻击意图所编写的一段程序,是一种可造成目标系统信息泄露和资源滥用,破坏系统的完整性及可用性,违背目标系统安全策略的程序代码。主要包括计算机病毒、蠕虫、木马程序、后门程序和逻辑炸弹等。

一个典型的例子是在电影《独立日》中,美国空军对外星飞船进行核轰炸没有效果,最后给敌人飞船系统注入恶意程序,使敌人飞船的保护层失效,从而拯救了地球。电影里面的这个情节显示了好莱坞编剧的想象力,但这里有明显的漏洞,因为在对敌人飞船软件系统不了解的情况下,是不可能编写出恶意程序的,不过这也说明对恶意程序进行研究的重要性。现实中一个有名的例子是震网(Stuxnet),这是一种 Windows 平台上的计算机蠕虫,2010 年 6 月首次被白俄罗斯安全公司 VirusBlokAda 发现,其名称是从程序中的关键字得来,它的传播是从 2009 年 6 月开始甚至更早,首次大范围报道的是 BrianKrebs 的安全博客。它是首个针对工业控制系统的蠕虫病毒,利用西门子公司控制系统(SIMATIC WinCC/Step7)存在的漏洞感染数据采集与监控系统(SCADA),能向可编程逻辑控制器(PLC)写入程序并将程序隐藏。这是有史以来第一个包含 PLC Rootkit 的计算机蠕虫,也是已知的第一个以关键工业基础设施为目标的蠕虫。此外,该蠕虫的可能目标为伊朗使用西门子控制系统的高价值基础设施。据报道,该蠕虫病毒可能已感染并破坏了伊朗纳坦兹的核设施,并最终使伊朗的布什尔核电站推迟启动。

本章首先对恶意程序做了简单概述,然后分别介绍了计算机病毒、蠕虫和木马的基本工作原理,以及其检测和防御方法。

思政目标

关键概念

恶意程序　计算机病毒　蠕虫　木马

10.1 恶意程序概述

10.1.1 恶意程序的基本概念

在 Internet 安全事件中,恶意程序造成的经济损失占有很大的比例。恶意程序通常是指带有攻击意图所编写的一段程序,是一种可造成目标系统信息泄露和资源滥用,破坏系统的完整性及可用性,违背目标系统安全策略的程序代码。它能够通过存储介质或网络进行传播,未经授权认证访问或者破坏计算机系统。目前,恶意程序主要包括计算机病毒(Virus)、蠕虫(Worm)、木马程序(Trojan Horse)、后门程序(Backdoor)和逻辑炸弹(Logic Bomb)等。

恶意程序的威胁可以分成两个类别:需要宿主程序的威胁和彼此独立的威胁。前者基本上是不能独立于某个实际的应用程序、实用程序或系统程序的程序片段;后者是可以被操作系统调度和运行的自包含程序。可以将这些软件威胁分成不进行复制工作和进行复制工作的两种。简单说,前者是一些当宿主程序调用时被激活起来完成一个特定功能的程序片段;后者由程序片段(病毒)或者由独立程序(蠕虫、细菌)组成,在执行时可以在同一个系统或某个其他系统中产生自身的一个或多个以后被激活的副本。

日益严重的恶意程序问题,不仅使企业及用户蒙受了巨大经济损失,而且使国家的安全面临着严重威胁。恶意程序已成为信息战、网络战的重要手段。

10.1.2 恶意程序的分类

恶意程序主要包括暗门、逻辑炸弹、特洛伊木马、蠕虫、细菌、病毒等。

1.暗门

暗门(Trapdoor)又称后门(Backdoor),是指隐藏在程序中的秘密功能,通常是程序设计者为了进行日后调试和测试程序而设置的秘密入口。后门程序的用途在于潜伏在计算机中,从事搜集信息或便于攻击者进入的工作。后门可以理解为一种登录系统的方法,用于绕过系统的安全设置,它使得知道后门的人可以不经过通常的安全检查访问过程而获得访问权限,对后门进行操作系统的控制比较困难,为避免这类攻击必须及时更新软件。

2.逻辑炸弹

逻辑炸弹(Logic Bomb)是一种当运行环境满足某种特定条件时,实施破坏的计算机程序。逻辑炸弹触发可能造成计算机系统内的数据丢失、系统无法引导,甚至导致系统瘫痪,并出现"物理损坏"的虚假现象等。逻辑炸弹强调破坏作用本身,实施破坏的程序不具有传染性,不进行自我复制,只针对特定的目标。逻辑炸弹可以是一个完整程序,也可以是程序的一部分。逻辑炸弹常见的激活方式是通过日期触发,例如一个编辑程序,平时运行得很好,但当系统时间为 13 日且为星期五时,它将删去系统中所有的文件,这种程序就是一种逻辑炸弹。

3.特洛伊木马

特洛伊木马(Trojan Horse)类似于远程控制软件,区别在于远程控制软件是"善意"的控制,因此通常不具有隐蔽性,木马则完全相反,通常采用隐蔽式远程控制。它包含了一段隐藏的、激活时某种不想要的或有害的功能代码,它的危害性是可以用来非直接地完成一些非授权用户不能直接完成的功能。通常,木马包含两个可执行程序:一个是客户端,即控制端;另一个是服务端,即被控制端,植入计算机的是服务端,而攻击者正是利用控制端进入服务端所在的计算机系统。如一个编译程序除了执行编译任务以外,还把用户的源程序偷偷地拷贝下来,那么这种编译程序就是一种特洛伊木马。特洛伊木马的另一动机是破坏数据,程序看起来是在完成有用的功能,但它也可能悄悄地在删除用户文件,直至破坏数据文件。这是一种非常常见的病毒攻击,计算机病毒有时也以特洛伊木马的形式出现。为了防止木马被发现,木马的开发者通常采用各种技术和手段实现木马的隐蔽性。木马的服务一旦运行并被控制端连接,其控制端的首要任务是获取被控制系统的高级权限,以便于设置用户口令、处理文件、修改注册表、更改计算机配置等,进而达到获取信息等破坏目的。

4.蠕虫

蠕虫(Worm)是一种通过网络通信功能将自身从一个节点发送到另一个节点并启动其程序。一旦这种程序在系统中被激活,计算机蠕虫可以表现得像计算机病毒或细菌,或者可以注入特洛伊木马程序,或者进行任何次数的破坏或毁灭行动。网络蠕虫传播主要靠网络载体实现。蠕虫通常分为两种类型:主机蠕虫与网络蠕虫。主机蠕虫完全包含在它们运行的计算机中,并且使用网络的连接仅将自身拷贝到其他的计算机中,主计算机蠕虫在将其自身的拷贝加入另外的主机后,就会终止它自身。国内知名的蠕虫有熊猫烧香及其变种等。蠕虫病毒的一般防治方法是:使用具有实时监控功能的杀毒软件,并且注意不要轻易打开不熟悉的邮件附件。

5.细菌

细菌(Germs)是一些不明显破坏文件的程序,它们的唯一目的就是繁殖自己。一个典型的细菌程序就是在多个程序中同时执行自己的两个副本,每个细菌都在重复地复制自己,并以指数级复制,最终耗尽了所有的系统资源(如 CPU、RAM、硬盘等),从而拒绝用户访问这些可用的系统资源。

6.病毒

病毒(Virus)指编制或者在计算机程序中插入的,破坏计算机功能或者破坏数据,影响计算机使用并且能够自我复制的一组计算机指令或者程序代码,计算机病毒的主要特征是具备自我复制的能力,这也是其区别于其他恶意代码的主要特征。此外,计算机病毒还有破坏性、隐蔽性、传染性、变异性、可触发性等多种特性。如 CIH 病毒,它是发现的首例直接破坏计算机系统硬件的病毒。它发作时不仅破坏硬盘的引导区和分区表,而且破坏计算机系统 Fash BIOS 芯片中的系统程序,导致主板损坏。

10.2 计算机病毒

自 1987 年 10 月第一例计算机病毒 Brain 诞生以来,计算机病毒技术不断发展,并迅速蔓延到全世界,对计算机安全构成了巨大的威胁。计算机病毒的概念最早由美国 Fred Cohen 在一次全美计算机安全会议上提出的,定义为"一种能够自身复制自身并以其他程序为宿主的可执行的代码"。这个定义中的关键是通过"感染"来复制,这也成了病毒的一个非常重要的特点。1994年2月18日,我国正式颁布实施了《中华人民共和国计算机信息系统安全保护条例》(2011年1月8日修订),在该条例的第二十八条中明确指出:"计算机病毒,是指编制或者在计算机程序中插入的破坏计算机功能或者毁坏数据,影响计算机使用,并能自我复制的一组计算机指令或者程序代码。"

计算机病毒不是天然存在的,是某些人利用计算机软、硬件所固有的脆弱性,编制的具有破坏功能的程序。计算机病毒能通过某种途径潜伏在计算机的存储介质(或程序)里,当达到某种条件时即被激活,然后用修改其他程序的方法将自己的精确副本或者可能演化的形式放入其他程序中,从而感染它们,对计算机资源进行破坏。

10.2.1 计算机病毒的基本原理

计算机病毒类似于生物学上的病毒。当生物学病毒进入生物体后会产生破坏作用,并扩散至其他生物体内,并最终依靠生物体内的免疫机制或借助外部方法得以清除。同样,计算机病毒潜入计算机内部时会附着在程序中,当宿主程序启动后,病毒就随之被激活并感染系统中的其他部分。通过这种方式,越来越多的程序、文件被感染,病毒进一步扩散。

一般来说,计算机病毒可以分为良性和恶性的。对于良性病毒来说,通常并不进行实质上的破坏,而可能仅仅为了表现其存在,不停地进行扩散,从一台计算机传染到另一台计算机。比如恶意地占用系统内存空间,不断弹出错误警告,与应用程序争夺CPU控制权,等等。虽然良性病毒并没有实质上破坏用户的文件,但有时候也会使得用户无法正常工作,因而也不能轻视所谓良性病毒对计算机系统造成的损害。对于恶性病毒来说,可能造成的损害包括毁坏磁盘磁道或主存、格式化硬盘、删除或篡改文件等,迄今已有40 000多种病毒被查获。恶性病毒感染后一般没有异常表现,病毒会想方设法将自己隐藏得更深。一旦恶性病毒发作,等人们察觉时,已经对计算机数据或硬件造成了破坏,损失将很难挽回。

1.计算机病毒特征

计算机病毒的种类很多,但通过病毒代码的分析比较可知,它们的结构是相似的,都包括三个部分:引导部分、传染部分和表现部分。引导部分是将病毒加载到内存,做好传染的准备;传染部分将病毒代码复制到目标;表现部分根据特定的条件触发病毒。概括讲,计算机病毒具有的特征为如下几点:

(1)传染性

计算机病毒的传染性是指病毒具有把自身复制到其他程序中的特性,是病毒的基本特征。一旦病毒被复制或产生变种,其速度之快令人难以预防。在生物界,病毒通过传染从一个生物体扩散到另一个生物体。在适当的条件下,它可得到大量繁殖,并使被感染的生物体表现出病症甚至死亡。同样,计算机病毒也会通过各种渠道从已被感染的计算机扩散到未被感染的计算机,在某些情况下造成被感染的计算机工作失常甚至瘫痪。与生物病毒不同的是,计算机病毒是一段人为编制的计算机程序代码,这段程序代码,一旦进入计算机并得以执行,它就会搜寻其他符合其传染条件的程序或存储介质,确定目标后再将自身代码插入其中,达到自我繁殖的目的。只要一台计算机染毒,如不及时处理,那么病毒会在这台机器上迅速扩散,其中的大量文件(一般是可执行文件)会被感染,而被感染的文件又成了新的传染源,再与其他机器进行数据交换或通过网络接触,病毒会继续进行传染。

正常的计算机程序一般是不会将自身的代码强行连接到其他程序之上的,而病毒却能使自身的代码强行传染到一切符合其传染条件的未受到传染的程序之上。计算机病毒可通过各种可能的渠道,如软盘、计算机网络去传染其他计算机。当在一台机器上发现了病毒时,往往曾在这台计算机上用过的软盘已感染上了病毒,而与这台机器相联网的其他计算机也许也被该病毒感染上了。是否具有传染性是判别一个程序是否为计算机病毒的最重要条件。病毒程序通过修改磁盘扇区信息或文件内容并把自身嵌入其中的方法,达到病毒的传染和扩散,被嵌入的程序叫作宿主程序。

(2)寄生性

病毒依附在其他程序体内,当该程序运行时病毒就进行自我复制,而在未启动这个程序之前,它是不易被发觉的。

(3)潜伏性

大部分计算机病毒感染系统之后不会马上发作,而是长期隐藏在系统中,只有在满足特定条件时才启动其破坏模块。例如,PETER-2病毒在每年的2月27日会提三个问题,答错后会将硬盘加密;著名的"黑色星期五"病毒在逢13日的星期五发作;当然,最令人难忘的是26日发作的CIH病毒。这些病毒平时隐藏得很好,只有在发作日才会显示其破坏的本性,对系统进行破坏。一个编制精巧的计算机病毒程序,进入系统之后一般不会马上发作,可以在几周、几个月,甚至几年内隐藏在合法文件中,对其他系统进行传染而不被人发现。潜伏性越好,其在系统中的存在时间就会越长,病毒的传染范围就会越大。潜伏性的第一种表现是指病毒程序不用专用检测程序是检查不出来的,因此病毒可以静静地躲在磁盘或磁带里待上几天甚至几年,一旦时机成熟,得到运行机会,就会四处繁殖、扩散,继续为害。潜伏性的第二种表现是指计算机病毒的内部往往有一种触发机制,不满足触发条件时,计算机病毒除了传染外不做什么破坏;触发条件一旦得到满足,有的在屏幕上显示信息、图形或特殊标识,有的则执行破坏系统的操作,如格式化磁盘、删除磁盘文件、对数据文件做加密、封锁键盘以及使系统死锁等。

(4)隐蔽性

病毒程序大多夹在正常程序之中,很难被发现,它们通常附在正常程序或磁盘较隐蔽的地方(也有个别的以隐含文件形式出现),这样做的目的是不让用户发现它的存在。如果不经过代码分析,我们很难区别病毒程序与正常程序。一般在没有防护措施的情况下,计算机病毒程序取得系统控制权后,可以在很短的时间里传染大量程序,而且受到传染后,计算机系统通常仍能正常运行,用户不会感到有任何异常。

大部分病毒程序具有很高的程序设计技巧,代码短小精悍,其目的就是隐蔽。病毒程序一般只有几百字节,而PC机对文件的存取速度可达每秒几十万字节以上,所以病毒程序在转瞬之间便可将这短短的几百字节附着到正常程序之中,而不被察觉。

(5)破坏性

凡是以软件手段能触及计算机资源的地方,均可能受到计算机病毒的破坏。任何病毒只要侵入系统,都会对系统及应用程序产生不同程度的影响,轻者会降低计算机工作效率,占用系统资源,重者可导致系统崩溃。

根据病毒对计算机系统造成破坏的程度,我们可以把病毒分为良性病毒与恶性病毒。良性病毒可能只是干扰显示屏幕,显示一些乱码或无聊的语句,或者根本没有任何破坏动

作,只是占用系统资源,这类病毒较多,如 GENP、小球、W-BOOT 等。恶性病毒则有明确的目的,它们破坏数据、删除文件、加密磁盘甚至格式化磁盘,对数据造成不可挽回的破坏,这类病毒有 CIH、红色代码等。

(6)可触发性

因某个事件或数值的出现,诱使病毒实施感染或进行攻击的特性称为可触发性。为了隐蔽自己,病毒必须潜伏、少做动作。如果完全不动,一直潜伏的话,病毒既不能感染又不能进行破坏,便失去了杀伤力。病毒既要隐蔽又要维持杀伤力,它必须具有可触发性。病毒的触发机制就是用来控制感染和破坏动作的频率的。病毒具有预定的触发条件,这些条件可能是时间、日期、文件类型或某些特定数据等。病毒运行时,触发机制检查预定条件是否满足,如果满足,启动感染或破坏动作,使病毒进行感染或攻击;如果不满足,使病毒继续潜伏。

(7)针对性

一种计算机病毒并不传染所有的计算机系统和计算机程序。例如,有的病毒传染 Windows 2000 操作系统,但不传染 Windows 2003 操作系统;有的传染扩展名为.xlsx 或.exe 文件;也有的传染非可执行文件。

(8)不可预见性

不同种类的病毒,它们的代码千差万别,目前的软件种类极其丰富,且某些正常程序也使用了类似病毒的操作,甚至借鉴了某些病毒的技术。

计算机病毒无处不在,有计算机的地方就有病毒。尽管病毒带来的损失或大或小,甚至有些没有任何损失,但是大部分计算机用户都有被病毒侵扰的经历。据中国计算机病毒应急处理中心统计,2007 年中国计算机病毒感染率高达 92%,随后五年逐年降低,2012 年感染率为 45%,2013—2018 年感染率分别为 55%、64%、64%、58%、32% 和 65%,可见我国计算机病毒问题形势依然严峻。美国权威调查机构证实,进入 21 世纪以来,每年因计算机病毒造成的损失都在 100 亿美元以上。后来随着人们安全意识的增加,计算机用户感染病毒的比例有所下降。此外,病毒的感染途径也发生了变化。据统计,中国计算机用户通过网络浏览下载感染病毒的比例增加了 44%,主要原因是网际网路站被大量"挂马",这已成为病毒木马传播的主要方式。

2.计算机病毒的分类

目前对计算机分类的方法有很多,下面介绍几种常见的分类方法:

(1)按病毒寄生方式分类

根据病毒寄生方式分类,病毒可分为网络型病毒、可执行文件型病毒、引导型病毒及复合型病毒。

● 网络型病毒:通过计算机网络传播、感染网络中的可执行文件。

● 可执行文件型病毒:主要是感染可执行文件。被感染的可执行文件在执行的同时,病毒被加载并向其他正常可执行文件传染。

● 引导型病毒:主要感染软盘、硬盘的引导扇区或主引导扇区,在用户对软盘、硬盘进行读写操作时进行感染。

● 复合型病毒:不仅传染可执行文件而且还传染硬盘引导区,被这种病毒传染的系统用格式化命令都不能消除此类病毒。

（2）按病毒的破坏后果分类

按病毒的破坏后果分类，病毒可分为良性病毒和恶性病毒。

- 良性病毒：干扰用户工作，但对计算机系统无害。
- 恶性病毒：这类病毒删除程序、破坏数据、清除系统内存区和操作系统中重要的信息。

（3）按病毒的发作条件分类

按病毒的发作条件分类，病毒可分为定时发作型病毒、定数发作型病毒和随机发作型病毒。

- 定时发作型：具有查询系统时间功能，当系统时间等于设置时间时，病毒发作。
- 定数发作型病毒：具有计数器，能对传染文件个数等进行统计，当达到数值时，病毒发作。
- 随机发作型病毒：没有规律，随机发作。

（4）按连接方式分类

按连接方式分类，病毒可分为源码型病毒、入侵型病毒、操作系统型病毒和外壳型病毒。

- 源码型病毒：主要攻击高级语言编写的源程序。
- 入侵型病毒：主要攻击特定的程序，用自身替代部分模块或堆栈区。
- 操作系统型病毒：主要攻击操作系统，用自身替代操作系统功能。
- 外壳型病毒：主要是附在正常程序的开头或结尾。

3.计算机病毒的原理

（1）DOS 病毒的原理

第一代恶意代码病毒就是以 DOS 病毒的形式出现的。DOS 病毒通过将自己的复制文件附着在宿主程序的末尾来感染程序，称为 Appending Infection。这通常意味着，该病毒将自己添加到了文件的末尾。然后，该病毒会将宿主程序的原来的文件头进行复制，并将其转移到病毒体中。在复制和存储文件头后，病毒会将带有一个指向病毒体的错误文件头替换原来文件头，这保证了该病毒代码能够在执行该程序时首先被运行。

当系统从硬盘引导时，主引导记录先被装入内存中执行，然后由主引导程序装入活动分区中 BOOT 引导记录，最后由 DOS 引导程序装入 DOS 操作系统。因此，如果这些引导程序中有病毒程序，该病毒程序就会首先获得控制权。但由于此时还没有安装 DOS，病毒程序只能调用 ROM BIOS 的功能，以扇区为单位进行磁盘操作，无法将病毒程序传染到文件上。引导记录中的病毒程序必须将自己驻留内存，然后才有可能再次获得控制权。由于 DOS 装入时还要进行初始化工作，病毒程序只能将自己驻留内存高端。它修改 ROM 自检程序填写的内存最高可用内存地址并保留一定空间给自己使用，并修改 INT 13H 中断向量，指向病毒程序的某个入口，然后装入正常的引导记录引导 DOS。以后，每次调用 INT 13H 进行磁盘操作，病毒程序便再次获得控制权。获得控制权的病毒程序设法寻找适合感染的硬盘，把自己复制到磁盘的引导分区，完成传染功能。

当一个 DOS 病毒感染了一台计算机后，它通常会造成一些可以识别的变化。大多数被感染文件的大小会变大，因为有附加的病毒代码的加入。如果病毒存在于内存，它会减慢系统的运行速度。当计算机内存无故下降时，或系统开始运行缓慢，便有可能是感染了病毒（这些症状也可能由于软件原因引起的）。如果用户不能肯定计算机为什么出现功能异常，那么应该用病毒扫描程序检测该计算机。如果病毒改写了宿主程序的代码，宿主程序不能运行，用户便可以立即知道出了问题。

为了满足隐蔽性要求,病毒程序一般都较小,并主动减少对宿主重复感染的可能性。病毒程序一般都是通过某个标记来检查宿主已被感染,因此这个标记可以人为地加在宿主中以获得免疫。此外,修改 DOS 并驻留内存的病毒一般给 DOS 增加了检查感染的功能。一个病毒程序获得控制权时,如果发现系统已感染过同种病毒,自己则不驻留内存,以免将内存耗尽或使系统速度下降太多而被人发现。

(2)Windows 病毒的原理

Windows 病毒与 DOS 病毒在攻击和传播方式上相似。不同之处在于,Windows 病毒攻击的是 Windows 操作系统而不是 DOS。通过与 DOS 病毒相比,它们攻击不同的可执行文件,同时,所附着的代码也略有不同。Windows 病毒通常向宿主程序附着一个以上的拷贝,将其代码隐藏在程序代码的开始、中间或末尾。

Win32 中的可执行文件,如.exe、.dII、.ocx 等都是 PE(Portable Executable)格式文件。PE 病毒是所有病毒中数量极多、破坏极大、技巧性最强的一类病毒。PE 病毒一般具有重定位、截获 API 函数地址、搜索感染目标文件、内存文件映射、实施感染等功能。

①重定位

编写正常的程序时是不需要关心变量的位置的,因为源程序在编译时,变量(常量)在内存中的位置都被计算好了。程序装入内存时,系统不会为它重定位。编程时需要用到变量(常量)时直接用变量名访问,编译后通过偏移地址访问。

病毒程序也要用到变量,当病毒感染 HOST 程序后,由于其依附到不同的 HOST 程序中的位置也不尽相同,病毒随着 HOST 装入内存后,病毒中的各个变量(常量)在内存中的位置也会发生变化。这样,病毒对变量的引用不再准确,势必导致病毒无法正常执行。这样,病毒就非常有必要对病毒代码中的所有变量(常量)进行重新定位。

②获取 API 函数的地址

Win32 下的系统功能不是通过中断实现的,而是通过调用动态链接库中的 API 函数实现的。PE 病毒也需要调用 API 函数实现某些功能,但是普通的 PE 程序里面只有一个导入函数节,记录了代码节所用到的 API 函数在 DLL 中的真实地址。这样,调用 API 函数时就可以通过该导入函数节找到相应 API 的真正执行地址。但是,对于 PE 病毒来说,它只有代码节,并不存在导入函数节,所以病毒无法像普通 PE 程序那样直接调用相关的 API 函数,而应该先找出这些 API 函数在相应 DLL 中的地址。

③搜索感染目标文件

通常使用 API 函数来实现搜索感染目标文件的目的,如 FindFirstFile、FindNextFile、FindCode 等。

④内存文件映射

内存文件映射提供一组独立的函数,使得应用程序能够通过内存指针像访问内存一样对磁盘上的文件进行访问。这组内存映射文件函数将磁盘上的文件全部或部分映射到进程虚拟地址空间的某个位置,以后对文件内容的访问就如同在该地址区域内直接对内存访问一样简单。这样,对文件中数据的操作便是直接对内存进行操作,大大提高了访问的速度,对减少病毒对资源的占用是非常重要的。

⑤实施感染

PE 病毒常见的感染及其他文件的方法是在文件中添加一个新节,然后往该新节中添加病毒代码和病毒执行后返回 HOST 程序的代码,并修改文件头中代码开始执行位置指向新添加的病毒节的代码入口,以便程序运行后先执行病毒代码。

Windows 病毒通常会感染 Windows 应用,尤其是 Windows PE(便携可执行程序)文件,还有些可能会感染 Windows 环境中的其他可执行文件。一些经常被感染的程序包括:

- Microsoft Explorer
- 游戏
- 画图(和类似的图形应用)
- 记事本
- Microsoft Word
- Microsoft Outlook
- 计算器

10.2.2　计算机病毒的检测与防御

了解计算机病毒出现的特征,才能更好地查杀这些病毒,下面介绍常见病毒发作时,计算机产生的相关现象:

- 引导时死机
- 引导失败
- 开机运行几秒后突然黑屏
- 外部设备无法找到
- 计算机出现异样声音
- 计算机处理速度明显变慢
- 系统文件字节变化或系统日期发生改变
- 驱动程序被修改
- 计算机经常死机或重新启动
- 应用程序不能进行一些必要操作
- 系统内出现大量文件垃圾
- 文件的大小和日期改变
- 系统的启动速度慢
- 键盘、打印、显示有异常现象
- 文件突然丢失
- 系统异常死机的次数增加

1.计算机病毒的检测

由冯·诺依曼体系结构可知,计算机系统中所有信息最终均以二进制字节序列存储。因此,计算机病毒检测的实质就是一个依据相关规则与先验知识,通过某种算法对二进制(或十六进制)字节序列进行模式识别的问题。目前,常见的计算机病毒的检测方法主要分为以下几种类型:

①特征代码法。特征代码法是利用已经创建的计算机病毒的特征代码病毒样本库,在具体检测时比对被检测的文件中是否存在病毒样本库中存在的代码,如果有就认为该文件

感染了病毒,并根据样本库来确定具体的病毒名称。

很显然,特征代码法的有效性建立在完善的病毒样本库的基础上。病毒样本库的建立需要采集已知病毒的样本,即提取病毒的特征代码。提取病毒特征代码的基本原则是:提取到的病毒特征代码具有独特性,即不能与正常程序的代码吻合;同时,提取到的病毒特征代码长度应尽可能小些,以减小比对时的空间和时间开销。

特征代码法的优点是检测准确、速度快、误报率低,且能够确定病毒的具体名称;但缺点是不能检测出病毒样本库中没有的新病毒。该方法在单机环境中的检测效果较好,但在网络环境中的检测效率较低。

②校验和法。校验和法是指首先计算出正常文件程序代码的校验和(如 Hash 值),并保存在数据库中,在具体检测时将被检测程序的校验和与数据库中的值进行比对,以判断是否感染了计算机病毒。

校验和法的优点是可检测到各种计算机病毒(包括未知病毒),能够发现被检测文件的细微变化;但其缺点是误差率较高,因为某些正常的程序操作引起的文件内容改变会被误认为是病毒攻击所致。同时,该方法无法确定具体的病毒名称。

③状态监测法。状态监测是利用计算机病毒感染及破坏时表现出的一些与正常程序不同的特殊的状态特征,以及人为的经验来判断是否感染了计算机病毒。通过对计算机病毒的长期观察,识别出病毒行为的具体特征。当系统运行时,监视其行为,如果出现病毒感染,立即进行识别。

从原理上讲,状态监测法可以发现包括未知病毒的几乎所有的病毒,但与校验和法一样都可能产生误报,同时无法识别病毒的具体名称。

④软件模拟法。软件模拟法专门针对多态病毒。多态病毒是指每次传染产生的病毒副本特征代码都发生变化的病毒。由于多态病毒没有固定的特征代码,并且在传播过程中使用不固定的密钥或随机数来加密病毒代码,或者在病毒运行过程中直接改变病毒代码,所以增加了病毒检测的难度。软件模拟技术可监视病毒的运行,并可以在设置的虚拟机环境下模拟执行病毒的解码程序,将病毒密码进行破译,还原真实的病毒程序代码。软件模拟法将虚拟机技术应用到计算机病毒的检测中,可以有效应对通过加密进行变形的病毒,但对计算机软、硬件环境的要求相对较高。

2.计算机病毒的防御

客观地说,病毒防范并没有万全之策,在这个信息广泛流通的世界里,无法提出一套方案来保证在与别人充分共享信息的情况下,计算机绝对不会被病毒感染。人们能做的就是在平时的使用过程中尽量减少病毒感染的机会。

(1)养成良好的安全习惯

首先,做到谨慎,程序的下载应该选择可靠的网站。其次,要警惕奇怪的电子邮件及附件,不要随便打开来历不明的邮件及附件,如果附件是程序更应直接删除。

(2)关闭或删除系统中不需要的服务

默认情况下,许多操作系统会安装一些辅助服务,如 FTP 客户端、Telnet 和 Web 服务器。这些服务为攻击者提供了方便,而又对用户没有太大用处,如果删除它们,就能大大减少被攻击的可能性。

（3）使用复杂的密码

有许多网络病毒就是通过猜测简单密码的方式攻击系统的。因此使用复杂的密码，将会大大提高计算机的安全系数。

（4）安装防火墙和专业的杀毒软件进行全面监控

安装较新版本的防火墙，并随系统启动一起加载，即可防止大多数黑客的入侵。现在的操作系统基本上都自带防火墙，建议用户打开此项服务。同时使用专业的杀毒软件定期查杀计算机，将杀毒软件的各种防病毒监控打开（如邮件监控和网页监控等），可以很好地保障计算机的安全。及时更新杀毒软件的病毒库，现在病毒库升级频繁，用户应经常更新。现在的杀毒软件还提供了基于云计算技术的杀毒服务，当用户连接互联网时，可以使用强大的云端对计算机进行病毒扫描。

（5）经常升级操作系统的安全补丁

据统计，有80%的网络病毒是通过系统安全漏洞进行传播的，像"红色代码""冲击波"等病毒，所以定期进行操作系统安全补丁的升级可以防患于未然。

（6）及时备份计算机中有价值的信息

如果计算机被病毒感染了，最后的希望就是系统里的重要信息最好不要丢失，因此需要在计算机没有被病毒感染之前做好重要信息的备份工作。

（7）迅速隔离受感染的计算机

当发现计算机病毒或异常时应立即中断网络，然后尽快采取有效地查杀病毒措施，以防止计算机受到更多的感染，也防止计算机感染其他更多的计算机。

10.3 蠕虫

从1988年出现的第一例莫里斯蠕虫病毒以来，蠕虫以其快速、多样化的传播方式不断给网络世界带来灾害。蠕虫是一种通过网络传播的恶性病毒，它具有病毒的一些特性，如传染性、隐蔽性、破坏性等，同时具有自己的一些特征，如不需要宿主文件、自身触发等。1988年Morris蠕虫爆发后，Eugene H Spafford为了区分蠕虫和病毒，给出了蠕虫技术角度的定义，"计算机蠕虫可以独立运行，并能把自身的一个包含所有功能的版本传播到另外的计算机上。"他强调不同的是，病毒不能独立运行，需要有它的宿主程序运行来激活它，而网络蠕虫强调自身的主动性和独立性。Kienzle和Elder从破坏性、网络传播、主动攻击和独立性4个方面对网络蠕虫进行了定义，"网络蠕虫是借助网络进行传播，无须用户干预，能够自主地或者通过开启文件共享功能而主动进攻的恶意代码"。此外，也有研究认为网络蠕虫具有利用漏洞进行主动攻击、行踪隐蔽、漏洞利用、造成网络拥塞、降低系统性能、产生安全隐患、反复性和破坏性等特征，基于此给出了如下的定义，"网络蠕虫是无须计算机使用者干预即可运行的独立程序，它通过不停地获得网络中存在漏洞的计算机的部分或全部控制权来进行传播"。电子邮件病毒具有在系统之间自我复制的特征，与蠕虫相同，但因为电子邮件病毒依然需要人为的介入才能散布，因此仍旧归类为计算机病毒。

根据使用者情况可将蠕虫病毒分为两种，一种面向企业用户和局域网，这种病毒利用系统漏洞，进行主动攻击，可以对整个互联网造成瘫痪性的后果，以"红色代码""尼姆达"，以及

"sql 蠕虫王"为代表。另外一种是针对个人用户的,通过网络(主要是电子邮件、恶意网页形式)迅速传播的蠕虫病毒,以"爱虫"病毒,"求职信"病毒为代表。在这两种中,第一种具有很大的主动攻击性,而且爆发也有一定的突然性,但相对来说,查杀这种病毒并不是很难。第二种病毒的传播方式比较复杂和多样,少数利用了微软应用程序的漏洞,更多的是利用社会工程学对用户进行欺骗和诱使,这样的病毒造成的损失是非常大的,同时也是很难根除的。比如求职信病毒,在 2001 年就已经被各大杀毒厂商发现,但直到 2002 年底仍然排在病毒危害排行榜的首位。

10.3.1　蠕虫的基本原理

蠕虫病毒是一种通过网络传播的恶性病毒,它除具有病毒的一些共性外,同时具有自己的一些特征,如不利用文件寄生(有的只存在于内存中),对网络造成拒绝服务,以及与黑客技术相结合,利用软件漏洞和缺陷等。蠕虫病毒主要的破坏方式是大量的复制自身,然后在网络中传播,严重的占用有限的网络资源,最终引起整个网络的瘫痪,使用户不能通过网络进行正常的工作。每一次蠕虫病毒的爆发都会给全球经济造成巨大损失,因此它的危害性是十分巨大的。有一些蠕虫病毒还具有更改用户文件、将用户文件自动当附件转发的功能,更是严重地危害到用户的系统安全。

蠕虫一般不采取利用 PE 格式插入文件的方法,而是复制自身在互联网环境下进行传播,病毒的传染能力主要是针对计算机内的文件系统而言,而蠕虫病毒的传染目标是互联网内的所有计算机。局域网条件下的共享文件夹、电子邮件、网络中的恶意网页、存在着大量漏洞的服务器等都成为蠕虫传播的良好途径。网络的发展也使得蠕虫病毒可以在几个小时内蔓延全球,而且蠕虫的主动攻击性和突然爆发性将使得人们手足无措。

蠕虫病毒由两部分组成:一个主程序和一个引导程序。主程序一旦在机器上建立就会去收集与当前机器联网的其他机器的信息。它能通过读取公共配置文件并运行显示当前网上联机状态信息的系统实用程序而做到这一点。随后,它尝试利用前面所描述的那些缺陷在这些远程机器上建立其引导程序。

蠕虫病毒程序常驻于一台或多台机器中,并有自动重新定位的能力。如果它检测到网络中的某台机器未被占用,它就把自身的一个复制(一个程序段)发送给那台机器。每个程序段都能把自身的复制重新定位于另一台机器中,并且能识别它占用的那台机器。

蠕虫的一般传播过程为:

(1)扫描:由蠕虫的扫描功能模块负责探测存在漏洞的主机。当程序向某个主机发送探测漏洞的信息并收到成功的反馈信息后,就得到一个可传播的对象。

(2)攻击:攻击模块按照事先设定的攻击手段,对扫描结果列表中的主机进行攻击,取得该主机的权限(一般为管理员权限),获得一个 Shell。

(3)复制:复制模块通过原主机和新主机的交互将蠕虫程序在用户不察觉的情况下复制到新主机并启动。

蠕虫的基本工作原理如图 10-1 所示。蠕虫首先随机生成一个 IP 地址作为要攻击的对象,然后对被攻击的对象进行探测扫描,检查有无主机存在。如果存在,则继续探测它是否存在漏洞。当程序向某个主机发送探测漏洞的信息并收到成功的反馈信息后,就得到一个可传播的对象。然后该蠕虫就将蠕虫的主体迁移到目标主机,蠕虫程序进入被感染的系统,并对目标主机进行攻击、传染和现场处理。现场处理主要包括实体隐藏、信息搜集等工作。蠕虫入侵到某台计算机上后,会在被感染的计算机上产生自己的多个副本,每个副本会启动搜索程序寻找新的攻击目标。一般要重复上述过程 m 次(m 为该蠕虫产生的繁殖副本数量)。不同的蠕虫,采取的 IP 生成策略也不同,每一步进行的繁简程度也不同,需要具体对待。

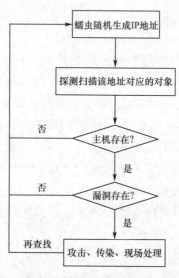

图 10-1　蠕虫的基本工作原理

10.3.2　蠕虫的检测与防御

随着蠕虫技术的不断发展,网络蠕虫已经成为网络系统的极大威胁,从目前发生的多起蠕虫爆发事例可以看出,由于网络蠕虫具有相当的复杂性和行为不确定性,从发现漏洞到蠕虫爆发的时间越来越短,但从蠕虫爆发到蠕虫被消灭的时间却越来越长,网络蠕虫的防范和控制越来越困难。准确有效的蠕虫检测与防范是消除这种威胁、减轻蠕虫所带来的损失的重要手段。目前,网络蠕虫的防御和控制主要采用人工手段,针对主机主要采用手工检查、清除,利用软件检查、清除,给系统打补丁、升级系统,采用个人防火墙,断开感染蠕虫的机器等方法;针对网络主要采用在防火墙或边缘路由器上关闭与蠕虫相关的端口,设置访问控制列表和设置内容过滤等方法。

计算机蠕虫防治的方案可以从两个角度来考虑:一是从它的实体结构来考虑,如果破坏了它的实体组成的一个部分,则破坏了它的完整性,使其不能正常工作,从而达到阻止它传播的目的;二是从它的功能组成来考虑,如果使其某个功能组成部分不能正常工作,也同样达到了阻止它传播的目的。具体可以分为如下一些措施:

● 修补系统漏洞:主要由系统服务提供商负责,及时提供系统漏洞补丁程序。

● 分析蠕虫行为:通过分析特定蠕虫的行为,给出有针对性的预防措施,例如预先建立蠕虫判断目标计算机系统是否已经感染时设立的标记(Worm Condom)。

- 重命名或删除命令解释器(Interpreter)：如 UNIX 系统下的 shell 等。
- 防火墙(Firewall)：禁止除服务端口外的其他端口，这将切断蠕虫的传输通道和通信通道。
- 公告：通过邮件列表等公告措施，加快、协调技术人员之间的信息交流和对蠕虫攻击的对抗工作。
- 更深入的研究：只有对蠕虫特性进行更深入的研究，才能有效地减少蠕虫带来的危害和损失。

由于蠕虫的主动攻击特性和传播时与计算机操作人员无关性，终端用户在蠕虫的防治上基本无能为力，所以系统厂商、反病毒产品厂商和网络管理员应该起到更重要的作用。另外，应该加快构建由系统厂商、反病毒产品厂商、科研技术人员、用户、政府主管部门联合的一个全方位立体的防治体系。

计算机蠕虫同计算机病毒一样，由原来作为程序员的"玩物"变成了对计算机系统造成最大威胁的攻击武器。蠕虫编写者越来越多地把黑客技术加入蠕虫程序中来，使对蠕虫的检测、防范越来越困难。对蠕虫网络的传播特性、网络流量特性建立数学模型以及对蠕虫的危害程度进行评估等研究工作有待加强。另外，如何利用蠕虫做有益的工作，也是进一步要研究的课题。

10.4 木 马

特洛伊木马(Trojan Horse)简称木马，源于希腊神话《木马屠城记》。古希腊有大军围攻特洛伊城，久久无法攻下。于是有人献计制造一只高二丈的大木马，假装作战马神，让士兵藏匿于巨大的木马中，大部队假装撤退而将木马摈弃于特洛伊城下。城中得知解围的消息后，遂将"木马"作为战利品拖入城内。晚上，隐藏于木马中的希腊将士钻出木马，打开城门。部队里应外合，很快就将特洛伊城攻下。此名词目前已被黑客程序借用，专指表面上是有用，实际目的却是危害计算机安全并导致破坏严重的计算机程序，具备破坏和删除文件、发送密码、记录键盘和攻击等功能，会使用户系统被破坏甚至瘫痪。恶意的木马程序具备计算机病毒的特征，目前很多木马程序为了在更大范围内传播，而与计算机病毒相结合。因此，木马程序也可以看作一种伪装潜伏的网络病毒。同古希腊人的创造一样，这些木马程序本身不能做任何事情，必须依赖于用户的帮助来实现它们的目标。恶意程序通常都伪装成为升级程序、安装程序、图片等文件，来诱惑用户单击。一旦用户禁不起诱惑打开了以为是合法来源的程序，特洛伊木马便趁机传播。

最初网络还处于以 UNIX 平台为主的时期，木马就产生了。当时的木马程序的功能相对简单，往往是将一段程序嵌入系统文件中，用跳转指令来执行一些木马的功能。而后随着攻击技术的发展，以及自动化木马攻击工具的出现，虽然攻击程序变得更加复杂、攻击强度变得更大了，但是需要攻击者具备的专业知识却更少了。甚至随着一些基于图形操作的木马程序出现了，用户只需要简单地单击操作就可以完成攻击了。

木马是一种基于远程控制的黑客工具，具有隐蔽性和非授权性的特点。所谓隐蔽性是指木马的设计者为了防止木马被发现，会采用多种手段隐藏木马，这样服务端即使发现感染了木马，由于不能确定其具体位置，往往只能望"马"兴叹；所谓非授权性是指一旦控制端与服务端连接后，控制端将享有服务端的大部分操作权限，包括修改文件、修改注册表、控制鼠标和键盘等，而这些权力并不是服务端赋予的，而是通过木马程序窃取的。

木马和病毒都是一种人为的程序，都属于计算机病毒。为什么木马要单独提出来说呢？以前的计算机病毒的作用，其实完全就是为了搞破坏，破坏计算机里的资料数据，除了破坏之外，有些病毒制造者为了达到某些目的而进行的威慑或敲诈勒索，或为了炫耀自己的技术。木马不一样，木马的作用是赤裸裸地偷偷监视别人和盗窃别人密码、数据等。如盗窃管理员密码、子网密码、搞破坏，或者好玩，偷窃上网密码用于他用，游戏帐号、股票账号、网上银行账户等，达到偷窥别人隐私和得到经济利益的目的。所以木马比早期的计算机病毒更加有害，更能够直接达到使用者的目的，导致许多别有用心的程序开发者大量地编写这类带有偷窃和监视别人计算机的侵入性程序，这就是目前网上大量木马泛滥成灾的原因。鉴于木马的这些危害性和它与早期病毒的作用性质不一样，因此木马虽然属于病毒中的一类，但是要单独地从病毒类型中间剥离出来，特别地称为"木马"程序。

木马是一个程序，它驻留在计算机里，随计算机自动启动，并侦听某一端口，识别到所接收的数据后，对目标计算机执行特定的操作。木马的实质是一个通过端口进行通信的网络客户/服务程序。一般的特洛伊木马都有控制端和服务端两个执行程序。其中，控制端用于控制远程服务端程序，服务端是指已植入木马的主机。客户端放在木马控制者的计算机中，服务器端放置在被入侵的计算机中，木马控制者通过客户端与被入侵计算机的服务器端建立远程连接。一旦连接建立，木马控制者就可以通过对被入侵计算机发送指令来传输和修改文件。攻击者利用一种称为绑定程序的工具将服务器部分绑定到某个合法软件上，诱使用户运行合法软件。只要用户运行该软件，特洛伊木马的服务器部分就在用户毫无知觉的情况下完成了安装过程。通常，特洛伊木马的服务器部分都是可以定制的，攻击者可以定制的项目一般包括：服务器运行的 IP 端口号、程序启动时机、如何发出调用、如何隐身、是否加密等。另外，攻击者还可以设置登录服务器的密码，确定通信方式。服务器向攻击者通知的方式可能是发送一个 E-mail，宣告自己当前已成功接管机器；或者可能是联系某个隐藏的 Internet 交流通道，广播被侵占机器的 IP 地址；另外，当特洛伊木马的服务器部分启动之后，它还可以直接与攻击者机器上运行的客户程序通过预先定义的端口进行通信。不管特洛伊木马的服务器和客户程序如何建立联系，有一点是不变的，就是攻击者总是利用客户程序向服务器程序发送命令，达到操控用户机器的目的。

木马的制造者可以通过网络中的其他计算机任意控制服务器端的计算机，并享有服务器端的大部分操作权限，利用控制端向服务器端发出请求，服务器端收到请求后会根据请求执行相应的操作，其中包括：

- 查看文件系统，修改、删除、获取文件；
- 查看系统注册表，修改系统配置；

- 截取计算机的屏幕显示,并且发送给控制端;
- 查看系统中的进程,启动和停止进程;
- 控制计算机的键盘、鼠标或其他硬件设备的动作;
- 以本机为跳板,攻击网络中的其他计算机;
- 通过网络下载新的病毒文件。

一般情况下,木马在运行后,都会修改系统,以便在下一次系统启动时自动运行该木马程序。修改系统的方法有下面几种:
- 利用 autoexec.bat 和 config.sys 进行加载;
- 修改注册表;
- 修改 win.ini 文件;
- 感染 Windows 系统文件,以便进行自动启动并达到自动隐藏的目的。

特洛伊木马的工作过程大致可以分为如下几个部分:

1.配置木马

一般来说,一个成熟的木马程序都有木马配置程序,从配置程序的内容来看,主要包括两个功能。

(1)木马伪装

木马配置程序为了在服务端尽可能地隐藏而不被发现,会采用多种伪装手段,例如:修改图标、捆绑文件、定制端口等。

(2)信息反馈

木马配置程序将信息反馈的方式进行设置。例如,设置信息反馈的邮件地址、QQ号等。

2.传播木马

下面介绍木马传播的几种方式:

(1)手工放置:手工放置比较简单,是最常见的做法。手工放置分为本地放置和远程放置。本地放置就是直接在计算机上进行安装。远程放置就是通过常规攻击手段,获得目的主机上的上传权限后,将木马上传到目标计算机上,然后通过其他方法使木马程序运行起来。

(2)以邮件附件的方式传播:控制端将木马改头换面后,然后将木马程序控制到附件中,发送给收件人。

(3)通过磁盘或光盘传播。

(4)通过 QQ 对话,利用文件传送功能发送伪装了的木马程序。

(5)将木马程序捆绑在软件安装程序上,通过提供软件下载的网站(Web/FTP)传播。

(6)通过病毒或蠕虫程序传播。

3.运行木马

服务端用户运行木马程序或捆绑有木马的程序后,木马就会自动进行安装。首先将自身拷贝到 Windows 的系统文件夹中,然后在注册表、启动组、非启动组中设置好木马的触发条件。这样,木马就安装成功了,并可以启动木马。

木马被激活后进入内存,并开启事先定义的木马端口,准备与控制端建立连接。这时服务端用户可以在 MS-DOS 方式下键入:netstat-an,查看端口状态。一般个人计算机在脱机状态下是不会有端口开放的,如果有端口开放,就要注意是否感染木马了。

4.信息泄露

一般来说,一个设计成熟的木马都有一个信息反馈机制。信息反馈机制是指木马成功安装后,会收集一些服务端的软、硬件信息,并通过 E-mail、QQ 等方式告知控制端用户。

5.建立连接

建立连接需要控制端和服务端都在线,在此基础上,控制端可以通过木马端口与服务端建立连接。在客户端和服务端通信协议的选择上,绝大多数木马使用的是 TCP/IP 协议,但是也有一些木马由于非凡的原因,使用 UDP 协议进行通信。

6.远程控制

木马连接建立后,控制端端口和木马端口之间将会出现一条通道,控制端上的控制端程序可通过这条通道与服务端上的木马程序取得联系,并通过木马程序对服务端进行远程控制。

10.4.2　木马程序的检测与防御

木马病毒的危害在于它对系统具有强大的控制和破坏能力。功能强大的木马一旦被植入用户的计算机,木马的制造者就可以像操作自己的计算机一样控制服务端计算机,甚至可以远程监控用户的所有操作。在每年爆发的众多网络安全事件中,大部分网络入侵都是通过木马病毒进行的。目前,病毒和木马有常见的两种感染方式,一是运行了被感染或有病毒的木马程序,二是浏览网页、邮件时利用浏览器漏洞,病毒和木马自动下载运行。因而防范的第一步首先是要提高警惕,不要轻易打开来历不明的可疑文件、网站、邮件等,并且要及时为系统打上补丁,安装上可靠的杀毒软件并及时升级病毒库。其他防范技术还有以下几种:

1.利用工具查杀木马

目前用于检测木马的工具基本上分为两类:一是杀毒软件,它们利用升级病毒库特征查杀,如 360 杀毒、金山毒霸等;二是专门针对木马的检测防范工具,比较有名的工具有 The Cleaner 和 Anti-Trojan 等。

(1)杀毒软件检测

利用特征码匹配的原则进行查杀。首先对大量的木马病毒文件进行格式分析,在文件的代码段中找出一串特征字符串作为木马病毒的特征,建立特征库。然后,对磁盘文件、传入系统的比特串进行扫描匹配,如果发现有字符串与木马病毒特征匹配,就认为发现了木马病毒。

(2)专用工具检测方法

专用工具通常采用动态监视网络连接和静态特征字扫描结合的方法。通过进行木马攻击模拟,分析木马打开的通信端口、木马文件中的特征字符串、木马在注册表和系统特殊文件中的具体加载启动方式、木马的进程名、木马文件的基本属性(如文件大小等)等,并把它们作为木马的特征和标识。对大量木马进行这方面的特征分析,建立木马特征库。

对本地主机或远程主机的通信端口、进程列表、注册表的启动和关联项进行扫描,如果发现打开的通信端口有特征库中统计的木马端口,或木马进程名、或注册项、启动项、文件关联项中有特征库中统计的木马加载启动方式,就判断有木马。对本地主机或远程主机的磁盘文件进行木马特征字符串匹配扫描,发现相符的字符串就判定为木马。

以上两种方式都可以杀除木马,但两者有一定的区别。后者针对性强,并且功能强大。例如它们会带有监视特定端口的信息流量,一旦发现异常的端口开放或者异常的数据流动,就会以明文方式通知用户进行确认。这样可以有效地阻止木马的自动运行功能,从而达到防范木马的目的。有些木马专杀工具还可以先于系统启动,以达到杀除内核级木马的目的,这也是前者无法做到的。

2.检查网络通信状态

由于不少木马会主动侦听端口,或者会连接特定的 IP 和端口,因此可以在没有正常程序连接网络的情况下,通过检查网络连接情况来发现木马的存在。可以用防火墙观察是哪些应用程序打开端口并与外界有了联系。可以随时完全监控计算机网络连接情况,一旦存在不熟悉的程序和特别的端口在运行,就可以马上发现它、关闭它、跟踪它,找到它的原文件位置。

3.查看目前的运行任务

服务是很多木马用来保持自己在系统中永远能处于运行状态的方法之一。可以通过选择"开始"→"运行"命令,输入"cmd",然后输入"net start"来查看系统中究竟有什么服务正在开启,如果发现不是自己开放的服务,可以进入"管理工具"中的"服务",找到相应的服务,停止并禁用它。

4.查看系统注册表

注册表对于普通用户来说比较复杂,木马常常喜欢隐藏在这里。例如在 system.ini 文件中,在[BOOT]下面有一个"shell＝文件名"。正确的文件名应该是"explorer.exe",如果不是"explorer.exe",而是"shell＝explorer.exe 程序名",那么后面跟着的那个程序就是木马程序。在注册表中的状况比较复杂,通过 regedit 命令打开注册表编辑器,再单击至"HKEY_LOCAL_MACHINE/Software/Microsoft/Windows/CurrentVersion/Run"目录下,查看键值中有没有自己不熟悉的扩展名为 exe 的自动启动文件。注意,有的木马程序生成的文件很像系统自身的文件,它试图通过伪装蒙混过关,如"Acid Battery v1.0 木马",它将注册表"HKEY_LOCAL_MACHINE/Software/Microsoft/Windows/CurrentVersion/Run"下的 Explorer 键值改为 Explorer＝"C:\Windowsexpiorer.exe"。"木马"程序与真正的程序之间只有"i"与"I"的差别。

5.查看系统启动项

查看"启动"项目时一般包括 Windows 系统需要加载的程序,如注册表检查、系统托盘、能源保护、计划任务、输入法相关的启动项以及用户安装的需要在系统启动时加载的程序。木马很可能藏在这些地方。若在以上文件或项目中发现木马,则记下木马的义件名,将系统配置文件改回正常情况,重新启动计算机,在硬盘上找到记下的木马文件,删除即可。

6.使用内存检测工具检查

因为黑客可以任意指定被绑定程序,木马启动时间很难确定,所以在系统启动后及某个程序运行后,都可利用内存监测工具(系统的任务管理器)查看内存中有无不是指定运行的进程在运行。如果有,很可能就是木马,先记下它的文件名,终止它的运行,再删除硬盘上的该文件。另外还必须找到被绑定程序,否则被绑定程序一旦运行,木马又会重新运行。有些木马采用双进程守护技术,木马被植入两个进程中,如果其中一个进程被查杀,另一个进程会迅速地对其进行恢复。

7.用户安全意识策略

以上介绍的内容均为木马查杀方法,在木马防范的过程中,用户也需加强安全意识,杜绝木马心理欺骗层面上的入侵企图。

(1)不随便下载软件,不执行任何来历不明的软件。在安装软件之前最好用杀毒软件查看有没有病毒,之后再进行安装。

(2)不随意在网站上散播个人电子邮箱地址,对邮箱的邮件过滤进行合理设置并确保电子邮箱防病毒功能处于开启状态,当收到来历不明的邮件时,千万不要打开,应尽快删除。并加强邮件监控系统,拒收垃圾邮件。

(3)除对 IE 升级和及时安装补丁外,同时禁用浏览器的"ActiveX 控件和插件"以及"Java 脚本"功能,以防恶意站点网页木马的"全自动入侵"。

(4)在可能的情况下采用代理上网,隐藏自己的地址,以防不良企图者获取用于入侵计算机的有关信息。

(5)及时修补漏洞和关闭可疑的端口

一般木马都是通过漏洞在系统上打开端口留下后门,以便上传木马文件和执行代码,在把漏洞修补上的同时,需要对端口进行检查,把可疑的端口关闭。

(6)尽量少用共享文件夹

如果必须使用共享文件夹,则最好设置帐号和密码保护。注意千万不要将系统目录设置成共享,最好将系统下默认共享的目录关闭。Windows 系统默认情况下将目录设置成共享状态,这是非常危险的。

(7)运行实时监控程序

在上网时最好运行反木马实时监控程序和个人防火墙,并定时对系统进行病毒检查。

(8)经常升级系统和更新病毒库

经常关注厂商网站的安全公告,这些网站通常都会及时地将漏洞、木马和更新公布出来,并第一时间发布补丁和新的病毒库等。

8.纵深防御保护系统安全

木马不断采用新技术来逃避杀毒软件的查杀和穿越防火墙实现数据的"合法"传输,可见系统现有安全工具并不能百分之百地保证系统的安全运行,因此,应采用其他工具联合保护系统安全,较好的办法是对系统和网络的状态进行实时监控。

个人用户可以采用安全软件实现对系统和网络的监控。一些高级进程管理工具具备进程监控、进程查杀、启动监控等多种功能,能提供详细的进程信息,显示系统隐藏进程,对当前网络进程监视并提供协议、端口、远程 IP、状态、进程路径等信息。另外一些监视软件可对系统、设备、文件、注册表、网络、用户等进行全面监控,提供详细的时间、动作、状态等信息,并能将信息存为日志以备分析使用。采用此类工具对系统进行实时监控能及时发现系统中的可疑行为和可能的木马入侵,这样用户可及时发现异常情况并采取相应的措施将其消除在萌芽状态。运用此类系统监视工具与杀毒软件及防火墙相结合,能全方位实时保护系统安全。

本章习题

1.什么是恶意程序？

2.恶意程序的分类有哪些？

3.简述计算机病毒的基本原理。

4.如何防范计算机病毒？

5.什么是蠕虫？蠕虫和计算机病毒的区别是什么？

6.简述蠕虫的工作原理。

7.简述木马程序的基本原理。

8.用户该如何加强木马安全防范意识？

第11章 网络攻击及防御

学习指南

导 读

计算机技术的高速发展以及网络信息技术的日益普及,不仅改变了长期以来人们既有的社会经济结构,同时也深刻地改变着人们的生活方式、生产方式与管理方式,加快了国家现代化和社会文明的发展。21世纪的竞争是经济全球化和信息化的竞争,"谁掌握信息,谁就掌握了世界",信息安全不仅关系到公民个人、企业团体的日常生活,更是影响国家安全、社会稳定至关重要的因素之一。

近年来,我国网络安全事件发生比例呈上升趋势,调查结果显示绝大多数网民的主机曾经感染病毒,超过一半的网民经历过帐号/个人信息被盗窃、被篡改,部分网民曾被仿冒网站欺骗。在全球上下迎接信息化时代到来的同时,诸如信息窃取和盗用、信息欺诈和勒索、信息攻击和破坏、信息污染和滥用等各种信息犯罪活动也频频发生,给国家安全、知识产权以及个人信息权等带来了巨大的威胁,并日益成为困扰人们现在生活的又一新问题,引起了社会各界的极大忧虑和广泛关注。

本章首先从什么是黑客以及黑客攻击的发展趋势介绍了与网络攻击相关的基础知识,为之后学习网络攻击及防御奠定了基础。其次主要从信息收集类攻击、入侵类攻击、欺骗类攻击、拒绝服务类攻击等方面对不同类型的网络攻击及防御方法进行介绍。最后,对入侵检测系统进行了介绍。

关键概念

黑客 信息收集类攻击 入侵类攻击 欺骗类攻击 拒绝服务类攻击 入侵检测系统

随着网络技术的快速发展,网络以其开放性、共享性等特征对社会的影响越来越大,网络技术已经成为社会发展的重要标志。信息安全涉及国家的政治、军事、文化、教育等诸多

领域,其中存储、传输和处理的信息涉及各个领域的重要信息,还有很多是敏感信息,甚至是国家机密,所以难免会引起来自世界各地的各种人为攻击(例如信息泄露、信息窃取、数据篡改、计算机病毒等)。同时,网络实体还要经受诸如水灾、火灾、地震、电磁辐射等方面的考验。

近年来,计算机犯罪案件也急剧上升,计算机犯罪已经成为普遍的国际性问题。据美国联邦调查局的报告,计算机犯罪是商业犯罪中所占比例最大的犯罪类型之一。计算机犯罪大都具有瞬时性、广域性、专业性、时空分离性等特点。通常很难留下犯罪证据,这大大刺激了计算机高技术犯罪案件的发生。计算机犯罪率的迅速增加,使各国的计算机系统特别是网络系统面临着很大的威胁,并成为严重的社会问题之一,确保网络安全刻不容缓。

随着我国信息化进程的飞速发展,网络安全问题也日益严重。在短短的几年里,发生了多起危害计算机网络的安全事件,必须采取有力的措施来保护计算机网络的安全。广义上的网络安全还应该包括如何保护内部网络的信息不从内部泄露,如何抵制文化侵略,如何防止不良信息的泛滥等。利用计算机通过互联网窃取军事机密的事例,在国外也是屡见不鲜。美国、德国、英国、法国等国家的黑客曾利用互联网进入五角大楼、航天局、北约总部和欧洲核研究中心的计算机数据库。

未来的战争将是信息战争,信息安全关系到国家的主权和利益。因此,关注网络信息安全,对网络攻击技术以及防御方法进行研究的重要性和必要性是显而易见的。

11.1　网络攻击概述

第一例黑客入侵发生在 1988 年,美国康奈尔大学一位研究生设计出的一套网络安全性测试程序出了差错,结果包括 NASA、美国国家实验室、犹他州立大学等组织在内,超过 6 000 台的网络主机遭到破坏而瘫痪,净损失 1 000 多万美元。在现代网络中,网络攻击可以分为主动攻击和被动攻击。其中,主动攻击是攻击者非法访问他所需信息的故意行为,而被动攻击是指被动收集信息,而不是主动访问,数据的合法用户对这种活动很难觉察到。网络安全已经成为人们日益关注的焦点问题。目前,利用计算机网络实施犯罪的案件屡见不鲜,黑客们通过各种方法向目标计算机发动攻击,对社会政治、经济、文化等方面造成了不可估量的损失。如何提高网络的安全防范水平,防止黑客入侵等问题已经刻不容缓。

11.1.1　黑客

黑客(Hacker),源于英语动词 hack,原意是指计算机技术水平高超的电脑专家,尤其是指程序设计人员。但到了今天,黑客一词已被用于泛指那些专门利用电脑网络搞破坏或恶作剧的家伙,而对这些人正确的英文叫法是 cracker,音译为“骇客”。黑客与骇客的主要区别是黑客们修补相关漏洞,而骇客们却抓住这些漏洞对其他电脑进行入侵。在网络发展初期,网络方面的立法还不够健全,黑客在法律的漏洞下可以为所欲为。目前各国法律的发展速度仍落后于互联网的发展速度,在黑客活动转入地下以后,其攻击的隐蔽性更强,使得当前法律和技术缺乏针对网络犯罪卓有成效的法纪和跟踪手段,无规范的黑客活动已经成为网络安全的重要威胁。

黑客入侵的完整模式一般可以分为：踩点→扫描→查点→分析并入侵→获取权限→扩大范围→安装后门→清除日志等几个行为模块，黑客入侵行为模型如图11-1所示。在实际入侵过程中不可能都用到上面的每一步，但从总体来说，一次完整黑客入侵的基本步骤可包括搜集信息、实施入侵、上传程序、下载数据，并利用一些方法来保持访问，如后门、特洛伊木马、隐藏踪迹等。

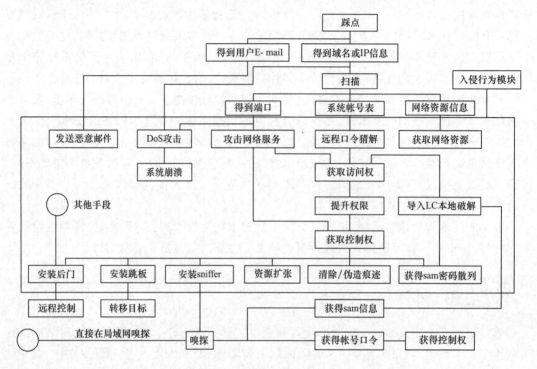

图11-1　黑客入侵行为模型图

黑客入侵的目标往往是信息安全系统进行保护的资源。这些资源一般包括如下内容：

（1）终端用户资源：通常指普通用户使用的电脑及其外设，其数据本身的重要性并不一定很高，通常如果被黑客攻击也不会对全局造成重大的损失。但是，它会被黑客作为跳板去获取网络中的其他资源。而且，由于普通用户的电脑水平和防范意识参差不齐，这类资源的安全性一般不是很高。

（2）网络资源：指路由器、交换机、集线器、布线系统和机房等。如果黑客控制了这些资源，则网络就不再安全了，对外联络也处于极度危险之中。

（3）服务器资源：Web服务器、邮件服务器、文件传输服务器等。与终端用户资源不同的是，服务器资源通常是一些公共数据，允许大家合法访问。黑客以它作为目标一般是要控制这些资源或者影响正常用户的访问。

（4）信息存储资源：对于存储资源上的信息，黑客是最感兴趣的。

11.1.2　黑客攻击的发展趋势

一般认为，黑客起源于20世纪50年代，麻省理工学院（MIT）率先研制出"分时系统"，这是学生们第一次拥有了属于自己的计算机终端。不久后，MIT学生中出现了大批狂热的计算机迷，他们称自己为"黑客"（Hacker），即"肢解者"和"捣毁者"，意味着他们要彻底"肢解"和"捣毁"大型主机的控制。MIT 的"黑客"属于第一代，他们开发了大量有实用价值的应用程序。

20 世纪 60 年代中期，起源于 MIT 的"黑客文化"开始弥散到美国其他校园，逐渐向商业渗透，黑客们进入或建立计算机公司。他们中较著名的有贝尔实验室的邓尼斯·里奇和肯·汤姆森。他俩在小型计算机 PDP-11/20 编写出 UNIX 操作系统和 C 语言，推动了计算机工作站和网络的成长。现在黑客使用的侵入计算机系统的基本技巧，例如破解口令（Password Cracking）、开天窗（Trapdoor）、走后门（Backdoor）、安放特洛伊木马（Trojan Horse）等，都是在这一时期发明的。但是在 20 世纪 60 年代，计算机的使用还远未普及，存储重要信息的数据库还没有多少，也谈不上黑客对数据的非法复制等问题。MIT 的理查德·斯德尔曼后来成立了自由软件基金会，成为国际自由软件运动的精神领袖。他们是第二代"黑客"的代表人物。

新一代"黑客"伴随着"嬉皮士运动"出现。艾比·霍夫曼是这代黑客的"始作俑者"。霍夫曼制造了许多恶作剧，常常以反对越战和迷幻药为题。1967 年 10 月，他领导了一次反战示威，号召黑客们去"抬起五角大楼"。他还创办了一份地下技术杂志《TAP》，告诉嬉皮士黑客如何在现存的体制下谋生，并大肆介绍电话偷窃技术。

从 20 世纪 70 年代起，新一代黑客已经逐渐走向自己的反面。1970 年，约翰·达帕尔发现"嘎吱船长"牌麦圈盒里的口哨玩具，吹出的哨音可以开启电话系统，从而借此进行免费的长途通话。他在黑客圈子里被叫作"嘎吱船长"，因盗用电话线路而多次被捕。苹果公司乔布斯和沃兹奈克也制作过一种"蓝盒子"，成功入侵了电话系统。

到了 20 世纪 80、90 年代，计算机越来越重要，大型数据库也越来越多，同时，信息越来越集中在少数人的手里。这样一场新时期的"圈地运动"引起了黑客们的极大反感。黑客认为，信息应共享而不应被少数人所垄断，于是将注意力转移到涉及各种机密的信息数据库上。而这时，电脑化空间已私有化，成为个人拥有的财产，社会不能再对黑客行为放任不管，而必须采取行动，如利用法律等手段来进行控制，黑客活动受到了空前的打击。1982 年，年仅 15 岁的凯文·米特尼克闯入了"北美空中防务指挥系统"，这是首次发现的从外部侵袭的网络事件。他后来连续进入美国多家大公司的计算机网络，把一些重要合同涂改得面目全非。1994 年，他向圣迭戈超级计算机中心发动攻击，将整个 Internet 置于危险的境地。米特尼克曾多次入狱，被指控偷窃了数以千计的文件以及非法使用 2 万多个信用卡。

2000 年 2 月，全世界黑客们联手发动了一场"黑客战争"，把整个网络搅了个天翻地覆。神通广大的神秘黑客，接连袭击了 Internet 最热门的八大网站，包括亚马逊、雅虎和微软，造成这些网站瘫痪长达数小时。FBI 仅发现一个名为"黑手党男孩"的黑客参与了袭击事件，对他提出的 56 项指控，只与其中几个被"黑"网站有关，估计造成了达 17 亿美元的损失。2000 年 5 月，菲律宾学生奥内尔·古兹曼炮制出"爱虫"病毒，因计算机瘫痪所造成的损失高达 100 亿美元。全世界反黑客、反病毒的斗争呈现出越来越激烈的趋势。

但是，现在政府和公司的管理者越来越多地要求黑客传授给他们有关电脑安全的知识。许多公司和政府机构已经邀请黑客为他们检验系统的安全性，甚至还请他们设计新的保安规程。毫无疑问，黑客对电脑防护技术的发展也做出了贡献。

信息收集类攻击及防御

信息收集是通过各种方式获取所需要的信息,来完成一次成功的网络攻击,第一步就是要收集目标站点的各种信息,而信息收集工作的好坏,直接关系到入侵与防御的成功与否。信息收集类攻击是指攻击者(黑客)使用工具对目标主机或数据包的传输进行检查,为进一步入侵获得有用的信息,但并不会对目标本身造成直接危害。这一阶段可以细分为目标选择、基本信息收集、漏洞分析、漏洞探测等四个步骤。攻击者对一个目标进行攻击,除了有经济、政治等原因,还包括对攻击目标的恶意报复,或者是把攻击目标系统作为攻击其他系统的跳板,以躲避追踪。另外,具有极强的影响力或者高度保密的单位和机构的网络系统也是攻击者的首选攻击目标,普通的网络系统也经常是被攻击的对象。

攻击者对目标系统进行攻击,主要为获取以下信息:

- 主机的活动状态:在目标网络上有哪些主机在活动。
- 主机的操作系统:在活动的主机上安装的是什么操作系统及其版本。
- 主机提供的服务:在活动的主机上安装了哪些应用软件,对外提供了哪些服务。
- 网络的拓扑结构:目标网络的拓扑结构是怎么样的,子网的划分如何。
- 安全措施的设置:目标网络上设置了哪些安全系统。

获取到了这些信息后,攻击者通过把目标系统的资料与自己掌握的漏洞资料进行对比,找到一些已知的漏洞(网络结构的漏洞、操作系统存在的漏洞、应用软件存在的漏洞等),利用相应的工具对目标系统进行测试,如果目标系统没有为漏洞打上补丁,攻击者通过利用这些漏洞对目标系统进行攻击。

但信息收集并不对目标本身造成危害,这类攻击被用来为进一步入侵提供有用的信息。信息收集技术是一把双刃剑,一方面攻击者在攻击之前需要收集信息,才能实施有效的攻击;另一方面,安全管理员用信息收集技术发现系统弱点并进行修复。信息收集类攻击主要包括 Sniffer、扫描器和其他信息收集类攻击等。

11.2.1　Sniffer

随着互联网技术及电子商务的日益普及,网络安全也越来越受到重视。在网络安全隐患中扮演重要角色之一的嗅探攻击(Sniffer)也受到越来越大的关注,下面介绍嗅探攻击及其防御方法。

1.Sniffer 的概念

Sniffer 也称嗅探,捕获在网络中传输的数据信息就称为 Sniffer。由于在普通的网络环境中,帐号和密码信息以明文方式在网络中传输,入侵者利用计算机的网络接口截取网络上传输的数据,在得到网络中其他计算机的帐号和密码后,就可以控制整个网络了。由于计算机网络是共享通信通道的,共享意味着计算机能够接收到发送给其他计算机的信息。

2.Sniffer 的工作原理

Sniffer 是一种被动攻击,基本原理是在网卡被设置为混杂接收模式时,所有流经网卡的数据帧都会被网卡接收,然后把这些数据传给嗅探程序,分析出攻击者想要的敏感信息,如帐号、密码或一些商业信息,从而实现窃听的目的。也就是说,终端 A 向终端 B 传输信息

过程中,信息不仅沿着终端 A 至终端 B 的传输路径传输,还沿着终端 A 至黑客终端的传输路径传输,并且终端 A 至黑客终端的传输路径对通信双方终端 A 和终端 B 都是透明的。

使用嗅探攻击最普遍的目的之一,就是通过在局域网内的嗅探,窃听到网络用户的网络帐号和密码等。对于嗅探攻击来说,如果协议经过加密,嗅探到的数据都是密文,即使截取到了大量的数据,如果没有解密的算法,这些数据也是一点价值都没有的。不过在网络通信中还有许多的协议是基于明文传输的,也就是说没有经过加密。并且,现在有很多程序和服务还是在使用这些协议的。这样就可以通过截取这些数据包,把感兴趣的信息过滤出来,通过分析,就能得到想要的用户名和密码。

3. Sniffer 的防御

由于网络嗅探是一种被动攻击技术,非常难发现,并且有经验的攻击者还可以通过破坏日志来掩盖嗅探留下的信息,因此很难找到完全主动的解决方案,不过可以采用一些被动但却通用的防御措施。目前,针对嗅探攻击的防范技术主要包括网络分段、会话加密技术和防止 ARP 欺骗等方面。此外,也可以借助于一些反监听工具如 AntiSniffer 等进行检测。

(1)网络分段

在防范网络嗅探的方法中,可以使用网络分段,其目的是将非法用户与敏感的网络资源相互隔离。由于网络嗅探技术只能在当前网络段内进行数据捕获,因此将网络分段工作进行得越细,网络嗅探工具能够收集的信息就越少。基于这一思想,灵活运用集线器、交换机、路由器和网桥等网络设备进行合理的网络分段(交换机、路由器和网桥是网络嗅探不可能跨过的网络设备),可以有效地避免数据进行传播。这样,即使某一个网段内部的数据信息被网络嗅探器截获了,其他网段也仍然是安全的。这种方法较容易实现,随着网络硬件设备技术的发展,其成本也在逐渐降低,因此,是目前局域网中较为实用的一种方法。

(2)加密传输数据

对传输数据进行加密同样可以防范嗅探攻击。目前这种技术主要有两种,一种是数据通道加密,如果对通道进行加密,则许多应用协议中明文传输的帐号、口令等敏感信息将受到严密的保护。另一种是对数据内容进行加密,通过数字签名和内容加密,保证了信息传输过程的机密性和可认证性。另外,对安全性要求比较高的公司可以考虑 Kerberos,这是一种为网络通信提供可信第三方服务的面向开放系统的认证机制,在身份认证过程中提供了一种强加密机制,而且,在通过认证之后的所有通信也都是加密的。

(3)注意重点区域的安全防范

重点区域,主要是针对网络嗅探器的放置位置而言。入侵者要让嗅探器尽可能发挥较大的功效,通常会把它放在数据交汇集中区域,比如网关、交换机、路由器等附近,以便能够捕获更多的数据。因此,对这些区域加强安全防范检查和保护措施同样可以达到防御嗅探攻击的目的。

 11.2.2　扫描器

扫描技术是一种基于互联网远程检测目标网络或本地主机安全性脆弱点的技术。黑客可以利用它查找网络上有漏洞的系统,收集信息,为后续攻击做准备。而对系统管理者而言,通过扫描技术,可以了解网络的安全配置和正在运行的应用服务,及时发现系统和网络中可能的安全漏洞和错误配置,客观评估网络风险等级,增强对系统和网络的管理和维护。一般来说,可以通过手工进行扫描,也可以通过扫描器进行扫描。

在手工扫描时,对于如今数以百万计的主机系统来说,黑客通过手动输入一条条命令来寻找有漏洞的目标主机是非常不现实的。同样,对系统或网络管理员而言,用这种方法检查本地网络内部的漏洞,也非常烦琐。并且手动探测需要使用者熟悉网络命令并有一定的经验积累。而用扫描器进行扫描时,许多扫描器软件都有分析数据的功能,因此,为了提高扫描效率,一般会借助现有的一些扫描器。扫描技术作为一种主动的防范措施,可以有效避免恶意的攻击行为,做到防患于未然。

1.扫描器的概念

扫描器是一种自动检测远程或本地主机安全性弱点的程序。它集成了常用的各种扫描技术,能自动发送数据包去探测和攻击远端或本地的端口和服务,并自动收集和记录目标主机的反馈信息,从而发现目标主机是否存活、目标网络内所使用的设备类型与软件版本、服务器或主机上各 TCP/UDP 端口的分配、所开放的服务、所存在的可能被利用的安全漏洞。据此提供一份可靠的安全性分析报告,分析可能存在的脆弱性。

2.扫描过程

网络扫描主要用来搜集网络信息,能够帮助用户发现目标主机的弱点和漏洞,并根据扫描结果,改进网络安全。在网络安全领域,扫描器已成为最常用的安全工具之一。一般而言,一个扫描过程可以分为以下三个阶段:

(1)发现目标主机或网络。

(2)在发现活动目标后进一步搜集目标信息。包括对目标主机运行的操作系统类型进行识别,通过端口扫描技术查看该系统处于监听或运行状态的服务以及服务软件的版本等。如果目标是一个网络,还可以进一步发现该网络的拓扑结构、路由设备以及各主机的信息。

(3)根据搜集到的信息进行相关处理,进而检测出目标系统可能存在的安全漏洞。

网络安全扫描所用到的各种技术便体现在这三个阶段中。如 Ping 扫描技术主要用于第一阶段,帮助人们识别目标主机是否处于活动状态。而第二阶段则主要运用操作系统探测和端口扫描技术。第三阶段通常采用漏洞扫描技术,即在端口扫描的基础上,对信息进行相关处理。在整个网络安全扫描的过程中,端口扫描技术非常关键,起着举足轻重的作用。

3.扫描类型

(1)Ping 扫描

Ping 扫描作为最常见的一种扫描方式,Ping 扫描的目的就是确认目标主机的 IP 地址,即扫描的 IP 地址是否分配了主机。Ping 程序向目标系统发送 ICMP 回显请求报文,并等待返回的 ICMP 回显应答,然后打印出回显报文。一般地,若 Ping 不能连到某台主机,就表示这台主机并不在线。利用这一点,可以判断一个网络中有哪些主机在线。过去使用这种方式来判断主机是否在线是非常可靠的,但随着互联网用户安全意识的提高,情况发生了变化。很多路由器和防火墙都进行了限制,不会响应 ICMP 回显请求,使用者也可能在主机中通过一定的设置禁止对这样的请求信息应答。

（2）端口扫描

Ping扫描确定目标主机的IP地址，进而可以通过端口扫描探测主机所开放的端口。简单来说，端口扫描就是逐个对一段端口或指定端口进行扫描。通过端口扫描就可以知道一台计算机上都提供了哪些服务，然后就可以通过所提供的这些服务的已知漏洞进行攻击。一个端口就是一个潜在的通信通道，也就是一个入侵通道。许多常用的服务是使用标准的端口，只要扫描到相应的端口，就能知道目标主机上运行着什么服务。端口扫描技术就是利用这一点向目标系统的TCP/UDP端口发送探测数据包，记录目标系统的响应，通过分析响应来查看该系统处于监听或运行状态的服务。这是网络扫描技术的核心技术之一，广泛用于扫描过程的第二阶段。不过，它仅能对接收到的数据进行分析，帮助人们发现目标主机的某些内在的弱点，而不会提供进入一个系统的详细步骤。

（3）漏洞扫描

漏洞扫描是指基于漏洞数据库，通过扫描等手段对目标网络或目标主机进行安全漏洞检测与分析，发现可利用漏洞的一种安全检测行为。当前的漏洞扫描技术主要是基于特征匹配原理，漏洞扫描器通过检测目标主机不同端口开放的服务，记录其应答，然后与漏洞库进行比较，如果满足匹配条件，则认为存在安全漏洞。主要包括网络漏扫、主机漏扫、数据库漏扫等不同种类。

4.扫描器的防御

（1）反扫描技术

由于扫描技术一般可以分为主动扫描和被动扫描两种，反扫描技术就是针对扫描技术提出的。其中主动扫描技术是主动向受害者主机发送各种探测数据包，根据其回应判断扫描结果。因此防范主动扫描应该减少开放端口，做好系统防护；实时监测扫描，及时做出告警；伪装知名端口，进行信息欺骗。由于被动扫描不会向受害主机发送大规模的探测数据，因此可以采取信息欺骗这一方式来进行防范。

（2）端口扫描监测工具

对于网络管理员来说，尽早地发现攻击者的扫描活动，也许就能及时采取措施，避免攻击者进一步实施真正的攻击和破坏。监测端口扫描的工具有好多种，最简单的一种是在某个不常用的端口进行监听，如果发现有对该端口的外来连接请求，就认为有端口扫描。一般这些工具都会对连接请求的来源进行反探测，同时弹出提示窗口。

另一类工具，是在混杂模式下抓包并进一步分析判断。它本身并不开启任何端口。这类端口扫描监视器与IDS系统中主要负责行使端口扫描监测职责的模块十分类似。另外，蜜罐系统也是一种非常好的防御方法。这里列出了四种监测端口扫描的工具，ProtectX是通过在一些端口上监听来自外部的连接请求来判断端口扫描情况，Winetd和DTK则是典型的蜜罐工具，PortSentry作为一个基于主机的网络入侵检测系统的一部分，主要用于检测主机的端口活动情况和外部对主机的端口扫描情况。

（3）防火墙技术

防火墙技术是一种允许内部网接入外部网络，但同时又能识别和抵抗非授权访问的网络技术，是网络控制技术中的一种。防火墙的目的是要在内部、外部两个网络之间建立一个安全控制点，控制所有从互联网流入或流向互联网的信息都经过防火墙，并检查这些信息，通过允许、拒绝或重新定向经过防火墙的数据流，实现对进、出内部网络的服务和访问的审计和控制。

（4）审计技术

审计技术是使用信息系统自动记录下的网络中机器的使用时间、敏感操作和违纪操作等，为系统进行事故原因查询、事故发生后的实时处理提供详细可靠的依据或支持。审计技术可以记录网络连接的请求、返回等信息，从中识别出扫描行为。

11.2.3　其他信息收集类攻击

1.体系结构探测

体系结构探测是指攻击者使用已知具有响应类型数据库的自动探测攻击，对来自目标主机的坏数据包传递所做出的响应进行检查。由于每种操作系统都有其独特的响应方法，通过将这些独特的响应与数据库的已知响应进行对比，攻击者就能够确定出目标主机所运行的操作系统。为此，可以通过去掉或修改各种 Banner（标志），包括操作系统和各种应用服务，阻断用于识别的端口用以扰乱对方的攻击计划。

2.利用信息服务

DNS 域转换：DNS 协议不对转换或信息性的更新进行身份认证，这使得该协议被人以一些不同的方式加以利用。如果你维护着一台公共的 DNS 服务器，黑客只需实施一次域转换操作就能得到你所有主机的名称以及内部 IP 地址。为此，可以通过在防火墙处过滤掉域转换请求进行防御。

Finger 服务：黑客使用 finger 命令来窥探一台 finger 服务器以获取关于该系统的用户的信息。因此，可以通过关闭 finger 服务并记录尝试连接该服务的对方 IP 地址，或者在防火墙上进行过滤。

LDAP 服务：黑客使用 LDAP 协议窥探网络内部的系统和它们的用户信息。因此，对于窥探内部网络的 LDAP 进行阻断并记录，如果在公共机器上提供 LDAP 服务，那么可以通过把 LDAP 服务器放入 DMZ 来进行防御。

3.假消息攻击

用于攻击目标配置不正确的消息，主要包括：DNS 高速缓存污染、伪造电子邮件。

DNS 高速缓存污染：由于 DNS 服务器与其他名称服务器交换信息的时候并不进行身份验证，这就使得黑客可以将不正确的信息掺进来并把用户引向黑客自己的主机。为此，可以在防火墙上过滤入站的 DNS 更新，外部 DNS 服务器不能更改你的内部服务器对内部机器的认识。

伪造电子邮件：由于 SMTP 并不对邮件的发送者身份进行鉴定，因此黑客可以对你的内部客户伪造电子邮件，声称是来自某个客户认识并相信的人，并附带上可安装的特洛伊木马程序，或者是一个引向恶意网站的链接。为此，可以使用 PGP 等安全工具并安装电子邮件证书进行防御。

11.3　入侵类攻击及防御

网络入侵是指攻击者在非授权的情况下，试图存取信息、处理信息或破坏系统以使系统不可靠、不可用的故意行为。利用嗅探和扫描阶段收集到的信息，攻击者可以尝试攻击目标

系统,对目标系统进行访问。攻击者可能采取对操作系统、应用程序或网络系统进行攻击的方法获取对系统的访问权。网络入侵的基本步骤一般包括进入系统、提升权限、放置后门、清理日志。

口令攻击是攻击者为入侵系统而发动的常见的攻击方式之一,常见的口令攻击方式主要包括穷举攻击、词典攻击、强行攻击、组合攻击以及其他攻击等,通过猜测或确定用户的口令,获得机器或者网络的访问权,从而访问到用户能访问到的任何资源。

缓冲区溢出攻击也是最常用和最具破坏性的攻击方法之一,它允许攻击者通过程序输入把可执行代码输入目标系统中执行,为攻击者在目标系统中执行恶意代码提供了可能。缓冲区溢出呈现为栈溢出和堆溢出两种类型。

APT攻击是指针对特定组织所做的复杂且多方位的网络攻击。APT可利用多种攻击手段,一步一步地获取进入组织内部的权限。APT攻击可能采用恶意软件、漏洞扫描、针对性入侵等多种攻击手段,甚至利用恶意的内部人员破坏安全措施。

社会工程学攻击并不直接运用技术手段,而是一种利用人性的弱点、结合心理学知识,通过对人性的理解来获得目标系统敏感信息的技术。攻击者没有办法通过物理入侵直接取得所需要的资料时,就利用人际关系的互动性发出攻击。

本节主要对入侵类攻击类型进行介绍,了解什么是入侵类攻击及其入侵过程或原理,并提出针对入侵类攻击的防御方法。

11.3.1 口令攻击

口令通过只允许知道的人访问系统的方式来保护系统的安全,一般要经过认证和授权两个过程。当前的网络系统都是通过口令来验证用户身份、实施访问控制的。如果攻击者能猜测或确定用户的口令,他就能获得机器或者网络的访问权,与系统进行信息交互,并能访问到用户能访问到的任何资源。

1.口令攻击及类型

口令攻击是指攻击者以口令为攻击目标,破解合法用户的口令,或避开口令验证过程,然后冒充合法用户潜入目标网络系统,夺取目标系统控制权的过程。如果攻击者进入了目标网络系统,他就能够随心所欲地窃取、破坏和篡改被侵入方的信息,直至完全控制被侵入方。所以,口令攻击是攻击者实施网络攻击的最基本、最重要、最有效的方法之一。

口令攻击作为入侵一个系统最常用的方式之一,口令攻击主要包括以下几种类型。

(1)穷举攻击。穷举法对纯数字的密码有很好的破译效果,但如果含有字母或其他字符就不适合采用这种方式。它的原理是逐一尝试所有数字的排列组会,直到破译出密码或尝试完所有组会。比如对6位纯数字的密码,有1 000 000种可能,若每秒尝试1万次,遍历所有可能性只需100秒。

(2)词典攻击。词典文件是根据用户的各种信息构建一个用户可能使用的口令的列表文件,即根据人们设置帐号口令的习惯偏好总结出来的常用口令。例如,用户的名字、生日、电话号码、身份证号码等。词典攻击就是使用一个或多个词典文件,基于里面的单词列表进行口令猜测的过程。大多数用户都会根据个人的偏好进行口令设置,因此,口令在词典文件的可能性很大。由于词典条目较少,与穷举尝试所有可能的组合相比,词典攻击在攻击速度上远快于穷举攻击。

（3）强行攻击，也叫暴力破解，如果有速度足够快的计算机能尝试字母、数字、特殊字符所有的组合，最终将能破解所有口令。

（4）组合攻击，是介于词典攻击和强行攻击之间，是指在使用词典攻击的基础上在单词后面串接几个字母和数字进行攻击的攻击方式。

（5）其他攻击，除了以上介绍的几种攻击方式，口令攻击还可以采取一些其他方式，比如偷窥、搜索垃圾箱、口令蠕虫、特洛伊木马、网络嗅探、重放。

2.口令攻击的防御

要有效防范口令攻击，我们要选择一个好口令，并且要注意保护口令的安全。可以从以下几个方面来防范口令攻击：

（1）设置强口令

基于目前的技术，防止口令被穷举法或词典法破译出，应加强口令安全，主要措施有：至少包含 10 个字符；并应包含字母、数字和特殊符号；字母、数字、特殊符号必须混合起来，而不是简单地添加在首部或尾部；不能包含词典中的单词；不要在不同的系统上使用相同的口令；定期或不定期的修改口令；设置一定的口令登录限制次数。但强口令的定义也会因其所处的环境不同而差别很大，它与公司、机关或部门的业务类型、位置、雇员等多个因素有关。强口令的定义也会因技术的飞速发展而不断变化，破解口令的方法越来越多，所需的时间越来越短。

（2）防止未授权泄露、修改和删除

未授权泄露在口令的安全问题中占有重要的地位。如果攻击者能通过其他手段得到口令副本，就能以合法用户的身份获得系统访问权。未授权修改也是口令安全的一大威胁。如果攻击者无法得到口令，但可以修改口令，那么攻击者根本就不需要知道原来的口令，直接用替换后的口令就可以访问系统了。攻击者还可能在未授权的情况下，删除帐号和口令信息，这也会带来安全问题。因此，要保护口令不被未授权泄露、修改和删除，口令就不能按纯文本方式存放在系统内，而要采用更安全的方法，可以通过对其内容进行加密，隐藏原始信息，使其不可读来增强对口令攻击的防御。

（3）一次性口令技术

一次性口令技术似乎并不是要求用户每次使用时都要输入一个新的口令，使用一次性口令技术时，用户每次输入的仍然是同一个口令。一次性口令技术采用的是挑战——响应机制。首先，在用户和远程服务器之间共享一个类似传统口令技术中的"口令"，称为通行短语。同时，它们还具备一种相同的"计算器"，实际上也就是某种算法的硬件或软件实现，它的作用是生成一次性的口令。当用户向服务器发出连接请求时，服务器向用户提示输入种子值（Seed）。种子值是分配给用户的系统内唯一的一个数值，可以将其形象地理解为用户帐号或用户名。一个种子对应于一个用户，同时它是非保密的。服务器收到用户输入的种子值之后，给用户回发一个迭代值（Iteration）作为"挑战"。它是服务器临时产生的一个数值，与通行短语和种子值不同的是，它总是不断变化的。用户收到挑战后，将种子值、迭代值和通行短语输入"计算器"中进行计算，并把结果作为响应（Response）返回给服务器。服务器暂存从用户那里收到的响应后，在自己内部也进行同样的计算，将两个结果进行比较就可以核实用户的确切身份。

11.3.2 缓冲区溢出攻击

缓冲区溢出攻击已经成为一种十分普遍和危险的安全漏洞,广泛存在于各种操作系统和应用软件中,缓冲区溢出漏洞是网络信息安全中最危险的安全漏洞之一。从缓冲区溢出攻击第一次出现到现在,大量信息安全的研究者致力于如何尽量避免缓冲区溢出的产生,及时发现软件中缓冲区溢出的漏洞,有效防御缓冲区溢出攻击的研究,产生了不少有用、有效的缓冲区溢出防御的方法和技术。

1.缓冲区溢出

通常所说的"溢出"指的就是缓冲区溢出,缓冲区是内存中存放各种各样临时数据的地方,是程序运行时计算机内存中一个连续的块,它保存了给定类型的数据。缓冲区溢出(Buffer Overflow)是指用户向固定长度的缓冲区中写入超出其预先分配长度的内容,造成缓冲区中数据的溢出,从而覆盖缓冲区相邻的内存空间。

缓冲区溢出应用程序可以使用这个溢出的数据将汇编语言代码放到计算机的内存中。一些简单的缓冲区溢出,并不会产生安全问题,但如果覆盖的是一个函数的返回地址空间,就会改变程序的流程,使程序转而去执行其他指令,甚至有可能使攻击者非法获得某些权限。通常把缓冲区溢出视为一种系统攻击的手段,攻击者故意将大于缓冲区长度的数据写入缓冲区,覆盖其他区域的数据,造成缓冲区的溢出,从而破坏程序的堆栈,使程序转而执行其他指令,以达到攻击的目的。据统计,通过缓冲区溢出进行的攻击占所有系统攻击总数的80%以上。主要有两种类型的溢出攻击:

①基于堆的溢出攻击。对程序预留内存空间进行溢出,由于难以加入可执行的指令,因此这种攻击比较罕见。

②基于堆栈的溢出攻击。通常情况下程序使用一个名叫堆栈的内存对象来存储用户的输入,用户输入时,程序先写入一个返回内存的地址到堆栈,然后把用户的输入数据存储在返回地址的上方。当执行堆栈时,用户的数据就被传送到程序的指定返回地址中。如果用户的输入数据超过了堆栈的预留空间,那么就会发生堆栈溢出。

缓冲区溢出攻击的目的在于扰乱工作在某些特权状态下的程序,使攻击者取得程序的控制权,借机提高自己的权限,进而控制整个主机。一般来说,攻击者要实现缓冲区溢出攻击,必须完成两个任务,一是在程序的地址空间里安排适当的代码;二是通过适当的初始化寄存器和存储器,让程序跳转到安排好的地址空间执行。

2.缓冲区溢出的防御

缓冲区溢出漏洞的巨大危害已经引起了人们的重视,目前已经开发出很多防御缓冲区溢出的工具和产品,主要从静态的源代码安全审核到动态的程序运行期间的防护等阶段对缓冲区溢出攻击进行防御。

(1)编写正确的代码

造成缓冲区溢出的主要原因是编程人员存在不好的编程习惯,因此,防御程序存在缓冲区溢出漏洞的最主要的措施是提高程序员代码编写规范、养成良好的编程习惯。实际工作中有时程序员往往因片面追求性能而忽视代码的安全性和正常性。C和C++语言没有提供内在的内存越界访问保护,因此在编程时选择Java语言或者NET环境可以在运行时进行边界检测就能消除中这个问题。C 标准库函数包括 strcpy、strcat、gets，由于不执行边界检测是不安全的，因此，采用一些较为安全的版本如 strcpy_s，strcat_s 函数也是另一个好的编码方式。除此之外，源代码、二进制代码分析工具以及网络工具是一个程序员防止程序被攻击的利器。

（2）运行期保护方法

运行期保护方法主要研究如何在程序运行的过程中发现或阻止缓冲区溢出攻击，相对于源代码级的静态查错，这种方法能发现更多的问题。目前，动态保护研究的主要方面是数据边界检查和如何保证程序运行过程中返回指针的完整性。

① 数组边界检查

理论上，这是一个可以从根本上消除缓冲区溢出的方法。引起缓冲区溢出的一个重要原因就是向缓冲区写入了过多的数据，而数组边界检查则确保所有对数组的读写操作都在正确有效的范围内进行，从而阻止了缓冲区的溢出。

② 程序指针完整性检查

程序指针完整性检查是在程序指针被引用之前检测它是否被改变了。这种检查方法通常是在函数返回地址或者其他关键数据、指针之前放置守卫值或者存储返回地址、关键数据或指针的备份，然后在函数返回的时候进行比对。即便一个攻击者成功地改变了程序的指针，系统也会检测到指针的改变而废弃这个指针，从而阻止攻击。

（3）阻止攻击代码执行

当程序的执行流程已经被重新定向到攻击者的恶意代码时，前面所述的防护措施都已经失效。这时仍然可以采取一定的措施阻止攻击代码的执行。通过设置被攻击程序的数据段地址空间的属性为不可执行，使得攻击者不可能执行植入被攻击程序缓冲区的代码，从而避免攻击，这种技术称为非执行的缓冲区技术。

事实上，很多老的 UNIX 系统都是这样设计的，设置缓冲区最初的目的就是用来存放数据而不是可执行代码，但是近年来的 UNIX 和 Windows 系统为了便捷地实现更好的性能和功能，往往允许在数据段中放入可执行代码，所以为了保证程序的兼容性，人们不可能使得所有程序的数据段不可执行，不过，可以设定堆栈数据段不可执行，因为几乎没有任何程序会在堆栈中存放代码，这样就可以最大限度地保证程序的兼容性了。

（4）加强系统保护

可以从系统的防护角度采取措施来防范缓冲区溢出攻击。安装一些典型的防护产品，如防火墙、IDS 等。同时，加强系统安全配置，注意隐藏系统信息，关闭不需要的服务，减少缓冲区溢出的机会。此外，应该经常检查系统漏洞，关注安全信息，尽量主动获得并安装操作系统和软件提供商所发布的安全补丁，这对弥补缓冲区溢出漏洞之外的其他安全缺陷也是很重要的。

11.3.3 APT 攻击

1.APT 攻击

高级持续性渗透攻击（Advanced Persistent Threat，APT），也称定向威胁攻击，是某组织针对特定对象所做的复杂且多方位的网络攻击。APT 可利用多种攻击手段，一步一步地获取进入组织内部的权限。APT 攻击可能采用恶意软件、漏洞扫描、针对性入侵等多种攻击手段，甚至利用恶意的内部人员破坏安全措施。APT 攻击典型过程包括：侦查准备阶段、代码传入阶段、初次入侵阶段、保持访问阶段、扩展行动阶段以及攻击收益阶段。

2.APT 攻击技术特点

APT 攻击不同于传统网络攻击，它具有高级性、针对性、组织严密、持续性、隐蔽性和间接性等特征。

(1)高级性

攻击者在发起 APT 攻击过程中，有可能结合当前 IT 行业所有可用的攻击入侵手段和技术。在他们认为单一的攻击手段(如病毒传播、SQL 注入等)难以奏效(会被传统 IDS 或防火墙阻挡)，因而使用自己设计的、具有极强针对性和破坏性的恶意程序，在恰当的时机与其他攻击手段(如尚未公开的零日漏洞)协同使用，对目标系统实施毁灭性的打击。另外，这些黑客能够动态调整攻击方式，从整体上掌控攻击进程，且具备快速编写所需渗透代码的能力。因而与传统攻击手段和入侵方式相比，APT 攻击更具技术含量，过程也更为复杂。

(2)针对性

APT 攻击的攻击手段和攻击方案均针对特定的攻击对象和目的，具有较强的针对性。多数为拥有丰富数据/知识产权的目标，所获取的数据通常为商业机密、国家安全数据、知识产权等。

(3)组织严密

APT 攻击成功可带来巨大的商业利益，因此攻击者通常以组织形式存在，由熟练黑客形成团体，分工协作，长期预谋策划后进行攻击。他们在经济和技术上都拥有充足的资源，具备长时间专注 APT 研究的条件和能力。

(4)持续性

APT 攻击具有较强的持续性，与传统黑客对信息系统的攻击是为了取得短期的收益和回报不同，APT 攻击的实施过程包含多个阶段，攻击者采用逐层渗透的方式突破高等级网络的防御系统，这个攻击工程经常长达数月到数年。

(5)隐蔽性

APT 攻击根据目标的特点，能够巧妙绕过目标所在网络的防御系统，极其隐藏地盗取数据或进行破坏。在信息收集阶段，攻击者常利用搜索引擎、高级爬虫和数据泄露等持续渗透，使被攻击者很难察觉；在攻击阶段，基于对目标嗅探的结果，设计开发极具针对性的木马等恶意软件，绕过目标网络防御系统，隐蔽攻击。

(6)间接性

APT 攻击不同于传统的点到点攻击模式，它通常利用第三方网站或服务器做跳板，布设恶意程序或木马向目标进行渗透攻击。恶意程序或木马潜伏于目标网络中，可由攻击者在远端进行遥控攻击，也可由被攻击者无意触发启动攻击。

3.攻击方式

①利用恶意网站作为诱骗手段，用钓鱼方式诱使目标上钩。目前企业和组织的安全防御体系对恶意网站的识别能力并不全面，缺乏权威、全面的恶意网址库，对内部员工访问恶意网站的行为无法及时发现。

②将恶意邮件包装成合法的发件人，采用恶意邮件的方式攻击受害者。企业和组织现

有的邮件过滤系统大多基于垃圾邮件地址库，并不包含这些"合法"邮件。另外，邮件附件中隐含的恶意代码往往都是零日漏洞，对邮件内容的分析检测此时难以奏效。

③通过对目标公网网站进行 SQL 注入。许多企业和组织的网站缺乏在 SQL 注入攻击方面的防范。

④利用零日漏洞的恶意代码在网络渗透的初始阶段进行攻击。目前企业和组织的安全防御/检测设备无法识别零日漏洞的攻击。

⑤使用 SSL 链接攻击者在控制受害机器的过程中进行攻击，使得目前大部分内容检测系统无法分析传输的内容，并且缺乏对可疑连接的分析能力。

4.APT 检测及防御

（1）APT 的检测

①主机应用控制检测思路

此类检测的重点思路不在于分析对手，而是将重点置于自身系统资产的保护方面。事实证明这种思路虽然传统，但是可以非常有效地对抗 APT 攻击以及大规模的病毒爆发等事件。因此，如果能够确保员工个人电脑的安全，则可以有效地防止 APT 攻击。具体思路是采用白名单方法控制个人主机上应用程序的加载和执行，从而防止恶意代码在员工个人电脑上执行。许多从事终端安全的厂商就是从这个角度制订 APT 攻击的防御方案。一般过程包括：采用白名单方式加载应用程序，对运行中的应用进行行为建模和监控，对于可疑应用采用安全沙盒的方式运行。

②恶意代码检测思路

恶意代码是 APT 网络攻击过程中不可或缺的战略工具，因此，恶意代码的检测至关重要。此类 APT 解决方案是检测 APT 攻击过程中恶意代码的传播过程，许多从事恶意代码检测的安全厂商都是从这方面入手制订 APT 攻击检测和防御方案的。对于 Web、E-mail 和共享文件三种恶意代码的可能来源，可采取传统特征匹配（解决已知攻击）和虚拟执行引擎（解决未知攻击）相结合的方法来检测。

③网络入侵检测思路

网络入侵检测思路认为，在 APT 攻击过程中，受害者主机上的后门程序会经常连接至特定的 C&C 服务器，以接收指令或传输数据。虽然 APT 攻击中的恶意代码变种多样，但恶意代码网络通信的命令和控制模式并不会经常变化。因此，可以采用传统入侵检测的方法来检测 APT 攻击的通信通道。

④大数据分析和检测思路

通过全面采集网络中的各种数据包括原始的网络数据包、业务和安全日志等形成大数据，再通过大数据分析技术和智能分析算法来检测 APT 攻击，其重点是利用了 APT 攻击周期长的弱点。此思路覆盖 APT 攻击的各个阶段，易于重现整个攻击过程。该类 APT 攻击检测方案并不重点检测 APT 攻击中的某个步骤，而是全面收集重要终端和服务器上的日志信息以及采集网络设备上的原始流量，并进行集中的分析和数据挖掘。这实际上是网络取证的思路，可以在发现 APT 攻击的蛛丝马迹后，通过全面分析海量数据还原整个 APT 攻击场景。

（2）APT 的防御

①使用威胁情报

这包括 APT 操作者的最新信息；从分析恶意软件获取的威胁情报；已知的 C2 网站；已知的不良域名、电子邮件地址、恶意电子邮件附件、电子邮件主题行以及恶意链接和网站。威胁情报可进行商业销售，并由行业网络安全组共享。企业必须确保情报的相关性和及时性。威胁情报被用来建立"绊网"以提醒用户在网络中的活动。

②建立强大的出口规则

除网络流量（必须通过代理服务器）外，阻止企业的所有出站流量，阻止所有数据共享和未分类网站。阻止 SSH、FTP、Telnet 或其他端口和协议离开网络。这可以打破恶意软件到 C2 主机的通信信道，阻止未经授权的数据渗出网络。

③收集强大的日志分析

企业应该收集和分析对关键网络和主机的详细日志记录以检查异常行为。日志应保留一段时间以便进行调查，还应该建立与威胁情报匹配的警报。

④人工干预

能否对 APT 攻击进行有效防御，在很大程度上取决于检测系统和响应机制，但是适当的人工干预非常必要。雇用专业的安全服务人员，对安全防御系统进行运维和情况分析，就能够更加准确、及时地发现和处置攻击事件，提高安全防御系统的效能。

11.3.4　社会工程学攻击

1.社会工程学攻击

社会工程学（Social Engineering）也是信息安全领域中重要的组成部分，通常是利用大众疏于防范的心理，让受害者掉入陷阱获取有价值信息的实践方法，通常以交谈、欺骗、仿冒或口语用字等方式，套取被攻击者信息。攻击者没有办法通过物理入侵直接取得所需要的资料时，就利用人际关系的互动性发出攻击。即使很警惕很小心的人，也有可能被高明的社会工程学手段损害利益，可以说是防不胜防。网络安全是一个整体，对于在某个目标久攻不下的情况下，黑客会把矛头指向目标的系统管理员，因为人在这个整体中往往是最不安全的因素，黑客通过搜索引擎对系统管理员的一些个人信息进行搜索，比如电子邮件地址、MSN、QQ 等关键词，分析出这些系统管理员的个人爱好，常去的网站、论坛，甚至个人的真实信息。然后利用掌握的信息与系统管理员拉关系套近乎，骗取对方的信任，使其一步步落入黑客设计好的圈套，最终造成系统被入侵。这也就是常说的"没有绝对的安全，只有相对的安全，只有时刻保持警惕，才能换来网络的安宁"。

2.社会工程学类型

（1）社会工程学攻击

基于人的社会工程学攻击需要人与人的互动来接触到需要窃取到的信息。主要从以下几个方面进行社会工程学攻击：

①伪装。黑客通常会伪装成一个系统的合法用户和员工，比如看门人、雇员或者客户来获取物理访问权限。

②冒充重要客户。黑客会伪装成贵宾、高层经理或者其他有权使用或进入计算机系统

并察看文件的人。

③冒充第三方。在拥有授权的其他人不能使用机器的时候,黑客也会伪装成拥有权限的其他人。

④寻求帮助。向帮助台和技术人员寻求帮助并套取想要的信息。

⑤偷窥。当一个人在输入登录密码时通过偷窥收集他的密码。

（2）社会学攻击

基于计算机的社会工程学的攻击可以使用相关软件来获取所需要的信息,主要从以下几个方面进行社会学攻击:

①钓鱼。钓鱼涉及虚假邮件、聊天记录或网站设计,模拟与捕捉真正目标系统的敏感数据。比如伪造一条来自银行或其他金融机构的需要"验证"您登录信息的消息,来冒充一条合法的登录页面来"嘲弄你"。

②引诱。攻击者可能使用能勾起你欲望的东西引诱你去单击,一旦下载或使用了类似设备,PC 或公司的网络就会感染恶意软件以便于犯罪分子进入你的系统。

③在线诈骗。被包含在邮件附件中的恶意软件,一旦被下载使用则很有可能被安装能够捕获用户的密码的键盘记录器、病毒、木马甚至蠕虫;也有可能弹出"特别优惠"的窗口,吸引用户无意中安装其他的恶意软件。

3.社会工程学攻击的防御

（1）当心来路不明的服务供应商等人的电子邮件、即时短信以及电话。在提供任何个人信息之前请设法向其确认身份,验证可靠性和权威性。认真浏览电子邮件和短信中的细节,不要让攻击者消息中的急迫性阻碍了你的判断。永远不要单击来自未知发送者的电子邮件中的嵌入链接。如果有必要就使用搜索引擎寻找目标网站或手动输入网站 URL。永远不要在未知发送者的电子邮件中下载附件。如果有必要,可以在保护视图中打开附件,该项操作在许多操作系统中是默认启用的。

（2）拒绝来自陌生人的在线电脑技术帮助,无论他们声称自己是多么正当。

（3）使用强大的防火墙来保护你的电脑空间,及时更新杀毒软件同时提高垃圾邮件过滤器的门槛。

（4）下载软件及操作系统补丁,预防零漏洞。及时跟随软件供应商发布的补丁,同时尽可能快地安装补丁版本。

（5）关注网站的 URL。恶意网站可以看起来和合法网站一样,但是它的 URL 地址可能使用了修改过的拼写或域名(例如将.com 变为.net)。

11.4 欺骗类攻击及防御

认证是网络上的计算机用于相互间进行识别的一种鉴别过程。认证成功计算机之间就会建立起相互信任的关系。信任和认证具有逆反关系,即如果计算机之间存在高度的信任关系,交流时就不会要求严格的认证;反之,如果计算机之间没有很好的信任关系,则会进行严格的认证。

欺骗实质上就是一种冒充身份通过认证以骗取信任的攻击方式。攻击者针对认证机制的缺陷,将自己伪装成可信任方,从而与受害者进行交流,最终攫取信息或是展开进一步攻击,其中 5 种常见类型的欺骗攻击如下所示。本节将会详细介绍 IP 欺骗、TCP 会话劫持以及 ARP 欺骗三种欺骗技术的攻击与防御,其中包括:

- IP 欺骗。指使用其他计算机的 IP 地址来骗取连接,获得信息或得到特权。
- TCP 会话劫持。指攻击者作为第三方参与双方的会话中,将双方的通信模式暗中改变。
- ARP 欺骗。指利用 ARP 协议中的缺陷,把自己伪装成"中间人",获取局域网内的所有信息报文。
- 电子邮件欺骗。利用伪装或虚假的电子邮件发送方地址的欺骗。
- DNS 欺骗。在域名与 IP 地址转换过程中实现的欺骗。
- Web 欺骗。创造某个万维网网站的复制影像,欺骗网站用户的攻击。

11.4.1　IP 欺骗

TCP/IP 网络中的每一个数据包都包含源主机和目的主机的 IP 地址,攻击者可以使用其他主机的 IP 地址,并假装自己来自该主机,以获得自己未被授权访问的信息。这种类型的攻击称为 IP 欺骗,它是最常见的一种欺骗攻击方式。

IP 协议是网络层的一个非面向连接的协议,IP 数据包的主要内容由源 IP 地址、目的 IP 地址和业务数据构成。它的任务就是根据每个数据报文的目的地址,通过路由完成报文从源地址到目的地址的传送。但它不会考虑报文在传送过程中是否丢失或出现差错。同时,按照 TCP 协议的规定,两台计算机建立信任连接时主要依靠双方的源 IP 地址进行认证。基于 TCP/IP 这一自身的缺陷,IP 欺骗攻击的实现成为可能。可以在 IP 数据包的源地址上做手脚,对目标主机进行欺骗。

有一点需要注意的是,因为攻击者使用的是虚假的或他人的 IP 地址,而受害者对此做出回应的时候,它回应的也是这个虚假的或他人的地址,而不是攻击者的真正地址。因此,攻击者如何获得其响应以保持与目标主机之间完整的持续不断的会话,是一个问题。可见 IP 欺骗并不仅仅是伪造 IP,还涉及如何掌握整个会话过程这一重要问题,这就涉及一个高级议题——会话劫持技术,本节也将对此进行详细阐述。

1.IP 欺骗攻击

本节将会介绍三种最基本的 IP 欺骗技术:简单的 IP 地址欺骗攻击、源路由截取数据攻击和利用 UNIX 系统中的信任关系攻击。这三种 IP 欺骗技术都是早期使用较多的攻击技术,原理比较简单。

(1)简单的 IP 地址欺骗攻击

攻击者将攻击主机的 IP 地址改成其他主机的地址以冒充其他主机。攻击者首先需要了解一个网络的具体配置及其 IP 分布,然后将自己的 IP 换成他人的 IP,以仿冒身份发起与被攻击方的连接。这样,攻击者发出的所有数据包都带有仿冒的源地址。

如图 11-2 所示,攻击者使用仿冒的 IP 地址向一台机器发送数据包,但没有收到任何返回的数据包,这被称为盲目飞行攻击(Flying Blind Attack),或者叫作单向攻击(One-Way Attack)。因为只能向受害者发送数据包,而不会收到任何应答包,所有的应答都回到了被盗用了地址的机器上。

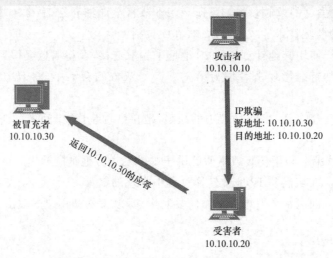

图 11-2　简单的 IP 地址变化

（2）源路由截取数据攻击

简单地改变 IP 地址进行欺骗攻击最重要的一个问题是被冒充的地址会收到返回的信息流，而攻击者却无法接收到它们。攻击者虽然可以利用这种方式来制造一个针对被冒充的目标主机的洪水攻击，但这仅能使目标主机拒绝服务，对于更高要求的攻击应用或需要获得更多目标主机信息的攻击者来说，这种技术的可用性就大打折扣了。

为了得到从目的主机返回的数据流，一个方法是攻击者插入正常情况下数据流经过的通路上，其过程如图 11-3 所示。

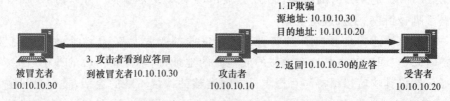

图 11-3　源路由截取数据包

但实际中这种方法实现起来非常困难，互联网采用的是动态路由，即数据包从起点到终点走过的路径是由位于此两点间的路由器决定的，数据包本身只知道去往何处，但不知道其路径。因此，让正常情况下得数据流经过攻击者机器是非常困难的，而为了达到欺骗攻击的目的，保证数据经过攻击者的机器，需要使用源路由机制（Source routing）。

在源路由机制下，攻击者可以自己定义数据包头来伪装成某信任主机，与目标机器建立信任连接，同时使用源路由选项将自身置于返回报文所经过的路径上，这个过程称为源路由攻击，或伪路由攻击。例如，攻击者可以使用仿冒地址 A 向受害者 B 发送数据包，但指定了宽松的源站选路，并把自己的 IP 地址 X 列在地址清单中。那么，当接收端回应时，数据包返回被仿冒主机 A 的过程中必然会经过攻击者 X。这时，攻击者就不再是盲目飞行了，因为它能获得完整的会话信息。这就使得一个攻击者可以仿冒一个主机通过一个特殊的路径来获得某些被保护的数据。

（3）信任关系攻击

在 UNIX 系统中，不同主机的帐户间可以建立起一种特殊的信任关系，用于方便机器之间的沟通。特别是进行系统管理的时候,一个管理员常常管理着几十台甚至上百台机器,使用不同主机间的信任关系,可以方便地从一个系统切换到另一个系统。从使用便利的角度看,这种信任关系是非常有效的,但从安全的角度来看,这有着极大的安全隐患。

实施利用信任关系的欺骗攻击的原理如下:首先,确认实施攻击的主机;其次是发现与攻击目标有信任通信的主机,因为只有在发现了信任关系才能进行 IP 欺骗;再次使这个主机瘫痪,为了伪装成被信任主机而不被发现,需要使其完全失去工作能力;最后,代替真正地被信任主机,实施欺骗攻击。

上面所介绍的这三种 IP 欺骗的基本方法都比较原始,但是它们的原理仍然比较重要,很多后续发展出来的欺骗技术均源于它们,是在此基础上的推进。

2.IP 欺骗攻击的防御

前面已经完整地介绍了 IP 欺骗的攻击技术,那么在实际工作中,如何有针对性地进行防范呢?

(1)进行包过滤

如果用户的网络是通过路由器接入 Internet 的,则可利用路由器进行包过滤。应保证只有用户网络内部的主机之间可以定义信任关系,而内部主机与网外主机通信时要慎重处理,其危险系数将大大增加。另外,使用路由器还可以过滤掉所有来自外部的与内部主机建立连接的请求,至少要对这些请求进行监视和验证。

大多数路由器有内置的欺骗过滤器。过滤器的最基本形式是,不允许任何从外面进入网络的数据包使用单位的内部网络地址作为源地址。因此,如果一个来自外网的数据包,声称源于本单位的网络内部,就可以非常肯定它是仿冒的数据包,应该丢弃。这种类型的过滤叫作入口过滤,它保护单位的网络不成为欺骗攻击的受害者。另一种过滤类型是出口过滤,用于阻止有人使用内网的计算机向其他的站点发起攻击。路由器必须检查向外的数据包,确信源地址是来自本单位局域网的一个地址,如果不是,这说明有人正使用仿冒地址向另一个网络发起攻击,这个数据包应该被丢弃。

(2)防范信任关系欺骗

保护自己免受信任关系欺骗攻击最容易的方法就是不使用信任关系,但这并不是最佳的解决方案。不过可以通过做一些事情使信任关系的暴露达到最小。首先,限制拥有信任关系的人员。相比控制建立信任关系的机器数量,决定谁真正需要信任关系更加有意义。其次,不允许通过互联网使用信任关系。在大多数情况下,信任关系是为了方便网络内部用户互相访问主机。一旦通过互联网将信任关系延伸到外部网络,危险系数将大大增加。

此外,在通信时要求加密传输和验证,也是一种预防 IP 欺骗的可行性方法。在有多种手段并存时,这种方法是最为合适的。

11.4.2 TCP 会话劫持

1.TCP 会话劫持含义及危害

TCP 会话劫持(Session Hijack)是一种结合了嗅探及欺骗技术在内的攻击手段,广义上说,就是在一次正常的通信过程中,攻击者作为第三方参与到其中,或者是在数据流(如基于 TCP 的会话)里注入额外的信息,或者是将双方的通信模式暗中改变,即从直接联系变成由攻击者联系。因此,会话劫持对于恶意攻击者具有很大的吸引力。

在基本的 IP 欺骗攻击中,攻击者仅仅是仿冒另一台主机的 IP 地址或 MAC 地址。被冒充的用户可能并不在线上,并且在整个攻击中也不扮演任何角色。但是在会话劫持中,被冒充者本身是处于在线状态的,因此,常见的情况是,为了接管整个会话过程,攻击者需要积极地攻击被冒充用户迫使其离线。基本的 IP 欺骗只涉及两个角色:攻击者和受害者,被冒充者 A 在欺骗过程中不扮演任何角色。而在会话劫持中必然会涉及被冒充者 A,从攻击者的角度来看,它是保证劫持成功的协作者,如图 11-4 所示。

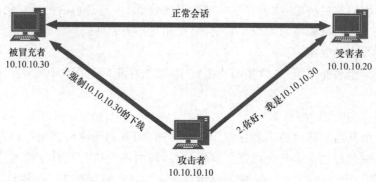

图 11-4　TCP 会话劫持

TCP 会话劫持攻击的危害性很大,一个最主要的原因就是它并不依赖于操作系统。不管运行何种操作系统,只要进行一次 TCP/IP 连接,那么攻击者就有可能接管用户的会话。另一个原因就是它既可以被用来进行积极的攻击,获得进入系统的可能,又可以用作消极的攻击,在任何人都不知情的情况下窃取会话中的敏感信息。

2.TCP 会话劫持过程

完成一个 TCP 会话劫持攻击通常需要下面几个步骤:

(1)发现攻击目标

对于会话劫持攻击而言,攻击者必须找到一个合适的目标。对于要实施攻击的目标,攻击者通常希望这个目标是一个允许 TCP 会话连接且能检测数据流的服务器。首先,这样的服务器可以同时和众多客户主机进行 TCP 连接会话,有更多的攻击机会。其次,在会话劫持中猜测序列号时,需要嗅探其之前通信的数据包,若服务器无法检测数据流,会严重影响攻击的实施。

(2)确认动态会话

攻击者要想接管一个会话,就必须要找到可以接管的合法连接。与大多数攻击不同的是,会话劫持攻击一般是在网络流通量达到高峰时才发生。这种选择具有双重原因:其一,网络流通量大时,攻击者有很多供选择的会话。其二,网络流通量越大,则攻击被发现的可能性就越小。

(3)猜测序列号

对基于 TCP 连接的通信来说,序列号是非常重要的。然而,序列号却是随着时间的变化而改变的。因此,攻击者必须成功猜测出序列号。如果对方所期望的下一个序列号是 12345,同时攻击者送出一个序列号为 55555 的数据包,那么对方将发现错误并且重新同步,这将会带来很多麻烦。但是若攻击者猜测出序列号,攻击者可伪装成客户主机向目标服务器发出序列号为 12345 的欺骗包,这样目标服务器仍然认为会话一切正常,这样就可以抢劫一个会话连接。

(4)使客户主机下线

当攻击者获得序列号后,为了彻底接管这个会话,就必须使客户主机下线。最简单的方法就是对客户主机进行拒绝服务攻击,使其不能再继续对外响应。

(5)接管会话

既然攻击者已经获得了他所需要的一切信息,那么他就可以持续向服务器发送数据包并且接管整个会话了。攻击者通常会发送数据包在受害服务器上建立一个帐户(例如创建 Telnet 的新帐户),或者留下某些后门,以方便进入系统。

3.TCP 会话劫持防御

如果发生了 TCP 会话劫持攻击,目前仍没有有效的办法能从根本上阻止或消除。因为在会话劫持攻击过程中,攻击者直接接管了合法用户的会话,消除这个会话也就意味着禁止了一个合法的连接,从本质上来说,这么做就背离了使用 Internet 进行连接的目的。只能尽量减小 TCP 会话劫持攻击所带来的危害。

(1)进行加密

加密技术是可以防范会话劫持攻击为数不多的方式之一。如果攻击者不能读取传输数据,那么进行会话劫持攻击也是十分困难的。因此,任何用来传输敏感数据的关键连接都必须进行加密。在理想的情况下,网络上所有通信数据都应该被加密,以满足安全需要,但令人遗憾的是,因为成本和烦琐的原因,完全实现所有的通信加密很困难,所以现在仍没有推广。

(2)使用随机序列号

随机地选取初始序列号可防止欺骗攻击。每一个连接都建立独立的序列号空间,这些序列号仍按以前的方式增加,但应使这些序列号空间中没有明显的规律,从而不容易被入侵者利用。

(3)限制保护措施

允许从互联网或外部网络传输到内部网络的信息越少,内部用户将会越安全,这是个最小化会话劫持攻击的方法。攻击者越难进入系统,那么系统就越不容易受到会话劫持攻击。在理想情况下,应该阻止尽可能多的外部连接和连向防火墙的连接,通过减少连接来减少敏感会话被攻击者劫持的可能性。

 11.4.3　ARP 欺骗

学校宿舍、网吧是最常见的局域网,不过在上网过程中是否出现过别人可以正常上网而自己却无法访问任何页面和网络信息的情况呢?虽然造成这种现象的原因有很多,但是目前最常见的就是 ARP 欺骗了。ARP 欺骗攻击是利用 ARP 协议的缺陷进行的一种非法攻击,其原理简单,实现容易,目前使用十分广泛,攻击者常用这种攻击手段监听数据信息,影响客户端网络连接通畅情况。

1.ARP 协议

地址解析协议(Address Resolution Protocol,ARP)用于将计算机的网络地址(32 位的

IP 地址)转化为物理地址(48 位的 MAC 地址),属于链路层协议。在以太网中,数据帧从一个主机到达局域网内的另一台主机是根据 48 位的以太网地址(硬件地址)来确定接口的,系统内核必须知道目的端的硬件地址才能发送数据。

ARP 协议包含两种格式的数据包。

• ARP 请求包——这是一个含有目标主机地址的以太网广播数据包,其主要内容是表明"我的 IP 地址是 209.0.0.5,硬件地址是 00-00-C0-15-AD-18。我想知道 IP 地址为 209.0.0.6 的主机的硬件地址"。

• ARP 应答包——当主机收到 ARP 请求包后,会查看其中请求解析的 IP 地址,如果与本机 IP 地址相同,就会向源主机返回一个 ARP 应答包,而 IP 地址与之不同的主机将不会响应这个请求包。ARP 应答包的主要内容是表明"我的 IP 地址是 209.0.0.6,我的硬件地址是 08-00-2B-00-EE-OA"。

注意,虽然 ARP 请求包是广播发送的,但 ARP 响应包是普通的单播,即从一个源地址发送到一个目的地。

2.ARP 欺骗攻击原理

服务器主机收到一个 ARP 应答包,它不会验证是否是自己请求的,会直接用应答包里的 MAC 地址与 IP 地址的对应关系替换掉 ARP 缓存表中原有的相应信息。这种设计最初是为了减少网络上过多的 ARP 数据通信,但这同时也给了黑客攻击的机会。ARP 欺骗攻击的实现正是利用了这一点。

如果攻击者想嗅探同一局域网中两台主机之间通信,他会分别给这两台主机发送一个 ARP 应答包,让两台主机都误认为对方的 MAC 地址是攻击者主机的 MAC 地址。这样,他们之间通信的所有数据包都会通过攻击者,双方看似"直接"的通信连接,实际上都是通过黑客所在主机间接中转的。

例如,假设攻击者是主机 B(192.168.1.3),它向网关 C 发送一个 ARP 应答包宣称:"我是 192.168.1.2(主机 A 的 IP 地址),我的 MAC 地址是 03-03-03-03-03-03(攻击者的 MAC 地址)。"同时,攻击者向主机 A 发送 ARP 应答包说:"我是 192.168.1.1(网关 C 的 IP 地址),我的 MAC 地址是 03-03-03-03-03-03(攻击者的 MAC 地址)。"

接下来,由于 A 的缓存表中 C 的 IP 地址已与攻击者的 MAC 地址建立了对应关系,所以 A 发给 C 的数据就会被发送到攻击者的主机 B,同时 C 发给 A 的数据也会被发送到 B。攻击者 B 就成了 A 与 C 之间的"中间人",可以按其目的随意进行破坏了。

ARP 欺骗的一般过程如图 11-5 所示。

ARP 欺骗攻击在局域网内非常奏效,它可以导致同网段的其他用户无法正常上网(频繁断网或者网速慢),可以探到交换式局域网内的所有数据包,从而获取敏感信息。此外,攻击者还可以在这一攻击过程中对信息进行篡改,修改重要的信息,进而控制受害者的会话。

3.ARP 欺骗攻击的检测与防御

当出现下列现象时,要注意检测是否正在遭受 ARP 欺骗攻击:

• 网络频繁掉线。

• 网速突然莫名其妙地变慢。

• 使用 ARP -a 命令发现网关的 MAC 地址与真实的网关 MAC 地址不相同。

• 使用网络嗅探软件发现局域网内存在大量的 ARP 响应包。

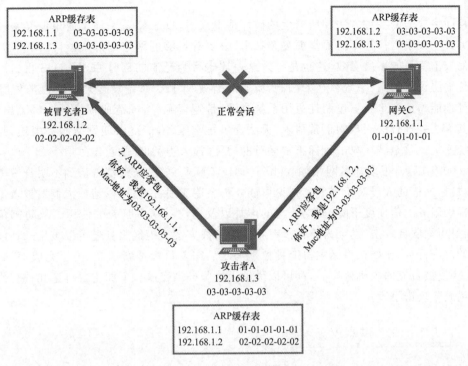

图 11-5　ARP 欺骗过程

　　如果知道正确的网关 MAC 地址,而通过 ARP -a 命令看到的网关 MAC 与正确的网关 MAC 地址不同,可以肯定这个虚假的网关 MAC 就是攻击主机的 MAC,使用嗅探软件抓包发现大量的以网关 IP 地址发送的 ARP 响应包,包中所指定的 MAC 地址就是攻击主机的 MAC 地址。

　　一切安全重在防范。养成规范的网络使用习惯,会大大降低受攻击的可能性。若不小心遭受了 ARP 欺骗攻击,应对的策略主要有:

- MAC 地址绑定。使网络中每台计算机的 IP 地址与硬件地址一一对应,不可更改。
- 使用静态 ARP 缓存。手动更新缓存中的记录,使 ARP 欺骗无法进行。
- 使用 ARP 服务器,通过该服务器查找自己的 ARP 转换表来响应其他机器的 ARP 广播。这里要确保这台 ARP 服务器不被攻击者控制。
- 使用 ARP 欺骗防护软件,如 ARP 防火墙。
- 及时发现正在进行 ARP 欺骗的主机,并将其隔离。

11.5　拒绝服务类攻击及防御

　　拒绝服务(Denial of Service,DoS)是目前黑客经常采用而又难以防范的攻击手段,它主要攻击网络的可用性。只要网络系统或应用程序还存在漏洞,网络协议的实现还存在隐患,甚至只要提供服务的系统仍然具有网络开放的特性,拒绝服务攻击就会存在。拒绝服务攻击并非某一种具体的攻击方式,而是攻击所表现出来的结果。广义而言,凡是利用网络安全防护措施的不足,导致用户不能或不敢继续使用正常服务的攻击手段,都可以称为拒绝服务攻击。

从网络攻击的各种方法和所产生的破坏情况来看，DoS算是一种很简单但又很有效的进攻方式。攻击者往往不需要掌握复杂技术，只要有足够的网络资源，有可以利用的机会，进行的攻击就可能屡屡奏效，这也是导致这一攻击行为泛滥的部分原因。DoS攻击通常是利用传输协议的漏洞、系统存在的漏洞、服务的漏洞，对目标系统发起大规模的进攻，用超出目标处理能力的海量数据包消耗可用系统资源、带宽资源等，或造成程序缓冲区溢出错误，致使其无法处理合法用户的正常请求，无法提供正常服务，最终致使网络服务瘫痪，甚至引起系统死机。这是破坏攻击目标正常运行的一种"损人不利己"的攻击手段。

2000年以来，很多知名网站如Yahoo、eBay、CNN、百度、新浪都曾遭到不明身份黑客的DoS攻击，这样的入侵对于服务器来说可能并不会造成损害，但可以造成人们对被攻击服务器所提供服务的信任度下降，影响公司的声誉以及用户对网络服务的使用。从防御角度来看，面对拒绝服务攻击，迄今为止都没有很好的解决方案。拒绝服务还可以被用来辅助完成其他的攻击行为，比如在目标主机上种植木马之后需要目标重新启动：为了完成IP欺骗攻击，需要使被冒充的主机瘫痪等，都可以借助拒绝服务来完成。下面主要讨论几种有代表性的拒绝服务攻击手段。

11.5.1　UDP洪水攻击

UDP洪水（UDP Flood）主要是利用主机自动进行回复的服务（例如使用UDP协议的Chargen服务和Echo服务）来进行攻击。Echo和Chargen服务有一个特性，它们会对发送到服务端口的数据自动进行回复。Echo服务会对接收到的数据返回给发送方，而Chargen服务则是在接收到数据后随机返回一些字符。攻击者就能利用这些不该打开的端口漏洞对目标主机发动拒绝服务攻击。

当有两个或两个以上主机存在这样的服务端口时，攻击者利用其中一台主机的Echo（或Chargen）服务端口，生成伪造的UDP数据包，向另一台主机的Chargen（或Echo）服务端口发送数据，两台主机的Echo和Chargen服务会对发送到服务端口的数据自动进行回复，这样开启了Echo和Chargen服务的两台主机就会相互回复数据，一方的输出成为另一方的输入，如此反复，两台主机间会形成大量往返的无用数据流，对局域网的带宽造成严重损耗，最终导致这两台主机应接不暇而拒绝服务。

11.5.2　SYN洪水与Land攻击

1.SYN洪水

基于TCP协议的通信双方在进行TCP连接之前需要进行三次握手的连接过程。在正常情况下，请求通信的客户机要与服务器建立一个TCP/IP连接时，客户机需要先发一个SYN数据包向服务器提出连接请求。当服务器收到后，回复一个ACK/SYN数据包确认请求，然后客户机再次回应一个ACK数据包确认连接请求。如果在建立握手的过程中产生错误，例如，由于源地址是一个虚假的地址，服务器无法收到客户机最后的ACK确认，服务器会一直保持这个连接直到超时。SYN洪水（SYN Flood）攻击就是利用三次握手的这个特性来发动攻击的，攻击者将源源不断发送连接请求（用随机产生的虚假源地址以使受害服务器不能进行 IP 过滤或追查攻击源），使得清除出队列总没有进入队列快，"未完成连接队列"始终满，服务器不能响应正常的用户请求（被拒绝服务），如图 11-6 所示。

图 11-6　SYN 洪水攻击

当大量的如同洪水一般的虚假 SYN 请求包同时发送到目标主机时，目标主机上就会有大量的连续请求等待确认。每一台主机都有一个允许的最大连接数目，当这些未释放的连接请求数量超过目标主机的限制时，主机就无法对新的连接请求进行响应了，正常的连接请求也不会被目标主机接受。虽然所有的操作系统对每个连接都设置了一个计时器，如果计时器超时就释放资源，但是攻击者可以持续建立大量新的 SYN 连接来消耗系统资源，正常的连接请求很容易被淹没在大量的 SYN 数据包中。

2.Land 攻击

Land 攻击是由著名黑客组织 Rootshell 发现的，它的目标也是 TCP 的三次握手。构造一个特殊的 SYN 包，其源地址和目标地址相同，如图 11-7 所示。

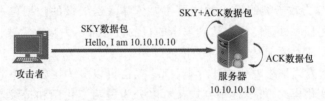

图 11-7　Land 攻击过程

目标主机收到这样的连接请求后，会向自己发送 SYN-ACK 数据包，然后又向自己发回 ACK 数据包并创建一个空连接。这样的目的是让目标主机自己攻击自己。最终目标主机因试图与自己连接而陷入死循环，因为目标主机一直给自己发送错误应答，并希望能够看到具有正确序列号的应答返回。这种攻击会建立很多无效的连接，这些连接将被保留直到超时，会占用大量系统资源。

Land 攻击最典型的特征就是其数据包中源地址和目标地址是相同的，适当配置防火墙或路由器的过滤规则，丢弃这种类型的数据包，就可以有效阻止这种攻击行为。

 11.5.3　DoS 及 DDoS 攻击

1.DoS 攻击

最常见的 DoS 攻击行为有网络带宽攻击和连通性攻击。带宽攻击指以极大的通信量冲击网络，使得所有可用网络资源都被消耗殆尽，最后导致合法的用户请求无法通过。连通性攻击指用大的连接请求冲击计算机,使得所有可用的操作系统资源都被消耗殆尽,最终计算机无法再处理合法用户的请求。实现 DoS 攻击的手段有很多种。常见的主要有以下几种:

(1)滥用合理的服务请求

过度地请求系统的正常服务,占用过多服务资源,致使系统超载,无法响应其他请求。这些服务资源通常包括网络带宽、文件系统空间容量、开放的进程或者连接数等。

(2)制造高流量无用数据

恶意地制造和发送大量各种随机无用的数据包,目的仅在于用这种高流量的无用数据占据网络带宽,造成网络拥塞,使正常的通信无法顺利进行。

(3)利用传输协议缺陷

利用传输协议上的缺陷,构造畸形的数据包并发送,导致目标主机无法处理,出现错误或崩溃,而拒绝服务。

(4)利用服务程序的漏洞

针对主机上的服务程序的特定漏洞,发送一些有针对性的特殊格式的数据,导致服务处理错误而拒绝服务。

无论计算机的处理速度多么快,内存容量多么大,互联网的速度多么快,都无法避免 Dos 攻击带来的后果。因为任何事物都有一个极限,总能找到一个方法使请求的值大于该极限值,结果就会造成资源匮乏,无法满足用户需求。

按漏洞利用方式分类,DoS 攻击可以分为特定资源消耗类和暴力攻击类。特定资源消耗类主要利用 TCP/IP 协议栈、操作系统或应用程序设计上的缺陷,通过构造并发送特定类型的数据包,使目标系统的协议栈空间饱和、操作系统或应用程序资源耗尽或崩溃,从而达到 DoS 的目的。暴力攻击类的 DoS 攻击则主要依靠发送大量的数据包占据目标系统有限的网络带宽或应用程序处理能力来达到攻击的目的。通常暴力攻击需要比特定资源消耗攻击使用更大的数据流量才能达到 DoS 的目的。

按攻击数据包发送速率变化方式分类,DoS 攻击可以分为固定速率和可变速率。根据数据包发送速率变化模式,可变速率方式又可以分为震荡变化型和持续增加型。持续增加形变速率发送方式可以使攻击目标的性能缓慢下降,并可以误导基于学习的检测系统产生错误的检测规则。震荡变化形变速率发送方式间歇性地发送数据包,使入侵检测系统难以发现持续的异常。

按攻击可能产生的影响,DoS 攻击可以分为系统或程序崩溃类和服务降级类。根据可恢复的程度,系统或程序崩溃类又可以分为自我恢复类、人工恢复类、不可恢复类等。自我恢复类是指当攻击停止后系统功能自动恢复正常。人工恢复类是指系统或服务程序需要人工重新启动才能恢复。不可恢复是指攻击给目标系统的硬件设备、文件系统等造成了不可修复性的损坏。

2.DDoS 攻击

尽管发自单台主机的简单 DoS 攻击通常就能发挥作用,但随着计算机与网络技术的发展,计算机的处理能力迅速增长,内存大大增加,同时也出现了千兆级别的网络,这使得 DoS 攻击的困难程度加大了。为了克服这个缺点,恶意的攻击者研究出了分布式拒绝服务攻击(Distributed Denial of Service,DDoS),如图 11-8 所示。分布式拒绝服务攻击采用了一种比较特别的体系结构，从许多分布的主机同时攻击一个目标，从而导致目标瘫痪。

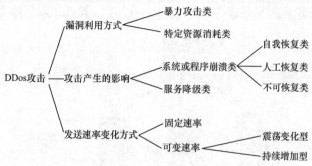

图 11-8　DDoS 攻击类型

在计算机科学里经常用到"分布式"这一词语，"分布"是指把较大的计算量或工作量分成多个小任务，交由连接在一起的多个处理器或多个节点共同协作完成。借鉴这一概念，分布式拒绝服务攻击（DDoS）是指攻击者通过控制分布在网络各处的数百甚至数千台傀儡主机（又称为"肉鸡"），发动它们同时向攻击目标进行拒绝服务攻击。攻击者控制分布在世界各地的众多主机同时攻击某一个受害者，如图 11-9 所示。

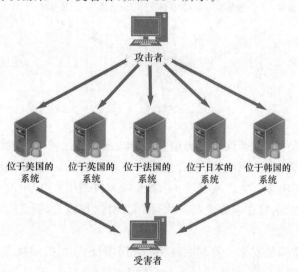

图 11-9　DDoS 攻击地理分布

DDoS 攻击通常借助于客户端/服务器技术。在进行 DDoS 攻击前，攻击者必须先用其他手段获取大量傀儡主机的系统控制权，用于安装进行拒绝服务攻击的软件，例如 Trinoo、Stacheldraht、TFN、TFN2K 等。这些程序可以使分散在互联网各处的机器共同完成对一台主机的攻击操作。获得大量的傀儡主机并不是非常困难，互联网上充斥着安全措施较差的主机，入侵者就能轻易进入这些系统（实现控制的机制与特洛伊木马的控制机制相似），这一步称为"构造攻击网络"。这些傀儡主机最好具有良好的性能和充足的资源，如强大的计算能力和大的带宽等。用于 DDoS 攻击的软件一般分为守护端（安装守护端的主机称为代理）与服务端（安装服务端的主机称为主控）。

当攻击网络中的主机数目足够多，时机成熟后，攻击者可连接安装了服务端软件的主控，向服务端软件发送攻击指令，主控在接收到攻击指令后，控制多个代理同时向目标主机发动猛烈攻击，发送大量数据包，从而造成拒绝服务攻击。通常情况下，主控与代理之间并不是一一对应的关系,而是多对多的关系。也就是说,一个安装了代理的服务器可以被多个主控所控制,一个主控同时控制多个代理。图 11-10 即这种三层结构的 DDoS 攻击示意图。

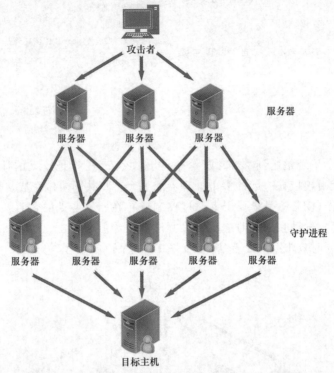

图 11-10　DDoS 攻击示意图

采用这种三层结构可以确保攻击者的安全。攻击者发出指令后,就可以断开连接,由主控负责指挥代理展开攻击。因此,攻击者连接网络和发送指令的时间很短,隐蔽性极强。由于 DDoS 攻击同时使用多台主机进行攻击,攻击者来自范围广泛的 IP 地址,使防御变得困难,而且来自每台主机的数据包数量都不大,因此,对这种攻击的探测和阻止也就变得更加困难。

尽管多年来无数网络安全专家都在着力找到 DDoS 攻击的解决办法,但到目前为止收效不大,这是因为 DDoS 攻击利用了目前互联网上广泛使用的 IPv4 协议本身的弱点。不过人们可以通过不断加强技术能力和协调能力来防范 DDoS 攻击,减少被攻击的机会,防患于未然。

在使用入侵检测系统对这类攻击进行监测时,除了注意检测 DDoS 工具的特征字符串、默认端口、默认口令等信息外,还应该着眼于观察分析 DDoS 攻击发生时网络通信的普遍特征,具体如下:

- 大量的 DNSPTR 查询请求;
- 超出网络正常工作时的极限通信流量,服务器突然超负载运作;
- 特大型的 UDP 数据包;
- 非正常连接通信的 TCP 和 UDP 数据包;
- 数据段内容只包含文字和数字字符的数据包;
- 数据段内容只包含二进制和高位字符的数据包。

3.分布式拒绝服务攻击的防御方法

虽然没有简单和专门的方法完全解决分布式拒绝服务攻击,但并不代表分布式拒绝服务攻击就能在互联网上无所顾忌地为所欲为。人们可以应用各种安全和保护策略来尽量减少因受到攻击所造成的危害。

(1)优化网络设置与路由结构

设置内部网络设备的关键是路由器和防火墙的设置。首先,要保证网络设备本身的安全,并对这些设备进行正确配置,不论是进入网络还是从网络发送的数据都要经过严格过滤。这样,不仅能使经过伪装的数据包难以进入网络,加强系统安全性,而且能防止系统被攻击者利用。若仅具有真实地址的数据包可以进入网络,就可以根据这些数据的来源,轻松进行逆向跟踪,从而抓获攻击者。

此外,如果某部门提供了一个非常关键的服务,但仅运行在一台服务器上,且与路由器之间只有单一的连接,那这样的网络设计是不完善的。若攻击者对路由器或服务器进行DDoS攻击,可轻松地使运行关键任务的服务器被迫离线。理想情况下,提供的服务不仅要与 Internet 有多条连接,而且最好有不同地区的连接。这样服务器 IP 地址越分散,攻击者定位目标的难度就越大,当问题发生时,所有的通信都可以被重新路由,可以大大降低其影响。

(2)保护主机系统安全

保护主机系统安全,能使攻击者无法获得大量的无关主机,从而无法发动有效攻击。对所有可能成为目标的主机都进行优化,禁止不必要的服务,尤其是那些拥有高带宽和高性能服务器的网络,往往是攻击者的首选目标。

保护这些主机最好的办法就是及时了解有关操作系统的安全漏洞以及相应的安全措施。及时安装补丁程序并注意定期升级系统软件,以免给攻击者以可乘之机。另外,应该定期使用漏洞扫描软件对内部网络进行检查,有效提高系统的安全性能,减少被攻击的机会。

(3)安装入侵检测系统,并且与因特网服务供应商合作

从 DDos 攻击的特点来看,越快探测到系统被攻击这一迹象,就能越早采取针对性的防范和处理措施,造成的影响和损失也就越小。可以借助入侵检测系统来完成异常探测工作。

此外,DDoS 攻击非常重要的一个特点是洪水般的网络流量,耗用了大量带宽,单凭自己管理网络,是无法对付这些攻击的。当受到攻击时,与因特网服务供应商(ISP)协商,确定发起攻击的 IP 地址,请求 ISP 实施正确的路由访问控制策略,封锁来自敌意 IP 地址的数据包,减轻网络负担,防止网络拥塞,保护带宽和内部网络。

(4)使用反黑客工具

如果系统被攻克沦为傀儡主机,就需要通过扫描找出 DDoS 服务程序并删除,可根据情况使用有针对性的反黑客工具。大多数商业漏洞扫描器都能检测到系统是否被用作 DDoS服务器。下面是一些常用的检测 DDoS 软件的小工具:

• Find DDoS

这一工具用于扫描本地系统,找出安装的 DDoS 攻击程序,它可以扫描多种操作系统并检测到下面的 DDoS 程序:TFN2K 客户端与守护进程、TFN 守护进程与客户端等。

• DDoSPing v2.0

此工具运行于 Windows 平台上,有简单易用的 GUI 图形界面,可以扫描多种 DDoS 代

理,包括 Wintrinoo、Trinoo、Stacheldraht 和 TFN。

* RID

RID 是一个 DDoS 软件检测程序,可以检测 Stacheldraht、TFN、Trinoo 和 TFN2K,而且可配置。因此当新的 DDoS 工具出现时,可以由用户更新。

需要注意的是,只有当 DDoS 程序安装到默认端口时这些扫描工具才会起作用。如果攻击者重新配置 DDoS 程序,使其运行在其他的端口上,那这些扫描工具就无用武之地了。

11.5.4 拒绝服务攻击实例

根据国家计算机网络应急技术处理协调中心 CNCERT/CC 的报告,近年来分布式拒绝服务攻击事件仍频繁发生。2004 年 11 月,CNCERT/CC 接到了一起严重的分布式拒绝服务攻击事件报告,对该事件的处理一直持续到 2005 年 1 月。整个过程用户遭到长时间持续不断的 DDoS 攻击,攻击流量一度超过 1 000 MB,攻击类型超过了 11 种,用户的经营行为几乎无法进行,直接经济损失超过上百万元。调查结果显示黑客是通过所控制的一个大型僵尸网络发起的攻击,目的是通过影响受害者的网站业务来达到商业竞争优势。

僵尸网络就是攻击者手中的一个攻击平台,由互联网上数百到数十万计算机构成,这些计算机被黑客利用蠕虫等手段植入了僵尸程序并暗中操控。利用这样的攻击平台,攻击者可以实施 DDoS 攻击,并且反过来创建新的僵尸网络,进一步扩大其控制范围,威力之大远非 DoS 攻击手段可比。

例如,某招商网遭受分布式拒绝服务攻击。2007 年 1 月 15 日,CNCERT/CC 接到某招商网的事件报告,称该公司网站遭到已持续一个月的 DDoS 攻击,流量峰值达到 1 GB。接到事件报告后,CNCERT/CC 立即对此事件进行了协调处理。在对被攻击网站提供的日志进行初步分析后,CNCERT/CC 国家中心协调了北京、广东、河南、湖南、辽宁、四川、安徽、河北、福建、上海等 10 个分中心参与处理,查找到了被黑客控制的部分计算机。2 月初,在上海分中心的协调下,得到了一个 ADSL 用户的积极配合,事件处理取得了重大进展。CNCERT/CC 对该 ADSL 用户的机器进行了深入分析,发现黑客是利用重庆市的一台服务器作为跳板,而最终的控制服务器位于福建省。在重庆分中心和福建分中心的配合下CNCERT/CC 国家中心对这两台服务器进行了分析,从中得到了两名作案嫌疑人的有关线索,在用户的要求下将线索提供给了北京市公安局丰台分局。

此外,还有.CN 国家顶级域名服务器遭受 DDoS 攻击事件。2013 年 8 月 25 日凌晨00:06 起,中国互联网络信息中心(CNNIC)管理运行国家.CN 顶级域名服务器遭受大规模拒绝服务攻击,对一些用户正常访问部分.CN 网站造成短时间影响,凌晨 2:00,.CN 域名解析服务逐步恢复正常。CNCERT/CC 对事件进行研究,据调查发现,该黑客本意是要攻击一个游戏私服网站 rfinfo.cn,使其瘫痪,后来他为了更快达到这个目的,直接对.CN 的根域名服务器进行了 DDoS 攻击,发出的攻击流量堵塞了.CN 根服务器的出口带宽(据工信部数据:攻击时峰值流量较平常激增近 1 000 倍,约 15 GB),致使.CN 根域名服务器的解析故障,使得大规模的.CN 域名无法正常访问,造成.CN 顶级域名系统的互联网出口带宽短期内严重拥塞。此外,CNCERT/CC 通过对此次攻击事件的监测数据分析,追溯此次事件的攻击源头,协助公安机关逮捕犯罪嫌疑人——山东青岛的一名黑客,为相关部门进行事件查处提供有力支撑。

11.6 入侵检测系统

在进行犯罪侦查的处理方式中,最好的方法莫过于使用照相机、收集袋等案件侦查工具,将在犯罪现场遗留的证据进行留存归类,然后在实验室对犯罪现场的遗留证据进行分析,发现指认罪犯的证据,这就是我们所熟知的犯罪现场调查。入侵检测的核心思想起源于安全审计机制。入侵检测系统通过提供信息安全审计及事件分析功能,提供了类似犯罪现场调查中使用的侦查工具及分析实验室。

入侵检测技术是安全设计中的核心技术之一,是网络安全防护的重要组成部分。它能够降低安全管理员的管理成本,使他们集中精力解决信息系统中最危险的安全问题,帮助他们进行有效安全管理或及时了解信息系统所受到的攻击并采取防范对策。

11.6.1 入侵检测的基本原理

入侵(Intrusion)是指潜在的、有预谋的、违背授权的用户试图接入信息、操纵信息,对计算机和网络资源的恶意使用,造成系统数据的丢失和破坏,致使系统不可靠或者不可用的企图或可能性。

作为一种主动的网络安全防御措施,入侵检测技术是指通过对在计算机和网络上收集到的数据进行分析,采取技术手段发现入侵和入侵企图,检测计算机网络中违反安全策略的行为,以便采取有效的措施来堵塞漏洞和修复系统。违反安全策略的行为有:入侵,指来自外部网络非法用户的恶意访问或破坏;滥用,指网络或系统的合法用户在不正常的行为下,获得了特殊权限并实施威胁性访问或破坏。

进行入侵检测的软件与硬件的组合称为入侵检测系统(Intrusion Detection System,IDS),它能够主动保护网络和系统免遭非法攻击,是防火墙、虚拟专用网的进一步深化。它构成一个主动的、智能的网络安全检测体系,在保护网络安全运行的同时,简化了系统的管理。入侵检测系统的主要任务是从计算机系统和网络的不同环节收集数据、分析数据,寻找入侵活动的特征,并对自动监测到的行为做出响应,记录并报告监测过程和结果,从中识别出计算机系统和网络中是否存在违反安全策略的行为和遭到袭击的迹象。

当系统发现入侵行为时,会发出报警信号,并提取入侵的行为特征,从而编制成安全规则并分发给防火墙,与防火墙联合阻断入侵行为的再次发生。入侵检测具有智能监控、实时探测、动态响应、易于配置的特点。由于入侵检测所需要的分析数据源仅仅是记录系统活动轨迹的审计数据,因此,它几乎适用于所有的计算机系统。入侵检测技术的引入,使得网络系统的安全性得到进一步的提高。

入侵检测系统的一般组成主要有信息采集模块、分析模块和响应管理模块。信息采集模块主要用来收集原始数据信息,将各类混杂的信息按一定的格式进行格式化并交给分析模块分析;分析模块是入侵检测系统的核心部件,它完成对数据的解析,给出怀疑值或做出判断;响应管理模块的主要功能是根据分析模块的结果做出决策和响应。管理模块与采集模块一样,分布于网络中。为了更好地完成入侵检测系统的功能,系统一般还有数据预处理模块、通信模块和数据存储模块等。

 11.6.2 入侵检测系统的关键技术

从 20 世纪初期开始，入侵检测技术已经在全球范围内广泛用于保护公司、组织的信息网络。在几十年的发展过程中，入侵检测系统的结构随着信息系统的结构变化而不断变化，下面将对目前入侵检测系统中采用的主流技术及相关内容做详细的阐述。按照检测对象划分，入侵检测技术有基于主机的入侵检测系统、基于网络的入侵检测系统和混合式入侵检测系统。

（1）基于主机的入侵检测系统

基于主机的入侵检测系统（Host-based Intrusion Detection System，HIDS）通过监视和分析所在主机的审计记录检测入侵，往往以系统日志、应用程序日志等作为数据源，也可以通过其他手段对所在的主机收集信息进行分析。如果其中主体活动十分可疑，HIDS 就会采取相应措施。

HIDS 的优点是可监视所有的系统行为，系统误报率低，精确判断入侵事件，并及时进行反应，不受网络加密的影响，检测数据流简单，适应交换和加密环境；HIDS 的弱点是占用宝贵的主机资源，不能保证及时采集到审计记录，管理和实施比较复杂。

（2）基于网络的入侵检测系统

基于网络的入侵检测系统（Network-based Intrusion Detection System，NIDS）通过在共享网段上对主机之间的通信数据进行侦听，不停地监视本网段中的各种数据包，对每一个数据包进行特征分析和判断可疑现象。如果数据包与系统内置的某些规则吻合，NIDS 就会发出警报，甚至直接切断网络连接。

NIDS 的优点是不需要主机通过严格的审计，主机资源消耗少，能检测出来自网络的攻击和超过授权的非法访问，系统发生故障时不影响正常业务的运行，系统安装方便，实时性好；NIDS 的弱点是只能监视经过本网段的活动，且精度较差，对加密通信与高速网络难以处理。

（3）混合式入侵检测系统

NIDS 和 HIDS 都具有自己的优点和不足，可互相作为补充。单纯使用某一类系统会造成主动防御体系的不全面。由于两者的优缺点是互补的，若将这两类系统结合起来部署在网络内，则会构成一套完整立体的主动防御体系。事实上，现在的商用产品也很少是基于一种数据源、使用单一技术的入侵检测系统。不同的体系结构、不同的技术途径实现的入侵检测系统都有不同的特点，它们分别适用于某种特定的环境。

根据入侵检测分析原理分类，可分为异常检测技术和误用检测技术。

（1）异常检测技术

异常检测是根据用户行为或资源使用的正常模式来判定当前活动是否偏离了正常或期望的活动规律，如果发现用户或系统状态偏离了正常行为模式（Normal Behavior Profile），就表示有攻击或企图攻击行为发生，系统将产生入侵警戒信号，因此又被称为基于行为的入侵检测技术。

异常检测模型的核心思想是检测可接受行为之间的偏差。如果可以定义每项可接受的行为,那么每项不可接受的行为就应该是入侵。首先,需总结正常行为应该具有的特征(用户轮廓),包括各种行为参数及其阈值的集合;当用户活动与正常行为有重大偏离时即被认为入侵。这种检测模型漏报率低,误报率高。因为不需要对每种入侵行为进行定义,所以能有效检测未知的入侵。

目前使用的异常检测方法有很多种,基于特征选择的异常检测方法、基于统计模型的异常检测方法、基于机器学习的异常检测方法、基于模式归纳的异常检测方法、基于数据挖掘的异常检测方法、基于神经网络的异常检测方法等。其中有代表性的主要有以下几种:

①基于特征选择的异常检测方法

基于特征选择的异常检测方法,是从一组特征值中选择能够检测出入侵行为的特征值,构成相应的入侵特征库,用于预测入侵行为。其关键之处是能否针对具体的入侵类型选择到合适的特征值,因此理想的入侵检测特征库需要能够进行动态的判断。在基于特征选择的异常检测方法中,Maccabe 提出的使用遗传算法对特征集合进行搜索以生成合适的入侵特征库的方法是一种比较有代表性的方法。

②基于统计模型的异常检测方法

统计模型常用于对异常行为的检测,入侵检测的统计分析首先计算用户会话过程的统计参数,再进行与阈值比较处理与加权处理,最终通过计算其"可疑"概率,分析其为入侵事件的可能性。目前提出的可用于入侵检测的统计模型如下:操作模型、方差、多元模型、马尔可夫过程模型、时间序列分析。统计方法的最大优点是其可以"学习"用户的使用习惯,从而具有较高检出率与可用性。但是它的"学习"能力也给入侵者以机会,通过逐步"训练"使入侵事件符合正常操作的统计规律,从而透过入侵检测系统。

③基于机器学习的异常检测方法

基于机器学习的异常检测方法,是通过机器学习实现入侵检测,主要方法有监督学习、归纳学习、类比学习等。在基于机器学习的异常测方法中,Carla 和 Brodiey 提出的实例学习方法比较具有代表性。该方法基于相似度,通过新的序列相似度计算,将原始数据转化为可度量的空间,然后应用学习技术和相应的分类方法,发现异常类型事件,从而检测入侵行为。其中,阈值由成员分类概率决定。

异常检测技术难点是"正常"行为特征轮廓的确定、特征量的选取、特征轮廓的更新。由于这几个因素的制约,异常检测的误报率很高,但对于未知的入侵行为的检测非常有效,对操作系统的依赖性较小,可检测出属于滥用权限型的入侵。此外,由于需要实时建立和更新系统或用户的特征轮廓,这样所需的计算量很大,对系统的处理性能要求很高。

(2)误用检测技术

误用检测技术又称为基于知识的检测,是指通过将收集到的数据与预先确定的特征知识库里的各种攻击模式进行比较,如果发现攻击特征,则判断有攻击。误用检测假设所有可能的入侵行为都能被识别和表示。误用检测技术通常使用一个行为序列,即"入侵场景"来确切地描述一个已知的入侵方式,通过比对现在的活动与已知的不可接受行为之间的匹配程度,若系统检测到该行为与库中的记录项匹配时,系统就认为该行为是入侵。该检测模型误报率低、漏报率高。对于已知的攻击,它可以详细、准确地报告出攻击类型,但是对未知攻击的效果有限,且特征库必须不断更新。

目前使用的误用检测方法有很多种,其中有代表性的主要有以下几种:基于条件概率的误用检测方法、基于状态转换分析的误用检测方法、基于专家系统的误用检测方法、基于规则的误用检测方法等。

①基于条件概率的误用检测方法

基于条件概率的误用检测方法,是基于概率论的一种通用方法,其将入侵方式对应一个事件序列,然后通过观测事件发生序列,应用贝叶斯定理进行推理,来推测入侵行为的出现。基于条件概率的误用检测方法是在概率理论基础上的一个普遍方法,是对贝叶斯方法的改进,其缺点是先验概率难以给出,而且事件的独立性难以满足。

②基于状态转换分析的误用检测方法

基于状态转换分析的误用检测方法,以状态图表示攻击特征应用于入侵行为分析。状态转换法将入侵过程看作一个行为序列,这个行为序列导致系统从初始状态转入被入侵状态。该方法首先针对每一种入侵方法确定系统的初始状态和被入侵状态,以及导致状态转换的转换条件,即进入被入侵状态必须执行的操作(特征事件)。然后用状态转换图来表示每一个状态和特征事件。初始状态与被入侵状态之间的转换可能有一个或多个中间状态。当分析审计事件时,若根据攻击者执行的操作对应的行为序列,系统从初始状态转入被入侵状态,则把该事件标记为入侵事件。通过检查系统的状态就能够发现系统中的入侵行为。该方法速度快、灵活性高。但不适宜检测与系统状态无关的入侵。

③基于专家系统的误用检测方法

专家系统是基于知识的检测中运用最多的一种方法,早期的误用检测都采用专家系统,如 IDES、DIDS 等。基于专家系统的误用检测方法是根据安全专家对可疑行为的分析经验来形成一套推理规则,通过将入侵知识表示成 IF-THEN 规则形成专家知识库,然后运用推理算法自动对所涉及的入侵行为进行分析。编码规则为:入侵特征作为 IF 的组成部分,THEN 部分是系统防范措施:当规则左边的全部条件都满足时,规则右边的动作才会执行。

专家系统的建立依赖于知识库的完备性,知识库的完备性又取决于审计记录的完备性与实时性。在具体实现中,专家系统需要从各种入侵手段中抽象出全面的规则化知识,需要处理大量数据,在大型系统中尤为明显。该方法同样需要经常为新发现的系统漏洞更新知识库,而且需要适应对不同操作系统平台的具体攻击方法和审计方式。

④基于规则的误用检测方法

基于规则的误用检测方法是指将攻击行为或入侵模式表示成一种规则,只要符合规则就认定它是一种入侵行为。基于规则的误用检测按规则组成方式可分为前推理规则和向后推理规则两类。

• 前推理规则:根据收集到的数据,规则按预定结果进行推理,直到推出结果时为止。这种方法的优点是能够比较准确地检测入侵行为,误报率低;其缺点是无法检测未知的入侵行为。目前,大部分入侵检测系统都采用这种方法。

• 向后推理规则:由结果推测可能发生的原因,然后再根据收集到的信息判断真正发生的原因。因此,这种方法的优点是可以检测未知的入侵行为,但缺点是误报率高。

除上述入侵检测系统技术之外，入侵检测系统中还采用了碎片重组、入侵诱骗、数据挖掘、混沌系统以及移动代理等技术。接下来，将主要介绍基于网络的入侵检测系统分别在企业与用户中的应用，即企业网络入侵检测解决方案以及用户网络入侵防御解决方案。

11.6.3　企业网络入侵检测解决方案

1.应用背景及需求分析

随着互联网的发展，网络变得越来越复杂，也越来越难以保证安全。为了共享信息，实现流水线操作，各公司还将他们的网络向商业伙伴、供应商及其他外部人员开放，这些开放式网络比原来的网络更易遭到攻击。此外，他们还将内部网络连接到互联网（Internet），想从 Internet 的分类服务及广泛的信息中得到收益，以满足重要的商业目的，包括：

①允许员工访问 Internet 资源。员工利用 Internet 中大量的信息和设施提高工作效率。

②允许外部用户通过 Internet 访问内部网。企业需要向外部用户公开内部网络信息，包括客户、提供商和商业伙伴。

③将 Internet 作为商务基础。Internet 最吸引人的一个地方在于，与常规商业媒介相比，它能使各公司接触到的客户范围更广，数量更多。

虽然 Internet 有众多好处，但它将内部网络暴露给数以百万计的外部人员，大大增加了有效维护网络安全的难度。近年来，全球重大安全事件频发，2013 年曝光的"棱镜门"事件、"RSA 后门"事件，2017 年爆发的新型"蠕虫式"勒索软件 WannaCry 等更是引起各界对信息安全的广泛关注。为此，技术提供商提出了多种安全解决方案，以帮助各公司的内部网免遭外部攻击，这些措施包括防火墙、操作系统安全机制（如身份确认和访问权限等级）及加密。但即使采用各种安全解决方案，黑客也总能设法攻破防线，而且网络为了适应不断变化的商业环境（如重组、兼并、合并等），不得不经常改动，这就使有效维护安全措施这一问题更加复杂。

随着我国不断完善网络安全保障措施，网络安全防护水平进一步提升。然而，信息技术创新发展伴随的安全威胁与传统安全问题相互交织，使得网络空间安全问题日益复杂隐蔽，面临的网络安全风险不断加大，各种网络攻击事件层出不穷。根据 CNCERT/CC 报告，网络安全事件依然持续不断爆发，2019 年，全年仿冒我国境内网站的钓鱼页面总数为 2 794 个，比 2018 年的 1 330 个增长 110.1%，涉及 300 个 IP 地址，2015—2019 年仿冒我国境内网站的钓鱼页面数量统计如图 11-11 所示。2019 年，我国境内被植入后门的网站总数为 4 066 个，比 2018 年的 2 156 个增长 88.6%，其中被植入后门的政府网站为 320 个，2015—2019 年我国境内被植入后门的网站数量统计，如图 11-12 所示。

现在许多用户已经意识到这一点，使用了许多安全设施保护内部网络使其免遭外部攻击。实际上，由心怀不满的雇员或合作伙伴发起的内部攻击占网络入侵的很大一部分。据统计，80% 的计算机犯罪源于内部威胁。因此，需要一种独立于常规安全机制的安全解决方案，能够捕获并中途拦截那些攻破网络第一道防线的攻击。这种解决方案就是"入侵检测系统"。入侵检测系统能够与其他安全机制协同工作，提供真正有效的安全保障。

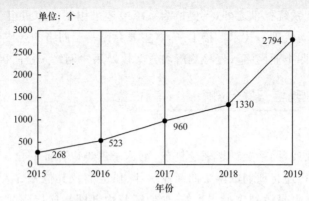

图 11-11　2015—2019 年仿冒我国境内网站的钓鱼页面数量统计

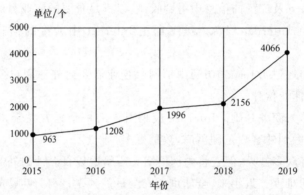

图 11-12　2015—2019 年我国境内被植入后门的网站数量统计

2.对有效的攻击识别和响应的要求

要将网络安全保护得"滴水不漏"是不太可能的,即使是被保护得很好的网络,也需要不断更新,以修补新出现的漏洞。保护网络是一项持久的任务,它包括保护、监视、测试,以及持续改进。入侵检测系统必须满足许多要求,以提供有效的安全保障,主要有以下要求:

- 实时操作:系统必须能够实时检测、报告可疑攻击,并做出实时反应;
- 便于升级:系统必须能够将已知的入侵模式和未授权活动不断增加到知识库中;
- 可运行在常用的网络操作系统上:系统必须支持现有的网络结构;
- 易于配置:在无须牺牲效率的条件下,易于配置,可以迅速安装并不断对其优化;
- 易于改变安全策略:为应对动态的商业环境,系统应易于适应改变了的安全策略;
- 不易察觉:它应该以不易被察觉的方式运行,既不会降低网络性能,对被授权用户是透明的,也不会引起入侵者的注意。

3.解决方案及分析

(1)解决方案

网神 SecIDS 3600 通过高效的模式匹配、异常检测、协议分析等技术手段,对用户网络链路的实时监控,其间发现大量的 DoS/DDoS、Web 攻击等异常行为攻击特征,设备能及时向管理员发出警告信息,根据用户实际环境监测统计分析,为管理员提供及时准确的网络行为分析数据,有助于针对性地对网络采取一些规避补救措施,保障了网络的安全及可靠性。

网神 SecIDS 3600 可以通过单机部署的方式部署在服务器上。单机部署方式即把管理控制台安装在一台功能较强大的计算机上。虽然集中式部署的计算能力可能不如分布式部署,但这种部署方式有利于管理,对于一般的中小企业很适用。这种模式适合于负载不是很重,设备较少的网络环境。

单机部署网络如图 11-13 所示,其显示的是最具代表性的单机部署网络拓扑结构。经过安全需求分析,用户一般比较关注的是服务器区和 Internet 出口这两个部分。那么,在这两个部分部署一套独立的入侵检测系统就能够满足安全需求。用户如果需要增加监控区域,只选择多端口的高端入侵检测设备即可满是需求。

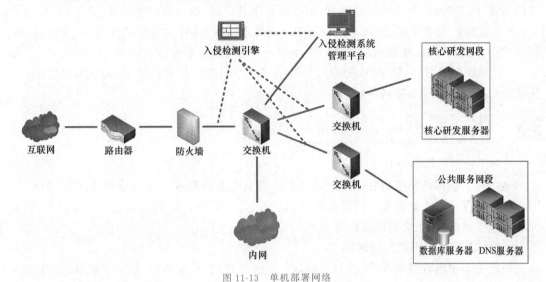

图 11-13　单机部署网络

(2)产品功能及特点

SecIDS 3600 入侵检测系统是基于网络安全技术和黑客技术多年研究的基础上开发的网络入侵检测系统。SecIDS 3600 入侵检测系统是一项创新性的网络威胁和流量分析系统,它综合了网络监控和入侵检测功能,能够实时监控网络传输,通过对高速网络上的数据包捕获,进行深入的协议分析,结合特征库进行相应的模式匹配,通过对以往的行为和事件的统计分析,自动发现来自网络外部或内部的攻击,并可以实时响应,切断攻击方的连接,帮助企业最大限度地保护公司内部的网络安全。

SecIDS 3600 入侵检测系统具有以下产品功能:

- 部署和管理功能,提供中文化的管理界面以及模板,方便制定企业的安全策略等;
- 检测与报警能力,提供对多种应用的检测能力,支持多种高级报警方式等;
- 报表与日志审计,支持导出相关日志的统计和查询报告;
- 自身安全指标,支持监听端口支持隐秘模式,支持用户分角色管理。

SecIDS 3600 入侵检测系统具有以下产品特点:

- 配置简单、使用方便;
- 可检测基于网络的攻击;
- 实时检测和响应恶意及可疑的攻击;
- 对网络传输性能几乎没有影响;
- 记录攻击时网络通信数据,攻击者不易转移证据。

SecIDS 3600 入侵检测系统具有以下产品优势:

- 强大的分析检测能力,采用了基于状态的应用层协议分析技术,使系统能够准确、快速地检测各种攻击行为,并显著地提高系统的性能。
- 基于状态的协议分析技术,具有强大的检测协议异常、协议误用的能力,解决了依赖攻击特征签名数量检测攻击的弊端,提高了检测准确性和效率。
- 超低的误报率和漏报率,支持在复杂的网络环境中部署,提供超低的误报和漏报率。
- 丰富的事件响应方式,针对不同类型数据包流量传递的过程,可在发现攻击的当下通过已定义好的检测行为动作加以检测,系统提供事件记录、通过邮件警告等。
- 更直观的策略管理结构,采用全新的策略管理结构,结合新的策略分类、派发、响应管理等功能,用户可以方便快捷地建立适用不同环境的攻击检测策略。
- 灵活的签名分类,基于网络应用、风险级别和攻击类型等分类原则,用户可以更准确、快捷地查找到所关注的签名类别。

11.6.4 用户网络入侵防御解决方案

1.应用背景及需求分析

通过对大量用户网络的安全现状和已有的安全控制措施进行深入分析可知,很多用户网络中仍然存在着大量的安全隐患和风险,这些风险对用户网络的正常运行和业务的正常开展构成严重威胁,主要表现在以下方面:

- 操作系统和应用软件漏洞隐患

用户网络多由数量庞大、种类繁多的软件系统组成,有系统软件、数据库系统、应用软件等,尤其是存在于广大终端用户办公桌面上的各种应用软件不胜繁杂,每个软件系统都有不可避免的潜在的或已知的软件漏洞,每天软件开发者都在生产漏洞,每时每刻都可能有软件漏洞被发现、利用。无论哪一部分的漏洞被利用,都会给企业带来危害,轻者危及个别设备,重者漏洞成为攻击整个用户网络的跳板,危及整个用户网络安全,即使安全防护已经很完备的用户网络,也会因一个联网用户个人终端 PC 存在漏洞而丧失其整体安全防护能力。

- 各种 DoS 和 DDoS 攻击带来的威胁

除了由于操作系统和网络协议存在漏洞和缺陷可能遭受攻击外,现在 IT 部门还面临着 DoS 攻击和 DDoS 攻击的挑战,DoS 和 DDoS 攻击会耗尽用户宝贵的网络和系统资源,使依赖计算机网络的正常业务无法进行,严重损害企业的声誉并造成极大的经济损失。

- 与工作无关的网络行为

权威调查机构 IDC 的统计表明:30%～40%工作时间内发生的企业员工网络访问行为与本职工作无关,如游戏、聊天、视频、P2P 下载等。另一项调查表明:30%以上的员工曾在上班时间玩计算机游戏。

根据上面的安全威胁分析,需要采取相应措施消除这些安全隐患。因此,安全需求可以归纳为以下方面:

- 加强网络边界的安全防护手段,准确检测入侵行为,并能够实时阻断攻击。
- 防御来自外部的攻击和病毒传播。
- 加强网络带宽管控及上网行为管理。

2.解决方案及分析

网神 SecIPS 3600 入侵防御系统基于先进的体系架构和深度协议分析技术,结合协议异常检测、状态检测、关联分析等手段,针对蠕虫、间谍软件、垃圾邮件、DoS/DDoS 攻击、网络资源滥用等危害网络安全的行为,采取主动防御措施,实时阻断网络流量中的恶意攻击,确保信息网络的运行安全。

- 针对应用程序防护,它可以提供扩展至用户端、服务器及第 2~7 层的网络型攻击防护,可以分辨出合法与有害的封包内容,防范所有已知与未知形式的攻击。
- 针对网络架构防护,它的网络架构防护机制提供了一系列网络漏洞过滤器,以保护路由器、交换机、DNS 服务器等网络设备免于遭受攻击。
- 针对性能保护,它可以用于保护网络带宽及主机性能,免于被非法应用程序占用正常的网络性能,从根本上缓解因实时通信软件给网络链路带来的压力。

(1)方案部署方式

- 部署拓扑

网神 SecIPS 3600 部署方式如图 11-14 所示,显示的是最具代表性的部署网络拓扑结构。经过安全需求分析,用户一般比较关注的是内网边界、数据中心、服务器区,可以在这些区域部署独立的入侵防御系统。用户如果需要增加监控区域,只选择多端口的高端入侵检测设备即可满足需求。

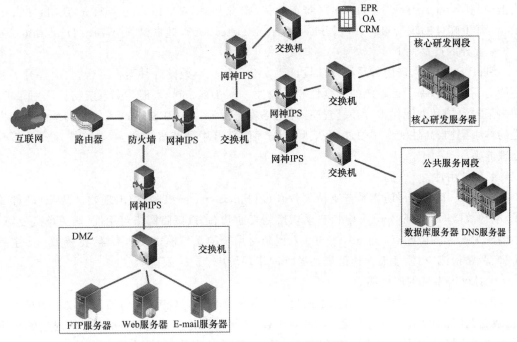

图 11-14　网神 SecIPS 3600 网络部署

- 系统优化调整

为了让 IPS 能准确无误地保护网络,部署 IPS 设备应该按照以下两个阶段进行:

①第一阶段,IPS 以监测模式工作,只检测攻击并发出警告,不进行阻断。

首先将 IPS 的工作模式设置为 IPS 监视模式,在该模式下,IPS 的检测引擎根据安全策略对网络中通过的数据进行检测,并给出警告,但不进行阻断。这种模式主要用于首次部署时对用户网络环境的学习与策略优化阶段,调整参数,减少 IPS 产生误报的可能性。并且,在此模式下,用户可以观察 IPS 设备是否会对原有的网络性能产生影响,以确保始终满足原有网络应用的需求。

②第二阶段，IPS 以 Inline 模式工作，全面检测，全面防护。

经过第一阶段的学习、调整和适应后，已经可以确认 IPS 能够以监视方式正常运行，并且不会阻断正常合法的网络数据包，这时就可以开启 IPS 的防御功能，进入阻断攻击、全面防御的阶段。

（2）产品优势

SecIPS 3600 检测引擎结合了异常检测与攻击特征数据库检测的技术，它同时也包含了深层数据包检查能力，除了检查第 4 层数据包外，更能深入检查到第 7 层的数据包内容，以阻挡恶意攻击的穿透，同时不影响正常程序的工作，具有以下产品优势：

• 全新的检测技术

SecIPS 3600 的检测引擎提供多种检测模式保证准确度，并且在不影响网络性能的状况下，提供客户最佳的保护。在 SecIPS 3600 上使用的检测方法包括：状态模式检测（Stateful Detection）、攻击特征数据库模式检测（Signature-Based Detection）、缓冲区溢出检测（Buffer-Overflow Detection）、木马/后门检测（Trojan/Backdoor Detection）、拒绝服务/分布式拒绝服务检测（DoS/DDoS Detection）、访问控制检测（Access Control Detection）、Web 攻击检测（Web Attack Detection）、弱点扫描/探测检测（Vulnerability Scan/Probe Detection）、基于邮件的攻击检测（Mail-based Attack Detection）、蠕虫检测（Worm Detection）等。

• 优异的产品性能

SecIPS 3600 入侵防御系统专门设计了安全、可靠、高效的硬件运行平台，大大提升了处理能力、吞吐量，保了证系统的安全性和抗毁性。SecIPS 3600 入侵防御系统支持应用保护、网络架构保护和性能保护，彻底防护各种网络攻击行为。SecIPS 3600 入侵防御系统依赖先进的体系架构、高性能专用硬件，在实际网络环境部署中性能表现优异，具有线速的分析与处理能力。

• 高可用性

SecIPS 3600 入侵防御系统支持失效开放（Fail Bypass）机制，当出现软件故障、硬件故障、电源故障时，系统 Bypass 电口自动切换到直通状态，以保障网络可用性，避免单点故障，不会成为业务的阻断点。SecIPS 3600 入侵防御系统的工作模式灵活多样，支持 Inline 主动防御、旁路检测方式，能够快速部署在各种网络环境中。

• 对攻击事件的取证能力

SecIPS 3600 可提供客户最完整的攻击事件记录信息，这些信息包括黑客攻击的目标主机、攻击的时间、攻击的手法种类、攻击的次数、黑客攻击的来源地址，客户可从内建的报表系统功能中轻易地搜寻到所需要的详细信息，而不须额外添购一些软件。

• 强大的管理和报表功能

网络入侵防御系统的主要功能之一是对黑客的入侵攻击事件提供实时的检测与预警及完整的分析报告。SecIPS 3600 主动式网络入侵防御系统中包含一套完整的报表系统，提供了多用户可同时使用的报表界面，可以查询、打印所有检测到的网络攻击事件及系统事件，其中不仅可以检视攻击事件的攻击名称、攻击严重程度、攻击时间、攻击来源及被攻击对象等信息，也提供攻击事件的各式统计图与条形图分析。

本章习题

1.黑客是什么？

2.信息收集类攻击有哪些？如何对其进行防御？

3.入侵类攻击有哪些？如何对其进行防御？

4.欺骗类攻击有哪些？如何进行防御？

5.拒绝服务类攻击有哪些？如何进行防御？

6.入侵检测的基本原理是什么？其关键技术有哪些？

7.简述企业网络入侵检测解决方案及其优势。

8.简述用户网络入侵防御解决方案及其优势

第 12 章　网络服务安全

12.1　DNS 服务的安全

域名系统(DNS)是一种用于 TCP/IP 应用程序的分布式数据库,它提供主机名字和 IP 地址之间的转换信息。通常,网络用户通过 UDP 协议和 DNS 服务器进行通信,而服务器在特定的端口监听,并返回用户所需的相关信息,这是"正向域名解析"的过程。"反向域名解析"也是一个查 DNS 的过程。当客户向一台服务器请求服务时,服务器方一般会根据客户的 IP 反向解析出该 IP 对应的域名。

12.1.1　DNS 服务的安全问题

由于 DNS 在设计之初没有考虑安全问题，它既没有对 DNS 中的数据提供认证机制和完整性检查，在传输过程中也未加密；又没有对 DNS 服务进行访问控制或限制，因此造成了很多安全漏洞，使 DNS 容易受到分布式拒绝服务攻击、域名劫持、域名欺骗和 DNS 软件自身的漏洞等多种方式的攻击。

DNS 的安全隐患主要有以下几点：

- 防火墙一般不会限制对 DNS 的访问。
- DNS 可以泄露内部的网络拓扑结构。
- DNS 存在许多简单有效的远程缓冲溢出攻击。
- 几乎所有的网站都需要 DNS。
- DNS 的本身性能问题是关系到整个应用的关键。

DNS 存在如下安全威胁：

- DNS 存在简单的远程缓冲区溢出攻击。
- DNS 存在拒绝服务攻击。
- 设置不当的 DNS 会泄露过多的网络拓扑结构。如果 DNS 服务器允许对任何机构都进行区域传输，那么整个网络中的主机名、IP 列表、路由器名、路由 IP 列表，甚至计算机所在位置等都可能被轻易窃取。
- 利用被控制的 DNS 服务器入侵整个网络，破坏整个网络的安全。当一个入侵者控制了 DNS 服务器后，他就可以随意篡改 DNS 的记录信息，甚至使用这些被篡改的记录信息来达到进一步入侵整个网络的目的。
- 利用被控制的 DNS 服务器绕过防火墙等其他安全设备的控制。现在一般的网站都设置防火墙，但由于 DNS 的特殊性，在 UNIX 机器上，DNS 需要的端口是 UDP 53 和 TCP 53，它们都需要使用 root 执行权限。因此，防火墙就很难控制对这些端口的访问，入侵者可以利用 DNS 的诸多漏洞获取 DNS 服务器的管理员权限。

如果内部网络设置不合理，例如 DNS 服务器的管理员密码和内部主机管理员密码一致，DNS 服务器和内部其他主机就处于同一网段，DNS 服务器就处于防火墙的可信任区域内，这就等于给入侵者提供了一个打开系统大门的捷径。

12.1.2　DNS 欺骗检测与防御

局域网内的网络安全是一个值得大家关注的问题，往往容易引发各种欺骗攻击，这是局域网自身的属性所决定的网络共享。这里所说的 DNS 欺骗是基于 ARP 欺骗之上的网络攻击，如果在广域网上，则会引发更严重的安全问题。

1.DNS 欺骗的原理

换个思路，如果客户机在进行 DNS 查询时，能够人为地给出我们自己的应答信息，结果会怎样呢？这就是著名的 DNS 欺骗（DNS Spoofing）。DNS 数据报头部的 ID（标识）是用来匹配响应和请求数据报的。现在，域名解析的整个过程可以描述为：客户端首先以特定的标识向 DNS 服务器发送域名查询数据报，再在 DNS 服务器查询之后以相同的 ID 号给客户端发送域名响应数据报。这时，客户端会将收到的 DNS 响应数据报的 ID 和自发送的查询数据报 ID 相比较，如果匹配则表明接收到的正是自己等待的数据报，如果不匹配则丢弃。假如我们能够伪装 DNS 服务器提前向客户端发送响应数据报，那么客户端的 DNS 缓存里域名所对应的 IP 就是我们自定义的 IP 了，同时客户端也就被带到了我们希望的网站。条件只有一个，那就是我们发送的 ID 匹配的 DNS 响应数据报在 DNS 服务器发送的响应数据报之前到达客户端。DNS 欺骗的基本思路：让 DNS 服务器的缓存中存有错误的 IP 地址，即在 DNS 缓存中放一个伪造的缓存记录。为此，攻击者需要做两件事：①先伪造一个用户的 DNS 请求；②再伪造一个查询应答。具体的 DNS 欺骗原理如图 12-1 所示。

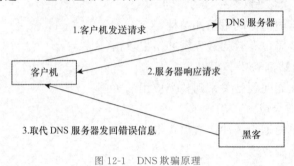

图 12-1　DNS 欺骗原理

2.DNS 欺骗的实现

现在我们知道了 DNS 欺骗的实质，那么如何才能实现呢？这要分两种情况：

(1)本地主机与 DNS 服务器，本地主机与客户端主机均不在同一个局域网内。

这种情况下实现 DNS 欺骗的方法有以下几种：向客户端主机随机发送大量 DNS 响应数据报，命中率很低；向 DNS 服务器发起拒绝服务攻击，太粗鲁；BIND 漏洞，使用范围比较窄。

(2)本地主机至少与 DNS 服务器或客户端主机中的某一台处在同一个局域网内。

这种情况下我们可以通过 ARP 欺骗来实现可靠而稳定的 DNS 欺骗。下面我们将详细讨论这种情况。

首先我们进行 DNS 欺骗的基础是 ARP 欺骗，也就是在局域网内同时欺骗网关和客户端主机(也可能是欺骗网关和 DNS 服务器，或欺骗 DNS 服务器和客户端主机)。我们以客户端的名义向网关发送 ARP 响应数据报，不过其中将源 MAC 地址改为我们自己主机的 MAC 地址；同时以网关的名义向客户端主机发送 ARP 响应数据报，同样将源 MAC 地址改为我们自己主机的 MAC 地址。这样一来，在网关看来客户端的 MAC 地址就是我们主机的 MAC 地址；客户端也认为网关的 MAC 地址为我们主机的 MAC 地址。由于在局域网内数据报的传送是建立在 MAC 地址之上的，所以网关和客户端之间的数据流通必须先通过本地主机。

在监视网关和客户端主机之间的数据报时，如果发现客户端发送的 DNS 查询数据报目的端口为 53，那么我们可以提前将自己构造的 DNS 响应数据报发送到客户端。注意，我们必须提取由客户端发送来的 DNS 查询数据报的 ID 信息，因为客户端是通过它来进行匹配认证的，这就是一个我们可以利用的 DNS 漏洞。这样，客户端会先收到我们发送的 DNS 响应数据报并访问我们自定义的网站，虽然客户端也会收到 DNS 服务器的响应报文，不过已经来不及了。

3.DNS 欺骗检测思路

发生 DNS 欺骗时,客户端最少会接收到两个以上的应答数据报文,报文中都含有相同的 ID 序列号,一个是合法的,另一个是伪装的。据此特点,有以下两种检测办法:

①被动监听检测,即监听、检测所有 DNS 的请求和应答报文。通常 DNS 服务端对一个请求查询仅仅发送一个应答数据报文(即使一个域名和多个 IP 有映射关系,此时多个关系在一个报文中回答)。因此在限定的时间段内一个请求如果会收到两个或两个以上的响应数据报文,则被怀疑遭受了 DNS 欺骗。

②主动试探检测,即主动发送验证包去检查是否有 DNS 欺骗存在。通常发送验证数据包接收不到应答,然而黑客为了在合法应答包抵达客户机之前就将欺骗信息发送给客户,所以不会对 DNS 服务端的 IP 合法性校验,继续实施欺骗。若收到应答包,则说明受到了欺骗攻击。

4.DNS 欺骗的防范

对于常见的 ID 序列号欺骗攻击,采用专业软件在网络中进行监听检查,在较短时间内,客户端如果接收到两个以上的应答数据包,则说明可能存在 DNS 欺骗攻击,将后到的合法包发送到 DNS 服务端并对 DNS 数据进行修改,这样下次查询申请时就会得到正确结果。

(1)进行 IP 地址和 MAC 地址的绑定

①预防 ARP 欺骗攻击

因为 DNS 攻击的欺骗行为要以 ARP 欺骗作为开端,所以如果能有效防范或避免 ARP 欺骗,也就使得 DNS 欺骗攻击无从下手。例如可以通过将 Gateway Router 的 IP 地址和 MAC 地址静态绑定在一起,就可以防范 ARP 攻击欺骗。

②DNS 信息绑定

DNS 欺骗攻击是利用变更或者伪装成 DNS 服务端的 IP 地址,因此也可以使用 MAC 地址和 IP 地址静态绑定来防御 DNS 欺骗的发生。由于每个网卡的 MAC 地址具有唯一性质,所以可以把 DNS 服务端的 MAC 地址与其 IP 地址绑定,然后此绑定信息存储在客户机网卡的 EPROM 中。当客户机每次向 DNS 服务端发出查询申请后,就会检测 DNS 服务端响应的应答数据包中的 MAC 地址是否与 EPROM 存储器中的 MAC 地址相同,要是不同,则很有可能该网络中的 DNS 服务端受到 DNS 欺骗攻击。这种方法有一定的不足,因为如果局域网内部的客户主机也保存了 DNS 服务端的 MAC 地址,仍然可以利用 MAC 地址进行伪装欺骗攻击。

(2)使用 Digital Password 进行辨别

在不同子网的文件数据传输中,为预防窃取或篡改信息事件的发生,可以使用任务数字签名(TSIC)技术,即在主从 DNS 中使用相同的 Password 和数学模型算法,在数据通信过程中进行辨别和确认。因为有 Password 进行校验的机制,从而使主从 Server 的身份地位极难伪装,加强了域名信息传递的安全性。安全性和可靠性更好的域名服务是使用域名系统的安全协议(Domain Name Sytem Seeurity,DNSSEC),用数字签名的方式对搜索中的信息源进行分辨,对数据的完整性实施校验,DNSSEC 的规范可参考 RFC2605。因为在设立域时就会产生 Password,同时要求上层的域名也必须进行相关的 Domain Password 签名,显然这种方法很复杂,所以 InterNIC 域名管理截至目前尚未使用。然而就技术层次上讲,DNSSEC 应该是现今最完善的域名设立和解析的办法,对防范域名欺骗攻击等安全事件是非常有效的。

（3）优化 DNS 服务器的相关项目设置

对于 DNS 服务器的优化可以使得 DNS 的安全性达到较高的标准，常见的工作有以下几种：

①对不同的子网使用物理上分开的域名服务器，从而获得 DNS 功能的冗余；

②将外部和内部域名服务器从物理上分离开并使用 Forwarder 转发器。外部域名服务器可以进行任何客户机的申请查询，但 Forwarder 则不能，Forwarder 被设置成只能接待内部客户机的申请查询；

③采用技术措施限制 DNS 动态更新；

④将区域传送限制在授权设备上；

⑤利用事务签名对区域传送和区域更新进行数字签名；

⑥隐藏服务器上的 Bind 版本；

⑦删除运行在 DNS 服务器上的不必要服务，如 FTP、TELNET 和 HTTP；

⑧在网络外围和 DNS 服务器上使用防火墙，将访问限制在那些 DNS 功能需要的端口上。

（4）直接使用 IP 地址访问

在客户端直接使用 IP 地址访问重要的服务，可以避开 DNS 对域名的解析过程，因此也就避开了 DNS 欺骗攻击。除此，应该做好 DNS 服务器的安全配置项目和升级 DNS 软件，合理限定 DNS 服务器进行响应的 IP 地址区间，关闭 DNS 服务器的递归查询项目等。

（5）加密数据流

对 DNS 服务端和客户端的数据流进行加密，服务端可以使用 SSH（Secure Shell）加密协议，客户端使用 PGP 软件实施数据加密。

（6）对 DNS 数据包进行监测

在 DNS 欺骗攻击中，客户端会接收到至少两个 DNS 的数据响应包，一个是真实的数据包，另一个是攻击数据包。欺骗攻击数据包为了抢在真实应答包之前回复给客户端，它的信息数据结构与真实的数据包相比十分简单，只有应答域，而不包括授权域和附加域。因此，可以通过监测 DNS 响应包，遵循相应的原则和模型算法对这两种响应包进行分辨，从而避免虚假数据包的攻击。

有一些例外情况不存在 DNS 欺骗：如果 IE 中使用代理服务器，那么 DNS 欺骗就不能进行，因为此时客户端并不会在本地进行域名请求；如果访问的不是本地网站主页，而是相关子目录文件，这样在自定义的网站上不会找到相关的文件，DNS 欺骗也会以失败告终。

12.2 Web 服务的安全

计算机的安全性历来都是人们讨论的主要话题之一，而计算机安全主要研究的是计算机病毒的防治和系统的安全。在计算机网络日益扩展和普及的今天，计算机安全的要求更高，涉及面更广，不但要求防治病毒，提高系统抵抗外来非法黑客入侵的能力，还要提高对远程数据传输的保密性，避免在传输途中遭受非法窃取。但是，Internet 是一个面向大众的开放系统，对于信息的保密和系统安全的考虑并不完备。这主要由如下几个方面原因引起：

Web 服务是动态交互的；Web 服务使用广泛而且信誉非常重要；Web 服务器难以配置，底层软件异乎寻常地复杂，会隐藏众多安全漏洞；编写和使用 Web 服务的用户安全意识相对薄弱。所以 Internet 上的攻击与破坏事件层出不穷，人们越来越意识到这种情况，因此安全 Web 服务应运而生。

表 12-1 总结了在使用 Web 时要面临的一些安全威胁与对策。Web 安全威胁存在着不同的分类方法，一种分类方式是将它们分成主动攻击与被动攻击。另一种分类方式是依照 Web 访问的结构，可以将 Web 安全威胁分为 3 类：对 Web 服务器的安全威胁、对 Web 浏览器的安全威胁和对通信信道的安全威胁。

表 12-1　　　　　　　　　　　　Web 安全威胁与对策

安全特性	威胁	后果	对策
完整性	修改用户数据 特洛伊木马 内存修改 修改传输的信息	信息丢失 机器暴露 易受其他威胁的攻击	数据的校验和完整性校验码
机密性	网络窃听 窃取服务器数据 窃取浏览器数据 窃取网络配置信息	信息暴露 泄露机密信息	加密算法，Web 代理
拒绝服务	中断用户连接 伪造请求淹没服务器 占满硬盘或耗尽内存 攻击 DNS 服务器	中断 干扰 阻止用户正常工作	难以防范
认证鉴别	冒充合法用户 伪造数据	非法用户进入系统 相信虚假信息	加密和身份认证技术

12.2.1　Web 服务的安全问题

1.对 Web 服务器的安全威胁

Web 服务器面临的安全威胁主要来自 Web 服务器系统存在的漏洞，主要包括操作系统漏洞和 Web 服务器软件漏洞等。其中操作系统漏洞是一个共性问题，不只是存在于 Web 服务器中，因此这里不做具体描述；Web 服务器软件的漏洞比较多，主要有以下几个方面：

• 在 Web 服务器上不允许访问的秘密文件、目录或重要数据。

• 从远程用户向服务器发送信息时，特别是信用卡的信息时，中途遭不法分子非法拦截。

• Web 服务器本身存在的一些漏洞，使得一些人能入侵到主机系统破坏一些重要的数据，甚至造成系统瘫痪。

• CGI 程序中存在的漏洞。

• 在防治网络病毒方面，在 http 传输中 HTML 文件一般不会存在感染病毒的危险。危险在于下载可执行文件，如.zip、.exe、.arj、.Z 等格式的文件过程中应特别加以注意，这些文件都有潜伏病毒的可能性。

对企图破坏或非法获取信息的人来说，HTTP服务器、数据库服务器等都可能存在漏洞，有很多弱点可被利用。Web服务内容越丰富，功能越强大，包含错误代码的概率就越高，有安全漏洞概率就越高。

大多数系统上所运行的HTTP服务可以设置在不同的权限下运行：高权限下提供了更大的灵活性，允许程序执行所有指令，并可不受限制地访问系统的各个部分（包括高敏感的特权区域）；低权限下在所运行程序的周围设置了一层逻辑栅栏，只允许它运行部分指令和访问系统中不很敏感的数据区。大多数情况下，HTTP服务只需要运行在低权限下。

Web服务器的数据库中会保存一些有价值的信息或隐私信息，如果被更改或泄露会造成无法弥补的损失：如果有人得到数据库用户认证信息，他就能伪装成合法的用户来下载数据库中保密的信息；隐藏在数据库系统里的特洛伊木马程序还可通过将数据权限降级来泄露信息。

相比数据库的问题，CGI程序可能出现的漏洞很多，而被攻破后所能造成的威胁也更大。程序设计人员的一个简单的错误或不规范的编程就可能为系统增加一个安全漏洞。一个故意放置的有恶意的CGI程序能够自由访问系统资源，使系统失效、删除文件或查看顾客的保密信息（包括用户名和口令）。

2. 对Web浏览器的安全威胁

最早的Web页面是静态的，它是采用HTML语言编制的，其作用只是显示页面内容并提供到其他页面的链接。当用户对页面中的活动内容的需求越来越多，单纯用HTML语言编制的静态页面显然不能满足要求。

活动内容是指在静态页面中嵌入地对用户透明的程序，它可完成一些动作：显示动态图像、下载和播放音乐等。它扩展了HTML的功能，使页面更为活泼，将原来要在服务器上完成的某些辅助功能转交给空闲的浏览器来完成。用户使用浏览器查看一个带有活动内容的页面时，这些小应用程序就会自动下载并开始在浏览器上启动运行。由于活动内容模块是嵌入在页面里的，它对用户透明，企图破坏浏览器的人可将破坏性的活动内容放进表面看起来完全无害的页面中。当用户使用浏览器查看带有活动内容的网页时，这些应用程序会自动下载并在客户机上运行，如果这些程序被恶意使用，则可以窃取、改变或删除客户机上的信息。主要用到Java Applet和ActiveX技术。

● Java Applet就是活动内容的一种。它使用Java语言开发，可以实现各种各样的客户端应用。这些Applet随页面下载下来，只要浏览器兼容Java，它就可在浏览器上自动运行。Java使用沙盒（sandbox）根据安全模式所定义的规则来限制Java Applet的活动。

● ActiveX是另一种活动内容的形式，可以用许多程序设计语言来开发，但它只能运行在安装Windows的计算机上。ActiveX使用"代码签名"（code signing）机制，在安全性方面不如Java Applet。一旦下载，它就能像其他程序一样执行能访问包括操作系统代码在内的所有系统资源，这是非常危险的。

Cookie是Netscape公司开发的，用来改善HTTP的无状态性。无状态的表现使得制造像购物车这样要在一定时间内记住用户动作的东西很难。Cookie实际上是一段小消息，在浏览器第一次连接时由HTTP服务器送到浏览器端，以后浏览器每次连接都把这个Cookie的一个副本返回给Web服务器，服务器用这个Cookie来记忆用户和维护一个跨多个页面的过程影像。Cookie 不能用来窃取关于用户或用户计算机系统的信息,它们只能在某种程度上存储用户的信息,如计算机名字、IP 地址、浏览器名称和访问的网页的 URL 等。所以,Cookie 是相对安全的。

3.对通信信道的安全威胁

对通信信道的安全威胁主要包括被动攻击,如监听程序会威胁通信信道中所传输信息的机密性;主动攻击.如伪造、篡改、重放会威胁通信信道中所传输信息的完整性;缺乏身份认证机制,使得冒充他人身份就能进行中间人攻击;缺乏数字签名机制使得通信双方相互攻击,否认曾经发送或接收过的信息;拒绝服务攻击则向网站服务器发送大量请求造成主机无法及时响应而瘫痪,或者发送大量的 IP 数据包来阻塞通信信道,使网络的速度变慢,使得通信信道不能保证可用性。所以保证通信信道的安全是 Web 安全服务的重点和难点之一。

12.2.2　Web 服务的安全解决方案

1.Web 服务器的安全防护

下面是对 Web 服务器进行保护时,需要注意的情况。

● 限制在 Web 服务器中帐户数量,对于在 Web 服务器上建立的帐户,在口令长度及定期更改方面做出要求,防止被盗用。

● Web 服务器本身会存在一些安全上的漏洞,需要及时进行版本升级更新。

● 尽量使 E-mail、数据库等服务器与 Web 服务器分开,去掉无关的网络服务。

● 在 Web 服务器上去掉一些不用的如 Shell 之类的解释器。

● 定期查看服务器中的日志文件,分析一切可疑事件。

● 设置好 Web 服务器上系统文件的权限和属性。

● 通过限制许可访问用户 IP 或 DNS。

● 从 CGI 编程角度考虑安全。采用比解释语言会更安全些的编译语言,并且 CGI 程序(去空格)放在独立于 HTML 存放目录之外的 CGI-BIN 下等措施。

2.Web 浏览器的安全防护

Web 客户端的防护措施,重点对 Web 程序组件的安全进行防护,严格限制从网络上任意下载程序并在本地执行。可以在浏览器进行设置,如在 Microsoft Internet Explorer 的 Internet 选项的高级窗口中将 Java 相关选项关闭;在安全窗口中选择自定义级别,将 ActiveX 组件的相关选项选为禁用;在隐私窗口中根据需要选择 Cookie 的级别,也可以根据需要将 C:\Windows\Cookie 下的所有 Cookie 相关文件删除。

3.通信信道的安全防护

通信信道的防护措施,可在安全性要求较高的环境中,利用 HTTPS 协议替代 HTTP 协议。利用安全套接层协议 SSL 保证安全传输文件,SSL 通过在客户端浏览器软件和 Web 服务器之间建立一条安全通信信道,实现信息在 Internet 中传送的保密性和完整性。但 SSL 会造成 Web 服务器性能上的一些下降。

12.3 电子邮件服务的安全

12.3.1 电子邮件安全问题

电子邮件是最广泛的网络应用,也是在异构环境下唯一跨平台的、通用的分布系统。用户希望并能够直接或间接地给通过互联网相连的其他人发邮件,而无论双方使用的是何种操作系统或通信协议。电子邮件服务十分脆弱,用户向 Internet 上的另一个人发送 E-mail 时,不仅信件像明信片一样是公开的;而且也不知道在到达目的地之前,信件经过了多少节点。E-mail 服务器向全球开放,它们很容易受到黑客的袭击。Web 提供的阅读器也容易受到类似的侵袭。Internet 像一个蜘蛛网,E-mail 到达收件人之前,会经过很多机构和 ISP,因此任何人,只要可以访问这些服务器,或访问 E-mail 经过的路径,就可以阅读这些信息。

电子邮件系统存在很多安全隐患,这些安全隐患既有来自服务器软件的,又有来自客户端软件或相关协议的。此外,由系统安装、配置或后期使用过程中的不当操作造成的安全隐患也非常多。根据软件工程的知识可知,任何软件都可能存在缺陷,只是缺陷的程度不同而已。当然,提供邮件服务的服务器软件、接收邮件的客户端软件以及基于 Web 的邮件服务器等也都存在或多或少的缺陷或安全漏洞。例如,QQ 邮箱的读取其他用户邮件的漏洞、Outlook Express 的标识不安全漏洞和 Foxmail 的密码绕过漏洞等。如果攻击者控制了存在这些漏洞的计算机,就可以轻易地获取用户的 E-mail 用户名和密码以及与其联系的其他人的 E-mail 地址等。并且,基于一些邮件客户端软件的漏洞,通过构造特殊格式的邮件,攻击者还可在邮件中植入木马程序,这样,只要用户一打开邮件,就会执行木马程序,危害性非常大。此外,由邮件服务器软件和客户端软件配置不当或未进行安全渗透测试的邮件系统造成的安全隐患往往不容易防范,会导致较高的安全风险。同时,如果用户在使用过程中没有安全意识或安全意识淡薄,也会造成众多的安全隐患,例如,下载并执行未经安全检查的软件,往往会给许多攻击提供可乘之机。

1.Web 信箱的漏洞

Web 信箱是通过浏览器访问的,部分技术水平不高的站点存在着严重的安全漏洞。比如用户在公共场所(例如网吧)上网浏览自己的邮件,那么在你关掉当前浏览页面离开后,别人利用浏览器做简单操作后,即可看到用户刚才浏览过的邮件。如果用户在该机器上注册了新的信箱,其个人资料就会很容易地泄密。

2.密码问题

很多人都在强调密码的重要性,然而事实上,很多用户名设置的密码都是很简单、可猜测的。如果要想设置一个好的密码,就要站在一个破解者的角度去思考。破解者最容易想到的就是生日、用户名、电话号码、信用卡号码、执照或证书号码等,虽然这些是我们生活中最容易记住的,但也是最容易被别人猜到的。如果选择的密码在字母中夹杂一些数字和符号,其安全性就要好得多。

3.监听问题

邮件监听可分为局域网内的监听和来自信箱内部的监听两种监听方式。一般,使用嗅探器可对局域网内传输的数据进行监听。因为 POP3 协议通常都是明文传输,所以很容易就被嗅探器嗅探到邮箱密码。而使用浏览器进行收发邮件就显得相对安全一些。当用户密码被破解之后,攻击者并没有修改密码,而是把信箱设置成转发邮件到攻击者的信箱;然后再在他的信箱中设置转发邮件到这个被破解密码的信箱,同时设置"保留备份"。这样攻击者就可以完全控制该信箱的流量了,因为当他想让用户收邮件的时候就转发,不想让收邮件时就取消转发,这种方法相当隐蔽。

4.缓存的危险

用 IE 浏览器在浏览网页时,会在硬盘上开一个临时交换空间,这就是缓存。缓存可能成为攻击者的目标,因为有些信箱使用 Cookie 程序(浏览器中一种用来记录访问者信息的文件)并以明文形式保存密码,同时浏览过的所有的网页都在这个缓存内,如果缓存被拷贝,用户的私人信息就不存在秘密了。

5.冒名顶替

由于普通的电子邮件缺乏安全认证,所以冒充别人发送邮件并不是难事,例如,假借某某公司发送"中奖信息"的电子邮件。如果用户不想让别人冒充自己的名义发送邮件,可以采用数字证书发送签名/加密邮件,这种方式已经被证明是解决邮件安全问题的有效途径。

6.垃圾邮件

垃圾邮件是指未经用户许可就强行发送到用户的邮箱中的电子邮件。垃圾邮件虽然不像病毒感染一样是一种明显的威胁,但可以很快充满用户的收件箱,使得用户难以接收合法的电子邮件。垃圾邮件还是钓鱼者和病毒制造者喜欢的传播媒介。垃圾邮件的危害很多,从安全的角度看,可以概括为三个方面:①被黑客利用,通过同时发送大规模的垃圾邮件,导致网络和邮件服务器拥塞甚至瘫痪;②盗用他人的电子邮件地址制造垃圾邮件,严重损害他人的信誉。③侵占收件人信箱空间、耗费收件人的时间、金钱,进行诈骗和传播色情内容等危害社会的活动。

7.病毒、蠕虫和木马

病毒、蠕虫和木马这三种恶意代码通常附加在电子邮件的附件中,用户一旦打开这些附件就可能运行这些代码,并可能破坏主机系统的数据或将计算机变成可被远程控制的"肉鸡",甚至可以导致收件人经济上的巨大损失。例如,"键盘记录型"木马,可以秘密地记录系统活动,并诱使外部的恶意用户访问公司的银行账户、企业的内部网站及其他的秘密资源。

8.邮件炸弹

邮件炸弹指邮件发送者利用特殊的电子邮件软件,在很短的时间内连续不断地将邮件发送给同一收信人,由于用户邮箱存储空间有限,没有多余空间接收新邮件,新邮件将会丢失或被退回。从而造成收件人邮箱功能瘫痪。同时,邮件炸弹会大量消耗网络资源,常常导致网络阻塞,严重时可能影响到大量用户邮箱的使用。

9.网络钓鱼

网络钓鱼是通过大量发送声称来自银行或其他知名机构的欺骗性垃圾邮件,引诱收信人给出敏感信息的一种攻击方式。攻击者利用欺骗性的电子邮件和伪造的 Web 站点来进行网络诈骗活动。受骗者往往会泄露自己的私人资料,如信用卡号、银行卡账户、身份证号等内容。诈骗者通常会将自己伪装成网络银行、在线零售商和信用卡公司等可信的品牌,骗取用户的私人信息。

用户为保证邮件本身的安全及电子邮件的系统安全性可采用如下安全策略和管理措施：

1.使用安全的邮件客户端

客户端系统是用户用来编写、发送和接收电子邮件的软件。保障电子邮件系统安全的基本要求就是采用一个安全的邮件客户端系统。有些邮件客户端的漏洞较多，而厂商的补丁又很滞后，这就为黑客攻击提供了方便。

2.邮件加密和签名从邮件本身安全的角度

既要保证邮件不被无关的人窃取或更改，又要使接收者能确定该邮件是由合法发送者发出的。未经加密的邮件很容易被不怀好意的偷窥者看到，如果对带有敏感信息的邮件进行加密和签名，就可以大大提高安全性。可以使用公用密钥系统来达到这个目的。在实际使用中，用户自己持有一把密钥（私钥），将另一把密钥（公钥）公开。当用户向外发送邮件时，首先使用一种单向摘要函数从邮件中得到固定长度的信息摘要值，该值与邮件的内容相关，也称为邮件指纹。然后使用自己的密钥对指纹进行加密。接收者可以使用用户的公钥进行解密，重新生成指纹，将该指纹与发送者发送的指纹进行比较，即可确定该邮件是由合法用户发送而非仿冒，同时也保证邮件在发送过程中没有被更改，这就是数字签名。发送者也可以使用接收者的公钥进行加密，其保证只有拥有对应密钥的真实接收者才能进行解密，从而得到电子邮件的明文信息。用于电子邮件加密和签名的软件有许多，GnuPG（GNU Privacy Guard）是其中常见的一种开源软件。GnuPG 是一个基于 RSA 公钥密码体制的邮件加密软件，可以加密邮件以防止非授权者阅读，同时还可以对邮件加上数字签名，使收信人可以确认邮件发送者，并确认邮件有没有被篡改。

3.把垃圾邮件放到垃圾邮件活页夹里

如果邮件很多，则需要分类和管理所收到的邮件，清除垃圾邮件是必要的。大多数邮件阅读器都提供垃圾邮件过滤器或一些规则，使用户能清除那些看起来像垃圾的邮件。由于邮件过滤器并不完美，因此不要使用自动清除功能，而应把它们移到垃圾邮件活页夹里。偶尔可检查一下这些活页夹，防止丢掉被错当成垃圾的重要邮件。

4.不随意公开或有意隐藏自己的邮件地址

有许多用户可能不明白，那些垃圾邮件制造者不知道自己的电子邮件地址，怎么能发邮件给自己呢？其实并非这些垃圾邮件制造者多么神通广大，而是用户自己在不经意间把自己的地址留在了 Internet 上。那些垃圾邮件制造者使用一种叫"bot"的专用应用程序可搜索 Internet 上的 E-mail 地址。他们的搜索目标可能是各个网址、聊天室、网上讨论区、新闻组、公共讨论区以及其他任何能够充实他们的邮件地址数据库的地方。所以用户避免收到过多垃圾邮件的方法之一，就是不随意公开自己的邮件地址。在实际使用中，有时还不可避免地要在一些公共场合中留下自己的邮件地址。为防止非法用户利用这个机会来窃取地址信息，可以对自己要公布的邮件地址进行一下"修饰"，使对方能看懂自己的地址而计算机却不能识别。如用户真实的邮件地址是"gonghanghang@163.com"，在电子邮件地址的用户名或主机名前面加上几个字符，如 abc，这样经过修饰后的地址形式就是"gongchangzhang@abc.163.com"，然后把该地址填写在邮件编辑窗口的发信人或回复文本栏里。用户可事先与对方约定,比如在正文中加一个注释以提醒对方在回复时要修改地址。这样就把真实的地址隐藏起来了,垃圾邮件制造者利用自动搜索器搜索到的只能是修饰后的地址而不是原地址。

5.垃圾邮件过滤技术

垃圾邮件过滤技术是应对垃圾邮件问题的有效手段之一。在电子邮件中安装过滤器(如 E-mail notify)是一种最有效的防范垃圾邮件的措施。一个优秀的垃圾邮件过滤器能够区分合法邮件和垃圾邮件,并可以使用户的收件箱免受垃圾邮件之苦。在接收任何电子邮件之前预先检查发件人的资料,如果觉得有可疑之处,可以将之删除,不让它进入你的电子邮件系统,从而保证了你的邮箱安全。但使用这种组件需要一定的技巧和正确操作,否则就有可能删除掉合法邮件,而保留一些垃圾邮件。但现在的垃圾邮件过滤技术已经很可靠了。下面介绍实时黑白名单过滤和智能内容过滤两种垃圾邮件过滤技术。

黑白名单过滤采用最简单、最直接的方式对垃圾邮件进行过滤,由用户手动添加需要过滤的域名、发信人或发信 IP 地址等。对于常见的广告型垃圾邮件,此方法的防范效果较为明显。但此种方法属于被动防御,需要大量手工操作,每次需要对黑白名单进行手动添加。

内容过滤主要针对邮件标题、邮件附件文件名和邮件附件大小等选项设定关键值。当邮件通过邮件标题、邮件附件、文件名和邮件附件大小等选项被认为是垃圾邮件时,邮件系统就会将其直接删除。

6.谨慎使用自动回信功能

所谓自动回信就是指当对方发来一封邮件而你没有及时收取时,邮件系统会按照你事先的设定自动给发信人回复一封确认收到该邮件的回信。该功能本来可给用户带来方便,但也有可能形成邮件炸弹。试想,如果对方使用的邮件系统也开启了自动回信功能,那么当收到你自动回复的确认信时,恰巧他也没有及时收取信件,那么他的系统又会自动给你发送一封确认收到邮件的回信。这时,这种自动回复的确认信便会在双方的邮件系统中不断重复发送,直到形成邮件炸弹使双方的邮箱都爆满为止。因此一定要慎重使用自动回信功能。

7.保护邮件列表中的 E-mail 地址

如果用户与许多人通过 E-mail 就某个主题进行讨论,从而要把 E-mail 地址列入公共邮件地址清单中,这种讨论组类似于新闻组,只不过它是通过 E-mail 进行的。这些公共讨论经常加载在网上,这对于垃圾邮件制造者来说是很有吸引力的。把 E-mail 地址列入单向邮件列表或通过有良好信誉的地方登记到邮件公告板上,可避免使用户的地址列入垃圾邮件制造者的名单。好的邮件公告板组织的软件会有严格的保护措施来防止外来者获取注册者地址。

12.4 电子商务安全技术

随着 Internet 的发展,电子商务已经逐渐成为人们进行商务活动的新模式。电子商务是端对端的网上交易,需要使用信息卡、个人帐号等私人信息,因此它必须具有强有力的安全防范措施,并提供数据的完整性、保密性和不可否认性。调查数据显示,人们不愿意在网上购物或进行支付的主要原因之一就是担心自己资金的安全。我国电子商务正在崛起,电子商务的发展前景十分诱人,而其安全问题也变得越来越突出,安全问题已经成为制约电子商务进一步发展的瓶颈,如何保证交易的可信性、信息的安全性,以及如何建立一个安全快捷的电子商务应用环境,对信息提供足够的保护,已经成为商家和用户都十分关心的话题。所以要开展电子商务,就必须充分了解电子商务中的安全问题。

12.4.1　电子商务安全问题

1.从物理角度看

电子商务系统网络结构的设置遵从该企业、商户、银行(或行业)的运作设置,可与网络系统的中心节点、金融商务业务系统的中心、网络管理中心或商贸大厦等设置在一起。另外还可根据需要设置规模较小的各分支机构的局域网。中心节点和各分支机构局域网之间通过广域网来连接。由此可看出,电子商务系统跨越了互联网(Internet)和内联网(Intranet)两个平台。"千里之堤,毁于蚁穴。"由于电子商务系统十分庞大,任何一个系统漏洞,都可能是一个致命的打击。正确了解电子商务系统的可能潜在的威胁是十分必要的。综合而言,可以包括以下几点:

(1)操作系统的安全性。目前流行的许多操作系统均存在网络安全漏洞,如服务器中的帐户系统的安全、域帐户安全及用户安全设防等漏洞。

(2)防火墙的安全性。防火墙产品自身是否安全,是否设置错误,是否能够抵御各种入侵,一切需要经过检验。

(3)评估机构。缺乏有效的手段监管、评估网络系统的安全性,不存在一个权威性的商务系统安全评估标准。

(4)电子商务系统内部运行多种网络协议,如 TCP/IP、IPX/SPX、NETBEUI 等,而这些网络协议并非专为安全通讯而设计,可能暗藏隐患。

(5)网络传输的安全。目的是保证数据传输过程中的完整性与保密性,如 SSL(Secure Sockets Layer)协议,特别适合于点对点通信。但它缺少用户证明,只能保证传输过程的安全,无法知道在传输过程中是否被窃听。

(6)资料存取的安全。在目前的操作系统和数据管理系统中均有不同程度的安全问题需要考虑。

2.从服务对象来看

传统交易过程中买卖双方是面对面的,较容易保证交易过程的安全性和建立信任关系。由于因特网的开放性和不安全性,在电子商务系统中无论是商品的销售者还是消费者都面临着许多安全威胁,主要的威胁如下.

(1)对销售者的威胁

●中央系统安全性被破坏:入侵者仿冒成合法用户来改变用户数据(如商品送达地址)、解除用户订单或生成虚假订单。

●竞争者检索商品递送状况:不诚实的竞争者以他人的名义来订购商品,从而了解有关商品的递送状况和货物的库存情况。

●客户资料被竞争者获悉。

- 被他人仿冒而损害公司的信誉：不诚实的人建立与销售者服务器名字相同的另一www 服务器来仿冒销售者。
- 消费者提交订单后不付款。
- 获取他人的机密数据：当某人想要了解另一人在销售商处的信誉时,他以这个人的名字向销售商订购昂贵的商品,然后观察销售的行动。假如销售商认可该订单,则说明被观察者的信誉高；否则,说明被观察者的信誉不高。

（2）对消费者的威胁

- 虚假订单：仿冒者可能会以客户的名字来订购商品,而且有可能收到商品,而此时客户却被要求付款或返还商品。
- 付款后不能收到商品：在要求客户付款后,销售商中的内部人员不将订单和货款转发给执行部门,因而使客户不能收到商品。
- 机密性丧失：客户有可能将秘密的个人数据或自己的身份数据（如用户名、口令等）发送给冒充销售商的机构,这些信息也可能会在传递过程中被窃听。
- 拒绝服务：攻击者可能向销售商的服务器发送大量的虚假订单来穷竭它的资源,从而使合法用户不能得到正常的服务。

（3）黑客攻击电子商务系统的手段

销售者和消费者从事网上交易时所面临的安全风险,常常成为黑客攻击的目标。从双方的情况分析,黑客们攻击电子商务系统的手段可以大致归纳为以下四种：

- 中断（攻击系统的可用性）：破坏系统的硬件、线路、文件系统等,使系统不能正常工作。
- 窃听（攻击系统的机密性）：通过搭线和电磁泄漏等手段造成泄密,或对业务流量进行分析,获取有用情报。
- 篡改（攻击系统的完整性）：篡改系统中数据内容,修改消息次序、时间（延时和重放）。
- 伪造（攻击系统的真实性）：将伪造的假消息注入系统、仿冒合法人接入系统重放截获的合法消息实现非法目的,否认消息的接收或发送等。

电子商务安全解决方案分为 4 个层次：基础设备安全、终端设备安全、网络设备安全和系统设备安全,如图 12-2 所示。

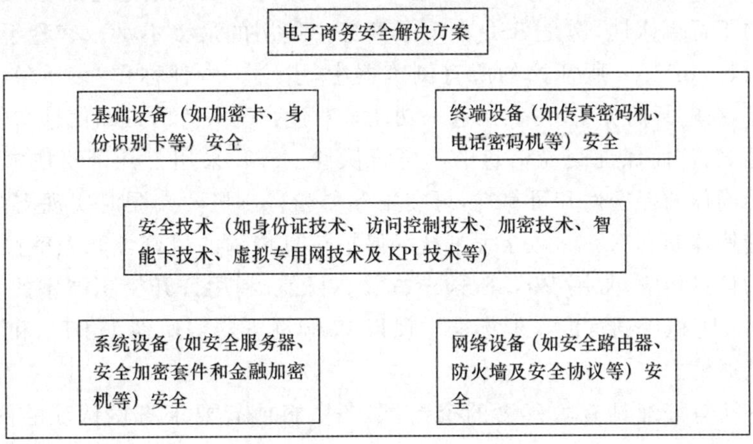

图 12-2　电子商务安全解决方案

随着计算机网络技术向整个社会各层次延伸,整个社会表现为对 Internet、Intranet 和 Extranet 等使用的更大的依赖性。随着企业间信息交互的不断增加,任何一种网络应用和增值服务的使用程度将取决于所使用网络的信息安全有无保障,网络安全已成为现代计算机网络应用的最大障碍,也是急需解决的难题之一。

近年来,IT 业界与金融行业一起,推出不少更有效的安全交易标准,具体如下:.

(1)安全超文本传输协议(S-HTTP):依靠密钥对 HTTP 数据包进行加密、签名和认证,保障 Web 站点间的交易信息传输的安全性。

(2)安全套接层协议(Secure Socket Layer,SSL):由 Netscape 为 TCP/IP 套接字开发的一种加密方法,它能提供对多种基于套接字的 INTERNET 协议数据包加密、认证服务和报文完整性的功能,用于 Netscape Communicator 和 IE 浏览器。

(3)安全交易技术协议(Secure Transaction Technology,STT):由 Microsoft 公司提出,STT 将认证和解密在浏览器中分离开,用以提高安全控制能力,它被用于 IE 中。

(4)安全电子交易协议(Secure Electronic Transaction,SET):1995 年,信用卡国际组织、资讯业者及网络安全专业团体等开始组成策略联盟,共同研究开发 EC 的安全交易。1996 年 6 月,由 IBM、VISA、MasterCard、Microsoft、VeriSign 等共同制定的标准 SET 正式公布,涵盖了信用卡在电子商务交易中的交易协定、信息保密、资料完整及数字认证、数字签名等。这一标准被公认为全球网际网络的标准,其交易形态将成为未来电子商务的规范。下面仅对 SSL、SET 安全协议做详细介绍。

1.SSL 安全协议

由于 Web 上有时要传输重要或敏感的数据,因此 Netscape(网景)公司在推出 Web 浏览器的同时,提出了安全套接(层)SSL(Secure Sockets Lager)协议,SSL 协议的整个概念可以被总结为:一个保障任何安装了安全套接字的客户和服务器间事务安全的协议,它涉及所有 TCP/IP 应用程序,目前已有 2.0 和 3.0 版本。它包括服务器认证、客户认证(可选)、SSL 链路上的数据完整性和 SSL 链路上的数据保密性。对于电子商务应用来说,使用 SSL 可保证信息的真实性、完整性和保密性。但由于 SSL 不对应用层的消息进行数字签名,因此不能提供交易的不可否认性,这是 SSL 在电子商务中使用的最大不足。有鉴于此,网景公司在从 Communicator 4.04 版开始的所有浏览器中,引入了一种称作"表单签名(Form signing)"的功能,在电子商务中,可利用这一功能来对包含购买者的订购信息和付款指令的表单进行数字签名,从而保证交易信息的不可否认性。SSL 采用公开密钥技术,其目标是保证两个应用间通信的保密性和可靠性,可在服务器和客户机两端同时实现支持。SSL 协议是使用公开密钥体制和 X.509 数字证书技术保护信息传输的机密性和完整性,主要适用于点对点之间的信息传输,常用 Web Server 方式。目前,利用公开密钥技术的 SSL 协议,并已成为 Internet 上保密通信的工业标准。现行 Web 浏览器普遍将 HTTP 和 SSL 相结合,从而实现安全通信。

目前几乎所有处理具有敏感度的资料、财务资料或者要求身份认证的网站都会使用 SSL 加密技术,SSL 可以是一种浏览器和网络服务器之间的受密码保护的安全通道。在 In-

ternet 上访问某些网站时你会注意到在浏览器窗口的下方会显示一个锁状的小图标。这个小锁表示该网页被 SSL 保护着。SSL 是一种用于网站安全连接的协议(或技术),所谓的安全连接有两个作用,首先是 SSL 可以提供信息交互双方认证对方的身份标识。显而易见,这对与对方交换机密信息前确切了解对方身份是非常重要的。SSL 通过数字证书的技术实现,使得这一需求得以满足。另一个是它能够使数据以不可读的格式传输,以利于在不可信网络(例如 Internet)上的安全传输需要。这种不可读格式通常由加密技术实现。

SSL 协议基本的目标是在两个通信应用中提供秘密的可靠的通信。这个协议由两层组成,最低层是在一些可信任的传输层之上,(如 TCP/IP 记录协议)。SSL 记录协议是用于封装一系列较高层协议。一个就是封闭这样的协议如 SSL 握手协议,在应用层传输或者接收第一字节数据之前,允许服务器和客户彼此鉴定并且协商密码运算法则和加密密钥。SSL 的一个优势在于它是一个独立的应用协议。一个较高层的协议可以透明地放到 SSL 协议之上。

SSL 协议是在 Internet 基础上提供的一种保证私密性的安全协议。它能使客户与服务器应用之间的通信不被攻击者窃听,并且始终对服务器进行认证,还可选择对客户进行认证。SSL 协议要求建立在可靠的传输层协议(例如 TCP)之上。SSL 协议的优势在于它是与应用层协议独立无关的。高层的应用层协议(例如 HTTP、FTP 和 TELNET 等)能透明地建立于 SSL 协议之上。SSL 协议在应用层协议通信之前就已经完成加密算法、通信密钥的协商以及服务器认证工作。在此之后,应用层协议所传送的数据都会被加密,从而保证通信的私密性。

(1)TCP/IP 层

TCP/IP 层是处理从源端到目的网络数据包的传送。TCP/IP 会话的基础是一个层(Client)和另一个对等层(Server)建立网络连接。连接用于两个对等层的会话期间,当会话结束,连接被释放。

(2)应用层

应用层定义公共的共享协议,这些协议被用于建立 TCP/IP 连接的通信中。例如,HTTP 协议是 Web 客户和 Web 服务器用于通信的协议。应用层的会话在对一个服务器建立 TCP/IP 时进行初始化,服务器应使常用端口,如 HTTP 的典型的端口是 80,所以将在服务器的 80 端口建立 HTTP 会话的 TCP/IP 连接。

(3)SSL 层

SSL 层用于验证最终安全的应用层通信内容。SSL 安全连接在建立对等层的鉴别和以安全的方式建立加密方式和密钥时,应用层的通信才能进行,所有输入通信量被中间的 SSL 层解码并且传送给应用层,在发送以前输出通信量被 SSL 层加密。SSL 层借助下层协议的信道安全地协商出一份加密密钥,并用此密钥来加密 HTTP 请求。

首先由浏览器向服务器端发送使用 SSL 的联络信号,其中包括加密方法和压缩模式。如果服务器支持 SSL 应用,就回应一个信号,也向客户发送自己的加密方法和压缩模式,包括它的证书及随机产生的数据,后者将会在执行协议时用到。

客户端用服务器发送的信息验证服务器身份,检查所连服务器名与其证书是否相符,并确定其证书是否有效。

该认证过程还包括检验证书上的数字签名,这种数字签名必须是由客户端信任的认证机构签发的公钥中的一个，它们或是预先存放在浏览器里，或是后来提供给用户的。如果发现证书与服务器名不符合，或者不是由某个认证机构签发的，客户可立即中止连接。

客户完成认证之后，就发送自身的随机数据，并且根据所选择的密钥交换协议，来决定发送一个加密密钥还是发送一组确定该密钥的数据。这个密钥将用来产生会话密钥，以及在交换数据信息时为数据加密，同时还将为这些数据信息进行数字化签名，以维护被交换数据的完整性并对其提供认证。服务器端也可以要求客户端提供证书，并对浏览器用户进行认证。如果双方握手成功，浏览器就向 Web 服务器发送完成信号，服务器也以自己的完成信号作为响应，于是双方交换加密信息和经数字签名的数据。

密钥交换在计算机操作中需要花费一段较长的时间。因此，SSL 协议中还包括减少不必要的密钥交换量。假如 Web 浏览器连接另一个同样使用 SSL 的服务器，就可以向它发送一个会话标识符，如果服务器接受该标识符，那么它们就可以使用原来约定的加密、压缩算法及公用的密钥，相互间进行信息交换。

SSL 安全协议也是国际上最早应用于电子商务的一种网络安全协议，至今仍然有许多网上商店在使用。当然，在使用时，SSL 协议根据邮购的原理进行了部分改进。在传统的邮购活动中，客户首先寻找商品信息，然后汇款给商家，商家再把商品寄给客户。这里，商家是可以信赖的，所以客户须先付款给商家。在电子商务的开始阶段，商家也是担心客户购买后不付款，或使用过期作废的信用卡，因而希望银行给予认证。SSL 安全协议正是在这种背景下应用于电子商务中的。

SSL 协议运行的基础是商家对客户信息保密的承诺。但我们也注意到，SSL 协议有利于商家而不利于客户。客户的信息首先传到商家，商家阅读后再传到银行。这样，客户资料的安全性便受到威胁，商家认证客户是必要的，但整个过程中缺少了客户对商家的认证。在电子商务的开始阶段，由于参与电子商务的公司大都是一些大公司，信誉较高，这个问题没有引起人们的重视。随着电子商务参与的厂商迅速增加，对厂商的认证问题越来越突出，SSL 协议的这个缺点就暴露了出来。

2.SET 安全协议

为了克服 SSL 安全协议的缺点，满足电子交易持续不断增加的安全要求，达到交易安全及合乎成本效益的市场要求，VISA 国际组织及其他公司如 MasterCard、IBM、SAIC 和 Verisign 等，共同制定了安全电子交易标准。这是一个为了在 Internet 上进行在线交易而设立的一个开放的、以电子货币为基础的电子付款系统规范。SET 在保留对客户信用卡认证的前提下，又增加了对商家身份的认证，这对于需要支付货币的交易来讲是至关重要的。由于设计合理，SET 协议得到了许多大公司的支持，成为事实上的工业标准。目前，它已获得 IETF 标准的认可。

SET 是基于 Internet 的银行卡支付系统。是授权业务信息传输的安全标准，它采用 RSA 公开密钥体系对通信双方进行认证。利用 DES、RC4 或任何标准对称加密方法进行信息的加密传输，并用 HASH 算法来鉴别消息真伪，有无篡改。在 SET 体系中有一个关键的认证机构（CA），CA 根据 X.509 标准发布和管理证书。

SET 协议要达到的目标主要有：

(1)保证信息在 Internet.上安全传输，防止数据被黑客或被内部人员窃取。

(2)保证电子商务参与者信息的相互隔离。客户的资料加密或打包后通过商家到达银行,但是商家看不到客户的账户和密码信息。

(3)解决多方认证问题,不仅要对消费者的信用卡认证,而且要对在线商店的信誉程度认证,同时还有消费者、在线商店与银行间的认证。

(4)保证了网上交易的实时性,使所有的支付过程都是在线的。

(5)效仿 EDI 贸易的形式,规范协议和消息格式,促使不同厂家开发的软件具有兼容性和互操作功能,并且可以运行在不同的硬件和操作系统平台上。

SET 协议规范所涉及的对象有:

(1)消费者。包括个人消费者和团体消费者,按照在线商家的要求填写订单,通过由发卡银行发行的信用卡进行付款,因此又可称之为持卡人(Cardholder)。

(2)商户(Merchant)。通过在线商店,提供商品或服务,具备相应电子货币使用的条件。

(3)支付网关(Payment Gateway)。银行与互联网之间的专用系统,收单银行通过支付网关处理消费者和在线商店之间的交易付款问题。

(4)收单银行(Acquirer)。虽不属于 SET 交易的直接组成部分,但却是完成交易的必要参与方。网关接收了商家发送来的 SET 支付请求后,要将支付请求转发给收单银行,进行银行系统内部的联网支付处理工作。

(5)发卡银行(Issuer)。不属于 SET 交易的直接组成部分,但同样是完成交易的必要参与方,是电子货币(如智能卡、电子现金、电子钱包)的发行方,以及某些兼有电子货币发行的银行,负责处理智能卡的审核和支付工作。

(6)认证中心(Certificate Authority,CA)。负责对交易对方的身份确认,对厂商的信誉度和消费者的支付手段进行认证。

SET 协议的工作流程分为:

(1)消费者利用自己的 PC 机通过 Internet 选定所要购买的物品,并输入订货单,订单上需包括在线商店、购买数量、交货时间及地点等相关信息。

(2)通过电子商务服务器与有关在线商店联系,在线商店做出应答,告诉消费者所填订单的货物单价、应付款数、交货方式等信息是否准确,是否有变化。

(3)消费者选择付款方式,确认订单,签发付款指令。此时 SET 开始介入。

(4)在 SET 中,消费者必须对订单和付款指令进行数字签名。同时利用双重签名技术保证商家看不到消费者的账号信息。

(5)在线商店接受订单后,向消费者所在银行请求支付认可。信息通过支付网关发送到收单银行,再到电子货币发行公司确认。批准交易后,返回确认信息给在线商店。

(6)在线商店发送订单确认信息给消费者。消费者端软件记录交易日志,以备将来查询。

(7)在线商店发送货物,或提供服务;并通知收单银行将货款从消费者的账户转移到商家账户,或通知发卡银行请求支付。在认证操作和支付操作中间一般会有一个时间间隔,例如,在每天的下班前请求银行结算当天货款。

前两步与 SET 无关,从第 3 步开始 SET 起作用,一直到第 7 步,在处理过程中,通信协议、请求信息的格式、数据类型的定义等,SET 都有明确的规定。在操作的每一步中,消费者、在线商店、支付网关都通过 CA 来验证通信主体的身份,以确保通信的对方不是冒名顶替。所以，也可以简单地认为 SET 规范充分发挥了认证中心的作用，以维护任何开放网络上的电子商务参与者提供信息的真实性和保密性。

从 1997 年 5 月 31 日 SET 协议 1.0 版正式发布以来，大量的市场反馈和实施效果获得了业界的支持，促进了 SET 良好的发展势头。同 SSL 相比，SET 系统给银行、商户、持卡人带来了更多的安全，使他们在进行网上交易时更加放心。但 SSL 也存在一些问题，这些问题包括：

（1）协议没有说明收单银行给在线商店付款前，是否必须收到消费者的货物接受证书。如果没有，在线商店提供的货物不符合质量标准，消费者提出异议，责任由谁承担。

（2）协议没有担保"非拒绝行为"，这意味着在线商店没有办法证明订购是由签署证书的、讲信用的消费者发出的。

（3）SET 技术规范没有提及在事务处理完成后，如何安全地保存或销毁此类数据，是否应当将数据保存在消费者、在线商店或收单银行的计算机里。这种漏洞可能使这些数据以后受到潜在的攻击。

（4）SET 过程复杂，它存在的缺陷促使人们设法改进它。中国商品交易中心、中国银行和上海长途电信局都提出了自己的设计方案。

12.4.3 电子商务安全的关键技术

在网络安全中所包括的安全技术有密码技术、身份认证、虚拟专用网（VPN）、公共密钥基础设施（PKI）及智能卡等。而在电子商务中用到了上述安全技术的几种，下面逐一介绍。

1.密码技术

在传统的电子商务中使用密码技术，就是使用公钥（非对称加密）和对称加密相结合的方法提供通信、保密性认证和消息完整性，客户机和服务器能通过防止窃听算改和伪造消息的途径进行通信。公钥可以给任何请求它的应用程序或用户，私钥则只有它的所有者知道。除了公钥/私钥对，电子商务还使用数字证书（digital certificate），这是一些被 Certificate Authorities（CA）所发布的文件，它们作为应用程序或用户的信用卡。数字证书是一些文本文件，这些文本文件包含了识别应用程序或用户身份的信息。证书中也包含了应用程序或用户的公钥。下面介绍非对称加密（公开）和对称密钥加密。

（1）对称加密算法（Symmetric Encryption）

在对称加密中，数据信息的传送，加密及接收解密都需用到共享的钥匙，也就是说加密和解密共用一把密钥。例如，Mike 想送一张订单给 Bob，只有 Bob 可以订它。Mike 将这张订单（里面的文字）用一个加密密钥加密之后，将这个加过密的订单（密码文字）寄给了 Bob。所谓加密就是将数据打乱，使得除了特定的收信人之外，所有的人都无法看懂它。对称加密最常用的一种方式是资料加密标准（Data Encryption Standard，DES）。所有的参与者都必须彼此了解，而且完全互相信任，因为他们每一个人都有一份密钥的珍藏副本。如果传送者和接收者位于不同的地点，他们在面对面的会议时或是在公共传输系统（电话系统或邮局服务）时，当密钥在被互相交换时，确定不会被偷听。只要有人在密钥传送的途中偷听到或者拦截下密钥，他就可以用这个密钥来读取所有加密的数据信息。

（2）非对称加密算法（Asymmetric Encryption）

在非对称加密算法中，利用了两把密钥，一个密钥用来将数据信息加密，而用另一把不同的密钥来解密。这两把密钥之间有数学关系，所以用一个密钥加密过的资料只能用相对的另一个密钥来解密。非对称加密异于两方都用同一个密钥的对称加密算法，公钥密码法对每一个人都使用一对密钥，其中一个是公开的，而另一个是私密的。公共密钥可以在互联网上明文传送，而私密密钥则必须加以保密，只有持有人知道它的存在。但这两种密钥都必须加以保证，防止被修改。也就是每个人都有一对密钥，一个私钥和一个公钥，它们在数字上相关，在功能上不同。一个密钥"锁上"的信息用另一个可以打开。SSL 使用公钥加密（Public Key Cryptography），该技术使用两个加密的密钥来保证会话的安全，公共钥匙加密算法主要有两种用途。

● 数据加密：发送者用接收者的公钥对要发送的数据加密，接收者用自己的私钥对接收到的数据解密，第三者由于不知道接收者的私钥而无法破译该数据。

● 身份确认：发送者可以用自己的私钥对要发送的数据做"数字签名"，接收者通过验证"数字签名"就可准确确定数据的来源。公共钥匙加密算法又称为非对称加密算法，常见的有 RSA、DSA 等。

公共密钥方案较保密密钥方案处理速度慢，因此，通常把公共密钥与专用密钥技术结合起来实现最佳性能。即用公共密钥技术在通信双方之间传送专用密钥，而用专用密钥来对实际传输的数据加密解密。另外，公钥加密也用来对专用密钥进行加密，而 SSL 就采用了两者的结合。

2.数字签名

公钥体系中有公钥和私钥，私钥保持私有，只有拥有者才知道，公钥分布广泛（通常作为公共证书的一部分）。因此，任何人都能用公钥加密数据，而只有私钥拥有者才能解密。另外，私钥拥有者用私钥加密数据，任何拥有公钥的人都能解除开，被称为数字签名。在这种情况下，签名者产生一个数字信息（例如 HASH）使用协商好的算法，然后用私钥加密。接收者能验证私钥拥有者发送的消息，用签名者的公钥解开加密的信息，并产生收到信息的相匹配的摘要。

RSA 公钥体系就可以用于对数据信息进行数字签名。所谓数字签名就是信息发送者用其私钥对，从所传报文中提取出特征数据（或称数字指纹）进行 RSA 算法解密运算操作，得到发信者对该数字指纹的签名函数 H(m)。签名函数 H(m) 从技术上标识了发信者对该电文的数字指纹的责任。因为发信者的私钥只有其本人才有，所以他一旦完成了签名，便保证了发信人无法抵赖曾发过该信息（不可抵赖性）。经验证无误的签名电文同时也确保信息报文在经签名后未被篡改（完整性）。当信息接收者收到报文后，就可以用发送者的公钥对数字签名的真实性进行验证。例如美国参议院已通过了立法，数字签名与手书签名的文件具有同等的法律效力。

在数字签名中有重要作用的数字指纹，是通过一类特殊的散列函数（HASH 函数）生成的，对这些 HASH 函数的特殊要求是：

● 接收的输入报文数据没有长度限制。

● 对任何输入报文数据生成固定长度的摘要（数字指纹），并输出。

● 从报文能方便地算出摘要。

- 难以对指定的摘要生成一个报文,而由该报文可以算出该指定的摘要。
- 难以生成具有相同摘要的两个不同的报文。

3.虚拟专用网技术

虚拟专用网是用于 Internet 电子交易的一种专用网络,它可以在两个系统之间建立安全的通道,非常适合于电子数据交换。虚拟专用网是企业内部网在 Internet 上的延伸,通过一个专用的通道来创建一个安全的专用连接,从而可将远程用户、企业分支机构、公司的业务合作伙伴等与公司的内部网连接起来,构成一个扩展的企业内部网。虚拟专用网是企业常用的一种安全解决方案,它利用不可靠的公用互联网作为信息传输媒介,通过附加的安全隧道,用户认证和访问控制等技术,实现与专用网相类似的安全性能。对于商务网站来说,它是一种理想的性价比较高的安全防护手段,既可以为企业提供类似专用网的安全性,同时又可以为企业节约成本。

本章习题

1.DNS 存在的安全隐患是什么?

2.DNS 的欺骗原理是什么?

3.分别阐述在网络层、传输层和应用层实现 Web 安全的方法,它们各有哪些优缺点。

4.Java Applet 和 ActiveX 的安全机制有什么不同?

5.电子邮件公共密钥系统的工作原理是什么?

6.简述几种保护电子邮件安全的措施。

7.电子商务存在哪些威胁?

8.电子商务安全有哪些关键技术?

第 13 章　网络舆情

导　读

　　互联网被视为继报纸、广播、电视之后的"第四媒体",成为当今社会公众交流信息、表达诉求的重要渠道和手段。网络舆情是指网民通过互联网平台表达对社会问题、社会现象所持有的看法和态度,且逐渐成为公众民意的重要体现,是社会公众自由言论诉求的一种真实反映。随着 Web 2.0 以及移动互联网技术的快速发展,网络舆情在复杂的网络环境中不断碰撞、交织、融合,且持续发酵膨胀进而引发网络舆情危机。为防止网络舆情失控,并尽可能减少和消除极端以及片面化言论,政府和社会需要及时对舆情进行预警与监测,并采用科学合理的措施进行舆论导控,必要时应采取法律措施对舆情进行治理与控制。

　　本章首先对网络舆情进行了简要概述,主要包括网络舆情的概念和特征,其次从网络舆情的研判与预警、引导方法和法律法规三方面介绍了网络舆情导控策略。

关键概念

　　网络舆情　舆情特征　舆情导控　研判预警　法律法规

　　随着互联网技术的快速发展以及电子设备的广泛应用,人们的生产、生活以及工作方式都在潜移默化中受到影响,并且互联网在我们的生产生活中扮演着举足轻重的角色。同时,随着贴吧、论坛、博客、微博、新闻客户端等信息交互渠道开始流行,社会信息的传播方式也发生了巨大转变,已经从传统的线下传播转为线上传播,网民越来越热衷于在日常生活中或工作之余通过这些渠道就某一事件发布自己的意见、观点、态度等。互联网技术的发展极大地激发了公众的表达欲,为公众自由发表言论搭建了平台,互联网已经成功冲击和改变了现有社会舆情的基本环境,一个以网络环境为载体的全新舆论场已经形成。网络舆情不仅是社会舆论的放大和思想文化的集散,还是各种利益诉求的集聚,它极大地丰富了人类产生的数据信息。通过对网络舆情信息的分析,我们不仅可以更加了解整个社会的言论,还可以洞悉民众的所思所想,甚至预测社会未来的变化方向。

目前我国正处于社会转型期,网民言论的活跃程度已经达到前所未有的高度,理性的网络声音及行为能够推动网络舆情正向发展,有利于危机事件的应对和社会和谐稳定,但对社会事件的错误认知与非理性的表达,则会引发公众对网络舆情产生误判,从而极易造成社会恐慌,进一步加剧突发事件所造成的伤害。因此,网络舆情问题也越来越引起相关部门及全社会的重视,新闻传播学、社会学、情报学、公共管理学等领域的学者纷纷对网络舆情的产生机制、传播特征、监测方法、舆论导控等多方面进行研究。

网络舆情对于社会产生的影响越来越大,如何辩证地看待网络舆情是学者和相关部门需直面的现实问题,既要实时监测网络舆情中的负面情绪,防止舆情危机突发;又要注重网络环境下的群众意见,针对其诉求及时回应。所以,面对网络舆情,相关部门不仅要提升风险预警能力,加强舆情监测,还要充分尊重和正面引导,精准把握舆情思潮的走向,防范舆情风险的发生。另外,还要完善相关法律法规,从立法的角度减少网络舆情风险的发生以及给社会稳定所带来的危害。打好网络舆论主动仗,对推动网络强国建设、构建和谐网络空间、维护社会稳定、推进国家治理体系和治理能力现代化具有重大的现实意义。

13.1 网络舆情概述

13.1.1 网络舆情的概念

舆情作为社会科学研究中一个新的领域,学界还未形成权威性的定义。《新华字典》解释为“群众的意见和态度”,而《辞源》解释为“民众的意愿”。传统“舆情”定义是狭义的,主要针对民众对管理者或公共事务的意见的定义。随着新一代信息技术的发展,大数据、云计算、物联网、人工智能等技术性也相继纳入了网络舆情的研究范畴,并逐步将其视为主要技术手段以实现基于网络的数据挖掘和舆情分析。

网络舆情的定义已经有了多种解释,但是目前比较受广大学者认可的表述是:在各种事件的刺激下,公众通过互联网发布的对该事件的所有认知、态度、情感和行为倾向的集合。网络舆情能够形成、传播和变动,也需要有必要的构成要素。这个定义主要包括以下构成要素:

①舆情主体是公众,既突出了舆情是一种个人的心理反应过程,又说明它的形成和变化受到群体心理的影响。

②舆情的客体是各种事件,包括社会事件、社会热点问题、社会冲突、社会活动,也包括公众人物的所言所行等。

③舆情的本体是所有认知、态度、情感和行为倾向的集合。这一界定表明,舆情往往呈现出错综复杂的状态,多种不同的认知、态度、情感和行为倾向常常交织在一起,互相碰撞和影响。

④舆情的产生和变化是在一定的时间和空间内进行的,而互联网为公众表达和传播舆情提供了新载体。

  网络空间安全

网络舆情并不意味着是一场危机,相反,人们可以通过了解和掌握网络舆情态势减少舆情所产生的负面效应,发挥网络舆情带给人们有益的一面。随着新媒体技术的不断发展,网络舆情愈发频繁,了解互联网时代网络舆情的新特点,有利于全面地认识和了解网络舆情,也有利于对舆情加以正确地引导。在新媒体时代下,网络舆情具有以下特征:

1.自由性与可控性

从网络舆情传播来看,它具有自由性与可控性。互联网作为一个开放的空间,拓宽了所有人的话语空间,公众都能在互联网空间进行自由的意见表达和情绪展示。互联网媒体的开放性使得分布在不同区域的民众都能通过互联网,针对同一个事件自由发表自己的看法、观点等,愈发模糊了信息传播者与信息接收者的界限,为人们发表言论提供了最大的自由。

然而,在互联网为我们提供极大自由的传播空间时,也为我们带来了新的困扰。由于互联网的开放性及自由性,虚假信息、极端言论随之产生,破坏了社会的和谐稳定。网络也是身在社会之中,网络舆情的传播自由也是有限的,网络也要遵循"游戏规则",只有将自由与控制有机地结合起来,人们才能最大限度地享受网络带来的自由。

2.交互性与即时性

与电视、广播、报纸等传统媒体的单向交流不同,网络媒体具有交互性与即时性的特点,人们利用论坛、贴吧、微博等新兴媒体即时参与信息传播、新闻评论等网络活动,使得传统媒介垄断的单向交流方式受到严重冲击。网络媒体新闻传播是媒体与受众、受众与受众之间的多向性、即时性、互动性传播。

网络舆情的交互性主要体现在以下三个方面:第一,网民与国家管理者的互动。公众对国家管理者的社会政治态度是最受关注的舆情内容。目前,很多电子政务网站为民众开通了和政府直接对话的渠道,民众能够把舆情直接传递给政府,同时也能及时得到反馈,这也是我国民主政治建设的一种积极探索和尝试。第二,网民和网络媒体的互动。网络用户通过媒体了解新闻,媒体通过网络言论了解民众对新闻事件的看法及民众的思想动态等,基于此实现了网络用户和媒体之间的互动。第三,网民间的互动。在微博、博客等社交媒体上,网民可以针对某一事件发表自己的观点、态度、看法等,还可以对别人的意见发表自己的看法。这种互动性对舆情的产生和传播有着重要的影响,也是舆情在网络上传播的重要特点。

在互联网上,网民的交流不仅体现了社交媒体的交互性,还表现了网络即时性的特点。在传统媒体时代,国内外发生的重大事件、突发事件,通过报纸、电视进行报道后,经过一段时间才能引发舆情。在互联网时代,舆情的传播和表达具有了较高的时效性,尤其是一些大型的门户网站即时的发布相关新闻后,网民在获知新闻事件的第一时间就可以在网上发表言论,交流想法,表达观点,更能迅速引发讨论,形成网络舆情。

3.隐匿性与外显性

加里·马克思指出,"现实社会中个人身份识别具有七大要素:合法姓名、可追踪的假名、不可追踪的假名、有效住址、行为方式、社会属性(比如年龄、性别、职业、信仰等)及其身份识别物(如身份证等)。"虽然,2015 年 2 月 4 日国家互联网信息办公室发布的《互联网用户账号名称管理规定》(以下简称《规定》)要求互联网信息服务提供者应当遵循"后台实名、前台自愿"的原则,且需要通过真实身份信息认证后才能注册帐号。但在业内人士看来,《规定》并不等于"全网实名制",上述要素在网络空间仍然存在隐匿的可能性,比如社交媒体(微博)中通过虚拟身份发布信息以及存在的恶意注册用户(虚假用户)等情况。因此,由于网络用户具有不同程度的隐匿性,网络舆情的传播也因此具有隐匿性。

外显性与"隐匿性"是相对的。舆情展现了公众内在的心理活动,较大程度上决定了公众的行为倾向,但它并不是行为本身。在现实生活中,人们往往因为某种顾虑而掩饰自己的真实情绪和态度,但由于网络具有匿名性的特点,网民在匿名的状态下进行言论交流、思想碰撞,并且在发表意见时往往缺乏社会责任感。这样一来,在现实中内隐在人们心中的舆情也就很容易地被表达出来。通过一个人在网络上发表的言论,能够较为清楚地推断出他的情绪和态度,这种外显且较为真实的舆情在现实中是较难掌握的。

4.情绪化与非理性

由于社会现实和公众心理的相互作用,非理性舆情在网络上不断产生和扩散。一方面,目前我国正处于社会转型期,社会组织结构的变化、利益群体的调整,都直接影响到社会公众的经济利益和社会地位。生活压力大、竞争加剧等社会问题使得一些人的心理失衡,产生紧张、焦虑等社会情绪。但是,现实社会往往缺乏适当的宣泄渠道,而网络为民众情绪宣泄提供了最佳渠道。另一个方面,网络的匿名性有可能诱发个人的原始性或真实性,现实中的个人一旦进入虚拟网络社会,则感觉脱离了群众或组织的监督,常常暴露出其非理性的一面,容易按照个体的思维去表达真实的感受与意见,并且会趁机将以前积聚的不满和情绪表达出来,以获得个体的满足。

5.丰富性与多元性

网络舆情在内容上所涉及的事件或社会问题包罗万象,涉及社会的各个方面,表达形式和传播途径也各式各样。近年来,互联网的迅速发展,媒体传播出现了巨大变化,互联网媒体的使用频率大幅提升,互联网成为人们获取信息的主要渠道,社会公众更愿意通过互联来表达意愿和情绪,言论内容更是涉及政治、经济、文化、医疗、教育及个人权益等各种现实问题。另外,从表达形式和传播途径来看,不仅表现为文字图画等信息,也可以是声音、影像和视频等多种媒介形式,可以是新闻主题形式发布,也可以是新闻跟帖、论坛话语、即时通信、博文等多种多样的载体和形式。

6.群体极化性

群体极化最早由美国学者詹姆斯·斯通(James Stoner)于1961年在验证群体决策实验中发现的,认为在群体决策情境中,个体的意见或决定,往往会因为群体的相互作用与影响,而出现趋向与群体一致的结果,并且这种结果通常比个体决策更具冒险性,Stoner称为风险转移(Risky Shift)。风险转移最终被学者们称为群体极化,因为他们发现个体的意见或决策在群体讨论之后不仅会偏向较为冒险的一端,在某些情况下也会偏向较为保守的一端。因此,我们可以理解群体极化现象就是群体成员在开始拥有某种偏向,经过群体讨论后,个体则普遍朝着群体一致的方向移动,最终形成比较极端的观点。

网络舆情在互联网的驱动下群体极化性更为明显。Sunstein研究表明,在网络社会里,公众会加入与个体兴趣相近的网络社区,并对该团体容易产生高度的群体认同感,网络群体极化就容易形成。就国内而言,这种群体极化的焦点主要集中在现实社会中具有争议或普遍关心的社会事件。由于我国正处于社会转型期,社会矛盾和社会问题较为突出,民众热衷于对这些问题的关注和讨论,而这种关注和讨论往往带有很强的情绪性,非理性成分较为明显。经过互联网空间的长期讨论与积累,社会民众对某一社会问题共鸣或有共同的个体利益诉求,很容易在意见、情绪和态度上达成高度的一致性,即出现网络舆情群体极化现象。

13.2 网络舆情导控策略

网络舆情导控工作指的是相关管理部门通过采取多样化手段对网络上的信息进行研判与预警,同时也可以在对网络舆情信息进行全方位监测和预警的基础上,采取科学合理的措施对舆情加以引导,必要时应结合相关法律措施对舆情进行治理与控制,为社会管理部门和网民之间搭建一个沟通的平台,避免不良网络舆情带来的恶性影响,为构建和谐安定的社会奠定基础。

13.2.1 网络舆情的研判与预警

网络舆情与现实生活密不可分,它反映了民众对现实生活中某些事件的看法和态度,是观察民生民意的一个窗口。因此,对网络舆情进行研判在网络舆情信息工作中占据着重要位置,发挥着重要作用。网络舆情的研判预警就是对处于萌芽阶段的网络舆情实施数据挖掘、监测、对比、分析、整理以及按照综合性研判指标实施预警的过程,其研判方法可以是定量的,也可以是定性的。在危急情况下,网络舆情研判不一定要以书面形式上报,只要给相关部门提供预警信息即可。

网络舆情研判大致需要经过以下步骤和程序:网络舆情信息挖掘与发现→网络舆情信息收集→网络舆情信息甄别→网络舆情信息汇总分析→网络舆情走向判断→网络舆情应对建议→网络舆情信息上报→网络舆情动态跟踪与矫正→网络舆情研判结束。当然,并非每次网络舆情研判都需要经过上述所有步骤,例如根据舆情研判结果决定是否上报相关部门或上一级领导人。同时,有的工作内容可能是同步进行和完成的,为方便研究进行了上述划分。另外,是否采取措施应对所研判的网络舆情、网络舆情信息的公开与发布等属于网络舆情应对的工作,不属于网络舆情分析人员的工作范畴,但是在网络舆情研判和分析中,应提出应对的对策与建议。

网络舆情研判指标是指网络舆情研判的维度,即从哪些方面、哪些角度对网络舆情进行研判。通过网络舆情指标体系的构建,将网络舆情信息定量化,有助于明确网络舆情信息来源,全面了解网络舆情的发展态势,及时发现网络舆情潜在的问题,进而推进对网络舆情的管控工作。基于网络舆情发展态势和传播影响,我们整合概括了相关学者关于网络舆情研判指标体系研究,这些研究对实际工作都具有一定的指导意义。

相关学者基于网络舆情要素构成,从五个方面提出了网络舆情评价的二级指标:舆情发布者指标、舆情要素指标、舆情受众指标、舆情传播指标以及区域和谐度指标,见表 13-1。

表 13-1　　　　　　　　　　　　　　　　网络舆情研判指标体系

二级指标	三级指标	具体指标
舆情发布者指标	舆情发布者影响力	浏览次数、发帖数、回复数、转载率
	活跃度	发帖数、回帖数
	价值观	舆情发布语义信息
舆情要素指标	信息主题类别	生存危机、公共安全、分配差距、腐败现象、时政、法治
	关注度	页面浏览数
	信息主题危害度	舆情主题语义信息
舆情受众指标	负面指数	回帖总数、负面回帖总数、中性回帖总数
	受众影响力	舆情回复语义信息
	参与频度	单击、评论、回复某一舆情的总次数
	网络分布度	单击者 IP
舆情传播指标	媒体影响力	总流量、日浏览、单击率
	传播方式	门户网站、论坛/BBS、博客/微博、短信、邮件
	舆情扩散度	报道次数
区域和谐度指标	贫富差距	基尼系数、农村城镇居民收入比、财富集中度
	信息沟通	电视覆盖率、网络覆盖率、广播人口综合率
	社会保障	社会治安、医疗保险覆盖率、养老保险覆盖率、工伤保险覆盖率
	宗教信仰	邪教、宗教冲突与民族矛盾

　　基于上述分析,可以构建一个用于网络舆情预警的系统,其结构设计图 13-1 所示。系统由上往下分为数据采集层、舆情研判层、决策处置层。数据采集层主要完成信息采集及数据预处理的工作,并将采集到的信息数据放置于数据库中。在舆情研判层,舆情分析人员根据研判指标体系,采用合理的研判技术对舆情态势进行研判,并将研判结果提供给决策处置层。决策处置层根据舆情态势发出预警报告,处置机构根据舆情态势、处置程序启动实施应急处置方案。一般情况下,处置必须满足回应及时、信息透明、处置公正、问责到位的基本要求。舆情管理是当今各级政府重要的管理工作之一,网络舆情研判则是开展舆情管理的基础和关键环节。

　　网络舆情的应对可以依据六项指标来评判:第一项,机构响应,是指事发之后,有关部门进行响应的速度、层级、态度等。第二项,信息透明度,指在舆情事件发生后,有关部门响应过程中有没有在适度的范围内进行信息公开,使信息透明,避免谣言的流传。第三项,形象和公信力,指在舆情事件应对过程中,有关部门能不能时刻注意维护和提高单位的形象和公信力,避免因为负面事件对单位的形象和公信力所造成负面影响。第四项,动态反应能力,指有些问题如果第一时间没有及时正确的应对,甚至存在一些过失,但如能在后续过程中及时调整,并进行妥善回应,也能获得好的结果。第五项,网络应对技巧,是指能不能利用互联网加强沟通、疏导,比如说开通微博官方账号平台,设立留言板,及时回复留言,进行网上访谈等,这些都是行之有效的网络应对技巧。第六项,后期的问责和处理情况,舆情事件必然涉及一些责任人,有关部门能不能妥善地进行问责处理,平息民意,也是一个重要的能力。根据以上六个指标,我们就可以对一个单位的网络舆情事件的应对能力、技巧进行较为科学客观的评价。

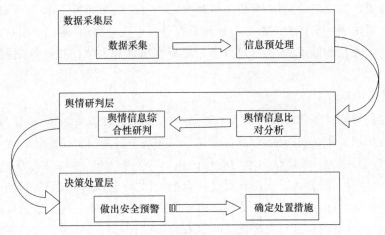

图 13-1　网络舆情预警系统

依据指标体系可以在应对过程中对舆情的现状进行准确研判。此时的研判主要从六个方面入手:一是时空研判,是对舆情发生的时间、地点的分析,研判舆情是否处于敏感时间和重要地点。二是民意研判,主要适用于舆情发酵与发展期,利用大数据统计重点研判哪些网络用户、媒体关注该事件,事件负责人的反应如何,网友如何评判该事件。在舆情发酵发展期,事件爆料人和意见领袖是重点研判对象。三是社会研判,旨在对舆情进行综合性考察,从政治、经济、文化等角度研判该事件的影响程度。有了这三项研判之后,我们就对目前这个舆情事件的现状有了较为全面客观的认识。后面三项研判分别是:法律研判、政治研判和技术研判,相对来说都是比较专业的研判。分别是指在法律层面上我们应该如何去处置这个问题,从政治层面上讲是否存在风险,从技术层面上讲是否处于我们可以监测和处置的范围条件下等。通过这六个方面的综合研判我们就可以对此舆情事件的发展阶段下一个科学的结论,也为之后采取进一步的行动提供了科学依据。

13.2.2　网络舆情引导方法

互联网平台为所有人打开了大门,舆论信息随时随地互动传播,在当前的网络媒体环境下,覆盖面广以及用户人群复杂成为当下网络舆情控制所需要面对的最突出问题。有越来越多的资深网民在网上自由发布自己的观点、态度及情感倾向,意见的多元化和语言的多元化交叉呈现,使互联网成为一个"意见交流市场",但是自由言论的出现也意味着我们将为此付出相应的代价,网络用户面对各种来源渠道的信息,缺乏信息的分辨能力,使得舆情发展态势出现偏差。因此,如何构建良好的传播环境,合理有效的引导公众舆情,成为新媒体时代下政府和媒体共同关注的议题。目前,常用的网络舆情引导方法有以下几种:

1.典型报道引导

典型报道是通过寻求典型,塑造典型,树立标准供大家参考和模仿的一种网络舆情引导方式。康德在《崇高的分析》一文中认为，典型往往具有高度的概括性和暗示性，是"最充分的形象显现"。人类能够通过个性感悟共性，通过个别事例的特征对同一类事物形成大体一致的认知，这正是媒体通过典型报道引导民意的关键所在。通过这种劝服和暗示，就会形成模仿。班杜拉提出的模仿论，即人可以不依赖自己的直接的实际操作，而是通过对他人的言行举止的模仿而学到一定行为。他认为榜样具有替代强化的作用，网民可以通过观察、模仿榜样而产生自我强化的作用。因此，可以通过对典型事件和人物的报道达到网络舆情引导的作用。

2.深度报道引导

深度报道是指建立事件发展的现实基础上，不只是简单地报告事实，而是为读者梳理出关于对事实的认识。在互联网信息时代，公众仅仅知道事件表层的信息是远远不够的，只有把握深层的、核心的信息，才能认清事物变化的规律和发展方向，才能透过事物表明现象看到本质，从而决定自己的行为。深度报道往往会把"言之有物，鞭辟入里"的具有高度和深度的报道呈现给公众，从而达到从更深的层次将舆情引导到正确的方向上来的目的。另外，与传统媒体相比，网络媒体在进行深度报道时具有独特的优越性。其报道方式多种多样，例如邀请专家、学者或各界权威人士，让他们在线对问题进行分析。其报道的形式也不仅仅局限于文本和图片，还可以通过声音、视频、超链接等形式对事件进行报道，即多角度、全方位、多形式对事件进行深度报道，使人们能够透过现象看到事物的本质，从而达到引导网络舆情的效果。

3.网络新闻评论引导

对网络舆情的引导不仅可以通过不断更新的网络报道作用于公众的认知，引导舆论态势，还可以通过直接或间接的意见表达引导公众的认知。网络新闻评论作为新闻评论这一传统新闻体裁在网络媒体中得具体运用，同时也是新闻评论在网络平台上的延伸与创新，主要有两种形式：第一种形式是网民就该事件发表的评论，表明了自己对该事件的观点、看法等，这是一种自发式、群言式解读新闻的方式。第二种形式是网络媒体的评论，往往是指网络媒体的编辑或媒体专门邀请的评论员，根据最近发生的新闻，在新闻网页上所设的评论专栏里发表的署名评论。第二种新闻评论有利于营造理性的网络舆论氛围，引导人们透过现象看本质，理清思路，端正认识，逐步消除非理性、情绪化言论带来的负面影响。因此，新闻媒体平台应充分依托自己在网民心中的公信力，根据公众的认知需求，及时给出有见地的言论，吸引网民的积极参与，促使舆论理想化，从而形成健康的主流舆论。

4."意见领袖"引导

"意见领袖"往往是指通过网络信息传播媒体，为他人提供信息、意见、评论，并对他人产生影响的"活跃分子"。"意见领袖"通过微博等互动平台，针对公共事件经过自己的再加工及其价值判断，及时对国际、国内热点事件进行剖析，在第一时间内发表相关意见及看法，往往在一段时间内引导着网络主流舆论，甚至影响着传统媒体的评论观点。"意见领袖"引导则是指在互联网中借助信息传播者自身的影响力来冲销非主流"网络大V"的负面影响，从而达到引导网络舆情的效果，充分发挥其意志定向、穿越和吸附三重功能。通过意志定向功能化解网民在确定性与非确定性之间的意向性纠结，帮助其形成信仰选择和意志定向。借助微言大义的叙述方式，在碎片化的表达中形成结构化的图式，以提高网民理解社会文化现象的整体把握能力。依托自己强大的吸附功能,消解不和谐的声音,引导舆论走向。因此,可以充分发挥"意见领袖"的作用,正向引导公众对社会事件的看法。

在实际应用中,往往是多种引导方法共同使用、互相补充,从而达到更好的网络舆情引导效果。

13.2.3 网络舆情的法律法规

自 20 世纪 90 年代以来,我国开始对网络舆情法律法规进行建设,经过二十多年的立法发展,我国有关网络舆情的立法工作已初具规模,相继制定并出台了一系列网络舆情管控的法律法规、行政法规、部门规章和司法解释等。

> 全国人民代表大会常务委员会关于加强网络信息保护的决定
> 全国人民代表大会常务委员会关于维护互联网安全的决定
> 信息网络传播权保护条例
> 具有舆论属性或社会动员能力的互联网信息服务安全评估规定
> 微博客信息服务管理规定
> 中华人民共和国计算机信息网络国际联网管理暂行规定
> 中华人民共和国电信条例
> 互联网上网服务营业场所管理条例
> 中国公用计算机互联网国际联网管理办法
> 互联网新闻信息服务管理规定
> 互联网著作权行政保护办法
> 互联网出版管理暂行规定
> 互联网文化管理暂行规定
> 互联网等信息网络传播视听节目管理办法
> 互联网站从事登载新闻业务管理暂行规定
> 关于办理利用信息网络实 施诽谤等刑事案件适用法律若干问题的解释
> 中华人民共和国网络安全法

当前我国已初步形成网络舆情立法体系,并不断努力从各个层面落实相关立法,其中包括《中华人民共和国网络安全法》以及《宪法》《刑法》等普通法中有关网络舆情管控相关的法律条文;《信息网络传播权保护条例》《中华人民共和国电信条例》《互联网信息服务管理办法》等行政法规;《具有舆论属性或社会动员能力的互联网信息服务安全评估规定》等部门规章;《微博客信息服务管理规定》等规范性文件以及《最高人民法院、最高人民检察院关于办理非法利用信息网络、帮助信息网络犯罪活动等刑事案件适用法律若干问题的解释》等司法解释等,共同为依法管控网络舆情提供法律支撑。

例如,2013 年 9 月,最高人民法院和最高人民检察院联合颁布了《关于办理利用信息网络实施诽谤等刑事案件适用法律若干问题的解释》(以下简称《解释》)。《解释》对于网络空间中诽谤罪的认定标准、哪些诽谤行为属于"严重危害社会秩序和国家利益"的公诉案件进行了详细规定,为严厉制裁网络空间中的诽谤犯罪提供了具有实际可操作性的法律依据。同时,《解释》对于利用信息网络实施的寻衅滋事罪、敲诈勒索罪、非法经营罪等严重扰乱网络空间秩序的犯罪行为,规定了不同于现实社会的犯罪认定标准,为传统刑法能够适用于网络空间,进行了与时俱进的解释。我们可以看到,微博等新媒体平台上的舆论力量的对比正在发生变化,积极向上的舆论能量开始覆盖负面消极的舆论能量,网络上的极端言论有所抑制,网络上正面力量逐渐占据舆论主导地位,有力地扭转了被动局面。

尽管我国在网络舆情立法工作上取得了一定成效,但随着网络世界的不断发展,新生事物层出不穷,现有的法律法规难以涵盖网络舆情的全部方面。目前我国相关网络舆情法律规制还不能达到对网络舆情的有效规制,我国现有的对于网络舆情的法律规制大多停留在行政法规和部门规章的层面;各项法律有各自的适用范围且各个法律法规间存在内容重复或冲突,也因此使得相关法律缺乏完整性和体系性等。因此,我国网络舆情治理立法还任重道远,但我们可以从以下几个方面来进一步努力。

1.完善网络舆情相关立法

在网络基本法的领军下,使网络立法向科学系统的方向发展。第一,结合现有的以《网络安全法》为基础的互联网安全保障法,制定专门有关网络舆情管控的相关立法,对网络舆情的法律界定、权利义务主体、问责情形等问题作出明确规定。第三,厘清互联网相关基础性法律与现行法律法规之间的关系,在网络舆情相关立法的基础上,辅以《刑法》《民法》等既存法,在对网络舆情进行刑法规制时应采取"谦抑"的态度,在民法角度注重诉前行为保全的合理运用等,同时制定并完善相关司法解释、地方及部门法。最后,形成以《网络安全法》为基本保障,其他各互联网专门性法律法规为主要框架,各部门法相互配合的网络舆情规制法律体系,净化虚拟社会舆论环境,切实维护我国网络空间公共秩序的和谐稳定发展,推动舆情导向与司法公正的良性平衡。

2.加强网络舆情管控,统一管控标准

党的十八届四中全会提出:"加强互联网领域立法,完善网络信息服务、网络安全保护、网络社会管理等方面的法律法规,依法规范网络行为。"针对当前网络舆情,应加强网络监管,可以从以下方面着手:第一,以逐渐兴起的互联网注册实名制对社交媒体进行规制,完善网络身份识别系统,将网络身份与社会身份绑定,例如2011年12月16日,北京市公布实施《北京市微博客发展管理若干规定》(简称《规定》)。《规定》提出,任何组织或者个人要在用真实身份信息注册后,才能使用微博客的发言功能。第二,制定网络舆情统一的管控标准和管控程序,提高管控效率,明确网络合法行为与非法行为之间的界限。

3.健全配套制度,加强国内网络舆情正面引导

法律不是规制网络舆情的唯一手段,网络舆情的规制需要刚柔并济多样化的配套管理制度。第一,我国可在义务教育阶段开设网络媒介素养教育课程,编写符合青少年成长特点的网络媒介素养教材,从小培养他们信息的获取、辨识及使用能力,并逐渐将网络媒介素养教育覆盖全民,提升中华民族整体的媒介素养。第二,广泛开展网络空间社会责任感和网络法律意识的宣传教育工作。提升广大网民的社会责任感,不发布、散播虚假或未经证实的网络舆情信息,从源头制止网络谣言和网络暴力的发生。

我国网络舆情规制的未来,须立足国情放眼世界,扎实法律规制的基础体系,明晰网络舆情规制内容;加强网络舆情研究人才培养,提高舆情监测、研判与处置能力;注重发挥行业自律作用,提升全民网络文明素养。不断提升互联网管理的效能和水平,让守法者畅所欲言,让违法者寸步难行。

本章习题

1.什么是网络舆情？

2.网络舆情包含哪些构成要素？

3.网络舆情的特征有哪些？

4.网络舆情研判指标体系包括哪几个方面？

5.网络舆情预警系统包括什么？

6.网络舆情的应对可以从哪几个方面来评判？

7.从哪几个方面对网络舆情进行引导？

8.有哪些关于网络舆情的法律法规？

第 14 章　新兴网络安全技术

学习指南

导　读

　　网络安全细分市场众多,同时随着技术的发展细分程度进一步增加。按照产品结构划分,网络安全可以划分为安全硬件、安全软件及安全服务三大类,而每一大类产品包含众多的细分市场,如安全硬件包括防火墙、VPN、入侵检测与防御等;安全软件包括防病毒软件、终端安全软件、邮件安全软件等;安全服务包括咨询、集成、培训、运维等。技术的进步带来网络安全环境更加复杂,网络安全的防护范围、防护手段以及防护目标不断扩充,同时新型的攻击手段不断出现,这将不断催生出新的产品形态,使得网络安全的细分程度不断增加。2017 年,人工智能将成为更多领域"破茧成蝶"的关键力量。从智慧城市到智能家居,国计民生的方方面面正在愈加直观地感受到人工智能的影响力。与此同时,需要从人工智能的基因层面增强安全性,为人工智能的未来发展提供坚实的保障能力。"大、智、移、云、物"等为代表的新兴技术正在颠覆传统,带来源源不断的变化,安全云化、安全大数据化、安全服务化、安全高端化是未来网络安全的发展趋势。

　　本章从新型网络安全技术入手,分别介绍云计算、物联网、大数据、移动互联网和区块链的安全概念,接着依次介绍了相关安全技术。

关键概念

　　云计算　物联网　大数据　移动互联网　区块链

　　越来越多企业将其已经受攻击的环境迁移到云端将会发现,在没有适当准备的情况下,他们只能得到有限的安全保障,因为运行虚拟机的底层基础受到的攻击会越来越多。未来将看到更多针对云管理平台、工作负载和企业 SaaS 应用的攻击,这也会变相导致企业会比使用传统的台式机和服务器,更多地对权限管理和预算进行投入。

云计算已经是各种新业务的平台,云计算需要各种安全技术结合的深度防御,而密码技术作为主动的安全技术适合聚焦数据的深度防御部署。此外,可以预期 2017 年安全产业界将推出更多的具备精细管控、全面防护、深度可视、协同防御、智能运维等特点的新一代网络安全产品,并能适配异构的新 IT 环境,比如混合云环境。

安全是个非常有潜力的市场,而数据分析则能解决很多安全领域解决不了的问题,安全业务需要从人工分析做到自动分析。区别于传统的安全防御方式,大数据分析平台所提供的安全管理职能,更多提供了预警和警告功能,并与传统的安全产品形成协同,这个过程既可以是自动化的,又可以由安全管理员去完成。

2020 年以数据、威胁情报驱动的积极防御已经被主流所接受,并开始在国内逐步实践。持续安全监测、响应处置、调查分析与溯源成为在拥有更多数据之后的关键,态势感知亦成为安全决策的支撑。相信在未来,大数据安全分析平台会成为积极防御的核心,在使得数据驱动的安全协同成为主流。

14.1 云计算安全

14.1.1 云计算安全概述

近年来,随着信息技术的发展,各行各业产生的数据量呈爆炸式增长趋势,用户对计算和存储的要求越来越高。通过投入大量资源提高计算和存储能力,以达到用户要求,满足用户对逐日增长的数据处理的需求,企业和研究机构建立自己的数据中心。传统模式下,不仅需要购买 CPU、硬盘等基础设施,购买各种软件许可,还需要专业的人员维护数据中心运行。随着用户需求与日俱增,企业需要不断升级各种软、硬件设施以满足需求。

在用户规模扩大的同时,传统的资源组织和管理方式按照现有的扩展趋势,应用种类也在不断增多,任务规模和难度指数增大,已无法满足用户服务质量的要求;投资成本和管理成本均已达到普通企业无法承担的程度。对于企业来说,并不需要一整套软、硬件资源,追求的是能高效地完成对自有数据的处理。基于此,云计算技术应运而生。

云计算安全技术是信息安全扩展到云计算范畴的创新研究领域,它需要针对云计算的安全需求,通过传统安全手段与依据云计算所定制的安全技术相结合,从云计算架构的各个层次入手,使云计算的运行安全风险大大降低。无论是在传统数据中心还是在云计算模式下,大部分的业务处理都在服务器端完成,传统的数据服务对关键业务服务器具有较高的依赖性;而云计算模式对于服务器集群的依赖性更强。服务器集群通常包含彼此连接的大量服务器,当其中的某些服务器出现故障后,这些服务器上运行的应用及相关数据会快速迁移到其他服务器上,运行中的服务可以通过这种措施从故障中快速恢复,甚至让用户感觉不到业务中断,因此,基于云计算的应用服务具有可靠性、持续性和安全性等特点。

14.1.2 云计算安全的关键技术

云计算一经问世就展现出传统计算模式无法比拟的优势,而这些优势离不开关键技术的支撑。云计算中的关键技术主要包括:

1.快速部署技术

软件是否能快速部署将直接影响云计算的使用价值。云计算采用的部署对象包括物理机和虚拟机,快速部署技术主要有并行部署技术和协同部署技术。

并行部署技术就是将部署任务分割成若干个可并行执行的子任务,由部署控制主机同时执行这些子任务,将软件或镜像文件快速部署到物理机或虚拟机上。和传统的顺序部署方式相比,并行部署能成倍减少部署时间。然而,由于网络带宽限制,当带宽被占满时,部署速度就无法进一步提高。解决网络带宽受限的有效方式是采用协同部署技术。在这种部署方式中,不仅部署控制主机会同时将软件或镜像文件部署到多台主机上,而且已完成部署的主机也可以进行资源部署工作。协同部署的速度上限取决于目标物理机之间网络带宽的总和。

2.资源调度技术

云计算以服务的形式将资源提供给用户,既便于资源的利用又提高了效率,但这也给资源调度提出了更高要求。资源是指在特定的资源环境下,根据一定的资源使用规则,在不同资源使用者之间进行资源调整。云计算的资源调度方法主要有虚拟机资源的动态调整和分配以及虚拟机迁移两种。

能实时准确地对资源进行监控是虚拟机资源动态调整分配的必要条件。在云计算环境中,虚拟机管理器除了负责将物理资源抽象为虚拟资源外,还负责物理资源和虚拟资源的监控和调度,根据计算任务的需要和实时的资源工作情况,动态增加或回收资源。

云计算的另一种重要资源调度方式是虚拟机。当发现物理主机负载不均衡或物理主机即将宕机时,虚拟机管理器就会将该虚拟机动态迁移到负载较轻的物理主机上。目前,动态迁移大多只能在同一数据中心内进行跨数据中心的动态迁移,但因受网络限制所以较难实现。

3.虚拟化技术

虚拟化技术作为云计算的关键技术,改变了现代数据中心的架构。虚拟化实际上就是对物理资源(CPU、存储、网络等)进行抽象。基础设施虚拟化意味着任何用户在授权后都可以按照约定的方法访问资源池中的资源,并让用户感觉到资源专属于自己,提出了资源平等利用的概念。目前,数据中心采用的虚拟化技术多种多样,包括服务器虚拟化、存储虚拟化、网络虚拟化、数据库虚拟化、应用软件虚拟化等。

Sun Microsystem(已被 Oracle 收购)实现了服务器、操作系统和应用程序等的虚拟化,能根据每位用户的需求启动和运行相应操作系统。Sun Microsystem 使用的虚拟化平台是原 Sun 公司的虚拟机管理器,该平台通过虚拟化实现硬件的共享,支持主流服务器操作系统(如 Linux、Solaris 和 Windows)的运行。虚拟机管理器是一种运行在物理机器上的软件,负责实现 CPU、存储、网络等的虚拟化,对这些虚拟化设备进行管理,并对虚拟机 I/O 操作和内存访问进行控制。通过对虚拟机操作系统进行配置,就能调用虚拟机管理器提供的功能。虚拟机的域 Dom0 负责管理其他虚拟机,这种负责管理虚拟机的虚拟机被称作服务控制台,它负责虚拟机的创建、销毁、迁移、修复和恢复等工作。

4.多租户技术

云计算在基础设施层采用虚拟化技术简化资源的使用方式,而在应用层采用多租户技术实现资源的高效利用。多租户指的是一个单独的实例可以为多个组织或用户服务。多租户技术使大量租户能够共享同一资源池的软、硬件资源,并能在不影响其他租户的前提下对服务进行优化配置按照每位租户的需求。要想使软件支持多租户,在设计开发时就要考虑到数据和配置信息的虚拟分区,使每位租户都能分配到一个互不干扰虚拟实例,同时实现租户实例的个性化配置能力。

5.并行数据处理技术

互联网高速发展带来的海量数据处理需求给传统数据中心造成了沉重的负担,海量数据处理指的是对数据规模达到太字节(TB)或拍字节(PB)级的大规模数据的计算和分析,其最典型的实例就是搜索引擎。并行计算模型和计算机集群系统的产生是由于数据量非常大,单台计算机难以满足海量数据处理对性能和可靠性的要求。其中,并行计算模型支持高吞吐量的分布式批处理计算任务,而计算机集群系统则在由互联网连接的主机上建立一个可扩展的、可靠的运行环境来解决复杂的科学计算问题。

云拥有充足的计算、存储资源储备,但这并不意味着云天生就有处理海量数据的能力。利用云计算进行海量数据处理是通过向用户提供并行编程模型实现的。现有的云计算并行编程模型由 Google 提出,被称作 MapReduce,该模型包括映射(Map)和约简(Reduce)两个步骤。为了并行操作,先将海量数据分成若干个等长的分段,映射步骤负责将每个分段数据按照预定义的规则进行处理,生成中间结果并对中间结果进行归类;约简步骤则对归类后的中间结果进行归并处理,生成最终结果。Map 和 Reduce 的具体逻辑由用户自己定义并实现。

6.分布式存储技术

云计算不仅向用户提供存储服务,还向用户提供计算服务。在云计算环境中,数据类型多种多样:既包括结构化数据(如关系型数据库),还包括非结构化数据(如网页);既包括空间占用较小的文本文件,又包括数据大小以 GB 为单位的镜像文件。云计算采用分布式存储技术实现各种数据类型的统一、快速和可靠地存储。

以 Google 文件系统(GFS)为例,在数据存储时,客户端首先将数据拆分成规定大小的数据块,然后将数据块的元数据发往主服务器。主服务器确定数据块对应的数据服务器并通知客户端在收到数据块存储请求和元数据后,客户端根据服务器的指示将数据块存放到对应的数据服务器。为了确保数据的可靠性,GFS 采用了冗余存储方式,每个数据块都会在多台不同的服务器上存放其副本,从而使得在发生故障时,仍能够根据冗余副本恢复出精确的原始数据。

14.2　物联网安全

14.2.1　物联网安全概述

物联网(Internet of Things,IOT),顾名思义,就是将所有物体连接在一起的网络。物体通过二维码、射频识别(Radio Frequency Identification,RFID)、传感器等信息感知设备与网络连接起来,进行信息交换和通信,实现智能化识别、定位、跟踪、监控和管理。在物联网时代,虚拟的"网络"与现实的"万物"将融合为"物联网",现实的任何物体(包括人)在网络中都有与之对应的"标识",最终的物联网就是虚拟的、数字化的现实物理空间。

物联网作为最近几年提出的一个新的概念,预示了互联网技术发展的新方向,即虚拟网络与现实世界的结合。但物联网是对现有技术的聚合应用,而不是对现有技术的颠覆性革命。物联网的核心和基础是网络,是在现有网络基础上延伸和扩展的,因此物联网也同传统互联网技术一样面对安全问题。同时,物联网还存在着一些与已有互联网安全不同的特殊安全问题:物联网中的"物"的信息量比"互联网"时代大很多,物联网的感知设备计算能力、通信能力、存储能力及能量等都受限,不能应用传统互联网的复杂安全技术;现实世界的"物"都联网,通过网络可感知及控制交通、能源、家居等,与人们的日常生活密切相关,安全呈现大众化、平民化的特征,安全事故的危害和影响巨大;物联网安全与成本的矛盾十分突出。

我国是对物联网研究较早的国家之一,物联网的初步应用也正在进入产业化进程。可以肯定物联网的发展是下一代互联网技术发展的必然产物,物联网的出现可能会在很大程度上改变现代社会的运行方式,极大地方便人们的生活,同时将会在新的社会运行体制中产生新的社会问题。互联网从系统构架上来看缺少了非常重要的一部分,是因为发展的初始阶段并未将信息系统安全作为重点考虑,尽管现在信息安全技术在网络架构各个层次上均有进展,但由于系统设计之初的缺陷,补救措施仍然难以满足信息系统安全的现实需求。物联网现在尚处于定义模糊、方向不明确的初始阶段,如果在建设物联网伊始,我们没有将信息系统安全作为系统的重要组成部分去发展研究,那么后果将不堪设想。在互联网时代,信息安全带来的危害发生在虚拟世界,结束于虚拟世界,最大的危害是社会经济的损失。然而在物联网时代,由于虚拟世界与现实世界的结合,信息安全造成的危害将直接威胁到我们生存的现实环境。因此物联网的安全体系建设,应与物联网技术的发展同步,以政府为主导,制定系统、规范的体系结构,建立合理的安全机制,在保证物联网信息安全的基础上,稳步发展物联网技术,避免重蹈互联网发展的覆辙,尽量避免新技术带来对社会的不利冲击。公安部对互联网时代信息安全体系建设做出的一个重要贡献是信息安全等级保护工作,随着物联网技术革新的到来,如何将信息安全等级保护合理科学地移植到物联网体系结构中,必将成为一个重要的研究课题,同时也是物联网发展的先决条件。

在互联网中,先系统后安全的思路使安全问题层出不穷,因而物联网在应用之初,就必须同时考虑应用和安全,将两者从一开始就紧密结合,系统地考虑感知、网络和应用的安全;物联网时代的安全与信息将不再是分离的,物联网安全不再是"打补丁",而是要给用户提供"安全的信息"。

14.2.2 物联网安全的关键技术

由于物联网必须兼容和继承现有的 TCP/IP 网络、无线移动网络等,因此现有网络安全体系中的大部分机制仍然可以适用于物联网,并能够提供一定的安全性,如认证机制、加密机制等,但仅此还是不足的,还需根据物联网的特征对安全机制进行调整和补充。传统TCP/IP 网络针对网络中的不同层都有相应的安全措施和对应方法,这些方法不能原样照搬到物联网领域,而要根据物联网的体系结构和特殊性进行调整。物联网的感知层、应用层与主干网络接口以下部分的安全防御,主要依赖于传统的信息安全技术。重要的物联网的安全保护技术包以下几种：

1.物联网中的加密机制

密码编码学是保障信息安全的基础。在传统 IP 网络中加密的应用通常有两种形式：点到点加密和端到端加密。从目前学术界所公认的物联网基础架构来看，不论是点到点加密还是端到端加密，实现起来都有困难，因为在感知层的节点上要运行一个加密/解密程序不仅需要存储开销、高速的 CPU，而且还要消耗节点的能量。因此，在物联网中实现加密机制原则上有可能，但是技术实施上难度大。

2.节点的认证机制

认证机制是指通信的数据接收方能够确认数据发送方的真实身份，以及数据在传送过程中是否遭到篡改。从物联网的体系结构来看，感知层的认证机制非常有必要。身份认证确保节点的身份信息，加密机制通过对数据进行编码来保证数据的机密性，以防止数据在传输过程中被窃取。公钥基础设施（Public Key Infrastructure，PKI）是利用公钥理论和技术建立的提供信息安全服务的基础设施，是解决信息的真实性、完整性、机密性和不可否认性这一系列问题的技术基础，是物联网环境下保障信息安全的重要方案。

3.访问控制技术

访问控制在物联网环境下被赋予了新的内涵，从 TCP/IP 网络中的主要给"人"进行访问授权变成了给机器进行访问授权，有限制地分配、交互共享数据在机器与机器之间将变得更加复杂。

4.态势分析及其他

网络态势感知与评估技术是一种新的对当前和未来一段时间内的网络运行状态进行定量和定性的评价、实时监测和预警的网络安全监控技术。物联网的网络态势感知与评估的有关理论和技术是一个正在开展的研究领域。在同时考虑外来入侵的前提下，需要对传感网络数据进行深入的数据挖掘分析，从数据中找出统计规律性。通过建立传感网络数据吸取的各种数学模型，进行规则的挖掘和融合、推理、归纳等，提出能客观、全面地对大规模传感网络正常运行作态势评估的指标，为传感网络的安全运行提供分析、报警等措施。

14.3 大数据安全

14.3.1 大数据安全概述

大数据技术的发展为数据价值的发掘提供了舞台，也引发了新一轮的数据安全与隐私保护问题。大数据技术的应用在生活中随处可见。例如，当用户通过微信扫描二维码并转发信息时，到用户的消费习惯及个人喜好可以通过大数据分析工具进行捕捉，同时对用户需求进行分析和预测，通过分析结果为用户提供更多服务，公众知情或不知情的情况下提供了数据，于是安全问题也由此产生。

现在是大数据发展的重要时期。信息安全是大数据发展过程中无法回避的巨大挑战。很多消费者在不知情的情况下被相关公司搜集、窃取到了个人信息。更令人担忧的是，中国尚未出台个人信息保护法，只有部分法律法规中零散提及个人信息安全。因为没有上位法，很多与大数据相关的活动的合法性便无从说起。目前只能希望能够做好相应的防范与保护措施，保护消费者的隐私，企业在运用大数据技术获得利润的同时重视信息安全问题。

1.大数据应用日渐广泛，带来诸多安全问题

当用户下载手机应用的时候，往往会弹出是否允许该应用共享用户的通讯及位置信息的询问框，部分用户会选择允许该要求，这就意味着该用户将面临信息泄露的风险，原因在于大数据时代，用户是无法阻止外部数据商获取个人信息的。大量用户的信息及各项数据会被社交、购物等网站对外开放，而这些信息又会被同类网站或市场分析机构收集，通过分析用户的个人信息、手机定位等多种数据信息的拼凑形成的数据集合，就能够分析用户的信息体系，这就使用户的隐私处在危险当中，令人担忧。

如果用户拒绝共享信息，那将导致其无法享受到部分便捷的服务，这种结果说明互联网的发展正逐步变得更加依赖公民的个人信息。而对公民信息需求的增长及获取渠道的拓宽导致了信息安全、隐私及便利性之间产生巨大的冲突。一方面，厂商大量获取消费者的购买偏好及健康数据给用户的隐私安全带来威胁。另一方面，消费者从海量数据中获益，这种益处包括低廉的价格、更符合消费者消费习惯和喜好的商品、生活品质的提高等。

2.进入大数据时代，企业面临多重安全风险

对于企业而言，在大数据迅猛发展的环境中不仅要学会如何利用数据挖掘价值，促进利益增长，还需要统筹安全部署，制定预案，防御数据泄露以及网络攻击。

高德纳咨询公司曾提出："大数据安全是一场必要的斗争。"企业可以利用数据分析及挖掘获取利润，黑客也可以通过同样的方式向企业或个人发起攻击，而大数据技术无疑为黑客进行更精确的攻击提供了帮助。比如黑客可以先在社交网络、邮件、电子商务网站中获取攻击对象的电话、家庭住址等个人信息，然后当获取攻击对象的 VPN 帐号后，黑客就可以得到攻击对象的工作信息，进一步侵入企业网络。对大数据分析有很高要求的企业面临的挑战更多。比如金融及天气预报的分析预测、复杂网络计算和广域网感知等，对于这些机构来说，传统安全防护很难达到效果，任何一个会导致目标信息的提取和检索方向出现错误的攻击，都会对企业大数据分析产生误导，检测方向也会出现偏差。因为大数据安全和大数据业务是相对应的，而这些攻击需要企业集合大量数据，并对其进行关联分析才能明白其攻击目的。因此，大数据安全要求企业先要对自身的业务需求进行分析，针对可能威胁到大数据业务的因素提出预案。

3.大数据时代，国家安全需直面信息战与网络恐怖主义

从国家安全层面看，信息时代与工业时代的不同之处就在于，仅凭军事防御已经不能够使国家各种重要设施及信息机构免受打击破坏，安全环境发生了质的改变。如今网络脆弱，攻击者增加，攻击技术不断变化，国家在水、电、石油、商业、交通、军事等领域对网络的依赖性不断增加，使得国家安全面临巨大挑战。

对于网络恐怖主义来说，在大数据时代，庞大且全面的用户数据无疑为其提供了新的资源支持，入侵民众生活的各个方面变得轻而易举。在美国，通过商业手段收集涵盖美国民众金融、消费、旅游等各行各业的数据，为国家安全服务以及更好地应对网络恐怖主义的袭击，决定建立个人信息库。这种措施也并非是全新的方式，早在"9·11"事件之前就有趋势，并随着大数据的应用逐步增强。在新的数据环境下，个人信息识别技术趋向更深和更广，对数据分布形势的分析能力也在不断提高。对于信息的保护，公民自身和公共权力机构都要行动起来。公民的信息安全保护意识是信息安全保护的第一道防线。单纯依赖政府部门与司法机关等权力机构去保护个人信息安全的效果有限,唤醒公民信息安全意识是预防信息泄露的重要途径。

当然,执法保护也发挥着十分重要的作用,但属于第二道防线。而在我国,执法机关对于互联网信息的保护处于初级阶段,存在着办理经验少、处理不及时、案件分类不明确等问题。据不完全统计,自 2003 年起,在我国有关互联网案件的判决数量不超过 150 件,由此可见执法及司法机关介入较少,保护互联网信息需要权力机关更加努力。

因此,法律规范与指导性规范共同施行也不失为一种维护互联网秩序的有效方法。除此之外,只有将传统法律与互联网专门规则相结合,才能同时顾全普遍性与专门性,才能真正提供有效的秩序规范。

14.3.2 大数据安全的关键技术

1.基于大数据的威胁发现技术

威胁检测系统是一种能够及时发现入侵并对其做出反应的程序。目前常见的威胁检测系统以两种技术作为支撑:

一是异常发现技术。建立系统正常运行轨迹,假设入侵行为都与正常行为不同。那么,理论上就可以把与正常的运行轨迹不相同的行为辨别出来,即具有可疑企图的入侵行为。但由于系统轨迹具有难以计算的特点,异常发现技术并不可能把所有的入侵一一检测出来,而且误报多,具有一定的局限性。

二是模式发现技术。简单来说,模式发现技术指的是把已知的一类入侵用一个"模子"表示,因此每一个入侵行为,都能与一个对应的"模子"相匹配,也就是说入侵行为能够被发现。模式发现技术的关键在于如何表达"模子",但模式发现不能发现未知的入侵方式并且需要将正常的运行跟入侵区别开,误报率低。当今大部分入侵数据收集结构和入侵检测结构以一种被动数据处理结构存在。然而这种数据处理结构在入侵检测系统开始处理大规模复杂数据及受到新型攻击时就体现出很多不足。规模巨大的异构网络会产生多种形式不一的实时数据,然而大多数数据并不与安全产生关联,其中系统管理信息占很大一部分比例。因此要判断数据是否与安全挂钩,只有通过仔细分析才能发现。访问的文件是普通文件还是敏感数据,或是关键系统文件在很大程度上取决于上下文关系,但在进行数据分析时,却很难弄清上下文关系。集中式数据处理因其本身的缺陷,在应用的时候不可能解决因为大量分布式事件所引起的各类问题,如上下文数据的丢失等。

通过大数据分析建立基于大数据的专家系统来检测恶意入侵,其原理是检测具有一定规律的攻击,因此用表达式表示攻击行为的规律是此系统最核心的部分。只有大量记录各种攻击行为,才能建立一个知识库完备的基于大数据的专家系统。病毒特征码太过多变以致很难保证全面性,多种恶意代码分析和入侵造成分析效率低下是普通专家系统需解决的一大难题。基于大数据技术的比对分析,在这个方面有着不可比拟的优势。

2.基于大数据的认证技术

密码技术是数据安全的基本技术,防护技术是网络安全的基本技术,而作为网络交易基本条件的交易安全则要求可信的网络环境。其中,认证技术是交易安全最基本的技术。认证技术包括站点认证、报文认证和身份认证,本教材主要讲述身份认证。

身份认证技术是信息安全的核心技术之一。在网络世界中,要保证交易通信的可信和可靠,必须做到正确识别通信双方的身份,于是身份认证技术的发展程度直接决定了信息技术产业的发展程度。身份认证技术是用来识别登录用户真实身份的技术,是保证信息不随意泄露的利器,用它可以验证用户的真实合法性。身份认证技术可以证实被证对象是否属实或是否有效,其基本原理就是验证被认证人的属性,来判断其身份数据是否真实有效。目前为止,主要有三种方式来进行判别:

- 可以根据只有你知道而别人不知道的信息来证明身份。
- 可以根据只有你持有而别人不持有的东西来证明身份。
- 可以根据你独有的特征来证明身份。

现在的身份认证可以实现硬件认证、多因子认证、动态认证等,现在的身份认证技术已经进入到比较成熟的阶段,并日趋完善。

3.基于大数据的真实性分析

信息是决策的依据,无论是国家还是个人,在进行决策的时候一般都会依据相关的数据。决策者使用的数据大部分都是统计数据,但是这些统计分析基础数据必须满足一定的硬性要求才会被使用。为了完成统计往往会需要处理大批量的数据,然而单纯地积累数据与处理海量数据存在很大不同。现今,正因为数据存储价格低廉,而且并没有人想着删除没有用的数据,人们常常把一些有用没用的数据全部存储起来。与本地存储一样,网络存储价格也不高。现在有许多企业为了保持其市场竞争力正处理大量"漫无边际"的数据。目前,数据的指数化增长已经给许多企业造成隐患,即领导层不清楚要根据什么来做出决策。虽然大致意识到在做决策的时候可以根据一些数据来进行,但并不清楚那些数据可以从哪里获取。大数据分析就是解决上述问题的有效方式。

现在,人们越来越依赖于大数据。平时的工作、社交、娱乐等各个方面都与大数据密切相关,投资理财和电子商务也开始慢慢融入人们的日常生活,而这些大大增加了大数据的可靠性。生活当中就可以看出来,这种新型的基于大数据(网络)的消费模式越来越受年轻一代的青睐。随着网上交易被人们广为接受,网上结算的频率也在日益增高。究其最根本的原因,金融领域的大数据相比于其他领域真实性强,较为客观,而且交易平台较为安全,不易被攻击进而导致用户数据被不法分子篡改。因为数据能够自动保存,也方便人们查找交易记录、账户余额等信息,简单来说,较高的可信度(比较安全的大数据环境)使人们更加放心地使用这些新型的交易平台。

大数据是一种产物,它一定会有一个载体。大数据的载体环境相对稳定,没有发现异常行为,那么大数据的真实性就比较可靠。世界上绝大多数国家的电子数据法都认为只要计算机运行环境安全可靠,就可以推测大数据的真实性。1998年加拿大制定的《统一电子证据法》规定,"如果可以证明计算机系统和其他关键设备运行正常,或者不正常的运行不影响数据的记录,则可以证明数据的记录和存储的完整性"。

4.大数据与"安全即服务"

安全即服务(SecaaS)的产生有三个推动力。

第一个推动力在 20 世纪末。当时的垃圾邮件产生了十分严重的问题。在 1999 年,就有公司开始为用户提供屏蔽垃圾邮件的功能。

第二个推动力是 MSS,即托管安全服务。数年来,托管安全服务提供商(MSSP)已经为用户提供了很久的外包服务,在这种情况下,MSSP 为众多机构提供对其网络安全设备的管理服务,例如,防火墙和入侵检测系统(IDS)。MSS 与云计算的共同点:在机构内部可以通过共享资源来降低解决问题的费用。MSSP 和 CSP(内容安全策略)的不同点:MSSP 共享的是人员,却不是基础设施。此外,因为很多机构没有具有专业技术的人员来保证其正常运行,所以 MSSP 的共享服务的人员模式在资费上则具有很强的吸引力。MSSP 模式之所以能够推动云计算服务提供商的发展,是因为 MSSP 模式成功去除了阻碍机构信息安全项目外包部分的桎梏。同时,外包也意味着对信息安全设备进行远程的运行模式管理。

在 MSSP 模式下,虽然网络安全相关工作是外包的,但用户还是要对安全负责。用户需要对 MSSP 进行管理和监测,并对各种安全策略进行决策。MSSP 负责对设备以及数据流进行监测和管理,这些设备是属于用户的。因此,对成本的节约和对效率的提高也只能到此为止。尽管这种服务是属于订购类型的,但用户本地的硬件也存在相关资本开支。如果使用云计算来操作,资本开支将进一步缩减,这是因为绝大部分设备以及它们的监测和管理都由安全即服务提供商负责。

第三推动力是若直接在终端提供安全服务,那么组织的效率就会因此下降。这不仅仅是因为终端数目的大幅增长,也因为 IT 部门无法对多数配置变量进行有效的管理。除此之外,因为终端的可移动性,如何解决配置问题并及时更新安全软件将会成为重大难题,并且许多移动设备的资源内存和存储通常不足以处理终端保护套件,因此终端保护并不是十分成功。

目前,云计算系统的安全问题仍然是一个难解的课题。因此,SecaaS 框架应运而生。它由云安全联盟 CAS 组织提出,提供了一个统一的大数据安全研究系统。波耐蒙研究所近期发表了一份大数据研究报告,报告中列举了大数据研究中可能会出现的一些安全问题和这些问题的来源。对大数据安全的研究逐渐成为学术界普遍关注的重点问题之一。

5.数据发布的匿名化

大数据环境下,结构化数据的隐私保护至关重要。然而,这项技术尚未成熟,还有待进一步完善。数据发布匿名化技术就是实现这种保护的最基本、最关键的技术,比较典型的一种技术是 k 匿名技术。在早期,这种技术使用元组 R 泛化的方法,把准标识符 R 分成几组。在每一组中都至少有 k 个相同的准标识符,于是,就使得每个元组变得和其他 $k-1$ 个元组无法区分开。同时,这也使得 k 匿名技术有一定的局限性,它无法对某个单独属性进行足够的匿名处理。它也具有一定的风险性:对于那些取值相同的敏感属性,攻击者可以轻而易举地确定这一属性的值。为了解决这些问题,有学者提出了 l-diversity 匿名技术。这一技术通过使用数据置换以及裁剪的算法保证了所有敏感数据都具有大于 1 的多样性,因此安全性更强。但是,这种方案仍然具有一定的缺陷。因为它只能够使得敏感数据的出现率更加平均化,而不能使其完全隐藏,故攻击者可以缩小数据范围,继而通过猜测来估算其值。在这种情况下,一种新的方案应运而生,它被称为 t-closeness 方案。这种方案把敏感数据映射到数据表中,从而使数据在这两者之中的分布基本一致。这一方案主要用于处理发布一次性数据的情况。如果要对连续的、多次发布的数据进行匿名保护,则需要注意防止攻击者把这多个数据联合在一起进行分析,这样匿名就失去了意义。

在大数据背景下,如何对发布的数据进行匿名化保护就变成了更难以解决的问题,因为数据的来源不单单只有一个,攻击者可以在网络上其他位置获取到与之相关的信息。比如,针对某个影音网站,攻击者可以把用户的观看记录等数据和该网站的电影库相对比,从而筛选出某一用户的帐号。以此为突破口便可以轻而易举地得到该用户的个人隐私信息。

14.4 移动互联网安全

14.4.1 移动互联网安全概述

事实上,移动互联网来自移动通信技术和互联网技术,可谓取之于传统技术,而超脱于传统技术,但是不可避免地移动互联网也继承了传统技术的安全漏洞。移动互联网不同于传统移动通信的最主要特点是扁平网络、丰富业务和智能终端。由此导致的安全事件总体可以归纳为四部分,即网络安全、业务安全、终端安全和内容安全。

不同于传统的多级、多层通信网,移动互联网采用的是扁平网络,其核心是 IP 化。但是由于 IP 网络与生俱来的安全漏洞,故 IP 自身带来的安全威胁也在向移动核心网渗透。近年来,日益严重的网络安全问题越来越受到人们的关注,僵尸主机正在与蠕虫、其他病毒和攻击行为等结合起来,特别是移动互联网的控制数据、管理数据和用户数据同时在核心网上传输,使终端用户可能访问到核心网,导致核心网不同程度地暴露在用户面前。不仅威胁到公众网络和公众用户,也越来越多地波及其承载网络的核心网。在这样的背景下,对于电信运营商而言,其核心网络和业务网络的安全问题也变得越来越严峻。

不同于全部由运营商管理的单一业务通信网,移动互联网承载的业务多种多样,部分业务还可以由第三方终端用户直接运营。特别是移动互联网引入了众多的手机银行、移动办公、移动定位和视频监控等移动数据业务,虽然丰富了手机应用,但也带来了更多的安全隐患。目前,利用 Web 网络提供的网站浏览业务大肆散发淫秽色情信息屡禁不止。

不同于传统用户终端仅仅是传统通信网的从属设备,移动互联网中使用的基本上都是智能终端。随着中国移动互联网的日趋成熟、移动业务的飞速发展及第三方应用的快速增长,移动智能终端功能的多样化、使用普及化已是大势所趋,越来越多的基于 Symbian、Windows Mobile、IOS、Android、Linux 等开源操作系统的移动智能终端被人们所广泛使用。但是,伴随而来的安全问题也日渐增多:一方面,移动智能终端的开放性、灵活性也增加了安全风险,特别是在移动互联网发展初期,为了快速抢占移动市场,移动企业更注重移动智能终端的灵活性和移动业务的多样性,而忽视了移动智能终端的安全性,导致一系列与移动智能终端相关的安全事件和潜在威胁,具体表现有手机内置恶意吸费软件和内置色情信息链接等安全事件。随着移动互联网的推进,手机上网规模加大,互联网的安全问题在手机上进一步凸显。另一方面,移动智能终端大大促进了移动业务的发展,方便了用户使用。

不同于传统运营商"以网络为核心"的运营模式,移动互联网转移到"以业务为核心"的运营模式,并且逐渐集中到"内容为王"。事实上,已经有众多内容服务商,如手机广告、手机游戏、手机视频和手机购物等传统互联网上的内容服务企业,都在第一时间挤入移动互联网这个大产业中。移动互联网最大的特色就是它能够提供更多增值业务,其中业务内容就成了移动互联网业务发展的动力源泉。但是,移动互联网内容服务也带来了许多新问题:为了获取高额利润,一些 WAP 网站增加了具有诱惑性的图片,通过吸引手机用户获利,严重危害社会道德,损害未成年人身心健康,成为亟待彻底整治的行业问题和社会问题。

移动互联网服务过程中会发生大量的用户信息(如位置信息、消费信息、通信信息、计费信息、支付信息和鉴权信息等)交换,如果缺乏有效的管控机制,将导致大量用户信息滥用,使用户隐私保护面临巨大的挑战,甚至出现不法分子利用用户信息进行违法活动的情况。同时,随着移动互联网的发展,垃圾信息的传播空间将大大增加,垃圾信息的管理难度也会不断增加。

14.4.2 移动互联网安全的关键技术

网络作为一个开放的平台,其安全性历来是人们关注的焦点,移动互联网的发展更加提升了网络安全的需求,保障移动互联网的安全将促进移动互联网技术的繁荣发展。而密码技术是网络信息安全技术的内核和基石,其技巧和方法自始至终都深刻影响着整个网络信息安全技术的发展和突破。1949 年,香农(Shannon)发表了《保密系统的通信理论》,该论文用信息论的观点对信息保密问题进行了全面阐述,使得信息论成为密码学的一个重要理论基础,同时也宣告了现代密码学保障信息安全时代的到来。网络是一个开放的平台,其传输信道是非常不安全的。在不安全的信道上实现信息安全的通信传输,是现代密码学研究的一个基本问题。消息发送者对需要传送的消息首先进行数学变换处理,然后可以在不安全的信道上进行传送。消息合法接收者在接收端通过相应的数学变换处理后,就可以得到消息的正确内容。而信道上的消息截获者,虽然可能截获到数学变换后的消息,但无法得到消息本身的内容,这就是最基本的网络安全通信模型。其中,消息发送者对消息进行的数学变换过程称为加密过程,而消息合法接收者接收到消息后进行相应数学变换的过程称为解密过程。需要传送的原始消息称为明文,而经过加密处理后的消息称为密文。在信道上非法截获消息的截获者通常被称为攻击者。图 14-1 所示为一个最基本的网络安全通信模型。

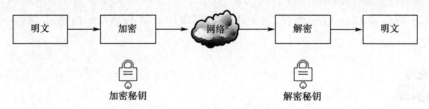

图 14-1　网络安全通信模型

加密密钥和解密密钥是成对使用的。一般情况下,在密码体制的具体实现过程中,加密密钥与解密密钥是一一对应的。根据密码体制加密密钥和解密密钥的不同情况,密码体制可以分为对称密码体制和非对称密码体制。对称密码体制的加、解密密钥可以很容易地相互得到,更多情况下两者甚至完全相同。在实际应用中,发送方必须通过一个尽可能安全的信道将密钥发送给接收方。在非对称密码体制中,由加密密钥得到解密密钥是很困难的,所以在实际应用中接收方可以将加密密钥公开,任何人都可以使用该密钥加密信息,而只有拥有解密密钥的接收者才能解密信息。其中,公开的加密密钥称为公钥,私有的解密密钥称为私钥。因此,非对称密码体制也称为公钥密码体制。

1.密码学理论与技术

密码学是网络信息安全的基石,是网络信息安全的核心技术,也是网络信息安全的基础性技术。当前,网络信息安全的主流技术和理论都是基于以算法复杂性理论为基础的现代密码技术。密码技术是实现加密、解密、数据完整性、认证交换、密码存储与校验等的基础,借助密码技术可以实现信息的保密性、完整性和认证服务。了解网络信息安全相关的一些密码学理论与技术是正确理解和应用网络信息安全技术必须具备的知识。

2.认证理论与技术

认证往往是许多应用系统中安全保护的第一道防线,也是防止主动攻击的重要技术,在现代网络安全中起着非常重要的作用。认证又称为鉴别,就是确认网络实体身份的过程而产生的解决方法,其主要目的是确保网络实体的真实性和完整性。常用的认证理论与技术主要包括散列算法、数字信封、数字签名、Kerberos 认证和数字证书等。以认证技术为核心在网络上传输信息可以确保网上传递信息的保密性、完整性以及交易实体身份的真实性和签名信息的不可否认性,从而保证网络应用的安全性。

3.IPSec 技术

用户通信数据的加密是保证移动互联网安全的重要技术之一。对于用户通信数据的加密来说,可以使用 IPSec 来保护。IPSec 是为了在 IP 层提供通信数据安全而制定的一个协议簇,包含安全协议和密钥协商两部分,安全协议部分定义了通信数据的安全保护机制,而密钥协商部分定义了如何为安全协议协商参数,以及如何对通信实体的身份进行认证。其中安全协议部分包括 AH 和 ESP 两种通信保护机制,密钥协商部分使用 IKE 实现安全协议的自动安全参数协商。

4.AAA 技术

身份认证、权限管理和资源管控是保证移动互联网安全的重要技术之一。AAA 技术就可以很好地解决上述三方面的问题。AAA 技术提供认证、授权和计费机制,从而可以分别实现身份认证、权限管理和资源管控功能,保证移动互联网安全。AAA 体制的具体协议有 RADIUS 协议和 Diameter 协议,它们用来实现应用业务的 AAA 功能,RFC2903 定义了 AAA 模型。

14.5 区块链安全

14.5.1 区块链概述

区块链是一个信息技术域的术语。从本质上讲,它是一个共享数据库,存储于其中的数据或信息,具有不可伪造、全程留痕、可以追溯、公开透明、集体维护等特征。基于这些特征,区块链技术奠定了坚实的信任基础,创造了可靠的合作机制,具有广阔的运用前景。2019年1月10日,国家互联网信息办公室发布《区块链信息服务管理规定》。

区块链起源于比特币,2008 年 11 月 1 日,一位自称中本聪(Satoshi Nakamoto)的人发表了《比特币：一种点对点的电子现金系统》一文，阐述了基于 P2P 网络技术、加密技术、时间戳技术、区块链技术等的电子现金系统的构架理念，这标志着比特币的诞生。两个月后从理论步入实践，2009 年 1 月 3 日，第一个序号为 0 的创世区块诞生。2009 年 1 月 9 日，出现序号为 1 的区块，并与序号为 0 的创世区块相连接形成了链，标志着区块链的诞生。之后，作为比特币底层技术之一的区块链技术日益受到重视。在比特币形成过程中，区块是一个一个的存储单元，记录了一定时间内各个区块节点全部的交流信息。各个区块之间通过随机散列（也称哈希算法）实现链接，后一个区块包含前一个区块的哈希值，随着信息交流的扩大，一个区块与一个区块相继接续，形成的结果就叫区块链。

14.5.2　区块链安全的关键技术

1.Hash 算法

Hash 算法是一项重要的计算机算法，提到此算法就不得不提到哈希函数，其在区块链的技术架构模型中，处于数据层。哈希函数是将任意长度的输入形式，变换为固定长度输出的不可逆的单向密码体制，哈希函数可将任意长度的资料经由 Hash 算法转换为一组固定长度的代码，原理是基于一种密码学上的单向哈希函数，这种函数很容易被验证，但是很难破解，在数字签名和消息完整性检测（消息认证）等方面有广泛的应用。

2.加密算法

数据加密的基本过程，是对原来为明文的文件或数据按某种算法进行处理，使其成为不可读的一段代码，通常称为密文，使其只能在输入相应的密钥之后才能显示出本来内容，通过这样的途径来达到保护数据不被非法窃取、阅读的目的。该过程的逆过程为解密，即将该编码信息转化为其原来数据的过程。加密技术通常分为两大类：非对称式和对称式。所以，加密算法想可以分为非对称加密算法和对称加密算法。

3.数字证书

对于数字签名应用来说，很重要的一点就是公钥的分发，因为公钥若被人替换了，则整个安全体系将被破坏。那么，怎么确保一个公钥确实是某个人的原始公钥，这就需要数字证书机制。

顾名思义，数字证书就是像一个证书一样，是互联网通信中标志通信各方身份信息的一串数字，提供了一种在互联网上验证通信实体身份的方式。数字证书是由权威机构 CA，又称为证书授权（Certificate Authority）中心发行的，人们可以在网上用它来识别对方的身份。数字证书还是一个经证书授权中心数字签名的，包含公开密钥拥有者信息以及公开密钥的文件，数字证书还有一个重要的特征就是只在特定的时间段内有效。

4.Merkle 树

Merkle 树即 Merkle Tree，通常也被称作 Hash Tree，顾名思义，就是存储哈希值的一棵树。Merkle 树的叶子是数据块的哈希值，非叶节点是其对应子节点串联字符串的哈希值，使用 Merkle 树可以快速校验大规模数据的完整性。在区块链网络中，Merkle 树被用来归纳一个区块中的所有交易信息，最终生成这个区块所有交易信息的一个统一的哈希值，区块中任何一笔交易信息的改变都会使得 Merkle 树改变。

本章习题

1.本章新介绍的网络新型安全技术有哪些?

2.什么是云计算,它有哪些主要安全技术?

3.大数据安全主要指哪几方面?

4.物联网的内涵是什么?

5.移动互联网的安全技术有哪些?

6.区块链的概念是何时提出的?

7.除了本章介绍的网络新型安全技术外,你还了解哪些相关技术?

参考文献

[1] 卿昱,张剑等. 云计算安全技术[M]. 北京:国防工业出版社,2016.

[2] 李强. 云计算及其应用[M]. 武汉:武汉大学出版社. 2018.

[3] 彭木根等. 物联网基础与应用[M]. 北京:北京邮电大学出版社. 2019.

[4] 陈明. 大数据技术概论[M]. 北京:中国铁道出版社. 2019.

[5] 肖云鹏,刘宴兵,徐光霞. 移动互联网安全技术解析[M]. 北京:科学出版社,2015.

[6] 马永仁. 区块链技术原理及应用[M]. 北京:中国铁道出版社,2019.

[7] 沈昌祥,左晓栋等. 网络空间安全导论[M]. 北京:电子工业出版社,2018.

[8] 蔡晶晶,李炜等. 网络空间安全导论[M]. 北京:机械工业出版社,2017.

[9] 曹春杰,吴汉炜等. 网络空间安全概论[M]. 北京:电子工业出版社,2019.

[10] 陈伟,李频. 网络安全原理与实践[M]. 北京:清华大学出版社,2014.

[11] 王世伟,曹磊,罗天雨. 再论信息安全,网络安全,网络空间安全[J]. 中国图书馆学报,2016:4-28.

[12] 张建军. 再论信息安全,网络安全与网络空间安全[J]. 科技传播,2018:72-73.

[13] 谢小权,王斌等. 大型信息系统信息安全工程与实践[M]. 北京:国防工业出版社,2015.

[14] 邬江兴. 网络空间拟态防御原理:广义鲁棒控制与内生安全[M]. 北京:科学出版社,2018.

[15] 沈晴霓,卿斯汉. 操作系统安全设计[M]. 北京:机械工业出版社,2013.

[16] 刘正. 浅析网络数据通信中的隐蔽通道技术[J]. 数字技术与应用,2017.

[17] 卿斯汉. 操作系统安全(第2版)[M]. 北京:清华大学出版社,2011.

[18] 陈越,寇红召等. 数据库安全[M]. 北京:国防工业出版社,2011.

[19] 谢小权,王斌等. 大型信息系统信息安全工程与实践[M]. 北京:国防工业出版社,2015.

[20] 贺桂英,周杰等. 数据库安全技术[M]. 北京:人民邮电出版社,2018.

[21] 李栓保. 面向云计算环境的用户权限管理与隐私保护[M]. 北京:经济科学出版社,2016.

[22] 克拉克. SQL注入攻击与防御[M]. 北京:清华大学出版社,2013.

[23] 魏亮,魏薇等. 网络空间安全[M]. 北京:电子工业出版社,2016.

[24] 柳毅,郝彦军,庞辽军. 基于ElGamal密码体制的可验证秘密共享方案[J]. 计算机科学,2010,37(8):80-82.

[25] 苑玮琦,柯丽等. 生物特征识别技术[M]. 北京:科学出版社,2009.

[26] 吴明华,钟诚. 电子商务安全[M]. 重庆:重庆大学出版社,2017.

[27] 沈昌祥,左晓栋等. 网络空间安全导论[M]. 北京:电子工业出版社,2018.

[28] 唐朝京,鲁智勇等. 空间网络安全与验证[M]. 北京:国防工业出版社,2014.

[29] 王凤英,程震. 网络与信息安全[M]. 北京:中国铁道出版社,2015.

[30] 熊平,朱天清. 信息安全原理及应用[M]. 北京:清华大学出版社,2016.

[31] 牛少彰等. 信息安全概论[M]. 北京:北京邮电大学出版社,2016.

[32] 徐云峰,郭正彪,范平. 访问控制[M]. 武汉:武汉大学出版社,2014.

[33] 洪帆. 访问控制概论[M]. 武汉:华中科技大学出版社,2010.

[34] 蔡芳. 信息安全原理与技术[M]. 武汉:华中科技大学出版社,2019

[35] 冯登国等. 大数据安全与隐私保护[M]. 北京:清华大学出版社,2018

[36] 蒋天发,苏永红等. 网络空间信息安全[M]. 北京:电子工业出版社,2017.

[37] 杨榆,雷敏等. 信息隐藏与数字水印[M]. 北京:北京邮电大学出版社,2017

[38] 彭海朋. 网络空间安全基础[M]. 北京:北京邮电大学出版社,2017

[39] 隋爱娜,曹刚等. 数字内容安全技术[M]. 北京:中国传媒大学出版社,2016.

[40] 李建华. 信息内容安全管理及应用[M]. 北京:机械工业出版社,2010.

[41] 姚剑波等. 大数据安全与隐私[M]. 成都:电子科技大学出版社,2017.

[42] 卢晓丽等. 计算机网络与安全管理[M]. 北京:化学工业出版社,2014.

[43] 周明全,吕林涛,李军怀等. 网络信息安全技术[M]. 西安:西安电子科技大学出版社,2010.

[44] 马宜兴,罗思聪等. 网络安全与病毒防范[M]. 上海:上海交通大学出版社,2011

[45] 袁楚明. 计算机网络技术及应用[M]. 武汉:华中科技大学出版社,2012.

[46] 马建峰,沈玉龙等. 信息安全[M]. 西安:西安电子科技大学出版社,2013.

[47] 张剑,万里冰等. 信息安全技术[M]. 成都:电子科技大学出版社,2015.

[48] 甘刚等. 网络攻击与防御[M]. 北京:清华大学出版社,2009.

[49] 沈昌祥,肖国镇等. 网络攻击与防御技术[M]. 北京:清华大学出版社,2009.

[50] 林英,张雁等. 网络攻击与防御技术[M]. 北京:清华大学出版社,2015.

[51] 杨东晓,熊瑛,车碧琛. 入侵检测与入侵防御[M]. 北京:清华大学出版社,2020.

[52] 段晓东. 网络攻击之嗅探攻击的原理及仿真实现[J]. 网络安全技术与应用,2019(10):21-23.

[53] 傅德胜,史飞悦. 缓冲区溢出利用与保护防御方法[J]. 信息安全与技术,2012,3(9):44-46.

[54] 付钰,李洪成,吴晓平等. 基于大数据分析的 APT 攻击检测研究综述[J]. 通信学报,2015,36(11):1-14.

[55] 沈亮,陆臻等. 网络入侵检测系统原理与应用[M]. 北京:电子工业出版社,2013.

[56] 姚宣霞,刘振华等. 网络安全技术与应用[M]. 北京:中国铁道出版社,2012.

[57] 叶清,黄高峰等. 网络安全原理与[M]. 武汉:武汉大学出版社,2014.

[58] 雷敏,李小勇等. 网络空间安全导论[M]. 北京:北京邮电大学出版社,2018.

[59] Sunstein C R. The Law of Group Polarization[J]. Journal of Political Philosophy, 2002,10(2):175-195.

[60] 王秋菊,刘杰. 大数据视域下微博舆情研判与疏导机制研究[M]. 人民出版社,2018.

[61] 唐涛. 网络舆情治理研究[M]. 上海社会科学院出版社,2014.

[62] 杨兴坤. 网络舆情研判与应对[M]. 中国传媒大学出版社,2013.

[63] 生奇志. 面对网络舆情的群体事件的预警机制研究[M]. 东北大学出版社,2014.

[64] 陈冬生. "互联网＋意见领袖"怎样发挥三重功能[J]. 人民论坛,2015(14):36-37.

[65] 文欣. 网络舆情的法律规制研究[D]. 大连海事大学,2014.